Jennifer Niederst

Aprenda Web design

Tradução
Rejane Freitas

Revisão técnica
Alfredo Dias da Cunha Júnior

Do original
Learning Web Design

©Editora Ciência Moderna Ltda. 2002

Authorized translation of the English edition © 2001 O'Reilly and Associates, Inc. This translation is published and sold by permission of O'Reilly and Associates, Inc., the owner of all rights to publish and sell the same.

Portuguese language edition copyright© 2002 by Editora Ciência Moderna Ltda. All rights reserved.

Todos os direitos para a língua portuguesa reservados pela EDITORA CIÊNCIA MODERNA LTDA.

Nenhuma parte deste livro poderá ser reproduzida, transmitida e gravada, por qualquer meio eletrônico, mecânico, por fotocópia e outros, sem a prévia autorização, por escrito, da Editora.

Editor: Paulo André P. Marques
Supervisão Editorial: Carlos Augusto L. Almeida
Produção Editorial: Friedrich Gustav Schmid Junior
Capa: Renato Martins
Diagramação e digitalização de imagens: Marcia Lips
Tradução: Rejane Freitas
Revisão: Carmen Mittoso Guerra
Revisão técnica: Alfredo Dias da Cunha Júnior
Assistente Editorial: Daniele M. Oliveira

Várias **Marcas Registradas** aparecem no decorrer deste livro. Mais do que simplesmente listar esses nomes e informar quem possui seus direitos de exploração, ou ainda imprimir os logotipos das mesmas, o editor declara estar utilizando tais nomes apenas para fins editoriais, em benefício exclusivo do dono da Marca Registrada, sem intenção de infringir as regras de sua utilização.

FICHA CATALOGRÁFICA

Niederst, Jennifer
Aprenda Web design
Rio de Janeiro: Editora Ciência Moderna Ltda., 2002.

HTML; tratamento de imagens; design de interfaces
I — Título

ISBN: 85-7393-169-8   CDD 001642

Editora Ciência Moderna Ltda.
Rua Alice Figueiredo, 46
CEP: 20950-150, Riachuelo – Rio de Janeiro – Brasil
Tel: (21) 2201-6662/2201-6492/2201-6511/2201-6998
Fax: (21) 2201-6896/2281-5778
E-mail: lcm@lcm.com.br

Sumário

Prefácio IX

Parte I: O começo 1

1. Por onde começo? 3
    É tarde demais? 4
    Por onde começo? 4
    O que preciso aprender? 5
    Preciso aprender Java? 8
    O que preciso comprar? 11
    Moral da história 15

2. Como a web funciona 17
    A Internet versus a web 17
    Como apresentar suas informações 18
    Endereços de páginas da web (URLs) 19
    A anatomia de uma página da web 23
    Navegadores 25
    Como juntar tudo 27

3. Como colocar suas páginas na web 29
    Como colocar arquivos online (FTP) 29
    Como encontrar espaço de servidor 39
    www."YOU".com! 43

4. **Por que o design da web não é como o design de impressão** 45
   Design para o desconhecido 45
   Como sobreviver ao desconhecido 56
   Como projetar democraticamente 57
   Conheça seu público 58
   O motivo pelo qual design da web é interessante 59

5. **O processo de design da web** 61
   1. Conceituar e pesquisar 61
   2. Criar e organizar conteúdo 63
   3. Desenvolva a "aparência e sensação" 66
   4. Produza imagens gráficas e documentos HTML 67
   5. Crie um protótipo 67
   6. Teste, teste, teste! 68
   7. Carregue e teste novamente 69

Parte II: Aprenda HTML 71

6. **Como criar uma página simples (visão geral de HTML)** 73
   Como apresentar a marca HTML 74
   Como montar uma página da web 74
   Quando boas páginas dão errado 88
   Revisão de HTML — marcas estruturais 90

7. **Como formatar texto** 91
   Com colocar tipos na web 91
   Como criar blocos: cabeçalhos e parágrafos 93
   Estilos incorporados 100
   Tamanho de texto, fonte e cor 103
   Listas 110
   Como alinhar texto 117
   Alguns caracteres especiais 123
   Revisão de HTML — marcas de formatação de texto 126

8. **Como adicionar elementos gráficos** 127
   Como adicionar imagens incorporadas 127
   Fundo lado a lado 144
   Fios horizontais 147
   Revisão de HTML — marcas de elementos gráficos 150

9. Como adicionar links 151
   A marca âncora dissecada 152
   Como vincular a páginas na web 153
   Como vincular dentro de seu próprio site 154
   Como vincular dentro de uma página 163
   Diversos links em uma imagem gráfica (mapas de imagem) 166
   Links de correspondência 171
   Revisão de HTML — marcas de link 172

10. Tabelas 173
    Como as tabelas são usadas 174
    Como as tabelas funcionam 175
    Como projetar tabelas 178
    HTML para tabelas 18
    Onde as tabelas dão errado 198
    Como usar tabelas para alinhamento 203
    Revisão de HTML — marcas de tabela 206

11. Quadros 207
    Como os quadros funcionam 208
    Como preparar um documento de conjunto de quadros 210
    Função e aparência dos quadros 216
    Como tomar quadros como alvo 223
    Conteúdo para usuários sem quadros 227
    Revisão de HTML — marcas de quadro 229

12. Cor na web 231
    Como especificar cores pelo nome 231
    Como especificar cores pelo número 233
    Elementos que você pode colorir com HTML 239
    A paleta da web 241

Parte III: Como criar imagens gráficas da web 247

13. Tudo a respeito de imagens gráficas da web 249
    Formatos de arquivo 249
    Resolução de imagem 254
    Tamanho de arquivo é importante 258
    Ferramentas do negócio 260
    Fontes de imagens 262

Ilustração eletrônica 263
Dicas de produção de imagens gráficas 264
Destaques de imagens gráficas da web 266

14. Como criar GIFs 269
Tudo a respeito de GIFs 269
Como criar um GIF simples, passo a passo 274
Como adicionar transparência 279
Como otimizar GIFs 289
Design com a paleta da web 295
Algumas coisas a serem lembradas a respeito de GIFs 302

15. Como criar JPEGs 305
Mais a respeito de JPEGs 306
Como fazer JPEGs, passo a passo 309
Otimização de JPEGs 316
Algumas coisas a serem lembradas a respeito de JPEGs 320

16. GIFS animados 321
Como eles funcionam 322
Ferramentas de animação GIF 323
Como criar um GIF animado simples 323
Um atalho legal (Tweening) 330
Além do iniciante 332
Algumas coisas a serem lembradas a respeito de GIFs animados 333

Parte IV: Forma e função 335

17. Técnicas de design da web 337
Listas com marcadores sofisticados 337
Diversão com caixas 340
Como usar imagens gráficas de 1 pixel quadrado 347
Fios verticais 352
Truques de tela lado a lado de fundo 354
Imagens de múltiplas partes (fatiadas) 357
Janelas pop-up 365
Uma palavra de fechamento sobre as técnicas de design da web 369

18. Como criar sites da web usáveis 371
Foco no usuário *372*
Design de informações *373*
Design de interface *382*
Design de navegação *393*
Como juntar tudo *404*
Como criar sites da web usáveis: revisão *405*

19. O que fazer e não fazer no design da web 407
Conselho geral sobre design de páginas 408
Dicas de formatação de texto 411
Conselho sobre imagens gráficas 416
Sugestões estéticas 419
Recomendações pessoais da Jen 422

20. Como eles fazem isto? Uma introdução a técnicas avançadas 425
Formulários 426
Áudio 427
Vídeo 429
Folhas de estilo em cascata 432
JavaScript 437
DHTML 440
Flash 442
Técnicas avançadas em análise 445

Glossário 449

Índice 453

Prefácio

Durante os últimos anos, tive a oportunidade de ensinar design da web a centenas de iniciantes. Minhas aulas e workshops têm ficado totalmente lotados com um público bem diverso: designers gráficos experientes, auxiliares de escritório, recém-graduados, programadores procurando por uma saída mais criativa, donas de casa e todos que procuram um ponto de partida em design da web. Apesar da diversidade de vivências, continuo ouvindo as mesmas perguntas e preocupações repetidas vezes. Similarmente, percebi que existem certos conceitos que regularmente causam dúvidas aos meus alunos e outros tópicos que eles dominam com facilidade.

Através de uma certa quantidade de tentativas e erros, desenvolvi um método bem-sucedido para ensinar design da web básico e este método forma a estrutura para este livro. Ler este livro é como freqüentar a minha sala de aula!

Escrevi meu último livro, *Web Design in a Nutshell* (O'Reilly, 1999), porque precisava de um bom material para exercer meu trabalho como designer da web. Escrevi este livro porque ele é tudo que eu gostaria de ter dado aos meus alunos. Embora *Web Design in a Nutshell* seja abrangente e contenha explicações detalhadas, ele é mais apropriado tanto para designers profissionais da web como para os de nível intermediário. Este livro trata das necessidades e preocupações específicas dos iniciantes. Gosto de pensar nele como uma "introdução" ao outro livro.

Embora este livro seja para iniciantes, não enrolei ou ocultei coisa alguma. Aprofundei-me na codificação de HTML e produção de imagens gráficas da web. Você certamente encontrará muitas informações técnicas, como você esperaria em um livro da O'Reilly.

No entanto, presumo que você tenha um certo nível de conhecimento. Obviamente, você precisará saber lidar com um computador e ter uma familiaridade básica com a web, mesmo se você tiver navegado pouco. Este livro também não ensina os princípios do design gráfico, como teoria de cores, design de tipos ou equilíbrio e proporção. No entanto, forneço algumas dicas de design no Capítulo 19. Finalmente, suponho que você saiba como usar um pacote de software de edição de imagens para criar imagens gráficas; ensinarei como torná-las apropriadas para a web.

Sempre que possível, forneço sugestões sobre como as atuais ferramentas de design da web, tanto para criar páginas como imagens gráficas da web, podem lhe ajudar a criar sites da web mais rápida e facilmente. Essas ferramentas se desenvolveram muito, e eu recomendo sinceramente que você tire proveito delas, mesmo para trabalho de nível profissional. Infelizmente, não posso incluir cada produto disponível relacionado à web neste livro, logo, me prendi às ferramentas mais populares: Dreamwaver, GoLive e FrontPage para autoria da web; e Photoshop, Fireworks e Paint Shop Pro para criar imagens gráficas da web. Na maioria dos casos, os princípios gerais se aplicam à ferramenta que você preferir, logo, não fique desanimado se sua ferramenta favorita não estiver apresentada aqui. Se ela funcionar para você, é tudo que importa.

Dica

Certifique-se de visitar o site da web, complementar à edição original deste livro, em *www.learningwebdesign.com*. Ele retrata gráficos de cores, listas de links do livro, atualizações e outras coisas boas.

Se você estiver lendo este livro sozinho, ou usando-o como um companheiro para um curso de design da web, espero que ele dê um bom ponto de partida para se tornar um designer. E, mais importante, espero que você se divirta!

Conteúdo

O livro está dividido em quatro partes, cada uma cobrindo uma área de assunto geral.

Parte I — O começo

A Parte I fornece respostas às perguntas comuns que as pessoas têm quando começam em design da web. Ela apresenta os fundamentos para entender o meio, antes de pular para o âmago da questão de marcas e formatos de arquivo.

O **Capítulo 1** responde às seguintes grandes perguntas: onde começar, o que você precisa aprender, o que você precisa comprar e assim por diante.

O **Capítulo 2** apresenta a web, URLs, servidores, navegadores e a anatomia das páginas básicas da web.

O **Capítulo 3** fornece uma demonstração passo a passo de como carregar uma página da web. Este capítulo também trata de encontrar um serviço de host e registrar nomes de domínio.

O **Capítulo 4** é um resumo dos fatores desconhecidos que afetam o processo de design da web, assim como dicas para lidar com eles.

O **Capítulo 5** orienta você através das etapas de criação de um site da web, da conceituação até o teste final.

Parte II — Aprenda HTML

A Parte II se concentra nas marcas HTML e seus usos. Forneço instruções completas para criação de marcas à mão e também dicas sobre como usar ferramentas populares de autoria da web que podem fazer o trabalho para você.

O **Capítulo 6** mostra como criar uma página básica da web e inclui explicações de como a HTML funciona e as marcas necessárias para estruturar um documento.

O **Capítulo 7** explica todas as marcas e atributos usados para controlar a exibição de tipo nas páginas da web.

O **Capítulo 8** explora as marcas HTML relacionadas à inclusão de imagens gráficas e fios horizontais à página.

O **Capítulo 9** se concentra nas marcas usadas para adicionar links de hipertexto a uma página.

O **Capítulo 10** fornece uma introdução completa para tabelas: como elas são usadas, como são marcadas e como algo pode dar errado.

O **Capítulo 11** cobre a estrutura e criação de documentos em quadros, incluindo explicações de marcas HTML relacionadas a quadros, assim como dicas e truques para usar quadros efetivamente.

O **Capítulo 12** explica as opções para especificar cores para elementos HTML.

Parte III — Como criar imagens gráficas da web

A Parte III cobre o que você precisa saber a respeito da criação de imagens gráficas para a web. Oferece informações de fundo sobre formatos de arquivos de imagens gráficas da web, visões gerais de ferramentas disponíveis e dicas práticas para otimização e produção de imagens gráficas.

O **Capítulo 13** introduz conceitos importantes que se aplicam a todas as imagens gráficas da web: formatos de arquivos apropriados, resoluções de imagem, dicas de produção e mais.

O **Capítulo 14** discute todos os aspectos da criação de imagens gráficas no formato GIF, incluindo transparência, dicas de otimização e a paleta da web.

O **Capítulo 15** descreve o processo de criar e otimizar JPEGs.

O **Capítulo 16** trata da criação e otimização de GIFs animados.

Parte IV — Forma e função

A Parte IV retorna às questões centrais que fazem um site da web funcionar bem e parecer profissional.

O **Capítulo 17** usa uma combinação das habilidades estabelecidas nas partes II e III para criar diversos elementos comuns de design da web.

O **Capítulo 18** introduz os princípios básicos de design de informações, design de interfaces e navegação.

O **Capítulo 19** fornece uma lista intensa de dicas sobre o que fazer e não fazer em design na web.

O **Capítulo 20** apresenta tecnologias e técnicas avançadas, de modo que você possa reconhecê-las quando as vir.

Convenções usadas neste livro

As convenções tipográficas a seguir são usadas neste livro:

Itálico
> Usado para indicar URLs, endereços de e-mail, nomes de arquivo e nomes de diretório, assim como para dar ênfase.

Agradecimentos

Mais uma vez, os agradecimentos vão para meu editor, Richard Koman, por acreditar em um livro para iniciantes e torná-lo real. Gostaria de agradecer a Edie Feedman por sua aplicação no design de capa da série e David Futato por sua paciência na criação do design interior. Agradeço também aos outros que contribuíram para o projeto: Chris Reilley pelas suas figuras de primeira qualidade e design de informações, Colleen Gorman pela edição de texto, Paula Ferguson pela sua contribuição na edição, Bruce Tracy por escrever o índice, Rachel Wheeler por revisar o manuscrito e todo mundo que contribuiu para a elaboração deste livro.

Como sempre, gostaria de agradecer à minha mãe e ao meu pai pelo seu interminável encorajamento, otimismo e humor. Agradecimentos calorosos vão para meu irmão, Liam, por ser uma inspiração e por contribuir com alegria com imagens para diversas figuras neste livro. Os agradecimentos também vão para todo o clã Robbins pelo seu interesse em meus esforços literários e por me fazer sentir como um membro da família. E por último, mas não menos importante, meu amor e estima vão para Jeff, minha distração favorita.

Parte I

O começo

Há muito mais na arte de design da web do que HTML e arquivos GIF. Se você estiver apenas começando, há a possibilidade de que você tenha algumas grandes perguntas. Onde começo? Como tudo isto funciona? Como na realidade coloco minhas páginas na Web? Como o design da web é diferente do design de impressão?

A Parte I responde a todas estas perguntas e mais. Antes de tratarmos do essencial das marcas e formatos de arquivo, é importante que você tenha uma boa percepção do ambiente de design da web. Uma vez que você entenda o meio e suas peculiaridades, você terá um bom ponto de partida para usar suas ferramentas e tomar decisões de design. Todo o resto se acertará.

Nesta parte

Capítulo 1, *O começo*

Capítulo 2, *Como a Web funciona*

Capítulo 3, *Como colocar suas páginas na Web*

Capítulo 4, *Por que o design da Web não é como o design de impressão*

Capítulo 5, *O processo de design da Web*

Capítulo 1
Por onde começo?

O barulho a respeito da Web tem sido tão alto que é impossível ignorar. Para muitas pessoas ela chama a atenção — uma nova oportunidade de carreira, um incentivo para acompanhar a concorrência ou apenas uma chance de mostrar coisas para o mundo ver. Mas a Web também pode parecer opressiva.

Através de minha experiência ensinando cursos e workshops de design da web, tive a oportunidade de encontrar pessoas de todas as origens que estão interessadas em aprender como criar páginas da web. Permita-me apresentar a você alguns:

> "Tenho sigo designer de impressão há 17 anos e agora todos os meus clientes querem sites da web".

> "Trabalho como secretária em um escritório pequeno. Meu chefe me pediu para criar um pequeno site da web interno para compartilhar informações da empresa entre os empregados".

> "Tenho sigo programador há anos, mas quero experimentar um design mais visual. Acho que a Web é uma boa oportunidade para explorar novas habilidades".

> "Sou um artista e quero saber como colocar amostras de minhas pinturas e esculturas online".

> "Acabei de sair da universidade e ouvi que há muitos empregos no campo de design da web".

> "Sou um designer que vi todos os meus colegas mudarem para o design da web nos últimos anos. Estou curioso, mas acho que é tarde demais".

Seja qual for a motivação, a primeira pergunta é sempre a mesma: "Por onde começo?" Com algo aparentemente vasto e rápido como a Web, não é fácil saber onde começar. Mas você tem que começar em algum lugar.

Neste capítulo, responderei às perguntas feitas com mais freqüência pelas pessoas que estão prontas a lançar-se no design da web.

Neste capítulo

É tarde demais?

Por onde começo?

O que preciso aprender?

Preciso aprender Java? Que outras linguagens preciso saber?

Que software e equipamentos preciso comprar?

É tarde demais?

Isto é fácil — claro que não! Embora possa parecer que todo mundo no mundo todo tem uma página pessoal da web, ou que seus colegas estejam anos luz à frente de você em experiência na web, posso garantir que não é tarde para você. Além disso, há bastante espaço para você nos negócios. A indústria como um todo conta com poucas pessoas que saibam como fazer páginas da web (mesmo em um nível inicial) e as oportunidades continuam a se expandir.

Tenha em mente que este é um meio e uma indústria em seu estágio inicial. Você ainda pode ser um pioneiro!

Por onde começo?

O primeiro passo é entender os fundamentos básicos de como a Web funciona, incluindo um conhecimento de trabalho da HTML, o papel do servidor e a importância do navegador.

O primeiro passo é entender os fundamentos básicos de como a Web funciona, incluindo um conhecimento de trabalho da HTML, o papel do servidor e a importância do navegador. Este livro foi escrito especificamente para tratar destes assuntos, logo, você está certamente no caminho certo. Uma vez que você aprenda os fundamentos básicos, há muitos recursos na Web e em livrarias para que você aprofunde seu aprendizado em áreas específicas.

Um bom começo é uma aula introdutória de design da web. Se você não tiver a oportunidade de um curso semestral, até mesmo um seminário de um dia ou de final de semana pode ser extremamente útil para superar o primeiro obstáculo.

Se seu envolvimento no design da web for puramente no nível de hobby, ou se tiver apenas um ou dois projetos da web que gostaria de publicar, você pode achar que uma combinação de pesquisa pessoal (como ler este livro) e ferramentas sólidas de design da web (como Dreamweaver da Macromedia) podem ser tudo que você precisa para executar a tarefa em questão.

Se você estiver interessado em seguir a carreira de designer da web, recomendo aprender o suficiente para criar alguns sites da web de amostra para você ou seus amigos, apenas para mostrar suas habilidades a empregadores em potencial. Obter um trabalho de nível inicial e trabalhar como parte de uma equipe é uma ótima maneira de aprender como os sites maiores são criados e pode lhe ajudar a decidir que área específica de design da web você gostaria de perseguir.

O que preciso aprender?

Esta é uma pergunta importante. A resposta depende de onde você está começando e o que você quer fazer. Eu sei, eu sei, esta resposta soa como enrolação, mas é realmente verdade, dada a variedade de tarefas envolvidas no design da web.

O termo "design da web" se tornou um símbolo para um processo que na realidade engloba várias disciplinas diferentes, de design gráfico a programação. Vamos dar uma olhada em cada uma delas.

Se você estiver projetando um pequeno site da web por sua conta, você precisará ter diversos talentos. A boa notícia é que você provavelmente não perceberá. Considere que a manutenção diária de sua casa exige que você seja cozinheiro em meio expediente, faxineiro, contador, diplomata, jardineiro e pedreiro — mas para você são apenas as coisas que você faz em casa. Da mesma maneira, como um designer da web solo, você será designer gráfico em meio expediente, escritor, produtor e arquiteto de informações, mas para você será apenas como "fazer páginas da web". Nada com o que se preocupar.

Os sites da web de grande escala são quase sempre criados por uma equipe de pessoas, variando de uma pequena quantidade a centenas. Neste cenário, cada membro da equipe se concentra em apenas uma faceta do processo de design. Se você não estiver interessado em se tornar um designer da web solo, pau para toda obra, você pode optar por se especializar e trabalhar como parte de uma equipe. Se este for o caso, você pode simplesmente conseguir adaptar seu conjunto atual de habilidades e interesses ao novo meio.

A seguir encontram-se algumas das disciplinas básicas envolvidas no processo de design da web, junto com descrições rápidas das habilidades necessárias em cada área.

Design gráfico

Pelo fato da Web ser um meio visual, as páginas da web exigem atenção para apresentação e design. O designer gráfico toma decisões referentes a tudo que você vê em uma página da web: imagens gráficas, tipo, cores, layout etc. Como no mundo da impressão, os designers gráficos têm papel importante no sucesso do produto final. Se você trabalha como designer gráfico no processo de design da web, é possível que você nunca precise aprender qualquer programação. (Eu nunca precisei!).

De relance

"Design da web" na realidade combina diversas disciplinas, incluindo;
- Design gráfico
- Design de interfaces
- Design de informações
- Produção de HTML
- Programação
- Multimídia

Habilidades de trabalho de designers da web

Adam Gibbons

Designer sênior em uma grande empresa de marketing da web.

FAZ:
- Arquitetura de informações
- Design de interfaces
- Produção gráfica
- Produção de HTML (com ferramenta de autoria)

NÃO FAZ:
- JavaScript
- DHTML
- Programação

Jennifer Niederst

Designer da web freelance. www.littlechair.com

FAZ:
- Design gráfico e produção
- Design de interfaces
- Design de informações
- Desenvolvimento de Escrita/Conteúdo
- Produção de HTML básica
- Criação de folhas de estilo

NÃO FAZ:
- JavaScript
- Programação de back-end (CGI, XML)

Jason Warne

Designer sênior em uma grande empresa de desenvolvimento da web.

FAZ:
- Design de interfaces
- Produção gráfica
- Produção de multimídia (Flash)

NÃO FAZ:
- Produção de HTML
- JavaScript
- Programação

Se você estiver interessado em projetar sites comerciais profissionalmente, recomendo treinamento formal em design gráfico, assim como uma forte proficiência em Adobe Photoshop (o padrão da indústria). Se você já for um designer gráfico, você conseguirá adaptar suas habilidades a Web facilmente.

Pelo fato das imagens gráficas serem uma grande parte do design da web, os designers da web por hobby precisarão saber, no mínimo, como usar algum software de edição de imagens. Além disso, você também pode querer fazer alguma pesquisa pessoal sobre os fundamentos básicos do design bom. Recomendo *The Non-Designer's Web Book* de Robin Williams (bem conhecido pelo seu popular *The Non-Designer's Design Book*) e John Tollett (Peachpit Press, 1998). Ele fornece ótimo conselho sobre design gráfico de som, como aplicado ao meio da web. Para background mais geral sobre os princípios de design, veja *Design Basics, Fifth Edition* de David Lauer e Stephen Pentak (Harcourt College Publishers, 2000).

Design de interfaces

Se o design gráfico se preocupa com a aparência da página, o design de interfaces se concentra em como a página funciona. A interface de um site da web inclui os métodos para fazer coisas em um site: botões, links, dispositivos de navegação etc, assim como a organização funcional da página. Na maioria dos casos, o design gráfico e de interfaces de um site estão inextricavelmente ligados. Discuto design de interfaces mais detalhadamente no Capítulo 18, Como criar sites da web utilizáveis.

Freqüentemente, o design de interfaces cai nas mãos de um designer gráfico como padrão; em outros casos, ele é tratado por um especialista de design de interfaces. Muitos designers de interfaces têm vivências anteriores em design de software. É possível encontrar cursos sobre design de interfaces; no entanto, esta é uma área na qual você pode desenvolver habilidades em um campo específico através de uma combinação de pesquisa pessoal, experiência no campo e bom senso.

Design de informações

Um aspecto facilmente negligenciado do design da web é o design de informações — a organização do conteúdo e como você chega a ele. Os designers de informações (também chamado de "arquitetos de informações") lidam com fluxogramas e diagramas e podem nunca entrar em contato com um arquivo gráfico ou de texto; no entanto, eles são uma parte crucial da criação do site.

Alguns designers de informações têm background nas ciências de biblioteca. É possível (mas não simples) encontrar cursos especificamente a respeito de design de informações, embora provavelmente estes estejam no nível de graduação. Novamente, um pouco de pesquisa pessoal e experiência de trabalho em uma equipe farão muito para aperfeiçoar esta habilidade. Daremos uma olhada em alguns princípios básicos do design de informações no Capítulo 18.

Produção de HTML

Uma boa quantidade do processo de design da web envolve a criação, a identificação e diagnóstico de problemas dos documentos HTML que compõem um site. As pessoas que trabalham em produção precisam ter um conhecimento complexo de HTML (a linguagem de marcação usada para fazer documentos da web), e geralmente algumas habilidades adicionais de programação ou criação de scripts. Nas grandes empresas de design da web a equipe que trata de HTML e codificação é algumas vezes chamada de departamento de "desenvolvimento".

Felizmente, a HTML básica é fácil de aprender sozinho e há novas e poderosas ferramentas que podem reduzir erros e acelerar o processo de produção.

Programação

A funcionalidade avançada da web (como formulários e interatividade) exige habilidades de programação tradicionais para escrever scripts, programas e aplicações e para trabalhar com bancos de dados, servidores e assim por diante. O que está atrás dos panos faz com que as páginas da web façam sua mágica e há uma grande demanda por programadores. Os programadores profissionais podem nunca entrar em contato com um arquivo gráfico ou ter informação sobre como as páginas se parecem. Se você quiser se tornar um programador, definitivamente obtenha um diploma em Ciência da Computação. Embora alguns programadores sejam autodidatas, treinamento formal é benéfico.

É possível produzir sites competentes, bem projetados e de conteúdo rico sem a necessidade de programação, logo, designers da web por hobby não devem ficar desencorajados. No entanto, uma vez que você passe a obter informações complexas através de formulários, ou oferecer informações em demanda, é necessário ter um programador na equipe.

Multimídia

Uma das coisas interessantes a respeito da Web é que você pode adicionar elementos de multimídia a seu site, incluindo som, vídeo, animação e interatividade. Se você estiver interessado em se especializar em multimídia para a Web, recomendo se tornar um forte usuário de ferramentas de multimídia, como Flash e/ou Director da Macromedia. Um background em produção de som e vídeo também é benéfico. As empresas de desenvolvimento da web normalmente procuram pessoas que tenham dominado as ferramentas de multimídia padrão e tenham uma boa sensibilidade visual e um instinto para design de multimídia criativo e intuitivo.

Preciso aprender Java?

Você ficaria surpreso com o número de vezes que ouvi o seguinte: "Queria ter acesso a design da web, logo, saí e comprei um livro sobre Java". Geralmente respondo, "Bem, vá devolvê-lo!". Antes de gastar dinheiro em um grande livro de Java, estou aqui para lhe dizer que você nunca precisará conhecer programação de Java para ser um designer da web.

O que se segue é uma lista de "linguagens" associadas com a criação de sites da web. Elas estão listadas em ordem geral de complexidade e na ordem que você pode querer aprendê-las. Tenha em mente, o único requisito é HTML. Seu limite depois disto depende de você.

De relance

"Linguagens" de programação relacionadas a web a fim de aumentar a complexidade:
- HTML
- Folhas de estilo
- JavaScript
- DHTML
- Criação de scripts CGI
- XML
- Java

HTML (Linguagem de marcação de hipertexto)

Esta é a linguagem usada para escrever documentos de páginas da web (discutiremos isto com mais detalhes na próxima parte e ao longo deste livro). Escrever HTML não é programar, é mais como processamento de texto em escrita comum.

Todos envolvidos com a Web precisam de um entendimento básico de como a HTML funciona. Suas limitações e peculiaridades definem o que pode ser feito na Web. Se você estiver envolvido em produção da web irá vivê-la e respirá-la. A boa notícia é que é simples aprender o básico. E mais, há ferramentas de edição de HTML que facilitarão ainda mais o trabalho para você.

Folhas de estilo

Uma vez que você tenha dominado HTML, você pode querer experimentar as Folhas de estilo em cascata (CSS). As folhas de estilo lhe dão controle estendido sobre formatação de páginas e texto, e são excelentes para automatizar a produção. As folhas de estilo para a Web ainda são relativamente novas, logo, não funcionarão em todos os navegadores. No entanto, os desenvolvimentos atuais de navegador sugerem que as folhas de estilo se tornarão cada vez mais importantes nos próximos anos. As folhas de estilo são discutidas com mais detalhes no Capítulo 20, Como eles fazem isto?.

JavaScript

Apesar de seu nome, JavaScript não está de maneira alguma relacionada a Java. JavaScript é uma linguagem de criação de scripts específica da web; instruções especiais podem ser inseridas nas páginas da web para adicionar funcionalidade, como fazer com que novas janelas apareçam ou fazer com que alguma coisa mude quando o mouse é passado sobre ela. Aprender JavaScript significa aprender uma linguagem de programação, logo, a curva de aprendizagem é íngreme. Dependendo de seu papel no processo de design da web, as ferramentas que usa, e as pessoas que você contrata ou com as quais trabalha, você pode nunca precisar aprender a escrever JavaScript. JavaScript é discutido mais um pouco no Capítulo 20.

DHTML (HTML dinâmica)

A DHTML não é uma linguagem de programação separada; ela se refere ao uso de uma combinação de HTML, JavaScript e CSS de uma maneira que faz com que os elementos de página se movam ou mudem (daí o termo "dinâmica"). Pelo fato dos navegadores terem maneiras diferentes de tratar de conteúdo DHTML, fazer com que a DHTML funcione corretamente é complicado. Escrever código DHTML é uma habilidade avançada de produção da web – útil para aprender se você quiser se especializar em programação e produção da web, mas não essencial para todo mundo. Felizmente, ferramentas como Dreamweaver da Macromedia fornecem uma interface fácil para adicionar animação de truques básicos de DHTML às suas páginas. Para uma apresentação completa veja o Capítulo 20.

Programação de CGI

Algumas páginas da web, incluindo aquelas que usam formulários e bancos de dados, se baseiam em programas especiais para enviar informações para e do usuário. Estes programas algumas vezes são chamados de scripts de CGI (Interface de porta comum) e podem ser escritos em diversas linguagens de programação. Escrever scripts de CGI é tipicamente território do programador e não é esperado de designers da web.

XML

XML (que significa Linguagem de marcação extensível) é uma linguagem de marcação como HTML, apenas em uma escala muito maior e mais robusta. Enquanto HTML se preocupa principalmente com os elementos em uma página (cabeçalhos, parágrafos, citações etc), XML é usada para definir os tipos de conteúdo dentro do documento (autor, data de criação, número da conta etc). O interessante a respeito de XML é que você pode criar conjuntos de marcas apropriadas para suas informações. Para usar um exemplo clássico, se você estivesse publicando receitas, você poderia criar um conjunto de marcas XML que incluíssem <ingredient>, <instructions> e <servings>. Um banco pode usar um conjunto de marcas XML para identificar <account>, <balance>, <date> etc. Isto torna XML uma ferramenta poderosa para transferir dados entre aplicações e manusear os dados em bancos de dados complexos, assim como exibi-los em uma página da web. Já que grande parte disto acontece no "back-end" (ao invés de na janela do navegador), a responsabilidade pelo desenvolvimento de XML normalmente cai nas mãos dos programadores.

Java

Embora Java possa ser usada para criar pequenas aplicações para a Web (conhecidas como "applets"), ela é uma linguagem de programação completa e complexa que é tipicamente usada para desenvolver grandes aplicações de escala empresarial. Aprenda Java apenas se quiser se tornar um programador de Java. Você pode passar a vida toda como um designer da web sem conhecer coisa alguma de Java (como eu faço).

O que preciso comprar?

Não é nenhuma surpresa que designers da web profissionais necessitam de uma grande quantidade de equipamentos, tanto hardware quanto software. Uma das perguntas mais comuns que meus estudantes fazem é, "O que devo obter?". Não posso lhe dizer especificamente o que comprar, mas fornecerei uma visão geral das ferramentas típicas do negócio.

Equipamentos

Para um ambiente confortável de criação de sites da web, recomendo os seguintes equipamentos:

Um computador sólido e atualizado. Windows ou Macintosh está bom, mas os departamentos mais criativos nas empresas de desenvolvimento da web profissional tendem se basear no Macintosh. Embora seja bom ter uma máquina super rápida, os arquivos que compõem as páginas da web são bem pequenos e não tendem a sobrecarregar os computadores. A menos que você esteja lidando com edição de som e vídeo, não se preocupe se sua configuração atual não for de estado da arte.

Memória extra. Pelo fato de você tender a alternar entre diversos programas de software, é uma boa idéia ter memória RAM suficiente instalada em seu computador para poder deixar programas rodando ao mesmo tempo. Depende dos programas que você está rodando, mas como uma aproximação 32MB é o mínimo absoluto, 64MB é mais confortável e 128MB e acima é preferível.

Um monitor grande. Embora não seja um requisito, um monitor de alta resolução ou grande (1024 x 768 pixels e acima) facilita a vida. Quanto mais espaço de monitor você tiver, mais painéis de controle e janelas você poderá abrir ao mesmo tempo. Você também pode ver mais de sua página para tomar decisões de design.

Um segundo computador. Muitos designers da web acham útil ter computadores de teste que sejam plataformas diferentes de seus computadores principais (por exemplo, se você projetar em um Macintosh, teste em um PC). Pelo fato dos navegadores trabalharem de maneira diferente em Macs do que em máquinas Windows, é importante testar suas páginas em quantos ambientes forem possíveis. Se você for um designer da web por hobby trabalhando em casa, verifique suas páginas na máquina de um amigo.

Um scanner. Os scanners são convenientes para criar imagens ou texturas. Conheço um designer que tem dois scanners: um é o scanner "bom" e o outro ele usa para escanear coisas como peixe morto e panelas enferrujadas. Algumas vezes uso minha câmera digital para coletar imagens também.

Software

Não há deficiência de software disponível para criar páginas da web. Antigamente, contávamos apenas com ferramentas originalmente projetadas para impressão. Hoje em dia, há ferramentas maravilhosas projetadas com design da web especificamente em mente. Agora, nos lançamentos de terceira e quarta versões elas se tornaram muito inteligentes no processo de tornar o design da web mais eficiente. Embora não possa listar cada lançamento de software disponível (você pode encontrar outras ofertas assim como os números da versão atual dos programas a seguir nos catálogos de software), gostaria de lhe apresentar as ferramentas mais comuns e comprovadas para design da web.

Autoria de páginas da web

As ferramentas de autoria da web são similares às ferramentas de publicação de desktop, mas o produto final é um documento de página da web (um arquivo HTML). Estas ferramentas fornecem uma interface visual "WYSIWYG" (O que você vê é o que você obtém) e atalhos que lhe poupam de digitar código HTML repetitivo. Alguns dos pacotes mais poderosos também geram JavaScript e DHTML. A seguir estão os nomes de alguns programas populares de autoria da web:

Dreamweaver da Macromedia. Este é o padrão da indústria devido a seu código limpo e recursos avançados.

Adobe GoLive. GoLive é uma outra ferramenta top de linha com recursos avançados.

FrontPage da Microsoft. Este programa é bem popular no mundo dos negócios, mas notório por adicionar código proprietário extra a seus arquivos, logo, ele tende a ser evitado por designers da web profissionais. Uma outra desvantagem é que algumas funções exigem software especial da Microsoft no servidor, portanto, verifique com seu administrador de servidor se estiver planejando usar FrontPage.

Editores HTML

Os editores HTML (ao contrário das ferramentas de autoria) são projetados para acelerar o processo de escrever HTML manualmente. Eles não permitem que você edite a página visualmente como as ferramentas de autoria WYSIWYG (listadas anteriormente) o fazem. Muitos designers da web profissionais preferem criar documentos HTML manualmente e recomendam insistentemente as duas ferramentas a seguir:

Allaire HomeSite (apenas para Windows). Esta ferramenta barata inclui atalhos, modelos e ainda assistentes para elementos mais complexos.

BBEdit da Bare Bones Software (apenas para Macintosh). Muitos recursos tornam este o editor de escolha para programadores da web baseados em Macintosh.

Software de imagens gráficas

Você provavelmente irá querer adicionar figuras às suas páginas (esta é parte da diversão da Web), logo, você precisará de um programa de edição de imagens. Veremos alguns dos programas mais populares detalhadamente na Parte III - Como criar imagens gráficas da web. Neste ínterim, você pode querer ver as seguintes ferramentas populares de criação de imagens gráficas da web:

Adobe Photoshop. O Photoshop é indiscutivelmente o padrão da indústria para criação de imagens gráficas, tanto no mundo da impressão quanto no da web. A Versão 5.5 adicionou muitos recursos avançados feitos especificamente para criar imagens gráficas da web eficientes e de alta qualidade. Se você quiser ser um designer profissional precisará aprender Photoshop por dentro e por fora.

Adobe ImageReady. Junto com o Adobe Photoshop, este programa de imagens gráficas da web ajuda a fazer imagens gráficas menores e melhores e também fornece funções especiais, como animação e efeitos de "rollover".

Fireworks da Macromedia. Este programa de criação de imagens gráficas da web combina um programa de desenho (similar ao Freehand da Macromedia ou Adobe Ilustrador) com um editor de imagens. Seu poder real reside nas suas funções específicas da web para criar imagens gráficas otimizadas, imagens gráficas animadas e botões interativos.

De relance

Software popular de design da web

Autoria de páginas da web

Macromedia Dreamweaver
www.macromedia.com

Adobe GoLive
www.adobe.com

FrontPage da Microsoft
www.microsoft.com/catalog/

Edição de HTML

Alllaire HomeSite
www.allaire.com

BBEdit da Software de Bare Bones
www.barebones.com

Imagens gráficas

Adobe Photoshop

Adobe ImageReady

Macromedia Fireworks

JASC Paint Shop Pro
www.jasc.com

Adobe Illustrator

Macromedia Freehand

Multimídia

Macromedia Flash

Director da Macromedia

Adobe Premier

Adobe After Effects

SoundEdit da Macromedia

Ferramentas da Internet

Netscape Navigator (navegador)
home.netscape.com/browsers/

Microsoft Internet Explorer (navegador)
www.microsoft.com/windows/ie/
www.microsoft.com/mac/ie/

Lynx (navegador apenas de texto)
lynx.browser.org

Programas de transferência de arquivos (FTP)

Telnet

Adobe Illustrator. Este programa de desenho é freqüentemente usado para criar imagens gráficas, que são então trazidas para o Photoshop para ajuste fino.

JASC Paint Shop Pro (apenas para Windows). Este editor de imagens completo é bem popular com o pessoal do Windows, principalmente devido ao seu baixo preço (apenas U$99 na época em que este livro estava sendo impresso).

Ferramentas de multimídia

Pelo fato deste livro ser para iniciantes, não estaremos nos concentrando nos elementos avançados de multimídia; no entanto, ainda é útil estar ciente do software que está disponível para você, caso você opte por seguir esta especialidade:

Flash da Macromedia. Este é o favorito para adicionar animação, som e efeitos interativos às páginas da web devido ao pequeno tamanho de arquivo dos filmes Flash.

Director da Macromedia. Embora originalmente criado para CD-ROM e apresentações de quiosque, o Director também pode ser usado para gerar filmes e elementos interativos (chamado arquivos "Shockwave") para entrega na web.

Adobe LiveMotion. Novo pacote multimídia da Adobe que pode ser usado para criar arquivos Flash. É bem integrado com outros produtos da Adobe.

Ferramentas da Internet

Como você estará lidando com a Internet, você precisa ter algumas ferramentas especificamente para visualizar e deslocar arquivos na rede:

Uma variedade de navegadores. Pelo fato dos navegadores renderizarem páginas de maneira diferente, você vai querer testar suas páginas em quantos navegadores for possível (Netscape Navigator e Microsoft Internet Explorer, no mínimo), assim como um navegador apenas de texto, como Lynx.

Um programa de transferência de arquivos (FTP). Este permite que você transfira (carregue) seus arquivos para o computador que servirá suas páginas para a Web. Há muitos utilitários que fazem transferência de arquivos exclusivamente, incluindo Fetch (para o Mac), Interarchy (Mac) e WS_FTP (Windows). As funções de transferência de arquivos estão embutidas em algumas ferramentas de autoria de páginas da web, como Dreamweaver da Macromedia e Adobe GoLive. Veja o Capítulo 3, Como colocar seus arquivos na web, para maiores informações sobre carregar arquivos.

Telnet. Se você estiver adiantado e conhecer o sistema operacional de Unix, você pode encontrar um programa telnet útil para manipular arquivos no servidor. Se não, você pode provavelmente ficar sem ele.

Moral da história

Bem, não é realmente o moral da história, mas a lição deste capítulo deve ser "você não tem que aprender tudo!". E mesmo se quiser eventualmente aprender tudo não precisa aprender tudo de uma vez só. Logo, relaxe e não se preocupe...

Como você verá em breve, é fácil começar a projetar páginas da web – quando tiver terminado de ler este livro você conseguirá criar páginas simples. A partir daí, você pode continuar a aumentar seu leque de truques e encontrar seu nicho especial no design da web.

Capítulo 2
Como a Web funciona

Comecei no design da web no início de 1993 — próximo ao início da própria Web. Dentro da era da web, isto me torna uma veterana, mas não se passou tanto tempo assim a ponto de não me lembrar do primeiro dia em que vi uma página da web. Francamente, fiquei um pouco confusa. Foi difícil dizer de onde as informações estavam vindo e como tudo funcionava.

Este capítulo esclarece tudo e apresenta alguma terminologia básica que você encontrará. Se você já passou algum tempo lidando com a Web, algumas destas informações serão uma revisão. Se você estiver começando do zero é importante ter todas as partes em perspectiva. Começaremos com a visão geral e depois trataremos dos detalhes específicos.

Neste capítulo

Uma explicação fácil da Web e como ela se relaciona à Internet

O papel do servidor

Introdução a URLs e seus componentes

A anatomia de uma página da web

A função de um navegador

A Internet versus a Web

Não, não é uma batalha até a morte, apenas uma oportunidade para enfatizar a distinção entre estas duas palavras que estão sendo usadas cada vez mais e de modo intercambiável.

A Internet é uma rede de computadores conectados. Nenhuma empresa possui a Internet (quer dizer, ela não é equivalente à América Online); ela é um esforço cooperativo regido por um sistema de normas e regras. O objetivo de conectar estes computadores é, logicamente, compartilhar informações. Há muitas maneiras através das quais as informações podem ser passadas entre computadores, incluindo e-mail e transferência de arquivo (FTP), assim como modos obsoletos como WAIS e gopher. Um modo de comunicação é co-

Uma rápida história da web

A Web nasceu em um laboratório de física de partículas (CERN) em Genebra, Suíça, em 1989. Lá, um especialista em computador chamado Tim Berners-Lee primeiro propôs um sistema de gerenciamento de informações que usava um processo de "hipertexto" para linkar documentos relacionados em uma rede. Ele e seu sócio, Robert Cailliau, criaram um protótipo e o lançaram para análise. Nos primeiros anos, as páginas da web eram apenas de texto. É difícil acreditar que em 1992 (há não muito tempo) o mundo tinha apenas 50 servidores da web!

A popularidade da web realmente cresceu em 1992 quando o primeiro navegador gráfico (NCSA Mosaic) foi apresentado. Isto permitiu que a web saísse do reino da pesquisa científica para a mídia de massa. O desenvolvimento da web é supervisionado pelo World Wide Web Consortium (W3C), uma organização voluntária no Instituto de Tecnologia de Massachusetts (MIT).

Se você quiser se aprofundar na história da web, veja estes sites:

Uma rápida história da web
  www.inria.fr/Actualites/Cailliau/fra.html

Biblioteca virtual dos programadores da web
  WDVL.com/Internet/History

Arquivos históricos do W3C
  www.w3c.org/History.html

nhecido como um protocolo e exige programas especiais que saibam como lidar com este tipo de informações.

A World Wide Web (conhecida afetuosamente como "a Web") é apenas uma das maneiras através das quais informações podem ser compartilhadas; ela é um subconjunto das informações na Internet e tem seu próprio protocolo.

Há diversos aspectos que tornam a Web única dentre outros protocolos. Primeiro, e provavelmente mais significativamente, você pode facilmente linkar um documento a um outro – os documentos e seus links formam uma "web" enorme de informações conectadas.

O nome formal para texto linkado é hipertexto e o termo técnico para a maneira que a Web transfere informações é o Protocolo de transferência de hipertexto ou HTTP, para simplificar. Se você passou algum tempo usando a Web, este acrônimo parecerá familiar, já que ele é as quatro primeiras letras de todos os endereços de sites da web. Veremos com mais detalhes endereços da web mais tarde neste capítulo.

A popularidade da Web se origina do fato de que ela é um meio visual, combinando texto e imagens gráficas em um layout tipo página. Além disso, ela não exige que os usuários conheçam qualquer comando especial ou software complexo; ela é principalmente apontar e clicar.

Como apresentar suas informações

Vamos falar mais a respeito dos computadores que compõem a Internet. Pelo fato deles "apresentarem" documentos mediante solicitação, estes computadores são conhecidos como servidores. Mais precisamente, o servidor é o programa de software que permite que o computador se comunique com outros computadores; no entanto, é comum usar a palavra "servidor" para se referir ao computador, também. O papel do software de servidor é esperar por uma solicitação por informação, depois recuperar e enviar de volta aquela informação o mais rápido possível.

Não há nada especial a respeito dos próprios computadores... indo desde uma máquina Unix de alta potência a um computador pessoal modesto. É o software de servidor que faz com que tudo aconteça. Para que um computador seja parte da Web, ele deve estar rodando software especial de servidor da web que permita que ele "fale" o Protocolo de transferência de hipertexto. Os servidores da Web são também chamados de "servidores HTTP".

É atribuído a cada servidor um único número (seu endereço IP) e um nome correspondente (seu domínio ou nome de host), como *oreilly.com*. O número e o nome são usados para identificar aquele servidor em particular na Internet de modo que você possa se conectar a informação correta. Na Web, há uma convenção de que máquinas rodando servidores da web tenham um nome começando com "www" (como *www.oreilly.com*), mas isto não é de maneira alguma uma regra rígida.

Endereços de páginas da web (URLs)

Com todas aquelas páginas da web em todos aqueles servidores, como você encontraria a que está procurando? Felizmente, cada documento tem seu próprio endereço especial chamado URL (Localizador de recurso uniforme). A Web é tão popular agora que é quase impossível passar um dia sem ver um URL (pronunciado "U-R-L", e não "erl") afixado na lateral de um ônibus, exposto em um pôster ou em um comercial de televisão.

Os URLs podem parecer como cadeias desordenadas de caracteres separados por pontos e barras, mas cada parte tem um propósito específico.

As partes de um URL

Um URL completo é geralmente composto de quatro componentes, como mostrado na Figura 2-1. Vamos examinar cada um.

Figura 2-1

Intranets e extranets

Quando você pensa em um site da web, geralmente supõe que ele seja acessível a qualquer um navegando na web. No entanto, muitas empresas se aproveitam do impressionante compartilhamento de informações e obtenção de poder dos sites da web para trocar informações apenas dentro de seus próprios negócios. Estas redes especiais baseadas na web são chamadas intranets. Elas são criadas e funcionam como sites da web simples, estando apenas em computadores com dispositivos de segurança especiais (chamados firewalls) evitando que o mundo externo as veja. As intranets têm muitos usos, como compartilhar informações de recursos humanos ou fornecer acesso a bancos de dados de estoque.

Uma extranet é como uma intranet, ela apenas permite acesso a usuários selecionados fora da empresa. Por exemplo, uma empresa de fabricação pode fornecer a seus clientes uma senha que permita que eles verifiquem o status de seus pedidos no banco de dados de pedidos da empresa. Logicamente, as senhas determinam que fatia das informações da empresa é permitido que este usuário veja. Este tipo de compartilhamento de rede está mudando a maneira através da qual muitas empresas fazem negócios.

❶ **http://**
A primeira coisa que o URL faz é definir o protocolo que será usado para aquela transação em particular. Como discutimos anteriormente, as letras HTTP permitem que o servidor saiba usar o Protocolo de transferência de hipertexto ou ter acesso ao "modo da web".

❷ **www.jendesign.com**
A próxima parte do URL indica o servidor a se conectar. Na maioria dos casos, o URL identifica um servidor pelo seu nome de domínio, mas também poderia chamar o servidor pelo seu número (é mais fácil para os humanos chamar pelo nome). Neste URL, estou pedindo para ver um arquivo no servidor "jendesign". O "www" é apenas uma convenção para indicar que este é um servidor da web.

❸ **/2000/samples/**
Se você vir uma série de palavras separadas por barras, isto indica um caminho através de níveis de diretórios para um arquivo específico. Pelo fato da Internet ter sido originalmente constituída de computadores executando o sistema operacional Unix, nossa maneira atual de fazer coisas ainda segue muitas convenções e regras Unix.

❹ **First.html**
A última parte do URL é o nome do próprio arquivo. Ele deve terminar em *.htm* ou *.html* a fim de ser reconhecido como um documento da página da web.

Nosso URL de exemplo está dizendo que gostaria de usar o protocolo HTTP para se conectar a um servidor da web na Internet chamado *jendesign.com* e solicitar o documento *first.html* (localizado no diretório *samples* (amostras), que está no diretório *2000*).

Servidores e clientes

Como discutimos neste capítulo, software de servidor envia informações mediante solicitação. Algumas vezes, a palavra "servidor" é usada para se referir ao computador que roda aquele software. A outra metade desta equação é o software que faz a solicitação. Este software é chamado de "cliente". Na Web, o navegador é o software do cliente que faz solicitações por documentos. O servidor da web retorna os documentos para o navegador exibir. Freqüentemente no design da web você ouvirá referência a aplicações "no cliente" ou "no servidor". Estes termos são usados para indicar que máquina está fazendo o processamento. As aplicações no cliente são executadas na máquina do usuário, enquanto que as funções e aplicações no servidor usam o poder de processamento do computador do servidor.

Atalhos de URL

Obviamente, nem todo URL que você vê é tão complicado. Freqüentemente, você vê URLs que são pequenos e agradáveis, como *www.oreilly.com*. Eis aqui como isto funciona.

http://

Primeiro, já que todas as páginas da web usam o Protocolo de transferência de hipertexto, "http://" é normalmente omitido porque ele está implícito. Além disso, os navegadores são programados para adicionar aquela parte automaticamente se ela não for digitada explicitamente. Ela está sempre lá, você apenas não precisa lidar com ela sempre.

Arquivos de índice

Uma outra parte implícita de um URL é qualquer referência a um documento chamado *index.html*. A maioria dos servidores tem um padrão embutido que faz com que eles procurem um arquivo chamado *index.html* se nenhum nome de arquivo for especificado no URL*. Logo, se digito *www.oreilly.com*, o navegador irá recuperar o documento *http://www.oreilly.com/index.html*. Ao nomear o documento de nível mais alto no seu diretório *index.html*, você pode manter seu URL simples (Figura 2-2).

O arquivo de índice também é útil para segurança. Se um diretório não tiver um arquivo chamado *index.html* e o servidor estiver configurado para procurar um, quando alguém digitar um URL sem um nome de arquivo específico, o navegador exibirá uma lista de todos os arquivos naquele diretório. Se você não quiser que pessoas bisbilhotem seus arquivos certifique-se de que haja um arquivo de índice em cada diretório (Figura 2-3).

Se você não quiser que pessoas bisbilhotem seus arquivos certifique-se de que haja um arquivo de índice em cada diretório.

---

* O arquivo padrão pode ter um nome diferente, como default.html. Depende de como o software de servidor é configurado, logo, certifique-se de pedir a seu administrador de servidor o nome de arquivo padrão adequado.

Figura 2-2

A maioria dos navegadores sabe inserir o "http://", se ele não for digitado explicitamente; alguns adicionarão também um "www" e ".com" se uma única palavra for solicitada.

URLs pequenos e agradáveis implicitaram componentes que você não precisa digitar.

Quando nenhum nome de arquivo for fornecido o servidor irá procurar um arquivo padrão geralmente chamado de "index.html".

Figura 2-3

Digitar um URL sem um nome de arquivo específico leva o servidor a procurar pela página padrão, geralmente chamada de "index.html".

Se o servidor não encontrar um arquivo chamado "index.html" ele retorna o conteúdo de todo o diretório.

Se você não quiser o conteúdo de seu servidor visível para todo o mundo, certifique-se de que haja um arquivo de índice em cada diretório.

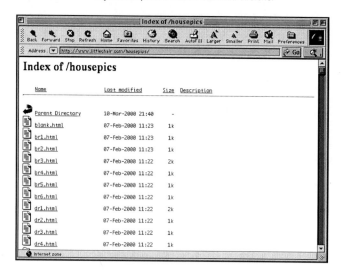

A anatomia de uma página da web

Finalmente, chegamos ao cerne da Web — documentos de páginas da web! Você sabe como eles se parecem quando os vê em seu computador, mas o que está acontecendo "por debaixo dos panos"? Vamos dar uma rápida olhada naquilo de que as páginas da web são feitas.

Na Figura 2-4 você vê uma página básica da web quando ela aparece em um navegador. Embora você consiga vê-la como uma página coerente, ela é na realidade composta de três arquivos separados: um documento HTML (simple.html) e duas imagens gráficas (*flower.gif e simple header.gif*). O documento HTML está comandando o show.

Figura 2-4

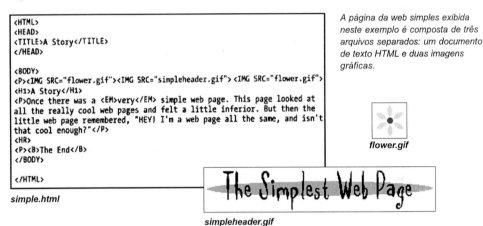

A página da web simples exibida neste exemplo é composta de três arquivos separados: um documento de texto HTML e duas imagens gráficas.

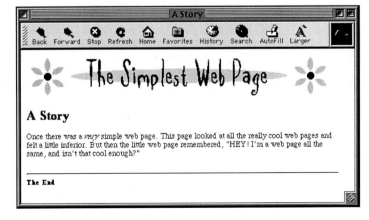

O navegador reúne estes elementos separados na janela. As marcas no arquivo HTML dão ao navegador instruções de como a página deve ser exibida.

> **Dica**
>
> **Fonte de visualização**
>
> Você pode ver o arquivo HTML para qualquer página da web ao escolher View → Source ou View → Page Source no menu de seu navegador. É uma boa maneira de ver a marcação que é responsável por um efeito que você gosta. Seu navegador abrirá o documento fonte em uma janela separada.
>
> Não esqueça de que embora aprender do trabalho dos outros seja bom, o roubo do código de outras pessoas não é bom. Se você quiser usar código como o vê, peça permissão e sempre dê credito àqueles que fizeram o trabalho.

Documentos HTML

Você pode ficar tão surpreso quanto fiquei ao descobrir que as páginas interativas e graficamente ricas que vemos na Web são geradas por documentos simples, apenas de texto. É isso aí: simples texto ASCII (significando que tem apenas letras, números e alguns caracteres de símbolo).

Dê uma olhada em *simple.html*, o documento de texto que compõe nossa página da web de amostra. Você pode ver que ele contém o conteúdo de texto da página; a "mágica" reside nas marcas especiais (indicadas com os símbolos < e >). Elas explicam como o texto deve ser exibido, onde as imagens gráficas devem ficar e onde os links ocorrem. Este sistema de marcação é chamado de Linguagem de marcação de hipertexto, ou HTML, para simplificar e as marcas são comumente conhecidas como marcas HTML.

Mas onde estão as imagens?

Obviamente, não há qualquer imagem no próprio arquivo HTML, logo, como elas chegam lá quando você vê a página final?

Você pode ver na Figura 2-4 que cada imagem é um arquivo gráfico separado. As imagens gráficas são colocadas no fluxo do texto com uma marca de posicionamento de imagens (<IMG>) que diz ao navegador onde encontrar a imagem gráfica (seu URL). Quando o navegador vê a marca <IMG>, ele sai e obtém a imagem gráfica do servidor e a exibe na página da web. Logo, é o navegador que reúne todas as partes.

Mais a respeito de marcas

Você estará aprendendo a respeito de HTML com detalhes na Parte II — Aprenda HTML, portanto, não quero sobrecarregá-lo com muitos detalhes agora, mas existem algumas coisas que gostaria de ressaltar. Leia o documento HTML e o compare aos resultados do navegador na Figura 2-4. É fácil ver como as marcas e os elementos de página se relacionam.

Primeiro, você perceberá que o que estiver dentro dos parênteses não é exibido na página final. As marcas simplesmente fornecem ao navegador instruções de como o texto ou elemento será renderizado na página. Geralmente, a marca usa uma abreviação da instrução, como "H1" para "Nível de Cabeçalho 1" ou "EM" para "Texto Enfatizado".

Segundo, você verá que a maioria das marcas HTML aparece em pares (algumas vezes chamadas de contêineres), a primeira ativando aquele atributo e a segunda (contendo uma barra) o desativando. Em nosso documento HTML, <H1> indica que o texto a seguir deve ser um Nível de Cabeçalho 1; </H1> finaliza o cabeçalho e volta para o texto normal.

Há algumas marcas que não usam uma marca de fechamento. Elas são geralmente chamadas de marcas "independentes" e são usadas para colocar um elemento ou instrução em uma página. Em nossa amostra, <HR> significa "desenhe um fio (linha) horizontal aqui".

Navegadores

Como você provavelmente sabe, um navegador é um software que exibe páginas da web. É a ferramenta que você usa para ver a Web, um pouco como um aparelho de televisão é a ferramenta que você usa para ver programas de televisão.

O navegador lê através do arquivo HTML e renderiza o texto e as marcas quando os encontra. Quando comecei a escrever HTML me ajudou pensar em marcas e texto como "contas em um colar" com as quais o navegador lida uma a uma, em seqüência. Entender o método do navegador pode ser útil ao identificar e diagnosticar problemas em um documento HTML com problemas.

Um navegador é realmente um mágico de um só truque: é programado para solicitar páginas da web e exibir seu conteúdo. Você não pode usar o navegador para editar o arquivo da web (você tem que abrir o arquivo original em um editor para fazer isto) — você pode apenas visualizá-lo. Alguns "navegadores" são grupos de programas que incluem um navegador, funcionalidade de e-mail, capacidades de transferência de arquivo e ainda um editor HTML. Suas capacidades são aprimoradas pelo uso de plug-ins e aplicações de ajuda que ajudam o navegador a apresentar mídia além de documentos HTML, incluindo áudio, vídeo e apresentações interativas.

O conceito HTML

É importante observar que em HTML "pura", as marcas meramente especificam o tipo de informação que segue, e não instruções de como as informações devem parecer. É como as categorias de estilo que você pode criar em um programa de processamento de texto ou aplicação de publicação de desktop.

Logo, ao marcar um documento apropriadamente, você indica que um título em particular seja um Nível de Cabeçalho 1 (<H1>), mas é o navegador (controlado pelo usuário final) que determina a aparência de um H1. A maioria dos navegadores renderiza cabeçalhos de primeiro nível na maior fonte em negrito disponível.

Felizmente, foram introduzidos métodos para dar ao designer algum controle sobre como o texto é formatado, mas a intenção original da HTML era manter informações de estilo separadas do conteúdo e estrutura do documento.

Dica

Pelo fato do navegador ser fundamental para como as páginas da web aparecem para o usuário final, os designers precisam estar especialmente cientes de algumas das questões complexas em torno de software de navegador. Falaremos a respeito de algumas destas questões no Capítulo 4, O motivo pelo qual design da web não é como design de impressão.

De longe, os navegadores mais populares são o Netscape Navigator e Microsoft Internet Explorer. Mas, há centenas de navegadores menores e menos conhecidos por aí.

Um navegador em particular sobre o qual você deve saber é o Lynx, um navegador que exibe apenas texto e nenhuma imagem gráfica (Figura 2-5). Pelo fato dele trabalhar em terminais simples, ele é freqüentemente usado em redes acadêmicas e científicas. Usuários deficientes visuais podem ter páginas da web faladas para eles através de um dispositivo que lê do Linx ou um outro navegador apenas de texto. Designers da web freqüentemente usam Linx para testar suas páginas para funcionalidade sob as condições de visualização mais rudimentares.

Figura 2-5

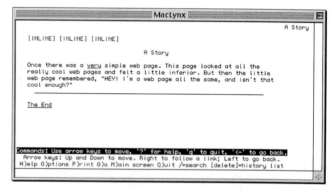

Esta é a aparência de nossa página da web simples quando visualizada no Linx, um navegador apenas de texto.

Como juntar tudo

Para resumir nossa introdução de como a Web funciona, vamos rastrear o fluxo dos eventos que ocorrem com cada página da web que aparece na sua tela (Figura 2-6).

Figura 2-6

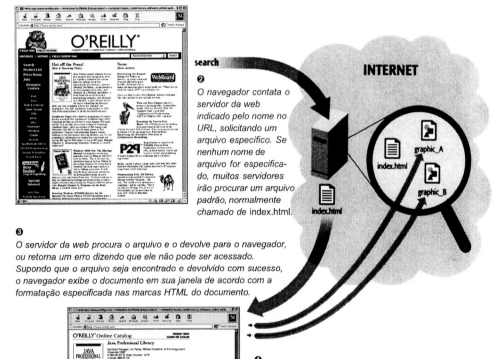

❶ Você solicita uma página da web ao digitar seu URL (endereço) diretamente no navegador ou ao clicar no texto linkado. O URL contém todas as informações necessárias para tomar como alvo um documento específico na vasta rede de computadores conhecida como Internet.

❷ O navegador contata o servidor da web indicado pelo nome no URL, solicitando um arquivo específico. Se nenhum nome de arquivo for especificado, muitos servidores irão procurar um arquivo padrão, normalmente chamado de index.html.

❸ O servidor da web procura o arquivo e o devolve para o navegador, ou retorna um erro dizendo que ele não pode ser acessado. Supondo que o arquivo seja encontrado e devolvido com sucesso, o navegador exibe o documento em sua janela de acordo com a formatação especificada nas marcas HTML do documento.

❹ Se a página tiver imagens gráficas (indicadas pela marca <IMG>), o navegador contata o servidor novamente para cada imagem gráfica. Cada imagem gráfica é enviada individualmente e é montada na página final pelo navegador.

E voilà! A página é exibida para você. Tudo isto normalmente acontece em um instante. Se você tiver uma conexão lenta para a Internet, você sabe que arquivos gráficos maiores tendem a ficar para trás do restante da página.

Capítulo 3

Como colocar suas páginas na Web

Pelo fato dos navegadores poderem ver documentos localmente (direto de seu HD), você não precisa de uma conexão da Internet para projetar páginas da web. No entanto, eventualmente, você vai querer colocá-las lá fora para o mundo ver. Este é o objetivo, certo?

Colocar uma página na Web é fácil... Apenas transfira seus arquivos para seu servidor da web e tchan, tchan, tchan, tchan — você está na Web! O que foi? Você não tem um servidor da web? Este capítulo lhe dirá onde procurar por um (você pode até ter espaço de servidor e não saber).

Mas, em primeiro lugar, quero lhe mostrar como é fácil colocar uma página online. Se você for um daqueles tipos a procura de gratificação instantânea (e tiver acesso a um servidor da web), você pode prosseguir e publicar sua primeira página da web antes do próximo capítulo.

Neste capítulo

Uma demonstração passo-a-passo de como carregar uma página da web

Como encontrar um servidor para ser o host de seu site da web

Como registrar seu próprio nome de domínio

Como colocar arquivos online (FTP)

Ficar online é uma questão de transferir seus documentos da web de seu computador desktop para seu computador do servidor da web. Se você estiver em um escritório ou em uma escola que tenha um servidor da web como parte de sua rede, você pode conseguir enviar os arquivos diretamente na rede, como você o faria com qualquer outra transferência de arquivo.

O mais provável é que seu servidor esteja na Internet. Arquivos são transferidos entre computadores na Internet através de FTP (Protocolo de Transferência de Arquivo). Pelo fato de FTP ser um protocolo de Internet especial você precisará usar software feito para o trabalho.

Além disso, você precisará saber estas coisas para arquivos FTP:

O nome de seu servidor da web (host). Por exemplo, www.jenware.com.

Seu nome de login ID de usuário. Você obterá um nome de login do administrador de servidor ao configurar sua conta de servidor (ou se você for um freelance, precisará acessar o login de seu cliente).

Sua senha. Isto também será fornecido pelo administrador de servidor ou cliente.

O diretório onde residem suas páginas da web. Seu administrador de servidor também deve lhe dizer que diretório usar para suas páginas da web (normalmente, é www ou html). Seu servidor pode ser configurado para enviá-lo para o diretório correto quando você fizer o login. Neste caso, se você deixar o diretório em branco, você automaticamente será encaminhado para o diretório adequado. Novamente, obtenha orientações do administrador.

Antes que você possa carregar seus arquivos, você precisará ter software de FTP (arquivo de transferência) e certas informações a respeito de seu servidor da web.

Software de FTP

A coisa interessante é que a funcionalidade de FTP está agora embutida nas melhores ferramentas de autoria da web de WYSIWYG, como Dreamweaver da Macromedia, GoLive da Adobe e FrontPage da Microsoft (apenas para citar algumas). Isto é um ótimo recurso, porque você pode criar suas páginas e carregar todas elas em um programa.

Se você ainda não tiver investido em uma destas ferramentas, há vários programas dedicados de FTP com interfaces simples que tornam a transferência de arquivos tão fácil quanto mover arquivos em seu próprio computador. Para o Mac, tanto Fetch quanto Interarchie permitem "arrastar e soltar" transferências. No PC, WS_FTP e AceFTP são bem populares. Você pode fazer o download destes programas em www.download.com da CNET.

Uma página da web "viva" e real: passo-a-Passo

Finalmente! Vamos passar pelo processo de fazer uma página e colocá-la na web. Neste cenário, tive uma idéia para um site da web de recursos de cozinha, logo, registrei meu próprio nome de domínio, jenskitchen.com * (discutiremos como registrar nomes de domínio mais tarde neste capítulo). Agora, quero colocar uma página online para permitir que as pessoas saibam quando o site será ativado e o conteúdo estará disponível.

Etapa 1 — Crie a página da web

Usei um editor HTML para digitar um documento HTML simples e o salvei com o nome index.html em um diretório no meu desktop chamado mysite (Figura 3-1). Antes de colocá-lo no servidor onde todos possam vê-lo, verifico a página em um navegador ao abrir o arquivo que acabei de salvar em meu HD. Isto é chamado de ver o arquivo "localmente" — na sua própria máquina. Já que ele parece bom, estou pronta para carregar!

---

* Este é um domínio fictício usado apenas para fins de demonstração. Ele não tem nenhuma relação com qualquer site que possa aparecer um dia naquela localização.

Figura 3-1

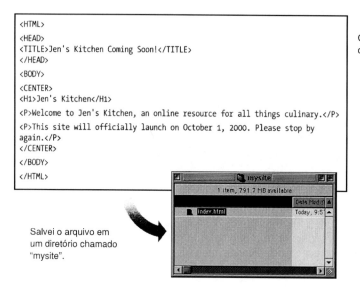

```
<HTML>
<HEAD>
<TITLE>Jen's Kitchen Coming Soon!</TITLE>
</HEAD>
<BODY>
<CENTER>
<H1>Jen's Kitchen</H1>
<P>Welcome to Jen's Kitchen, an online resource for all things culinary.</P>
<P>This site will officially launch on October 1, 2000. Please stop by again.</P>
</CENTER>
</BODY>
</HTML>
```

O documento HTML que criei em um editor HTML.

Salvei o arquivo em um diretório chamado "mysite".

Minha página vista localmente em um navegador.

Etapa 2 — Se conecte ao servidor com um programa de FTP

Uma vez que trabalho em um Macintosh gosto de usar Fetch para transferir arquivos, mas outros programas de FTP funcionam similarmente, logo, esta demonstração será útil para todo mundo.

A primeira coisa que faço, logicamente, é me certificar de que estou conectada à Internet. Gosto de meu modem a cabo porque ele está sempre ligado, mas você pode precisar discar em um modem. Uma vez online, posso ativar o Fetch e me conectar ao servidor.

Quando seleciono "New Connection" (Nova Conexão) (Figura 3-2), o Fetch faz com que uma janela apareça me perguntando o nome do servidor ao qual quero me conectar (no meu caso é jenskitchen.com) ❶. Por razões de segurança, ele pergunta meu nome de usuário e senha (Eu os obtive quando configurei a conta de servidor) ❷. A última coisa que ele pergunta é o diretório ❸. Meu administrador de servidor me disse para usar www.

Figura 3-2

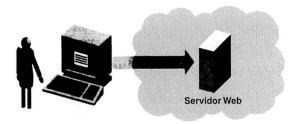

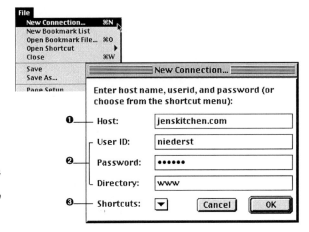

Quando você inicia uma conexão para o servidor, lhe perguntarão o nome de servidor ❶, suas informações de conta ❷, e o nome do diretório que você gostaria de acessar ❸.

Etapa 3 — Carregue o arquivo

Uma vez que esteja conectada, o Fetch me dá uma janela que mostra a estrutura de diretório no servidor (Figura 3-3). Já que quero "colocar" um arquivo no servidor, clico o botão "Put File" (outros programas de FTP podem chamar esta função de "send" ou "upload") ❶.

Clicar o botão "Put File" me dá uma janela onde posso navegar através dos diretórios na minha área de trabalho. Apenas seleciono meu arquivo index.html e clico "Open" para continuar ❷.

O restante de informações que você precisa fornecer é o formato do arquivo que você está carregando ❸. Embora Fetch forneça diversas opções, a mais útil é "Text", que é usada para documentos HTML, e "Raw Data", que é usada quando você esta carregando imagens ou outra mídia. Estas opções também são chamadas de "ASCII" e "Binary", respectivamente, por outros programas de FTP.

Uma vez selecionado "Text" e pressionado OK, meu arquivo começa a se movimentar rapidamente nas linhas e para o servidor. Levará um tempo para carregar, mas brevemente você verá o arquivo aparecer no diretório de servidor na janela principal do Fetch ❹.

Clique "Put File" quando você quiser carregar arquivos de seu computador para o servidor. Clique "Get File" quando você quiser fazer o download de arquivos do servidor para seu computador.

Figura 3-3

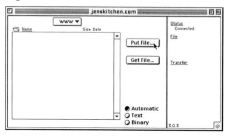

❶ Clique "Put File" para carregar um arquivo para o servidor.

❹ Quando o arquivo é carregado, o nome do arquivo aparece na lista de diretório da janela de FTP.

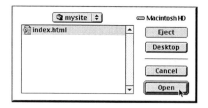

❷ Selecione o arquivo para carregar.

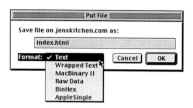

❸ Especifique o formato do arquivo (escolha "Text" ou "ASCII" para documentos HTML).

Etapa 4 — Verifique a página

Legal! Agora minha página está oficialmente na Web. Apenas para me certificar, posso verificá-la com um navegador (Figura 3-4). Abro meu navegador favorito e insiro o URL http://www.jeskitchen.com/index.html e está pronto.

Figura 3-4

Agora a página está na Web. Podemos vê-la ao inserir seu URL no navegador.

Como carregar de uma ferramenta de autoria da web

Muitas ferramentas de autoria da web vêm com programas de FTP embutidos e usá-las é simples. Neste exemplo, estou usando Dreamweaver da Macromedia em um Macintosh, mas outras ferramentas funcionam similarmente.

Etapa 1 — Crie um novo documento

Usei Dreamweaver para criar meu arquivo index.html e o salvei no diretório mysite (Figura 3-5). Você pode querer abrir o arquivo localmente em um navegador para se certificar de que ele funcione, como fizemos no exemplo anterior.

Figura 3-5

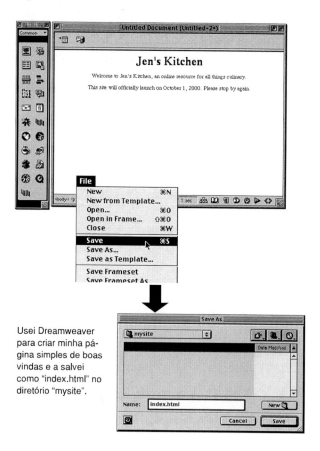

Usei Dreamweaver para criar minha página simples de boas vindas e a salvei como "index.html" no diretório "mysite".

Etapa 2 — Configure um novo "site"

O Dreamweaver usa a palavra "site" para se referir ao seu projeto. Antes que você possa carregar, você precisa definir um site novo e dar a ele um nome (Figura 3-6). O gerente de site (acessado através da janela Site) monitora os documentos em seu HD e o servidor e permite que você transfira arquivos entre eles.

Use a caixa de diálogo para fornecer informações a respeito de cada uma das categorias de site listadas à esquerda. A categoria "Web Server Info" permite que você especifique o host, nome de usuário, senha e informações de diretório que serão usados para transferências de FTP. Na categoria "Local Info" aponte para o diretório em seu HD que contém o arquivo (mysite).

Figura 3-6

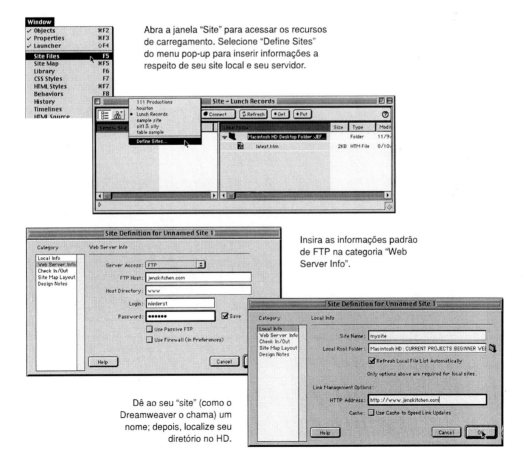

Abra a janela "Site" para acessar os recursos de carregamento. Selecione "Define Sites" do menu pop-up para inserir informações a respeito de seu site local e seu servidor.

Insira as informações padrão de FTP na categoria "Web Server Info".

Dê ao seu "site" (como o Dreamweaver o chama) um nome; depois, localize seu diretório no HD.

Como organizar e carregar todo um site

Estes exemplos mostram a criação e o carregamento de um documento da web, mas é provável que seu site consistirá de mais de uma página. Se seu site tiver mais de uma dúzia de documentos e arquivos gráficos, você deve organizar seus arquivos em diretórios e/ou subdiretórios. Isto exige algum trabalho e planejamento cuidadoso, mas em longo prazo torna a administração do site mais fácil.

Uma convenção comum é manter todas as imagens gráficas em um diretório chamado graphics ou images. Na maioria dos casos, toda a estrutura de diretório geral é baseada na estrutura do próprio site (por exemplo, se você tiver uma categoria "News" no seu site haveria um diretório news correspondente para aqueles arquivos). A estrutura do site é discutida com mais detalhes no Capítulo 18, Como criar sites da web utilizáveis.

A boa notícia é que você pode carregar um site inteiro de uma vez só! Quando você selecionar um diretório para ser de FTP (seja em uma ferramenta de autoria ou com um programa de FTP), ele carregará tudo dentro daquele diretório — deixando a estrutura de sub-diretórios intacta. Siga as instruções mostradas aqui, apenas selecione o nome de diretório ao invés de um nome de arquivo único para carregar.

É uma boa idéia primeiro configurar sua estrutura de diretórios do site como você a quer em seu HD local, depois carregar tudo para o servidor final uma vez que em esteja pronto.

Etapa 3 — Carregue o arquivo

Certificando-se de que você esteja conectado à Internet (seja através de banda larga ou conexão do modem), você pode agora acessar seu servidor ao clicar o botão "Connect" na janela Site (Figura 3-7). A estrutura de diretórios do servidor está visível no painel à esquerda, e a estrutura de diretório local está no painel à direita. Uma vez que a conexão esteja estabelecida, destaque o diretório ou arquivo a ser transferido e pressione o botão "Put". E lá vai ele! Você o verá aparecer no painel à esquerda assim que ele chegar.

Figura 3-7

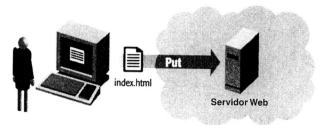

Clicar "Connect" conecta você ao servidor. Quando você estiver conectado (como mostrado), o diretório de servidor estará visível na janela à esquerda.

Clique "Put" para carregar o arquivo para o servidor. O nome de arquivo aparecerá na janela à esquerda assim que ele chegar.

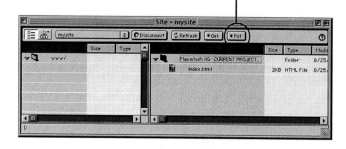

Etapa 4 — Verifique a página

Com o arquivo no servidor você (e todo mundo na Internet) pode ver a página em um navegador (você pode ver a Figura 3-4 para ver como isto se pareceria, uma vez que é o mesmo arquivo).

Como encontrar espaço de servidor

A esta altura, você sabe que a fim de que suas páginas estejam na Web, elas devem residir em um servidor da web. Há a possibilidade de que a máquina na qual você está trabalhando não esteja configurada com o software de servidor HTTP, logo, você precisará tem acesso a um computador que esteja equipado para o trabalho. O ato de procurar espaço em um servidor da web também é chamado de procurar um host para seu site.

Uma das primeiras tarefas no lançamento de um novo site da web é encontrar um host (espaço de servidor) para seus arquivos.

Felizmente, há muitas opções de hosts, variando em preço desde o gratuito até o que custa muitos milhares de dólares por ano. Aquele que você escolher deve corresponder aos seus objetivos de publicação. O seu site será de negócios ou pessoal? Ele obterá alguns hits por mês ou milhares? O quanto você pode pagar (ou o seu cliente) para os serviços de host?

Nesta seção, apresentarei a você algumas das opções disponíveis para colocar suas páginas da web online. Isto deve lhe dar uma idéia geral do tipo de serviço que você precisa. No entanto, você ainda deve contar com o fato de fazer uma certa quantidade de pesquisa para descobrir aquele que é certo para você.

Receba um servidor de herança

Se você estiver trabalhando como um designer da web em um escritório, especialmente em uma empresa de design da web, provavelmente haverá um servidor conectado à rede da sua empresa. Se este for o caso, você pode apenas copiar seus arquivos para a máquina de servidor especificada.

Se você for um estudante, você pode receber algum espaço para publicar páginas pessoais como parte de sua conta da escola. Pergunte ao departamento que lhe dá sua conta de e-mail como se aproveitar do espaço da web.

Se você estiver trabalhando como freelance, seus clientes provavelmente assumirão a responsabilidade de estabelecer espaço de servidor para seus sites. Mas clientes menores podem pedir seu auxílio para encontrar o espaço, e neste caso, este capítulo é para você.

Comunidades de publicação online

Se você quiser apenas publicar um site pessoal e não quiser aplicar dinheiro nisto, você pode tentar escolher algum espaço gratuito da web de uma comunidade de publicação online como Yahoo! GeoCities (geocities.yahoo.com) ou Tripod (www.tripod.lycos.com). Estes serviços (e outros como eles) fornecem espaço de servidor gratuito em troca de uma oportunidade de colocar a propaganda deles em seu conteúdo. Os anúncios são irritantes (especialmente se você escolher a opção de janela pop-up), mas pode ser um sacrifício aceitável se você tiver um orçamento apertado.

Vantagens:

É gratuito!

Bom para páginas da web pessoais e de hobby. Também uma boa opção para adolescentes com orçamentos limitados.

Desvantagens:

Você fica preso a banners de anúncios irritantes ou janelas pop-up.

Não é apropriado para sites de negócios.

ISPs e serviços online

Se você tiver uma conta com um serviço online como o America Online (www.aol.com) ou CompuServe (www.compuserve.com), você provavelmente já tem algum espaço de servidor da web apenas esperando para ser preenchido. Os serviços online normalmente fornecem ferramentas e assistência na criação de páginas da web e para colocá-las online. (Logicamente, depois de ler este livro, você não precisará deles, certo?!).

Da mesma maneira, ISPs (provedores de serviço de Internet) como Earthlink, MSN e @Home fornecem uma quantidade razoável de espaço de servidor da web (5 ou 6MB) para seus membros.

Vantagens:

Uma alternativa de baixo custo se você já tiver o serviço ou se estiver procurando tanto por um serviço de host, quanto acesso à Internet – normalmente apenas $15-25 por mês.

Bom para pequenos sites, como páginas da web pessoais e de hobby.

Desvantagens:

Não é desejável para sites de negócios devido ao espaço limitado e ao nome de domínio baseado em ISP no URL (por exemplo, www.earthlink.com/member/~nieders).

O serviço pode ser lento porque você está compartilhando servidores com outros membros.

Serviços de host profissionais

Se você está trabalhando em um site de negócios sério, ou se você simplesmente é sério a respeito de sua presença pessoal na web, você provavelmente pode querer alugar espaço de servidor de um serviço de host profissional. Os serviços de host concentram suas energias e recursos no fornecimento de espaço de servidor, conexões confiáveis para aqueles servidores e serviços relacionados. Diferentemente dos ISPs, eles não oferecem acesso à Internet.

As empresas de host normalmente oferecem uma gama de pacotes de servidor, desde alguns megabytes (MB) de espaço e um endereço de e-mail a soluções completas de e-commerce com uma grande quantidade de benefícios. Logicamente, quanto maior for o espaço de servidor e maior o número de recursos, maior será sua conta mensal, logo, procure com sabedoria.

Vantagens:

Pacotes dimensionáveis oferecem soluções para sites da web de todos os tamanhos. Com alguma pesquisa você pode encontrar um host que corresponda aos seus requisitos e orçamento.

Você obtém seu próprio nome de domínio (por exemplo, www.littlechair.com). Falaremos a respeito de nomes de domínio mais tarde.

Desvantagens:

Encontrar o certo exige pesquisa (veja a nota lateral "Procura por serviços de host").

Soluções de servidor robustas podem ser caras e você precisa prestar atenção aos encargos escondidos.

Procura por serviços de host

Quando você decide procurar um host para seu site na web, você deve começar ao avaliar suas necessidades. A seguir encontram-se algumas das primeiras perguntas que você deve fazer a si mesmo ou ao seu cliente:

Ele é um site de negócios ou pessoal?
Alguns serviços de host fornecem espaço apenas para sites pessoais; outros cobram taxas mais altas para sites de negócios do que para sites pessoais. Certifique-se de que você esteja obtendo o pacote de host apropriado para seu site e não tente colocar um site comercial em uma conta pessoal.

Quanto espaço você precisa? A maioria dos sites pequenos ficará bem com 5MB de espaço de servidor. Você pode querer investir mais se seu site tiver centenas de páginas, um grande número de imagens gráficas ou um número significativo de arquivos de áudio e vídeo (o que ocupar mais espaço).

Quanto tráfego você obterá? Esteja certo de prestar atenção à quantidade de transferência de dados que é permitido que você faça por mês. Esta é uma função do tamanho de seus arquivos e a quantidade de tráfego que você obterá (quer dizer, o número de downloads para navegadores). A maioria dos serviços de host oferece 5-10 gigabytes (GB) de tráfego por mês (o que é perfeitamente aceitável para sites de baixo ou moderado tráfego), mas depois disto eles começam a cobrar alguns centavos por megabyte. Se você estiver servindo arquivos de mídia como áudio e vídeo, isto realmente pode ficar pesado. Uma vez controlei um site popular com um número de filmes que chegava a mais de 30GB de dados transferidos por mês! Felizmente, eu tinha um serviço com transferência de dados ilimitados (existem alguns deste tipo por ai), mas outras empresas de host poderiam ter cobrado cerca $300 extras por mês em taxas.

Quantas contas de e-mail você precisa?
Considere quantas pessoas vão querer e-mail naquele domínio quando você estiver procurando um pacote de servidor certo. Se você precisar muitas contas de e-mail, você precisa de um pacote mais robusto e com um preço mais alto.

Você precisa de funcionalidade extra?
Muitos serviços de host oferecem recursos especiais de sites da web – alguns vêm como parte de seu serviço padrão e outros custam dinheiro extra. Eles variam de bibliotecas de scripts elegantes (para livros de visitas ou formulários de e-mail), e vão até soluções completas e seguras de e-commerce. Ao procurar por espaço, considere se você precisa de recursos extras como carrinhos de compra, servidores seguros (para transações de cartão de credito), um servidor RealMedia (para streaming de áudio e vídeo), listas de correspondência e assim por diante.

Uma vez que você tenha identificado suas necessidades é hora de começar a procurar. Primeiro, pergunte a seus amigos e colegas se eles têm serviços de host que possam recomendar. Não há nada melhor do que a experiência de alguém que você confie. Depois disto, a Web é o melhor local para fazer a pesquisa. Os sites a seguir fornecem análises e comparações de vários serviços de host; eles podem ser bons pontos de partida para a sua busca por servidores:

HostSearch
    www.hostsearch.com

CNET Web Services
    webhostlists.internetlist.com

HostIndex
    www.hostindex.com

TopHosts.com
    www.tophosts.com

www."YOU".com!

O endereço de sua home page é sua identidade na Web. Se você estiver publicando uma página apenas para diversão e quiser economizar dinheiro, um URL de ISP (com www.earthlink.com/members/~niederst) pode ser ótimo. O mais provável é que você queira seu próprio nome de domínio que melhor represente seu negocio ou conteúdo. Por uma pequena taxa anual, qualquer pessoa pode registrar um nome de domínio.

O que se encontra em um nome?

Um nome de domínio é um nome legível pelo homem associado com um endereço IP numérico ("IP" representa Protocolo de Internet) na Internet. Enquanto computadores sabem que meu site está em um espaço de servidor numerado como 206.151.175.9, você e eu podemos apenas chamá-lo "littlechair.com". O endereço IP é importante porque você precisará de um (bem, na realidade, dois) para registrar seu nome de domínio.

Ele está disponível?

Você já pode ter ouvido que os nomes de domínio simples no cobiçado domínio de nível mais alto .com são bastante escolhidos. Antes que você fique muito preso a um nome específico é melhor fazer uma pesquisa para ver se ele ainda está disponível. A caixa "Procura por um nome de domínio" na home page da Network Solutions, Inc. (www.networksolutions.com) é uma fonte confiável.

Como registrar um domínio

Nos últimos anos, registrar um nome de domínio se tornou uma transação bem simples. A maioria das empresas de host irá registrar um domínio para você como parte do processo de preparar uma conta de servidor. Mas certifique-se de ser específico ao perguntar isto! Algumas ainda exigem que você registre seu domínio sozinho.

Se você precisar registrar um domínio sozinho, você tem diversas opções.

Ponto o quê?

A grande maioria dos sites da web sobre os quais você ouve falar acaba com .com, mas há outros sufixos disponíveis para propósitos diferentes. Estes sufixos, usados para indicar o tipo do site são chamados de domínios de nível mais alto. A seguir encontram-se os domínios de nível mais alto mais comuns (também chamados TLDs por aqueles não saturados por acrônimos) nos Estados Unidos e seus usos:

.com	comercial/negócio
.org	organização sem fins lucrativos
.Edu	instituições educacionais
.net	organizações de rede
.mil	militar
.gov	agências governamentais

No final do ano 2000, o órgão que rege os domínios de alto nível anunciou uma lista de novos sufixos em potencial, incluindo, .biz, .coop e .pro, logo, você provavelmente começará a ver alguns nomes novos na Web.

Se você estiver registrando um nome de domínio que termine em .com, .net ou .org, você pode ir diretamente para a Network Solutions (www.networksolutions.com) e registrar online. Eles pedirão a você o seguinte:

- Um contato administrativo para a conta (nome e endereço)
- Um contato de faturamento para a conta (nome e endereço)
- Um contato técnico para a conta (geralmente o nome e endereço de seu serviço de host)
- Dois endereços IP para o servidor que será o host do domínio

Quando este livro estava sendo escrito, custava $35,00 dólares por ano registrar um nome de domínio com a Network Solutions e você pode registrar para um a dez anos.

Se você não tiver endereços IP a Network Solutions se oferecerá para "estacionar" o site para você por uma taxa adicional. Estacionar um site significa que você reservou o nome de domínio mas não pode na realidade fazer coisa alguma com ele até que você obtenha um pacote de host real. Basicamente, você está pagando pelo privilégio de pegar emprestado alguns endereços IP.

Embora a Network Solutions costumasse ser a única opção no mercado, há agora diversas empresas concorrentes, com a Register.com e Domainname.com (e outras como elas). Além dos domínios .com estes serviços tendem a registrar muito mais domínios de nível mais alto, incluindo domínios em outros países. E no espírito de competição esses serviços irão estacionar um nome de domínio para você além de fornecer pacotes de host básicos. Cada um tem sua própria estrutura de preços, portanto, verifique as taxas nos seus sites.

Há alguns perigos no mercado, logo, procure com sabedoria. Além da taxa de registro de $35 dólares por ano, não gaste mais do que $35 a $50 por ano para estacionar um site.

Capítulo 4

Por que o design da web não é como o design de impressão

Como muitas pessoas, fiz design para impressão por anos antes de começar a fazer design para a Web. Minha transição foi repleta de reviravoltas interessantes e algumas ruas sem saída! A Web é um meio único e, em minha opinião... um pouco estranho. Pela sua natureza ela força os designers a desistir do controle sobre as coisas que eles tradicionalmente são responsáveis por controlar. Muitos elementos, como cores, fontes e layout de página, são determinados pelo usuário ou pelo software de navegador daquele usuário.

Não há garantia de que as pessoas verão suas páginas da mesma maneira que você as projeta na tela. A experiência pode ser um choque até que você se acostume com isso. Pode então ser bastante frustrante!

Design para o desconhecido

Grande parte do design da web consiste em "projetar para o desconhecido": usuários desconhecidos, navegadores desconhecidos, plataformas desconhecidas, tamanhos de monitor desconhecidos e assim por diante. Neste capítulo discutirei a maneira através da qual estes desconhecidos impactam seu papel como designer.

Tornar-se um bom designer da web exige um entendimento sólido do ambiente da web a fim de prever e planejar para estas variáveis. Eventualmente, você desenvolverá sensibilidade para isto.

Neste capítulo

Os fatores desconhecidos que afetam o processo de design da web

Dicas sobre como sobreviver à frustração de "projetar para o desconhecido"

O que significa projetar democraticamente

A importância de conhecer seu público

Dez razões pelas quais, apesar de tudo, ainda considero design da web algo interessante

Navegadores desconhecidos

Você pode estar familiarizado com os dois maiores navegadores na arena de navegadores, Netscape Navigator e Microsoft Internet Explorer, mas você sabia que há, na realidade, centenas de navegadores em uso atualmente? De fato, apenas para o Navigator há dezenas de versões, uma vez que você conte todos os lançamentos passados, lançamentos parciais e as várias versões de plataforma de cada um.

O que você aprenderá rapidamente é que estes navegadores podem exibir a mesma página de maneira diferente (veja a Figura 4-1). Isto é devido, em parte, aos padrões embutidos para renderizar elementos de forma e fontes. Alguns navegadores, como o Lynx, não exibem imagens gráficas. Cada navegador tem sua própria e ligeira variação sobre como interpretar as marcas HTML padrão em termos de fontes e tamanhos. Tanto a Netscape quanto a Microsoft criaram até conjuntos de marcas HTML que funcionam apenas com seus respectivos navegadores; se você usar essas marcas, os usuários com o navegador concorrente não verão seu conteúdo da maneira que você pretendia.

Figura 4-1

Internet Explorer 4.5

Navigator 2

Lynx

A mesma página da web pode parecer diferente em diferentes navegadores. Lidar com variações de navegador é a parte mais perigosa do design da web.

Capítulo 4 – Por que o design da web não é como o design de impressão | 47

A área onde a diferença de navegadores tem o maior impacto é no suporte de novas tecnologias de desenvolvimento da web como as Folhas de estilo em cascata (um método para controle avançado de formatação de página e texto) e DHTML (um método para adicionar interatividade e movimento a páginas da web). Embora seja tentador usar estes novos recursos, atualmente é difícil fazer com que eles trabalhem igualmente tanto no Navigator quanto no Internet Explorer. Além disso, há alguns navegadores desatualizados ainda sendo usados que certamente não exibirão seus efeitos especiais para um percentual significativo de seu público.

O site na Figura 4-2 (os nomes estão fora de foco para proteger o inocente) usa um Java applet para sua barra de navegação à esquerda. O applet faz com que o botão pareça estar pressionado e faz um pequeno som de "clique-clique" quando você passa o mouse sobre ele. Mas veja o que acontece quando os usuários não têm Java ativado em seus navegadores — simplesmente não há navegação. Este é o perigo de confiar em um truque de tecnologia para elementos de página cruciais.

Pressões de programadores da web levaram a esforços das duas grandes empresas de navegador para colocar esta situação sob controle (ver a nota lateral Como chegar a um padrão); no entanto, o fato de que suas páginas estarão à mercê de uma variedade de interpretações de navegador provavelmente não mudará tão cedo.

De relance

Quando você projeta páginas da web, há muitos fatores desconhecidos que afetam como sua página se parecerá e funcionará, incluindo:

- Uso de navegadores
- Plataforma
- Preferência do usuário
- Tamanho da janela
- Velocidade de conexão
- Velocidade do computador
- Suporte de cor
- Suporte de fonte

Figura 4-2

Internet Explorer 4.5 (habilitado para Java)   Navigator 2 (sem Java)

Este site da web usa um Java applet para sua navegação básica. O applet muda a aparência dos botões e adiciona um pequeno som de clique quando o ponteiro passa sobre a imagem gráfica do botão. Infelizmente, para usuários com navegadores que não estão habilitados para Java, o applet não aparece e a página fica estática.

Como chegar a um padrão

Desde o início, o World Wide Web Consortium (W3C), a organização que monitora e orienta o desenvolvimento da Web, definiu as normas para como a Web deve funcionar. Isto inclui especificações detalhadas para HTML e como os navegadores devem interpretá-las.

Não é surpresa o fato de que desde o início as empresas de navegação tenham tentado ficar à frente do mercado ao introduzir suas próprias "melhorias" às normas. O resultado tem sido incompatibilidade de navegadores, especialmente em tecnologias emergentes como folhas de estilo e DHTML. Tentar fazer com que os recursos da web funcionem para todos os navegadores é a maior frustração para os navegadores da web.

Felizmente, a comunidade de desenvolvimento da web fez barulho o suficiente e as empresas de navegador parecem estar ouvindo. Tanto a Netscape quanto a Microsoft estão tentando ficar mais em conformidade com as normas (como demonstrado pelos esforços que colocaram no Navigator 6 e Internet Explorer 5) o que se espera significará mais previsibilidade para como as páginas da web se parecem e funcionam.

Logicamente, isto é tudo um desejo e levará alguns anos antes que você possa assumir com segurança que os usuários jogaram fora seus navegadores antigos de versão 3 e 4 — mas é um começo.

Plataformas desconhecidas

Uma outra variável que afeta como os usuários vêem suas páginas é a plataforma ou o sistema operacional de seus computadores. Embora a maioria dos usuários da web tenha computadores pessoais rodando alguma versão do sistema operacional do Windows, uma parcela significativa visualiza a web a partir de terminais Macintoshes e Unix. Cada sistema operacional tem suas próprias características que afetam como sua página se parecerá e funcionará.

Por exemplo, as máquinas do Windows e Macs têm maneiras diferentes de exibir tipo, levando ao aparecimento de tipo de mesmo tamanho muito maior no Windows do que no Mac. Se você definir o tipo em sua página da web para ser pequeno em sua máquina Windows, ele pode ser completamente ilegível para usuários Mac.

Elementos de formulário como listas de paginação e menus suspensos assumem a aparência geral do sistema operacional e, portanto, aparecem de uma maneira bem diferente (e em tamanhos diferentes) dependendo do tipo de máquina através da qual você os está visualizando.

As plataformas dos espectadores também têm um efeito na maneira através da qual eles vêem as cores. Veja a seção "Cores desconhecidas" posteriormente neste capítulo.

Além disso, há normalmente uma discrepância entre a funcionalidade dos navegadores através de diferentes plataformas. Em geral, os lançamentos de plug-in e navegador para Macintosh ficam atrás das versões do Windows. E embora o Unix tenha sido a plataforma sobre a qual a Web foi criada, ela é freqüentemente ignorada pelos programadores de software que desejam atingir o mercado dominante do Windows.

Preferências de usuários desconhecidos

No coração do conceito original da web reside a crença de que o usuário final deve ter controle sobre a apresentação da informação. Por esta razão, os navegadores são criados com a oportunidade de que os usuários definam a aparência padrão das páginas que eles verão. As configurações do usuário irão anular as suas, e não há muito que você possa fazer a respeito disto. A Figura 4-3 mostra como a mesma página pode se parecer para usuários diferentes.

Capítulo 4 – Por que o design da web não é como o design de impressão | 49

Agora que o design de página da web se tornou mais excitante, acredito que os usuários provavelmente não irão alterar as configurações de cor em seus navegadores da maneira como faziam quando a maioria das páginas da web era composta de texto preto em fundo cinza. No entanto, eles ainda podem mexer com as configurações de fonte padrão. Vi designers CAD com resolução de monitor super alta definirem seu tipo padrão a 24 pontos para fazer com que ficasse legível com facilidade a uma distância confortável. Vi um garoto que definiu um navegador para renderizar todo o texto em uma fonte grafite apenas porque ele podia. Você simplesmente não sabe como sua página se parecerá na outra extremidade.

Os usuários também podem optar por desativar completamente as imagens gráficas! Você ficaria surpreso com a porcentagem de pessoas que fazem isto a fim de aliviar a espera por imagens gráficas em conexões de modem lentas. Certifique-se de que suas páginas sejam pelo menos funcionais com as imagens gráficas desativadas. A página da web na Figura 4-4 se torna não utilizável com as imagens gráficas desativadas porque os elementos de navegação perdem seus rótulos.

Figura 4-3

Minhas preferências de navegador

As preferências de navegador de um usuário

Um documento visto na mesma versão de navegador pode parecer muito diferente como resultado das configurações de navegador do usuário.

Figura 4-4

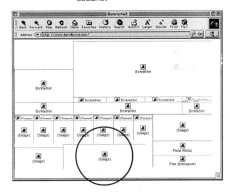

Este site da web parece ótimo com todas as imagens gráficas ativadas, como os designers pretendiam que ele fosse visto.

Mas se alguém decidir desativar as imagens gráficas (devido a uma conexão lenta de modem) ou visualizá-lo em um navegador apenas de texto, nenhum dos links é rotulado e a página perde seu objetivo.

Isto poderia ter sido evitado se o designer tivesse usado rótulos de texto alternativos nas marcas de imagem. Isto é discutido no Capítulo 8.

Tamanho desconhecido de janela

Quando você faz o design de algo impresso, você sabe que sua página tem um certo tamanho, logo, você projeta elementos para se ajustarem àquele espaço. Uma outra coisa perigosa a respeito da web é que você realmente não tem idéia de qual será o tamanho de sua "página". O espaço disponível é determinado pelo tamanho da janela do navegador quando a página é aberta.

> A coisa perigosa a respeito da web é que você realmente não tem idéia de como será o tamanho de sua "página".

As páginas da web são mais fluidas do que a impressão; elas fluem para preencher o espaço disponível. Embora você possa preferir a maneira que sua página se parece quando a janela é um pouco maior que a imagem gráfica do título, o fato é que os usuários podem definir a janela para ter a largura que quiserem. Este é um dos aspectos mais incômodos do design da web. A Figura 4-5 mostra como os elementos da página mudam de linha para preencher um espaço disponível quando uma janela de navegador é redimensionada. Perceba como o texto preenche a largura da janela grande. Perceba também como a imagem gráfica da flor é empurrada para a próxima linha quando a janela é realmente pequena.

Figura 4-5

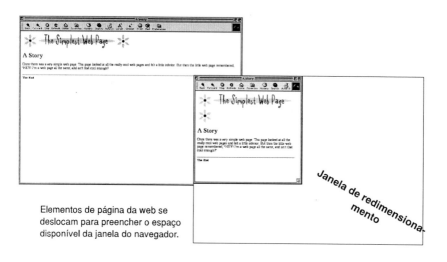

Elementos de página da web se deslocam para preencher o espaço disponível da janela do navegador.

Pelo fato das janelas do navegador poderem ser abertas apenas com a largura dos monitores que as exibem, a resolução de monitor padrão (o número total de pixels disponíveis na tela) é útil ao prever as prováveis dimensões de sua página. Isto é particularmente verdadeiro em máquina Windows já que a janela do navegador é tipicamente otimizada para preencher o monitor.

Por exemplo, uma das resoluções de monitor padrão mais baixa ainda em uso atualmente é 640x480 pixels. Depois que você reserva o espaço que o navegador e todas as suas fileiras de botões e paginações ocuparam, isto deixa um espaço tão pequeno quanto 623x278 pixels para sua página. Não é muito espaço, mas se você tiver projetando um site para estudantes ou pessoas que provavelmente estarão usando máquinas ligeiramente mais antigas, você deve manter esta dimensão em mente.

Outras dimensões comuns em pixels são 800x600, 1024x768 e 1280x1024 (embora elas ainda possam ser maiores). Nas resoluções maiores, é difícil prever o tamanho da janela do navegador, pois os usuários provavelmente redimensionarão a menor janela, ou abrirão diversas páginas de uma vez só.

Como você lida com o dilema de tamanho desconhecido de janela? Uma abordagem é usar uma tabela para fixar as dimensões de seu conteúdo para uma largura específica em pixels. Desta maneira, quando a janela é reduzida os elementos não se deslocam e os usuários têm uma chance melhor de visualizar a página como você pretendia.

Soa ótimo, não? Infelizmente, esta solução tem suas desvantagens. Quando a janela é reduzida e fica menor que o conteúdo da página, o conteúdo fora da janela do navegador simplesmente não fica mais visível sem paginação horizontal. Os usuários com monitores menores podem até mesmo não saber que ele está lá!

A Figura 4-6 mostra o site da web da Adobe que foi projetado para aceitar uma janela de navegador de 800x600 pixels. No entanto, perceba que quando a página é visualizada em um monitor menor (640x480) não há modo de saber que há todo um sistema de navegação fora da tela a menos que você pagine para a direita. Este é um dos problemas de colocar a página da web com uma determinada largura fixa, especialmente se a largura for maior que o menor denominador comum. Neste caso é o site da Adobe e já que eles podem assumir de maneira segura que seu público alvo (designers) terá monitores maiores, sua decisão de design de usar uma grade de página maior não está de todo errada. Na realidade, ela serve melhor o seu público.

Figura 4-6

800x600

640x480

Esta página usa uma tabela para definir a largura da página para 800 pixels de largura. Perceba como o sistema de navegação sai de vista no tamanho de monitor menor. Este é o risco de projetar layouts de página rígidos. (No caso da Adobe, um tamanho de página maior faz sentido para seu público).

> ### Como fazer design de "chamada de página"
>
> Os editores de jornal sabem a importância de colocar as informações mais importantes em "chamada de página", ou seja, visíveis quando o papel está dobrado e na prateleira. Este princípio se aplica ao design da web também.
>
> Os designers da web adotaram o termo "chamada de página" para se referir à primeira tela de uma página da web. Isto é o que os usuários verão sem paginação e tem a obrigação de manter sua atenção e atraí-los para seguir adiante. Alguns elementos que você deve considerar ao colocar chamada de página incluem:
>
> - O nome do site e seu logo (se você tiver um)
> - Sua mensagem principal
> - Alguma indicação sobre o que é seu site (por exemplo: compras, diretório, revista etc)
> - Navegação para as partes chave do site
> - Qualquer outra informação crucial, como um número gratuito
> - Um banner de propaganda (seus anunciantes podem exigi-lo)
>
> Mas quanto custa uma "tela"? Infelizmente, isto varia de acordo com o tamanho da janela do navegador. Seu espaço disponível pode ser tão pequeno quanto 623x278 pixels em um navegador ou insignificantes 544x378 pixels na WebTV.
>
> Em geral, o nível de confiança sobre o que será visto na primeira "página" é maior no canto superior esquerdo da janela do navegador e depois diminui para a direita e para baixo. Quando a janela do navegador fica bem pequena, o canto inferior e o direito serão provavelmente cortados. Uma estratégia para layout de página é colocar suas mensagens e elementos mais importantes naquele canto superior esquerdo e trabalhar a partir de lá através de hierarquias de importância.

Você pode optar por dizer a seus usuários como você gostaria que eles dimensionassem suas telas. De vez em quando (embora não tão freqüentemente quanto nos primeiros dias de design da web) você encontrará uma observação amigável no topo de uma página da web que diz, "Para melhor visualização deste site, favor dimensionar seu navegador com esta largura", seguido por uma barra gráfica de uma certa largura. O melhor que você pode fazer é esperar que os usuários façam isto.

Uma outra maneira para lidar com o tamanho desconhecido de janela é apenas aceitá-lo como a natureza do meio. É possível projetar para flexibilidade — boas páginas da web são funcionais e não seriamente comprometidas com uma certa quantidade de maquiagem. Aprender a abrir mão de algum controle é parte de se tornar um designer da web experiente.

Velocidade de conexão desconhecida

Lembre-se que uma página da web é publicada em uma rede e precisará "voar" como pequenos lotes de dados antes que alcance o usuário final. Na maioria dos casos, a velocidade daquela conexão é um mistério. No topo de linha pessoas com conexões T1, modems a cabo, ISDN e outro acesso de alta velocidade à Internet podem estar vendo suas páginas em uma velocidade de até 500K por segundo! Na outra ponta da escala existem pessoas que estão discando com modems cuja velocidade pode variar de 56Kbps a 14,4Kbps (ou ainda menor). Para eles, as velocidades de transferência de dados de apenas 1K por segundo são bem comuns.

Mantenha seus arquivos o menor possível!

Há muitos fatores que afetam os tempos de download, incluindo a velocidade do servidor, a quantidade de tráfego que está recebendo quando a página da web é solicitada e o congestionamento geral das linhas.

Deveria ser bem intuitivo que maiores quantidades de dados exigirão mais tempo para chegar. Quando você está contando em manter o interesse de seus leitores, cada milissegundo conta. Por esta razão, é sábio seguir a regra de ouro do design da web: mantenha seus arquivos o menor possível!

Os piores culpados pelo aumento da largura de banda são os arquivos de imagens gráficas, logo, é especialmente importante que você passe algum tempo otimizando-os para a Web. Discuto algumas estratégias para fazer isto no Capítulo 14 e no Capítulo 15. Os arquivos HTML, embora geralmente tenham poucos kilobytes (K) de tamanho podem ser otimizados também ao remover marcas redundantes e espaços extras.

A menos que você esteja projetando especificamente para aplicações de alta largura de banda, assume-se o pior no que se refere a velocidades de conexão. Uma vez que você sabe que uma página da web é projetada para viajar, dê o melhor de si para que ela viaje com pouco peso.

Velocidade desconhecida de computador

Um outro fator que afeta a velocidade de exibição de página é a velocidade do computador do usuário. Montar uma página da web em um navegador exige uma certa quantidade de poder de processamento do computador. Quanto mais sofisticação você colocar na formatação de página (por exemplo, usando tabelas complexas dentro de tabelas), mais tempo levará para que o navegador a exiba em uma máquina lenta. Se você puder prever que seu público alvo pode estar trabalhando com computadores obsoletos (em casa, na biblioteca ou na escola), manter suas páginas simples e diretas irá melhorar a experiência deles.

Cores desconhecidas

Nunca esquecerei minha primeira lição sobre cores da web. Tinha projetado uma imagem gráfica de título que usava uma floresta como fundo. Orgulhosamente, coloquei a página no servidor e quando entrei no escritório do meu chefe para mostrar a ele meu trabalho a imagem gráfica apareceu em sua tela com um rico fundo totalmente preto! Foi aí então que descobri que nem todo mundo (incluindo meu chefe) estava vendo minhas cores da maneira que pretendia.

Quando você está publicando materiais que serão vistos em monitores de computador, você precisa lidar com as maneiras variadas que os computadores lidam com cor. As diferenças se encaixam em duas categorias principais: o número de cores e o brilho das cores.

Número de cores

Os monitores diferem no número de cores que conseguem exibir. Eles tipicamente exibem cor de 24 bits (aproximadamente 17 milhões de cores), 16 bits (aproximadamente 65.000 cores) ou 8 bits (256 cores).

Uma fotografia de cor viva pode conter milhares de tonalidades de cores misturadas para produzir uma imagem suave... Não é um problema para monitores de 24 ou 16 bits. Mas o que acontece com todas aquelas cores em um monitor de 8 bits com apenas 256 cores disponíveis?

Nos monitores de 8 bits, a imagem será aproximada a partir do conjunto de cores (chamado de paleta) que o navegador tem em mãos. Algumas cores daquela foto de cor viva irão se aproximar da cor de paleta mais próxima. As outras serão

Figura 4-7 (caderno colorido)

A imagem abaixo mostra uma imagem gráfica como ela pode aparecer em um monitor que exibe milhões ou milhares de cores (monitores de 24 bits ou 16 bits). Estes monitores podem exibir de maneira suave uma enorme faixa de cores.

Os monitores de 8 bits, por outro lado, podem exibir apenas 256 cores de cada vez. Dentro do navegador, há apenas 216 cores disponíveis dentre as quais escolher.

A imagem acima mostra o que acontece com a mesma imagem gráfica quando vista em um monitor de 8 bits. A aproximação mostra como a cor real é aproximada ao misturar cores da paleta de cores disponível. Este efeito é chamado de pontilhamento.

aproximadas por pontilhamento (usando um padrão salpicado de duas cores de paleta para criar uma cor não na paleta, como na Figura 4-7, caderno colorido). Esteja ciente de que as cores podem se comportar de maneira diferente dependendo do monitor usado para visualizá-las.

Brilho

Aquela magnífica floresta verde que descrevi no meu exemplo acima foi uma vítima de configurações gama variáveis. Gama se refere ao brilho geral da exibição de um monitor de computador, e sua configuração padrão varia de plataforma para plataforma. As imagens criadas em um Macintosh geralmente parecerão muito mais escuras quando vistas em uma máquina Windows ou terminal Unix (o que aconteceu comigo). As imagens criadas no Windows parecerão desbotadas em um Macintosh. A Figura 4-8, galeria, mostra a mesma página visualizada em configurações gama diferentes.

Figura 4-8

Mac

Windows

Gama se refere ao brilho geral dos monitores. As máquinas Windows tendem a ser mais escuras (resultado das configurações gama maiores) do que Macs.

Já que a maioria do público da web hoje em dia usa máquinas Windows, esta mudança é especialmente significativa para os designers que usam Macs. Tente configurar o gama de seu monitor mais escuro para se aproximar das condições de visualização do Windows, e como sempre, certifique-se de testar suas páginas para garantir que seus detalhes de cor não estejam sumindo para preto. Há também novas ferramentas de imagens gráficas da web que darão prévias de gama e farão ajustes de brilho automaticamente.

Fontes desconhecidas

Um outro aspecto de design da web que você pode considerar um choque é que você não tem virtualmente qualquer controle sobre as fontes usadas para exibir seu conteúdo. A maneira

Você pode considerar um choque o fato de que você não tem virtualmente qualquer controle sobre as fontes usadas para exibir seu conteúdo.

que o texto aparece é um resultado das configurações do navegador, plataforma e preferências do usuário.

Embora haja métodos para especificar uma face de fonte (a marca <FONT> e folhas de estilo), a fonte será exibida apenas se ela já estiver instalada na máquina do usuário final. É mais como "sugerir" uma fonte ao invés de especificá-la. Não há garantia de que sua fonte escolhida estará disponível. Se ela não for encontrada, a fonte padrão será usada.

A única coisa sobre a qual você pode ter certeza é que você tem duas fontes com as quais trabalhar: uma fonte proporcional (como Times ou Helvetica) que é usada para a maioria dos títulos e cópia de texto em uma página, e uma fonte de espaço uniforme (como Courier) que é usada para código ou texto marcado com a marca "pré-formatado" <PRE>.

Há tecnologias para embutir fontes em um arquivo, mas devido aos grandes tamanhos de arquivo e um processo de criação pesado, elas não foram amplamente suportadas pela comunidade da web. Esta falta de controle sobre as fontes é algo com o qual você tem que se acostumar. Sugira suas fontes e siga em frente.

Como sobreviver ao desconhecido

Ainda lembro de minha reação ao descobrir estes pontos "desconhecidos" (afinal, não foi há tanto tempo atrás) — foi algo entre confusão e desespero. Se não conseguia controlar o tamanho da página, as cores ou o tipo, o que eles estavam pedindo que eu "projetasse"... Por que eles precisavam de um designer? A resposta é que a Web é um meio visual e os designers são necessários por todas as mesmas razões que eram necessários no passado, incluindo:

- Organizar informações para comunicação mais eficaz
- Conduzir os leitores através da página
- Criar uma experiência visual emocionante que acompanhe os objetivos e mensagens do site

Meu melhor conselho para conquistar o meio é relaxar!

Como uma palavra de consolo, posso lhe dizer que você desenvolverá uma sensibilidade para projetar na Web convivendo com todos estes desconhecidos. Se você tiver trabalhado como designer de impressão, você tem a sensibilidade para saber como uma cor de tinta funcionará em um determinado papel. Isto exige prática. Mas depois de ter feito uma certa quantidade de testes, você saberá os tipos de coisas que podem provavelmente dar errado e poderá evitá-las. Isto apenas leva tempo.

Meu melhor conselho para conquistar o meio é relaxar! Elementos se deslocarão e páginas parecerão diferentes para pessoas diferentes. Aceite isto como parte do meio e siga em frente. Você ficará maluco tentando controlar tudo e acabará não se divertindo. Algumas vezes você tem que seguir a maré.

Como projetar democraticamente

Quando você projetar para a Web, tenha em mente que nem todo mundo está equipado com o navegador mais atual em um sistema de computador maravilhoso, com uma conexão com a velocidade da luz. Embora seja bom se aproveitar dos recursos mais recentes na publicação da web, você também tem que projetar com o menor denominador comum em mente. No mundo da web, isto também é chamado de projetar páginas da web que "degradam graciosamente".

Por exemplo, muitos de seus usuários não verão suas imagens gráficas porque eles escolheram desativá-las, ou porque estão usando um navegador apenas de texto, como o Lynx. Além disso, alguns usuários deficientes visuais terão suas páginas da web lidas para eles por um dispositivo de fala anexado a tal navegador apenas de texto. Por esta razão, você deve projetar de modo que suas páginas sejam pelo menos funcionais (embora não bonitas) com as imagens gráficas desativadas. Evite colocar texto importante, como títulos e informações de contato, em imagens gráficas. Quando usar uma imagem gráfica, certifique-se de fornecer texto alternativo para a imagem (texto alternativo é discutido no Capítulo 8).

Você também deve evitar confiar nos efeitos que usam tecnologias de ponta para sua mensagem principal. Por exemplo, se o objetivo de seu site da web for distribuir um número "800", não coloque aquele número em um Java applet que faz com que ele pagine através da tela. Uma porcentagem significativa de usuários que não tem Java ativado em seus navegadores não o verão. A maneira mais segura de apresentar suas informações mais importantes é através de texto HTML; desta maneira, certamente todos as verão. Não há problema algum em experimentar técnicas da web mais audazes, mas use-as com parcimônia.

Repetirei isto porque é a diretriz mais importante para design da web — mantenha seus arquivos os menores possíveis. Assuma o pior no que se refere à velocidade de conexão e todos se beneficiarão disto.

Reserve tempo para testar seus "designs" sob condições inferiores às ideais antes de colocá-los online. É apenas um pouco menos atraente (desapontador, mas não crítico) ou totalmente não utilizável (de volta para a mesa de desenho, como eles dizem)?

Conheça seu público

Ter um bom entendimento de seu público pode lhe ajudar a tomar melhores decisões de design.

Estabelecemos que há diversos fatores desconhecidos a considerar ao projetar uma página da web. Mas há algo que você deve saber ao começar o processo de design: seu público alvo. Nas empresas de desenvolvimento da web profissional, pesquisar as características e necessidades do público alvo é uma das partes mais importantes do processo de design.

Um bom entendimento de seu público pode lhe ajudar a tomar melhores decisões de design. Vamos ver alguns exemplos:

Cenário 1: um site que vende brinquedos educacionais. Se seu site visar um público de consumidores, você deve pensar que uma parte significativa dele estará usando seu site a partir de computadores domésticos. Eles podem não acompanhar as melhores versões dos navegadores mais atuais, ou podem estar usando um navegador AOL ou WebTV, logo, não se baseie muito em tecnologias da web de ponta. Eles provavelmente também estão se conectando a Internet através de conexões de modem, logo, mantenha seus arquivos pequenos para evitar grandes esperas de download. Você pode querer usar o menor tamanho de monitor como um modelo para o layout da página. Quando o seu ganha pão depender de vendas de clientes comuns, é melhor fazer o mais simples com o seu design de página. Você não pode deixar ninguém de fora.

Cenário 2: um site com recursos para designers gráficos profissionais. Pelo fato dos designers gráficos tenderem a ter monitores de computador maiores, este é um caso onde você pode, com segurança, projetar para um tamanho de tela de 800x600 pixels. Além disso, se eles estiverem acessando sua páginas do trabalho, provavelmente terão uma conexão para Internet que é mais rápida do que a conexão de modem padrão, logo, você pode ser um pouco mais indulgente com o número de imagens gráficas que coloca na tela (além disso, um site com boa aparência será parte da atração para seu público).

Cenário 3: um site usado para compartilhar informações da empresa apenas para uso interno (também conhecido como "intranet"). Esta é a situação ideal para um designer da web porque muito do "desconhecido" se torna facilmente conhecido. Freqüentemente, o administrador de sistema de uma empresa irá instalar o mesmo navegador em todas as máquinas e os manterá atualizado. Ou você pode saber que todos estarão trabalhando em máquinas Windows com monitores padrão de 800x600. A largura de banda se torna cada vez menos um problema quando documentos são servidos internamente. Você deve poder se aproveitar de alguns recursos que seriam arriscados no ambiente da web padrão.

O motivo pelo qual design da web é interessante

Acho que reclamei muito neste capítulo a respeito das frustrações do design da web. Lógico, ele é diferente, mas também é excitante. Gostaria de terminar com um lado positivo apresentando minha lista pessoal dos dez mais, justificando porque gosto de ser um designer da web:

10. Não tem papel! Depois de anos sendo um designer de impressão, havia algo de assustador e interessante a respeito de projetar algo que nunca atinge o papel.

9. As limitações se tornam um desafio. Se você é do tipo que resolve problemas como eu, você irá se divertir obtendo o máximo do meio.

8. Me ensinou o design de interfaces. Você pode descobrir que gosta de projetar o funcionamento de uma página, assim como sua aparência.

7. Me ensinou o design de multimídia. Tem sido interessante adicionar a dimensão de tempo aos meus "designs" de outra forma bidimensionais.

6. Qualquer pessoa pode publicar. A verdadeira glória da Web é que qualquer indivíduo pode alcançar um público mundial.

5. Gratificação instantânea. No design de impressão, há sempre um tempo de espera enquanto você aguarda para ver como o seu trabalho é impresso. No design da web, os resultados são imediatos.

4. É fácil consertar erros. Pelo fato de nada ser registrado a ferro e fogo (ou mesmo no papel), você pode fazer mudanças facilmente.

3. Adoro ser um "geek". Aprender uma nova tecnologia é uma parte natural do trabalho. Também tenho orgulho de conhecer os comandos básicos do Unix.

2. Há muito trabalho a ser feito. Agora que todas as empresas no mundo estão exigindo a presença da web, os designers da web estão em alta demanda.

... E a razão número um pela qual design da web é interessante:

1. Meus amigos e minha família ficam impressionados! A Web é tão nova que ainda é moda ser parte dela.

Capítulo 5
O processo de design da web

Os sites da Web vêm em todas as formas e tamanhos — desde uma página simples a respeito de um amigo peludo favorito, a mega sites realizando negócios para corporações mundiais como a American Express ou FedEx. Independente do tamanho, o processo para desenvolver um site envolve os mesmos passos básicos:

1. Conceituar e pesquisar
2. Criar e organizar conteúdo
3. Desenvolver a "aparência e sensação"
4. Produzir imagens gráficas e documentos HTML
5. Criar um protótipo
6. Teste, teste, teste!
7. Carregar e testar novamente

Neste capítulo

Os passos padrão no processo de design da web:
- Conceituação e pesquisa
- Criação e organização de conteúdo
- Direção de arte
- Produção de HTML
- Criação de protótipos
- Teste
- Carregamento e teste final

Logicamente, dependendo da natureza e do tamanho do site, estas etapas irão variar em proporção, seqüência e número de pessoas necessárias, mas, em essência, elas são uma jornada necessária para a criação de um site. Este capítulo examina cada etapa do processo de design da web.

1. Conceituar e pesquisar

Cada site da web começa com uma idéia. Ele é o resultado de alguém querendo colocar algo online, seja para fins pessoais ou comerciais. Esta fase inicial é excitante Você começa com a idéia central ("álbum de fotografias para minha família", "sites de compras para equipamentos de skateboarding", "banco online" etc.) depois faz um brainstorm sobre como ela irá se manifestar como uma página da web. Esta é a hora para listas e esboços, quadros brancos e notebooks. O que a tornará excitante? O que estará na primeira página?

Não se preocupe em lançar um editor HTML até que você tenha suas idéias e estratégias organizadas. Isto envolve fazer a seu cliente (ou a você mesmo) diversas perguntas referentes a recursos, objetivos e o mais importante: o público.

Algumas perguntas antes de começar

O que se segue são apenas algumas das perguntas que você deve fazer a seus clientes durante a fase de pesquisa de design.

Estratégia

- Por que você está criando este site da web? O que você espera realizar?
- O que você está oferecendo a seu público?
- O que você quer que os usuários façam em seu site da web? E depois deles saírem?

Descrição geral do site

- Que tipo de site ele é? (Puramente promocional? Coletor de informações? Uma publicação? Um ponto de venda?)
- Que recursos ele terá?
- Quais são suas mensagens mais importantes?
- Quais são seus competidores?

Público-alvo

- Quem é seu público principal?
- Qual é o conhecimento que eles têm da Internet? E o conhecimento técnico?
- Você pode fazer suposições a respeito da velocidade de conexão de um usuário médio? Plataforma? Uso de navegador?
- Com que freqüência você espera que eles visitem seu site? Por quanto tempo permanecerão em uma visita média?

Conteúdo

- Quem é responsável pela geração do conteúdo original?
- Como o conteúdo será apresentado (processo e formato)?

Recursos

- Que recursos você dedicou ao site (orçamento, pessoal, tempo)?

continua...

- Com que freqüência as informações serão atualizadas (diariamente, semanalmente, mensalmente)?
- As atualizações exigirão designs de página completamente novos com imagens gráficas?
- A manutenção pode ser tratada pela sua equipe?
- Você tem um servidor para seu site?
- Você registrou um nome de domínio para seu site?

A aparência e sensação gráfica

- Você está imaginando uma certa aparência e sensação para o site?
- Você tem padrões existentes, como logos e cores, que devem ser incorporados?
- O site é parte de um site maior ou grupo de sites com padrões de design que precisam ser correspondidos?
- Quais são alguns outros sites da web que você gosta? O que você gosta a respeito deles?

A nota lateral "Algumas perguntas antes de começar" fornece apenas uma amostra dos tipos de perguntas que você pode fazer antes de iniciar um projeto.

Muitas grandes empresas de design e desenvolvimento da web gastam mais tempo na pesquisa e identificação das necessidades do cliente do que em qualquer outro estágio da produção. Para grandes sites, esta etapa pode incluir estudos de caso, entrevistas e extensa pesquisa de mercado. Há até firmas dedicadas ao desenvolvimento de estratégias da web para empresas emergentes e estabelecidas.

Você pode não precisar colocar tanto esforço (ou dinheiro) na preparação para a publicação, mas é sábio estar claro a respeito de suas expectativas e recursos no início do processo, particularmente ao tentar trabalhar dentro de um orçamento.

Muitas empresas de design e desenvolvimento da web gastam mais tempo na pesquisa e identificação das necessidades do cliente do que em qualquer outro estágio da produção.

2. Criar e organizar conteúdo

A parte mais importante de um site da web é seu conteúdo. Apesar do barulho a respeito de tecnologias e ferramentas, o conteúdo ainda é o rei na Internet. Deve haver algo de valor, seja algo para ler ou algo para fazer, para atrair visitantes e fazer com que eles continuem voltando. (Ou como meu editor diz, "Tem que existir um há lá"). Mesmo se você estiver trabalhando como um designer freelancer colocando as idéias de seus clientes online, não há mal algum em ser sensível para a necessidade por bom conteúdo.

A parte mais importante de um site da web é seu conteúdo.

Criação de conteúdo

Ao projetar para um cliente, você precisa projetar imediatamente quem será responsável pela geração do conteúdo que aparece no site. Alguns clientes chegarão cheios de idéias, mas de mãos vazias, assumindo que você criará o site, incluindo todo o conteúdo nele. De maneira ideal, o cliente será responsável pela geração de seu próprio conteúdo e terá alocado os recursos apropriados para fazê-lo. Redação sólida é um componente importante e ainda freqüentemente ignorado de um site bem sucedido.

Design de informações

Uma vez que você tenha o conteúdo — ou pelo menos uma idéia bem clara do conteúdo que você terá — a próxima etapa é organizar o conteúdo de modo que ele seja facilmente e de maneira intuitiva acessível a seu público. Para sites grandes, o designer de informações pode ser tratado por um especialista em arquitetura de informações. Também pode ser decidido por uma equipe composta de designers e o cliente. Até mesmo sites pessoais exigem atenção para a divisão e organização das informações.

Mais uma vez é hora para listas e rascunhos! Coloque tudo que você quer no site sobre a mesa. Organize por importância, tempestividade, categoria e assim por diante. Decida o que aparece na home page e o que é dividido em seções.

O resultado da fase de design de informações é normalmente um diagrama que revela a "forma" geral do site. Páginas em diagramas são normalmente representadas por retângulos; as setas indicam os links entre as páginas ou seções do site. O diagrama dá aos designers um sentido do tamanho do site e como as seções estão relacionadas e auxilia no design de navegação.

Capítulo 5 – O processo de design da web | 65

A Figura 5-1 mostra o diagrama do site para meu site simples www.littlechair.com. Ele é bem pequeno comparado aos diagramas para grandes sites de e-commerce. Uma vez vi um diagrama de site para um site comercial "high-profile" que, apesar de usar quadrados bem pequenos para representar as páginas, preenchia o comprimento e a altura do corredor! A eficácia da organização de um site pode representar o seu sucesso ou fracasso. Não subestimemos a importância desta etapa. Para uma apresentação mais completa ao design de informação e interface, veja o Capítulo 18, Como criar sites da Web utilizáveis.

Figura 5-1

Este é um diagrama de meu site simples, www.littlechair.com, como existia na primavera de 2000. Os quadrados indicam páginas e as setas indicam links. Os diagramas de sites para websites comerciais são normalmente muito mais complicados e mesmo nesta escala as impressões podem ser grandes o suficiente para preencher uma pared

Viva a caneta e o papel!

Ainda não há competição para caneta e papel no que se refere a iniciar e documentar o processo criativo. Antes que você se aprofunde em HTML e GIFs, que meio melhor de organizar suas idéias do que em um bloco de papel, em um guardanapo ou em um quadro branco, ou a superfície que estiver disponível (mas lembre-se, pichação é um crime)? Tudo diz respeito à criatividade!

Faça listas. Desenhe diagramas. Pense na home page. Faça isto de uma maneira informal, ou inclua cada detalhe e o copie rigorosamente como está online. Tudo se resume ao seu estilo pessoal.

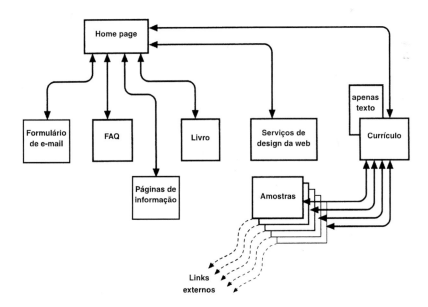

Figura 5-2

Como parte da fase de direção de arte, criei três esboços para este site de mulheres, demonstrando como o mesmo material pode se parecer em três estilos visuais diferentes.

3. Desenvolva a "aparência e sensação"

A "aparência e sensação" de um site se refere ao seu design gráfico e à sua aparência visual geral, incluindo seu esquema de cores, tipografia e estilo de imagens (por exemplo, fotográfico versus ilustrativo). Assim como ocorre no mundo de impressão, esta fase do design é freqüentemente chamada de "direção de arte".

Faça seu esboço

Esta é uma outra chance de trabalhar com blocos de papel e marcadores! Ou talvez você prefira desenvolver suas idéias diretamente no Photoshop. Independentemente disto, esta é sua chance de ser criativo e testar coisas novas. O resultado final é um ou mais esboços (algumas vezes chamados de um "estudo de aparência e sensação") que apresenta seu estilo visual proposto para o site.

Um esboço é normalmente apenas um arquivo gráfico simples nas dimensões apropriadas da janela do navegador (normalmente 600x400 pixels ou 800x500 pixels). Quando é necessário mostrar interatividade (como um efeito de botão "rollover"), alguns designers usam uma camada no Photoshop que pode ser ativada e desativada para simular o efeito.

Em alguns casos, pode ser necessário criar uma home page de protótipo em HTML para apresentar os recursos animados e interativos, particularmente se você tiver um cliente sem imaginação (mas um grande orçamento para cobrir os custos de desenvolvimento). Tenha em mente que a fase de direção de arte é para explorar como o site se parecerá, logo, esboços gráficos simples são normalmente apropriados.

O processo de direção de arte

Na maioria dos trabalhos de desenvolvimento da web profissional, o cliente recebe dois ou três esboços mostrando sua home page em vários estilos visuais. Em alguns casos, um design de segundo ou terceiro nível pode ser incluído se for importante mostrar como o design ocorre através de diversos níveis. A Figura 5-2 mostra um conjunto de estudo de aparência e sensação que criei para um site de mulheres diversos anos atrás.

O designer normalmente recebe uma lista básica de elementos e um manuscrito para o que deve ser incluído nos esboços, mas não fique muito surpreso se pedirem que você invente algo ocasionalmente.

De maneira ideal, o cliente irá escolher um esboço, mas com uma lista de mudanças, exigindo mais uma etapa de design até que o design final seja acordado. Na minha experiência, os clientes normalmente vêem elementos que gostam em cada estilo e pedem algo híbrido. Neste aspecto, os designers da web enfrentam as mesmas frustrações que os designers gráficos profissionais.

4. Produza imagens gráficas e documentos HTML

Uma vez que o design seja aprovado e o conteúdo esteja pronto para seguir, o site entra na fase de produção. Para sites pequenos, a produção pode ser feita por uma pessoa. É mais comum no design da web comercial ter uma equipe de pessoas trabalhando em tarefas especializadas.

O departamento de arte usa suas ferramentas de imagens gráficas para criar todas as imagens gráficas necessárias para o site. O conteúdo será formatado em documentos HTML por peritos em HTML que podem escrever o código à mão ou usar um programa WYSIWYG completo (como o Dreamweaver). Também pode haver elementos multimídia produzidos, scripts e programas escritos. Resumindo, todos os elementos do site devem ser criados.

5. Crie um protótipo

Em algum momento, todas as peças são reunidas em um site em funcionamento. Esta não é necessariamente uma etapa distinta; é mais como um processo contínuo enquanto as imagens gráficas e os arquivos HTML estão sendo produzidos (particularmente se eles estiverem sendo produzidos pela mesma pessoa).

Uma vez que as páginas sejam visualizadas em um navegador, é necessário fazer uma rodada de ajustes tanto nos documentos HTML quanto nas imagens gráficas até que tudo se encaixe suavemente na sua posição. Como um designer da web solo, faço diversos rounds entre meu programa de imagens gráficas, editor HTML e um navegador até que a página funcione como eu pretendia.

Dica de negócios

Coloque tudo no papel

O design se resume a uma questão de gosto e os clientes nem sempre sabem o que querem. Ao redigir seu contrato para o trabalho, é uma boa idéia especificar o número de esboços iniciais e o número de revisões que serão incluídas para o preço do projeto. Desta maneira você tem a oportunidade de pedir compensação extra, caso a fase de direção de arte saia do seu controle.

Assim como acontece no design de software, o primeiro protótipo é freqüentemente chamado de versão "alfa". Ele pode ser disponibilizado apenas para as pessoas dentro da equipe da web para análise e revisões antes de ser liberado para o cliente. A segunda versão é chamada de "beta" e é geralmente a versão que é enviada para o cliente para aprovação. Neste ponto, ainda há muito a ser feito antes que o site esteja pronto para ser publicado na Web.

6. Teste, teste, teste!

Apenas pelo fato da página estar funcionando bem em sua máquina não significa que ela terá a mesma aparência para todos. Como discutimos no Capítulo 4, sua página será visualizada por aparentemente infinitas combinações de navegadores, plataformas, tamanhos de janela e configurações de usuário.

Por esta razão, recomendo (e muitos clientes exigem) que você teste suas páginas sob quantas condições forem possíveis. As empresas de design da web profissional reservam tempo e recursos no cronograma de produção para testes rigorosos. Esta fase é freqüentemente chamada de "GQ" (representando "garantia de qualidade"). Eles verificam se o site está pronto para funcionamento, se todos os links funcionam e se o site tem o desempenho adequado em uma ampla variedade de navegadores e plataformas. Estas empresas têm bancos de várias configurações de computador, rodando inúmeras versões de navegadores em várias configurações de monitor.

Mesmo se você estiver trabalhando sozinho e não puder transformar uma sala de sua casa em um laboratório de teste, tente visualizar sua página da web em diversas das seguintes situações:

- Em um outro navegador. Se você desenvolveu suas páginas usando Microsoft Internet Explorer, abra-as no Netscape Navigator. Opte por versões antigas de navegadores de modo que você possa abrir as páginas também em um navegador tecnicamente menos avançado.

- Em um tipo diferente de computador daquele no qual você desenvolveu as páginas. Você pode visitar um amigo e usar seu computador. Se você trabalhou um uma máquina Windows, você pode se surpreender ao ver como suas páginas se parecem em um Macintosh e vice-versa.

- Com as imagens gráficas desativadas e com um navegador apenas de texto, como o Lynx. Sua página ainda é funcional?
- Com a janela do navegador definida para larguras e comprimentos diferentes (certifique-se de verificar os extremos).
- Com seu monitor definido para cor de 8 bits, escala de cinza e branco e preto. Suas imagens gráficas ainda estão claras?
- Em uma conexão de modem lenta, particularmente se você tiver rápido acesso à Internet onde estiver trabalhando.

Recomendo (e muitos clientes podem exigir) que você teste suas páginas sob quantas condições forem possíveis.

Você pode precisar fazer alguns ajustes para tornar a página (pelo menos) aceitável mesmo na pior das condições.

Um outro tipo de teste que é importante realizar é o teste do usuário. Este processo envolve colocar pessoas comuns diante de seu site e ver com que facilidade elas são capazes de encontrar informações e concluir tarefas. O teste com os usuários é geralmente conduzido o mais cedo possível no processo de produção de modo que as mudanças possam ser feitas no site final.

7. Carregue e teste novamente

Uma vez que você tenha todos os problemas resolvidos no site, é hora de carregar para o servidor final e torná-lo disponível para o mundo. É uma boa idéia fazer uma rodada final de testes para se certificar de que tudo foi transferido com sucesso e de que as páginas funcionam adequadamente sob a configuração do servidor final. Verifique se as imagens gráficas ainda aparecem e se os links ainda estão funcionando (o gerenciamento de link é uma parte importante da garantia da qualidade).

Isto pode parecer trabalho extra, mas se a reputação de seu negócio (ou do negócio do seu cliente) depender do sucesso do site da web, atenção a detalhes é essencial.

Parte II

Aprenda HTML

Como já discutimos, as páginas da web são feitas de HTML. Nesta seção do livro, finalmente trataremos dos detalhes. Acredito que é importante aprender HTML da maneira antiga — escrevendo-a a mão (explico o porquê no Capítulo 6). Não se preocupe, é fácil começar.

No entanto, reconheço que provavelmente você usará uma ferramenta de autoria da web para criar suas páginas (eu faço isto). Por esta razão inclui "Dicas de ferramentas" em cada capítulo que mostram como acessar as marcas que discutimos em três programas populares de autoria: Dreamweaver 3 da Macromedia, GoLive 4 da Adobe e FrontPage 2000 da Microsoft. Existem diversas outras ferramentas da web no mercado, logo, se você encontrar uma que sirva para você, sinta-se à vontade de ficar com ela. Entender as marcas e como HTML funciona tornará ainda mais fácil o uso de suas ferramentas.

Os capítulos na Parte II cobrem os tópicos principais de HTML em detalhes.

Nesta parte

Capítulo 6, Como criar uma página simples (visão geral de HTML)

Capítulo 7, Como formatar texto

Capítulo 8, Como adicionar elementos gráficos

Capítulo 9, Como adicionar links

Capítulo 10, Tabelas

Capítulo 11, Quadros

Capítulo 12, Cor na Web

Capítulo 6

Como criar uma página simples (visão geral de HTML)

Na Parte I — O Começo, forneci uma visão geral do ambiente de design da web. Agora que cobrimos os grandes conceitos é hora de arregaçar as mangas e começar a tratar dos pontos específicos da criação de uma página da web real. Ela será uma página simples, mas mesmo as páginas mais complicadas estão baseadas nos princípios descritos no exemplo a seguir:

Neste capítulo, crio uma página da web simples passo a passo. As lições importantes aqui são:

- Como marcas HTML funcionam
- Como um documento HTML é estruturado
- Como os navegadores exibem documentos marcados

Não se preocupe em aprender marcas específicas de formatação de texto neste ponto. Todas as marcas serão discutidas em detalhes nos capítulos a seguir. Por agora, apenas preste atenção ao processo e à estrutura geral do documento. Uma vez que você entenda o básico, adicionar marcas a seu conjunto de truques é simples.

Neste capítulo

Uma introdução a atributos e marcas HTML

Uma demonstração passo a passo da criação de uma página da web simples

As marcas estruturais básicas

Uma visão geral da formatação de texto e inclusão de imagens e links

Como salvar páginas e visualizá-las em um navegador

Identificar e diagnosticar problemas em páginas da web quebradas

HTML da maneira difícil

Com todas as maravilhosas ferramentas de autoria da web por aí hoje em dia, provavelmente você estará usando uma para criar suas páginas. Na realidade, recomendo isto; a economia de tempo e de sanidade mental é muito boa para ser rejeitada.

Você pode estar perguntando: "Se as ferramentas são tão boas, realmente preciso aprender HTML?" A resposta é: 'Você precisa ". Você pode não precisar decorar todas as marcas, mas alguma familiaridade é crucial para todos que queiram fazer páginas da web. Se você procurar um trabalho como" designer da web ", provavelmente supõe-se que você esteja familiarizado com um documento HTML".

Apoio meu método de ensinar HTML da maneira antiga — à mão! Não há nenhuma maneira de entender verdadeiramente como a HTML funciona, senão digitando-a, uma marca de cada vez, depois abrir sua página em um navegador. Não leva muito tempo para desenvolver a sensibilidade para marcar documentos adequadamente.

Entender HTML tornará o uso de suas ferramentas de autoria mais fácil e mais eficiente. Além disso, você ficará satisfeito ao conseguir olhar um arquivo original de HTML e entender o que está vendo. Digamos que você veja um truque de página da web bem interessante. Você pode sempre ver a fonte para descobrir como ela é feita, mas se a fonte parecer grego não adiantará muito.

Uma vez que você conheça o básico, você pode continuar seu aprendizado ao ler Web Design in a Nutshell (O'Reilly, 1999) ou HTML & XHTML: The Definitive Guide, Quarta edição de Chuck Musciano e Bill Kennedy (O'Reilly, 2000).

Como apresentar a marca HTML

Se você tiver lido até a Parte I deste livro, você sabe que páginas da web são formatadas usando marcas HTML. Os caracteres dentro da marca são geralmente uma abreviação de uma instrução de formatação ou um elemento a ser adicionado à página (Figura 6-1).

Figura 6-1

Estrutura da marca container:

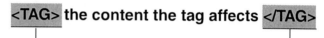

Ativa a formatação   Desativa a formatação

Estrutura da marca independente:

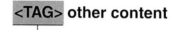

Coloca um elemento na página (não afeta a exibição do conteúdo)

A maioria das marcas HTML é marca container. Elas consistem de duas marcas (uma marca de abertura e uma marca de fechamento) que ficam ao redor de uma faixa de texto. A instrução de marca se aplica a todo o conteúdo contido dentro das marcas. Pense nelas como um interruptor de "ligar" e "desligar". A marca de fechamento parece a mesma que a marca de abertura, ela apenas começa com uma barra (/).

Poucas marcas são marcas independentes: você simplesmente as solta no lugar onde você quer que um elemento apareça. Elas não têm uma marca de fechamento.

Estaremos usando ambos os tipos de marcas na demonstração de página da web a seguir.

Como montar uma página da web

Estamos prontos para fazer uma página da web. Esta demonstração tem quatro etapas:

Etapa 1 — Como configurar o documento HTML. Você aprenderá a respeito das marcas usadas para dar a um documento HTML sua estrutura.

Etapa 2 — Como formatar texto. Usaremos marcas container para formatar o texto na página.

Capítulo 6 – Como criar uma página simples

Etapa 3 — Como adicionar elementos gráficos. Usaremos marcas independentes para adicionar imagens e fios à página. Também veremos como os atributos de marcas funcionam.

Etapa 4 — Como adicionar um link de hipertexto. Já que a Web é a respeito de links, uma demonstração de página da web estaria incompleta sem uma introdução a criação de links.

Estarei digitando a HTML à mão usando um editor HTML chamado BBEdit (em um Macintosh). Você também poderia usar Allaire HomeSite se estiver em um PC. Os programas de processamento de texto como Microsoft Word não são apropriados porque adicionam informações ocultas ao código e o que queremos são caracteres de texto puro (ASCII).

Estarei verificando meu trabalho em um navegador freqüentemente ao longo desta demonstração — provavelmente mais do que você o faria na vida real — mas já que esta é uma primeira introdução a HTML, acho útil mostrar a causa e o efeito de cada mudança.

O resultado final será a home page para um site chamado "Jen's Kitchen" (Figura 6-2) que se conecta a diversas de minhas receitas favoritas.

Amostras de software gratuito

Você pode testar estes editores HTML de graça!

Para BBEdit, vá para o site da Bare Bones Software em www.barebones.com/free/free.html e faça o download de uma demonstração gratuita.

Para Allaire HomeSite, comece na página de produtos em www.allaire.com/products/homesite/index.cfm e escolha "Download HomeSite 4.5". Você precisará preencher informações do cliente, mas quando tiver terminado, há uma versão de avaliação gratuita do HomeSite disponível na lista de downloads.

Figura 6-2

Neste capítulo, montaremos esta página da web passo a passo. Ela não é muita sofisticada, mas temos que começar de algum lugar.

Escrever palavras em maiúsculo ou não

Ao longo deste livro, escrevi todas as minhas marcas em caixa alta, mas elas também poderiam estar em caixa baixa. Em outras palavras, as marcas não fazem "distinção entre maiúsculas/minúsculas". A escolha é sua, mas eis aqui algumas coisas que você poder levar em consideração:

De um lado, usar caixa alta faz com que as marcas se sobressaiam contra um mar de código. Isto é útil quando você está escrevendo seu código HTML do zero.

Por outro lado, quando a HTML se desenvolve, os sistemas de marcação relacionados (como XML e XHTML) exigem apenas marcas em caixa baixa. Se você estiver aprendendo HTML pela primeira vez e pretende se tornar um profissional da web, você pode querer se acostumar a escrever todas as marcas em caixa baixa desde o início.

Etapa 1 — Como configurar o documento HTML

Há duas coisas que fazem de um arquivo de texto comum um documento da web legível pelo navegador. O documento deve ter um nome que termine em .htm ou .html a fim de ser reconhecido pelo navegador e deve conter as marcas HTML básicas que definem a estrutura do documento da web.

Estrutura básica

Inicie um novo documento da web ao dar a ele um esqueleto.

Há realmente apenas duas partes para um documento HTML: o cabeçalho e o corpo. O cabeçalho contém informações a respeito do documento (seu título, por exemplo); o corpo contém o conteúdo real do documento. A estrutura do documento é identificada ao usar as marcas container <HTML>, <HEAD> e <BODY> (Figura 6-3).

Figura 6-3

Um documento sem conteúdo teria esta aparência.

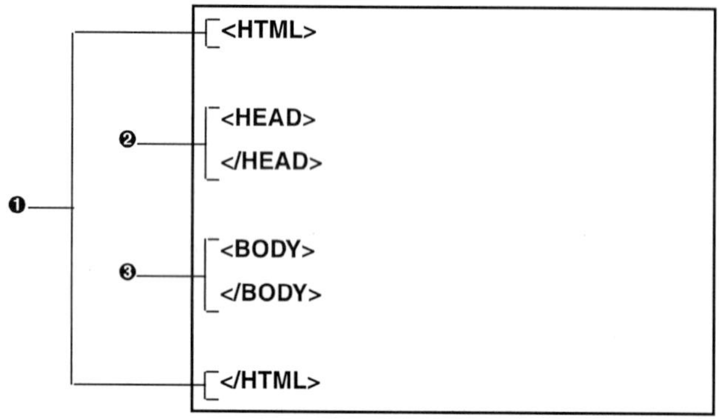

```
❶   ┌─ <HTML>
    │
    │   ┌─ <HEAD>
    │ ❷─│
    │   └─ </HEAD>
    │
    │   ┌─ <BODY>
    │ ❸─│
    │   └─ </BODY>
    │
    └─ </HTML>
```

❶ Primeiro, diga ao navegador que o texto está no formato HTML ao rotular todo o documento como "HTML". Coloque a marca "start HTML" (<HTML>) no início do texto e a marca "end HTML" (</HTML>) no final.

❷ As marcas <HEAD>...</HEAD> definem o início e o fim da seção de cabeçalho do documento. No momento esta seção está vazia.

❸ As marcas <BODY>...</BODY> definem o corpo do documento. É aqui onde colocaremos o conteúdo da página; ou seja, tudo que queremos exibir na janela do navegador.

Como dar um título à página

Uma outra parte essencial do documento é seu título. Este é o nome que você dá à página; ele é mostrado na barra superior da janela do navegador. Se você não der ao documento um título, o nome do arquivo será usado. O título, indicado pela marca container <TITLE>, é colocado dentro do cabeçalho do documento (Figura 6-4).

A importância do título

O título é uma das peças de informação mais importantes que você fornece a respeito de sua página da web. Além de aparecer no topo do navegador quando a página é aberta, ele será listado no menu Bookmarks (ou Favoritos) quando alguém marcar sua página. O título também é a primeira coisa que utilitários de pesquisa procuram ao indexar sua página. Certifique-se de que ele seja descritivo e útil. Quantos bookmarks você quer que tenham o nome "Welcome!"?

Figura 6-4

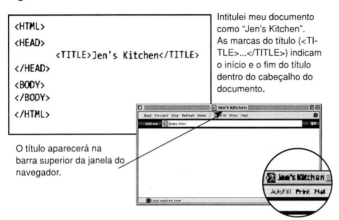

Intitulei meu documento como "Jen's Kitchen". As marcas do título (<TITLE>...</TITLE>) indicam o início e o fim do título dentro do cabeçalho do documento.

O título aparecerá na barra superior da janela do navegador.

Como adicionar conteúdo

Até agora, tudo bem, mas se quisermos que alguma coisa apareça na janela do navegador precisamos colocar algum conteúdo no corpo do documento. Digitei uma lista e introdução simples (Figura 6-5).

Figura 6-5

```
<HTML>
<HEAD>
        <TITLE>Jen's Kitchen</TITLE>
</HEAD>
<BODY>
Jen's Kitchen
People who know me know that I love to cook. I've created
this site to share some of my favorite recipes and online food
resources. Bon Appetit!
From Jen's Cookbook:
    tapenade (olive spread)
    garlic salmon
    wild mushroom risotto
    asian dishes
</BODY>
</HTML>
```

Adicionei texto ao corpo do documento.

Dica de ferramentas
Criação de documento

Quando você usa uma ferramenta de autoria da web como Dreamweaver da Macromedia ou GoLive da Adobe, as marcas estruturais são adicionadas automaticamente quando você cria um documento novo. As ferramentas normalmente também adicionam algumas informações de documento extra ao cabeçalho (como marcas <META> que dizem que software foi usado para criar o arquivo). Na maioria das ferramentas, o título é especificado na página que tem configurações para todo o documento.

DREAMWEAVER 3

O título do documento é inserido na caixa de diálogo Page Properties.

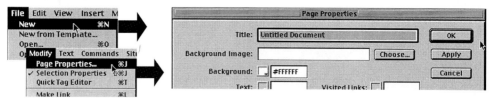

GOLIVE 4

Insira o título do documento na paleta Page Inspector. Para abrir a paleta, clique o ícone de documento na seção de cabeçalho no topo da janela do documento. Você também pode simplesmente digitar no título próximo ao ícone.

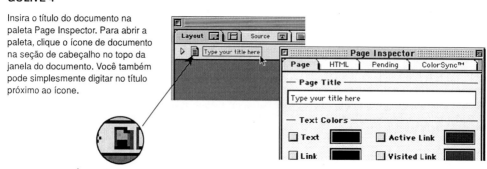

Ícone de documento

FRONTPAGE 2000

Abra uma página nova e o título padrão será destacado no código. Digite seu título entre <TITLE> e </TITLE> para substituir.

Como salvar e visualizar a página

Temos um documento com a estrutura HTML apropriada e algum conteúdo, mas a fim de visualizá-lo no navegador precisamos salvar o arquivo e dar a ele um nome (Figura 6-6). O nome do arquivo precisa terminar em .htm ou .html a fim de ser reconhecido pelo navegador como um documento da web. Veja a nota lateral "Convenções de nomeação", para mais dicas sobre nomeação de arquivos. Nomeei meu arquivo como index.html.

Figura 6-6

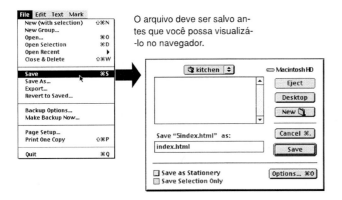

O arquivo deve ser salvo antes que você possa visualizá-lo no navegador.

Agora podemos ver o index.html em um navegador. Chama-se a abertura de um arquivo do HD de seu computador de abrir um arquivo "local". Você não precisa de uma conexão de Internet para verificar seu trabalho em um navegador. Apenas acione seu navegador e escolha "Open Page" ou "Open Local" (ou redação similar) do menu File e localize seu arquivo nas caixas de diálogo (Figura 6-7, página a seguir).

Convenções de nomeação

Siga estas regras e convenções ao nomear seus arquivos:

- Use sufixos apropriados para seus arquivos. Os arquivos HTML devem terminar com .html ou .htm. As imagens gráficas da Web devem ser rotuladas de acordo com seu formato de arquivo: .gif ou .jpg (.jpeg também é aceitável).

- Nunca use espaços de caractere dentro de nomes de arquivo. É comum usar um caractere sublinhado para separar visualmente palavras dentro de nomes de arquivo, como lynch_bio.html.

- Evite caracteres especiais como ?, %, #, /, :, ;, . etc. Limite os nomes de arquivo a letras, números, sublinhados, hífens e pontos.

- Nomes de arquivo fazem distinção entre maiúsculas / minúsculas em HTML. O uso de maneira consistente de nomes de arquivo em caixa baixa, embora não seja necessário, torna seus nomes de arquivo mais fáceis de gerenciar.

- Mantenha os nomes de arquivos pequenos.

- Se você realmente precisar dar ao arquivo um nome longo e de múltiplas palavras, você pode separar as palavras com letras maiúsculas, como AlongDocu-mentTitle.htm, ou com sublinhados, como a_long_document_title.htm, para melhorar a legibilidade.

Figura 6-7

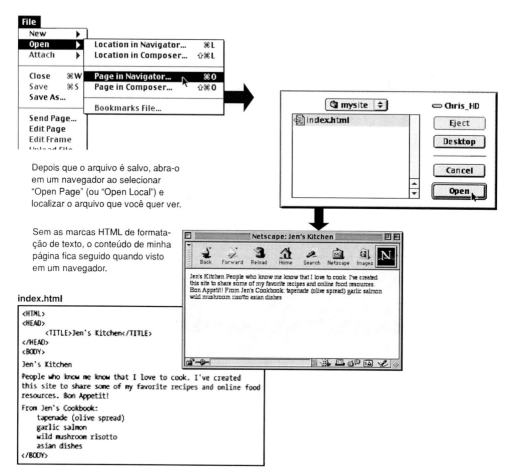

Depois que o arquivo é salvo, abra-o em um navegador ao selecionar "Open Page" (ou "Open Local") e localizar o arquivo que você quer ver.

Sem as marcas HTML de formatação de texto, o conteúdo de minha página fica seguido quando visto em um navegador.

index.html

A única maneira de um navegador fazer um parágrafo novo ou adicionar um espaço é se ele vir uma marca no arquivo que especificamente diga a ele para fazer isto. Do contrário, ele apenas irá ignorar os retornos, tabulações e espaços consecutivos.

Opa! O texto está todo seguido — não era o que tinha em mente! Meu título da página está na barra superior do navegador, já é um começo. Mas vamos dar uma olhada no que mais aconteceu. Perceba como o navegador ignorou todas as minhas quebras de linha. Ele também ignorou os espaços extra que adicionei para recuar os nomes da receita.

Um navegador fará um parágrafo novo ou adicionará um espaço apenas se ele vir uma marca no arquivo que especificamente diga a ele para fazer isto. Do contrário, ele simplesmente ignora retornos, tabulações e espaços consecutivos no arquivo de texto.

De uma certa maneira este recurso é útil já que você pode inserir quantos retornos e recuos quiser em seu documento HTML. Isto o torna mais legível enquanto está no editor e não afetará seu produto final. A nota lateral "O que navegadores ignoram", fornece algumas dicas úteis sobre como os navegadores interpretam código HTML.

O que os navegadores ignoram

Algumas informações em um documento HTML serão ignoradas quando forem vistas em um navegador, incluindo:

Quebras de linha (carriage returns). Quebras de linha são ignoradas. Texto e elementos se moldarão continuamente até que uma marca de quebra de linha (<BR>) ou parágrafo (<P>) seja encontrada no fluxo do texto do documento.

Tabulações e múltiplos espaços. Quando um navegador encontrar uma tabulação ou mais de um espaço de caractere em branco consecutivo, ele exibirá um único espaço. Logo, se o documento tiver:

Há muito,   muito   tempo atrás

o navegador exibirá:

há muito, muito tempo atrás

Espaços extras podem ser adicionados ao usar a cadeia de caractere de "espaço incondicional" ( ) para cada espaço de caractere desejado. (Veja a seção Alguns caracteres especiais no final do Capítulo 7).

Múltiplas marcas <P>. Quando um navegador vir uma marca <P> (parágrafo), ele adicionará um espaço de linha; no entanto, uma série de marcas <P> (ou containeres de parágrafo, <P>...</P>) sem texto interveniente é interpretada como redundante e será exiba como se fosse apenas uma única marca <P>. A maioria dos navegadores exibirá múltiplas marcas <BR> como múltiplas quebras de linha.

Marcas não reconhecidas. Um navegador simplesmente ignora qualquer marca que ele não entenda ou que esteja incorretamente especificada. Dependendo da marca e do navegador, isto pode ter resultados variados. Ou o navegador não exibe nada, ou ele pode exibir o conteúdo da marca como se ele fosse texto normal.

Texto nos comentários. Os navegadores não exibirão texto entre os elementos especiais <!- - e - -> usados para denotar um comentário. Eis aqui um comentário de amostra:

<! - - Isto é um comentário - ->

<!- - Este é um comentário de múltiplas linhas

que termina aqui. - ->

Deve haver um espaço após o <! - - inicial e precedendo - -> o final, mas você pode colocar praticamente qualquer coisa dentro do comentário.

Neste ponto, não se preocupe muito com marcas específicas — quero apenas que você conheça o processo de marcação.

Etapa 2 — Como formatar texto

Vamos rapidamente colocar algumas marcas de formatação de texto lá para dar forma àquele texto (Figura 6-8, página a seguir). Neste ponto, não se preocupe muito com marcas específicas — quero apenas que você conheça o processo de marcação. Estaremos discutindo marcas de formatação de texto com detalhes no Capítulo 7.

Figura 6-8

Adicionei marcas de formatação de texto ao arquivo HTML para criar cabeçalhos (<H1>, <H2>), parágrafos (<P>), quebras de linha (<BR>) e texto em itálico (<I>).

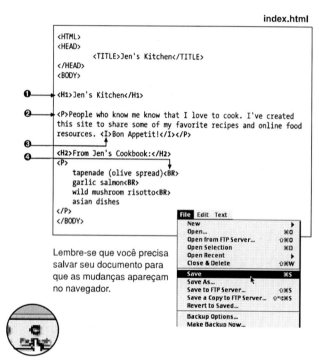

Lembre-se que você precisa salvar seu documento para que as mudanças apareçam no navegador.

Pelo fato de minha página já estar aberta no navegador, desta vez posso apenas clicar "Refresh" (ou "Reload") para ver minha nova página.

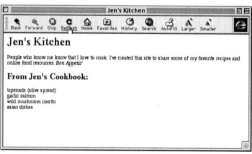

❶ <H1>...</H1>

Coloquei marcas de cabeçalho de abertura e fechamento de primeiro nível ao redor do título de minha página. O navegador renderiza o texto entre as marcas <H1> no maior texto em negrito disponível. Após a introdução, criei um cabeçalho de segundo nível (<H2>). Você pode ver que ele é ligeiramente menor que o texto de <H1>. Perceba também que estas marcas fazem com que quebras de linha e espaços extra sejam adicionados acima e abaixo dos cabeçalhos.

❷ <P>...</P>

Os parágrafos são indicados ao envolver o texto em marcas container de parágrafo (<P>...</P>). Quando você define um parágrafo, a linha automaticamente quebra e algum espaço é adicionado acima e abaixo.

É possível separar parágrafos ao colocar uma única marca <P> entre eles. Os navegadores irão renderizá-los da mesma forma que <P>...</P>. No entanto, é adequado e preferível usar marcas container e, além disso, containeres são necessários se você quiser adicionar formatação com folhas de estilo. Você pode então começar com o pé direito.

❸ <I>...</I>

Para ênfase, marquei as palavras "Bon Appetit1" com marcas que começam a formatação em itálico (<I>) e depois a desativa (</I>).

❹

Para provocar uma quebra de linha sem espaço extra (por exemplo, entre nomes de receita), adicionei marcas de quebra (<BR>) nos pontos onde quero que as quebras ocorram. A marca de quebra de linha é um exemplo de uma marca independente. Ela não funciona em uma faixa de texto: ela apenas insere a quebra.

Novamente, salvei meu arquivo e verifiquei meu progresso na janela do navegador. Desta vez, pude clicar os botões "Reload" ou "Refresh", pois já tinha a última versão da página na minha janela do navegador. Lembre-se, suas mudanças não estarão visíveis no recarregamento a menos que você salve seu arquivo primeiro.

Uma rápida história da HTML

Antes da HTML, havia a SGML (Standard Generalized Markup Language), que estabelecia o sistema de descrição de documentos em termos de sua estrutura, independentemente da aparência. As marcas SGML funcionam da mesma maneira que as marcas HTML que vimos, mas pode haver muito mais delas permitindo uma descrição mais sofisticada dos elementos de documento.

Os editores começaram a armazenar versões SGML de seus documentos de modo que elas pudessem ser traduzidas em uma variedade de usos finais. Por exemplo, texto que é marcado como um cabeçalho pode ser forma-tado de uma maneira se o produto final for um livro impresso, mas de uma outra maneira para um CD-ROM. A vantagem é que um único arquivo fonte pode ser usado para criar uma variedade de produtos finais. O modo que é interpretado e exibido (quer dizer, sua aparência) depende do uso final.

Pelo fato da HTML ser uma aplicação de um sistema de marcação SGML, este princípio de manter informações de estilo (instruções de como os elementos se parecem) separadas da estrutura do documento permanece inerente ao propósito da HTML. Durante os últimos anos, este ideal foi um pouco confundido pela criação das marcas HTML que contêm instruções de estilo

continua...

Uma rápida história da HTML
(continuação)

explícitas, como a marca <FONT>, que dá aos designers controle sobre a fonte, tamanho e cor do texto que ela contém e o uso de marcas de tabela para o layout da página.

Foi apresentado um novo sistema chamado Folhas de estilo em cascata que promete manter as informações de estilo fora do conteúdo ao armazenar todas as instruções de estilo em um documento separado (ou seção separada do documento fonte).

As folhas de estilo são uma técnica avançada e, portanto, não são tratadas com profundidade neste livro (veja o Capítulo 20). Vamos considerar um exemplo. Dentro do documento, um cabeçalho será rotulado com uma marca <H1> padrão para indicar o tipo de informações; em outro lugar na folha de estilo o designer especifica "Gostaria que os H1s fossem do tipo Helvetica, azul, de 36 pontos e centralizados na página". Isto satisfaz tanto os designers quanto os puristas de HTML. Como diz Martha Stewart, é uma "boa coisa".

Etapa 3 — Como adicionar elementos gráficos

Agora tenho certeza que você está começando a entender as marcas container. Vamos colocar alguns elementos gráficos para dar mais tempero à página. Novamente, não se preocupe muito com marcas específicas neste ponto; elas serão cobertas no Capítulo 8.

Adicionarei uma imagem gráfica de título ao topo da página e um fio horizontal (uma linha) para quebrar a página (Figura 6-9, página a seguir). Estes elementos nos darão uma boa oportunidade de ver como os atributos e as marcas independentes funcionam.

Figura 6-9

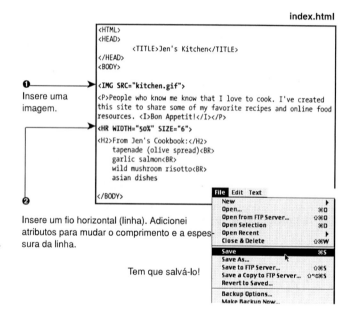

❶ Insere uma imagem.

❷ Insere um fio horizontal (linha). Adicionei atributos para mudar o comprimento e a espessura da linha.

Tem que salvá-lo!

Lembre-se, suas mudanças não estarão visíveis no recarregamento, a menos que você salve seu arquivo primeiro.

Capítulo 6 – Como criar uma página simples | 85

❸
Clique "Refresh" para ver as mudanças.
A página está quase pronta!

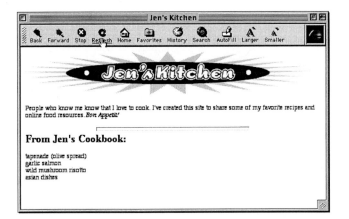

❶ Substitui meu cabeçalho de texto por um cabeçalho gráfico muito mais elegante. A imagem gráfica é adicionada à página ao colocar uma marca <IMG> onde quero que a imagem gráfica apareça. A marca de imagem é um bom exemplo de uma marca independente — não há marca de fechamento você apenas a coloca no lugar.

❷ Adicionei também um fio horizontal (linha) usando a marca independente <HR>. Adicionei alguns atributos dentro da marca para mudar o comprimento (WIDTH=) e a espessura (SIZE=) do fio.

Um atributo é um pouco de informação que é adicionado a uma marca para modificar sua ação ou comportamento. Os atributos são separados de suas configurações de valor por um sinal de igual (Figura 6-10). A nota lateral A respeito de atributos, tem fatos mais úteis a respeito deste importante recurso de HTML.

Figura 6-10

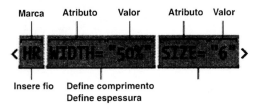

A respeito de atributos

O poder real e a flexibilidade da HTML residem nos atributos — pequenas instruções adicionadas dentro de uma marca para modificar seu comportamento ou aparência. A fórmula para usar atributos é a seguinte:

<TAG ATTRIBUTE="value">
texto afetado</TAG>

Eis aqui algumas coisas importantes a saber a respeito dos atributos:

- Os atributos ficam apenas na marca container de abertura. A marca de fechamento inclui apenas o nome da marca, mesmo se a marca de abertura for carregada com atributos.

- A maioria dos atributos (mas nem todos) pega valores que seguem um sinal de igual (=) depois do nome do atributo. O valor pode ser um número, uma palavra, uma cadeia de texto, um URL ou uma medida.

- Você pode adicionar diversos atributos dentro de uma única marca.

- É uma boa prática colocar aspas ao redor dos valores; no entanto, elas podem estar omitidas se o valor for uma única palavra ou número.

- Alguns atributos são necessários; por exemplo, o atributo SRC dentro da marca <IMG>.

A parte SRC= da marca <IMG> é um exemplo de um atributo necessário — sem ela, o navegador não saberia que imagem gráfica pegar. Os atributos na marca <HR> são opcionais. Sem os atributos, o fio horizontal padrão teria um pixel de espessura e a largura da janela do navegador.

❸ Salvei e recarreguei a página para verificar o progresso até agora. Ela está quase pronta! Apenas mais uma coisa...

Etapa 4 — Como adicionar um link de hipertexto

O que é uma página da web sem links? Sem qualquer objetivo se você me perguntar, logo, vamos adicionar um. Não se preocupe em aprender tudo a respeito de criação de links a partir deste exemplo. A criação de links é uma parte importante do design da web e dediquei todo um capítulo a ela (Capítulo 9). Por agora, quero simplesmente lhe dar uma idéia de como ela é feita.

No final, gostaria que cada um dos nomes de minha receita se ligassem às suas respectivas páginas de receita, logo, começarei com o primeira neste exemplo (Figura 6-11, página a seguir).

Figura 6-11

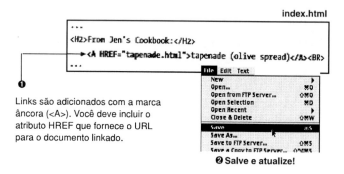

❶ Links são adicionados com a marca âncora (<A>). Você deve incluir o atributo HREF que fornece o URL para o documento linkado.

❷ Salve e atualize!

E eis a página: uma página da web simples, completa com uma imagem gráfica e um link. Não é muito elaborada, mas é uma página da web!

❶ Links são adicionados com uma marca container chamada de âncora (<A>...</A>). Assim como outras marcas container, as marcas âncoras são colocadas ao redor do texto que você quer linkar. Mas você tem que especificar a que página você quer se linkar, certo? É neste ponto que o atributo HREF= aparece. Ele é um atributo necessário que dá ao navegador o URL da página alvo. No meu exemplo, usei um URL relativo (um URL que aponta para um documento no mesmo servidor) para criar um link para a página de receita de pasta de azeitona (tapenade.html).

❷ Quando salvo meu arquivo e o recarrego no navegador, o texto de âncora aparecerá como um texto azul, sublinhado e clicável.

A página está pronta! Neste ponto, poderia carregá-la para o servidor. Veja o Capítulo 3, para instruções passo a passo sobre carregamento.

Eu sei, eu sei... você está pensando, "Esta página é realmente chata". Tudo bem, estou pensando a mesma coisa. Mas ela é uma página da web real e aprendemos alguns conceitos chave durante a sua preparação. Nos capítulos futuros, adicionaremos mais truques ao seu leque de truques de modo que você possa fazer páginas que sejam um pouco mais excitantes.

Quando boas páginas dão errado

A demonstração anterior correu bem, mas é fácil para que pequenas coisas dêem errado ao digitar código HTML. Infelizmente, um caractere que esteja faltando pode quebrar uma página inteira. Vou quebrar minha página de propósito de modo que possamos ver o que acontece.

O que aconteceria se eu tivesse esquecido de digitar a barra (/) na marca de cabeçalho de fechamento (</H1>)? Apenas um caractere fora do lugar (Figura 6-12). Como você pode ver, todo o documento é exibido em um grande texto de cabeçalho em negrito! Isto ocorre porque sem aquela barra, não há nada dizendo ao navegador para "desativar" a formatação de cabeçalho, portanto ele continua tratando o texto como cabeçalho.

Figura 6-12

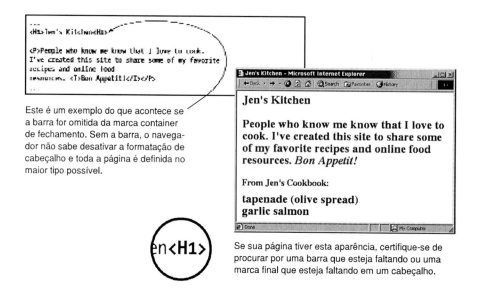

Este é um exemplo do que acontece se a barra for omitida da marca container de fechamento. Sem a barra, o navegador não sabe desativar a formatação de cabeçalho e toda a página é definida no maior tipo possível.

Se sua página tiver esta aparência, certifique-se de procurar por uma barra que esteja faltando ou uma marca final que esteja faltando em um cabeçalho.

Capítulo 6 – Como criar uma página simples

Corrigi a barra, mas desta vez vamos ver o que teria acontecido se eu tivesse acidentalmente omitido um colchete do final da primeira marca <H2> (Figura 6-13).

Figura 6-13

```
...
<H2From Jen's Cookbook:</H2>
<P>
    tapenade (olive spread)<BR>
    garlic salmon<BR>
    wild mushroom risotto<BR>
    asian dishes
</P>
...
```

Este é um exemplo do que acontece se a barra for omitida da marca container de fechamento. Sem a barra, o navegador não sabe desativar a formatação de cabeçalho e toda a página é definida no maior tipo possível.

Faltando cabeçalho

Se sua página tiver esta aparência, certifique-se de procurar por uma barra que esteja faltando ou uma marca final que esteja faltando em um cabeçalho.

Você vê como um pedaço de texto está faltando? Isto ocorre porque sem o colchete da marca de fechamento o navegador assume que todo o texto seguinte — até o próximo colchete de fechamento (>) que ele encontrar — é parte daquela marca <H2>. Os navegadores não exibem qualquer texto dentro de uma marca, logo, meu cabeçalho desapareceu. O navegador apenas ignorou a marca de aparência estranha e seguiu para o próximo elemento.

Cometer erros nas suas primeiras páginas HTML e corrigi-las é uma ótima maneira de aprender. Se você escrever suas primeiras páginas de maneira perfeita, recomendo brincar

Tendo problemas?

O que se segue são típicos problemas que ocorrem quando você cria páginas da web e as visualiza em um navegador:

P: Mudei meu documento, mas quando recarrego a página no meu navegador, ela tem a mesma aparência.

R: O que poderia estar acontecendo é que você não salvou seu documento HTML antes de recarregar. Este é um passo importante.

P: Todo o texto na minha página está ENORME!

R: Você iniciou uma marca de cabeçalho e esqueceu de fechá-la? Certifique-se de que cada marca que você usou tenha sua marca final. Também, certifique-se de que a marca final tenha uma barra (/)!

P: Metade da minha página desapareceu!

R: Isto pode acontecer se você tiver deixado de fora um colchete de fechamento (>) ou uma aspa dentro de uma marca. Este é um erro comum ao escrever um código HTML à mão.

P: Coloquei uma imagem gráfica usando a marca <IMG>, mas tudo que aparece é um ícone gráfico interrompido.

R: A imagem gráfica interrompida poderia significar duas coisas. Primeiro, pode significar que o navegador não está encontrando a imagem gráfica. Certifique-se de que o URL para a imagem gráfica esteja correto. (Discutiremos URL com mais detalhes no Capítulo 8).

continua...

> **Tendo problemas?**
> *(continuação)*
>
> Certifique-se de que a imagem gráfica esteja no diretório que você especificou. Se a imagem gráfica estiver lá, certifique-se de ela esteja em um dos formatos que os navegadores da web podem exibir (GIF ou JPEG) e que ela esteja nomeada com o sufixo adequado (.gif e .jpeg ou .jpg, respectivamente).

com o código, como fiz aqui, para ver como o navegador reage a várias mudanças. Isto pode ser extremamente útil na identificação e diagnóstico de erros nas páginas mais tarde. Listei alguns problemas comuns na nota lateral Tendo problemas?. Perceba que estes problemas não são específicos para iniciantes! Pequenas coisas como estas dão errado o tempo todo, mesmo para os profissionais.

Revisão de HTML — Marcas estruturais

Neste capítulo, cobrimos algumas marcas importantes para estabelecer a estrutura do documento. As marcas remanescentes introduzidas na demonstração serão tratadas com mais profundidade nos capítulos seguintes.

Marca	Função
<HTML>	Identifica todo o documento como HTML
<HEAD>	Identifica o cabeçalho do documento
<BODY>	Identifica o corpo do documento
<TITLE>	Dá um título à página

Capítulo 7

Como formatar texto

A esta altura, você deve ter um entendimento de como a marcação HTML funciona. Você está preparado para os detalhes? Nos diversos capítulos a seguir examinaremos uma marca HTML de cada vez, começando com as marcas que afetam a aparência do texto no navegador. Mas primeiro, quero reiterar um ponto que tratamos no Capítulo 4.

Com colocar tipos na web

Marcar texto para a Web não é o mesmo que especificar tipo para impressão. Primeiramente, não há maneira de saber exatamente como seu texto se parecerá. Aterrorizante, mas verdadeiro!

Dê uma olhada nas preferências de seu navegador e você descobrirá (e qualquer outra pessoa navegando por aí) ser capaz de especificar as fontes e tamanhos que você prefere para visualização online. Para acessar os controles de fonte na Internet Explorer, escolha Edit → Preferences, depois selecione Language/Fonts sob a categoria Web Browser. No Navigator, escolha Edit → Preferences e selecione Fonts da categoria Appearance. É lá onde os usuários podem escolher qualquer fonte para o padrão do navegador.

Embora haja várias maneiras de cancelar o padrão do navegador ao especificar uma fonte no documento HTML, ela não aparecerá a menos que a fonte exata já esteja instalada na máquina do usuário. Ainda assim, você não sabe qual será a largura da janela, logo, não há garantia de que as linhas serão quebradas da maneira que você o faz na sua máquina. Há muita coisa fora de seu controle.

Neste capítulo

Como definir a estrutura do documento com elementos de bloco

Como adicionar negrito, itálico e outros estilos incorporados ao texto

Como ajustar tamanho de texto, fonte e cor com a marca <FONT>

Como formatar listas numeradas, listas com marcadores e listas de definição

Como alinhar texto na página com HTML

Como usar caracteres especiais

Figura 7-1

Fontes proporcionais (largura variável) distribuem diferentes quantidades de espaço para cada caractere baseado no seu design.

Em uma fonte de largura constante (espaçamento uniforme), todos os caracteres recebem a mesma largura na linha.

Duas fontes

O que você tem são duas fontes com as quais trabalhar na página: uma fonte proporcional e uma fonte de largura fixa (Figura 7-1). Você pode ver suas configurações nas preferências de fonte de seu navegador.

A maioria de sua página — corpo do texto, cabeçalhos, listas, blocos de citação etc — aparecerão na fonte proporcional. Uma fonte proporcional (chamada "Fonte de largura variável" no Netscape Navigator) é uma que divide diferentes quantidades de espaço para cada caractere; por exemplo, um "W" maiúsculo ocupa mais espaço na linha do que um "i" em caixa baixa. A fonte proporcional padrão para a maioria dos navegadores da web é Times ou Helvetica; como uma diretriz bem geral, você pode assumir que o corpo do texto será exibido em uma destas duas fontes a 10 ou 12 pontos. *

A outra fonte disponível é uma fonte de largura fixa, que é usada para tipos especiais de informação. Uma fonte de largura fixa (também conhecida fonte de "largura constante" ou de "espaçamento uniforme") divide a mesma quantidade de espaço horizontal para todos os caracteres; o "W" maiúsculo ocupa o mesmo espaço que o "i" em caixa baixa. Os navegadores usam a fonte de largura fixa para algumas marcas específicas, normalmente relacionadas à exibição do código, como <PRE> ou <TT> (iremos discuti-los mais tarde neste capítulo). Você pode normalmente assumir que estes elementos serão exibidos com algumas variações de Courier.

Texto em imagens gráficas

A única maneira que você pode ter controle absoluto sobre a exibição de seu tipo é torná-lo parte de uma imagem gráfica. É comum ver títulos, subtítulos, chamadas de páginas e mesmo páginas inteiras da web, colocadas em grandes imagens gráficas ao invés de texto HTML.

---

* O Internet Explorer 5.5 e o Navigator 6.0 começaram a definir tamanhos de tipos em pixels uma vez que tamanhos em pontos são interpretados de maneira deferente no Windows e Macs. O tamanho padrão é 16 pixels, o que provavelmente será muito grande para usuários de Mac acostumados com um tipo menor.

Embora seja grande a tentação do controle total, há algumas razões muito fortes pelas quais você deve resistir à tentação de colocar textos em arquivos GIF. Primeiro, o download das imagens gráficas demora muito mais tempo do que o de texto, e na Web velocidade de download é tudo. Segundo, qualquer informação em uma imagem gráfica não pode ser indexada ou pesquisada; em essência, ela é removida de seu documento. E por último, este conteúdo será perdido em navegadores que não são gráficos ou para usuários com imagens gráficas desativadas. Embora usar texto "alternativo" na marca gráfica possa ajudar, isto é limitado e nem sempre confiável.

Os navegadores irão automaticamente adicionar espaço acima e abaixo dos elementos de bloco.

Uma vez dito isto, vamos ver algumas marcas de texto.

Como criar blocos: cabeçalhos e parágrafos

Nesta seção veremos marcas que formatam texto no nível de parágrafo. Estas marcas também são conhecidas como elementos de bloco e elas são as unidades distintas de texto que compõem a página da web. Cabeçalhos, parágrafos, citações e texto pré-formatados são todos elementos de bloco.

Quando um navegador vê uma marca de elemento de bloco, ele irá automaticamente inserir uma quebra de linha e adicionar um pequeno espaço acima e abaixo do elemento de texto. Esta é a característica que todos os elementos de bloco têm em comum. Você não pode iniciar o texto de parágrafo na mesma linha que um cabeçalho; ele sempre começará como um novo "bloco" de texto. A seguir encontram-se exemplos de cada elemento de bloco.

Cabeçalhos

<H#> ... </H#>

Nível de cabeçalho-#

(onde "#" pode ser igual a 1 até 6)

No último capítulo usamos a marca <H1> para indicar um cabeçalho para nossa página. Há na realidade seis níveis de cabeçalho, <H1> a <H6> (Figura 7-2).

Os cabeçalhos são exibidos em negrito. O cabeçalho do primeiro nível (<H1>) é exibido no tamanho de cabeçalho maior e os níveis consecutivos ficam cada vez menores. Na realidade, cabeçalhos de quinto e sexto níveis tendem a exibir o cabeçalho menor até mesmo que o texto comum e podem dificultar a leitura. Como uma regra geral, <H3> é o mais baixo que você gostaria de chegar.

Já que cabeçalhos são usados para fornecer estrutura lógica para um documento HTML, o uso adequado é começar com o cabeçalho <H1> e descer em ordem numérica. Mas se você não gostar do tamanho e da robustez do <H1>, você poderia começar com <H2> ou <H3>. Embora o navegador não evite que você faça isto, há certamente meios melhores de obter a aparência que você quer (ver a marca <FONT> mais tarde neste capítulo).

Figura 7-2

Cabeçalhos
Há seis níveis de cabeçalho HTML. <H1> é o maior e cada nível consecutivo fica cada vez menor.

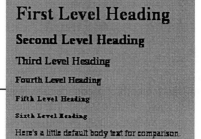

```
<H1>First Level Heading</H1>
<H2>Second Level Heading</H2>
<H3>Third Level Heading</H3>
<H4>Fourth Level Heading</H4>
<H5>Fifth Level Heading</H5>
<H6>Sixth Level Heading</H6>
<P>Here's a little default body text for comparison.</P>
```

Parágrafos

<P> ... </P>

Parágrafo do corpo do texto

Uma das coisas mais simples que você pode fazer ao texto HTML é dividi-lo em parágrafos. Os parágrafos são exibidos na fonte proporcional padrão do navegador com espaço extra acima e abaixo (Figura 7-3).

Embora a maioria dos navegadores também reconhecerá um único <P> colocado entre blocos de texto como uma quebra de parágrafo, muitas novas tecnologias com JavaScript e folhas de estilo, exigem tanto a marca de abertura quanto a de fechamento. Se você estiver aprendendo HTML pela primeira vez, é melhor que você aprenda da maneira correta.

Navegadores não reconhecerão uma cadeia de marcas <P></P> ou mais do que uma marca <P> consecutiva, logo,

Capítulo 7 – Como formatar texto | 95

Figura 7-3

```
<P>Rinse fillets & pat dry. Add to marinade for 20 minutes. Drain and
discard ginger.</P>
<P>Heat oil in wok. Add seasonings & stir fry for 10 seconds. Add Fish
Sauce; heat 2 minutes, stirring constantly. Pour over fillets in baking
dish.</P>
```

Rinse fillets & pat dry. Add to marinade for 20 minutes. Drain and discard ginger.

Heat oil in wok. Add seasonings & stir fry for 10 seconds. Add Fish Sauce; heat 2 minutes, stirring constantly. Pour over fillets in baking dish.

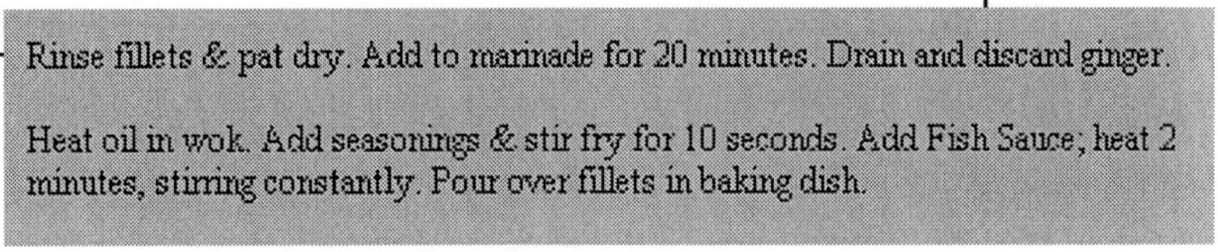

Parágrafos são exibidos na fonte padrão com espaços acima e abaixo.

Figura 7-4

```
<P>Rinse fillets & pat dry. Add to marinade for 20 minutes. Drain and
discard ginger.</P>
<P></P>
<P></P>
<P></P>
<P></P>
<P>Heat oil in wok. Add seasonings & stir fry for 10 seconds. Add Fish
Sauce; heat 2 minutes, stirring constantly. Pour over fillets in baking
dish.</P>
```

Rinse fillets & pat dry. Add to marinade for 20 minutes. Drain and discard ginger.

Heat oil in wok. Add seasonings & stir fry for 10 seconds. Add Fish Sauce; heat 2 minutes, stirring constantly. Pour over fillets in baking dish.

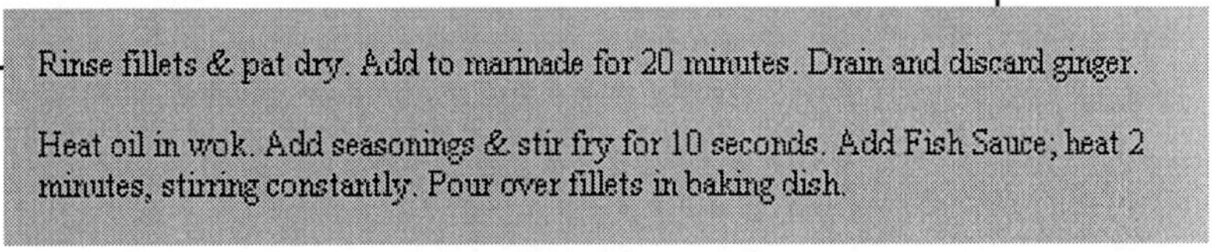

Múltiplos parágrafos são ignorados pelo navegador.

Figura 7-5

```
2 slices ginger<BR>
1 T. rice wine or sake<BR>
1 t. salt<BR>
2 T. peanut oil
```

Quebras de linha
A marca <BR> inicia uma nova linha em um elemento de bloco, mas ela não adiciona qualquer espaço extra.

2 slices ginger
1 T. rice wine or sake
1 t. salt
2 T. peanut oil

você não pode usar parágrafos vazios para adicionar espaço extra entre elementos, da maneira que você pode em um programa de processamento de texto (Figura 7-4).

**
**

Quebra de linha

Embora não seja um elemento de bloco, o considero útil para apresentar a marca de quebra em relação aos parágrafos. Se você quiser quebrar uma linha de texto, mas não adicionar espaço acima e abaixo (como ocorre com a marca <P>), você pode inserir uma marca <BR> dentro de um parágrafo ou outro elemento de bloco (Figura 7-5). Uma pilha de marcas <BR> será exibida como linhas em branco pela maioria dos navegadores.

Citações longas

<BLOCKQUOTE> ... </BLOCKQUOTE>

Bloco de citação

Se você tiver uma citação longa, você pode tentar formatá-la como um bloco de citação para adicionar ênfase na página. Os blocos de citação são normalmente exibidos com um recuo nas margens esquerda e direita, com um pouco de espaço extra adicionado acima e abaixo (Figura 7-6). Por esta razão, eles são freqüentemente usados como uma improvisação para criar colunas estreitas de texto. Esteja ciente de que algumas versões mais antigas de navegador exibirão blocos de citação em itálico, tornando a leitura difícil.

Texto pré-formatado

<PRE> ... </PRE>

Texto pré-formatado

O texto pré-formatado é um ser único no mundo HTML. Ele é exibido na fonte de largura constante do navegador (normalmente Courier) com espaço extra adicionado acima e abaixo. Mas o que o torna realmente especial é que cada linha será exibida exatamente da maneira que é digitada — incluindo todas as carriage returns, espaços de caractere múltiplo e tabulações (Figura 7-7). Como vimos no Capítulo 6, os navegadores normalmente ignoram estas coisas em todos os outros casos.

Capítulo 7 – Como formatar texto | 97

Figura 7-6

```
<P>The true test that meat is fully cooked is its
internal temperature. Cooks Illustrated Magazine had
this to say about safe internal temperatures
for poultry:</P>

<BLOCKQUOTE>The final word on poultry safety is this:
As long as the temperature on an accurate instant-
read thermometer reaches 160 degrees when inserted
in several places, all unstuffed meat (including
turkey) should be bacteria free. Dark meat is
undercooked at this stage and tastes better at 170
or 175 degrees.</BLOCKQUOTE>
```

Blocos de citação são recuados nas margens esquerda e direita.

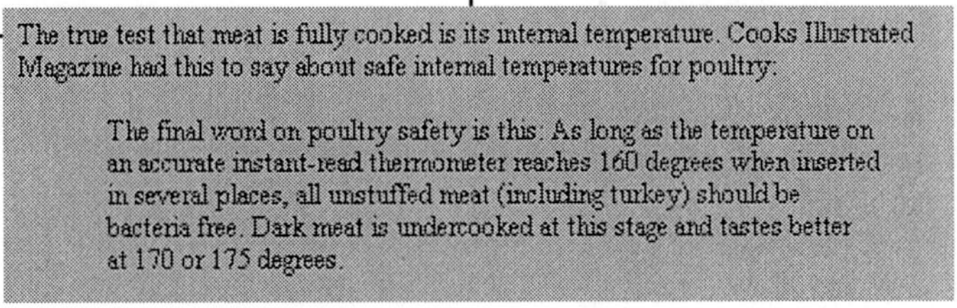

The true test that meat is fully cooked is its internal temperature. Cooks Illustrated Magazine had this to say about safe internal temperatures for poultry:

> The final word on poultry safety is this: As long as the temperature on an accurate instant-read thermometer reaches 160 degrees when inserted in several places, all unstuffed meat (including turkey) should be bacteria free. Dark meat is undercooked at this stage and tastes better at 170 or 175 degrees.

Figura 7-7

```
<PRE>
1/4 c. chicken stock

        1 T. soy sauce

1 T. rice wine or sake

        1/2 t. sugar
</PRE>
```

```
1/4 c. chicken stock

        1 T. soy sauce

1 T. rice wine or sake

        1/2 t. sugar
```

Texto pré-formatado é único uma vez que o navegador exibe o texto como ele é digitado, incluindo carriage returns e espaços extras.

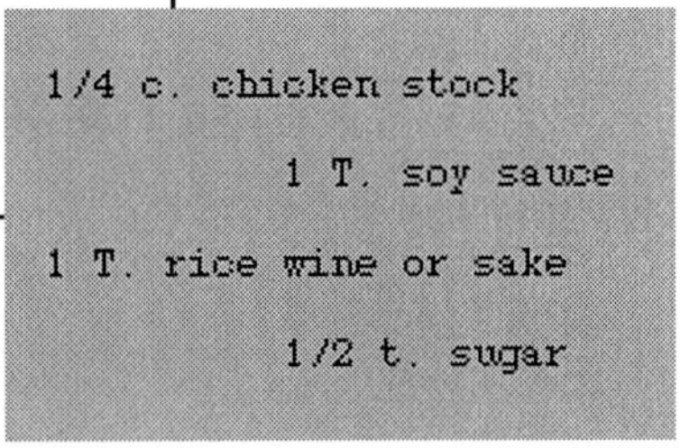

O texto pré-formatado foi originalmente criado para exibição de código, onde espaçamento, recuos e alinhamento são importantes, mas você pode usá-lo para controlar o espaçamento e o alinhamento de qualquer conteúdo (desde que você não se importe com tudo definido em Courier).

Juntando tudo — elementos de bloco

Vamos ver o que podemos fazer com uma receita simples usando elementos de bloco e linhas quebradas para formatar o texto (Figura 7-8).

Figura 7-8

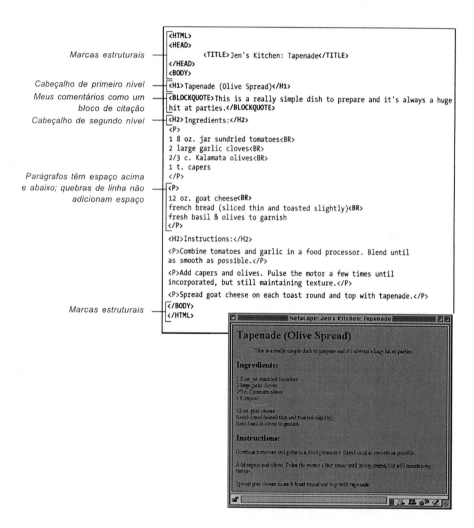

Dica de ferrammentas

Estilos de parágrafo

É assim a maneira através da qual acessamos controles de parágrafo em três dos programas de autoria mais populares.

DREAMWEAVER 3

❶ Com seu elemento de texto destacado, escolha um estilo de parágrafo do menu suspenso "Format" na paleta Properties.

❷ Os blocos de citação são definidos usando-se o botão "Indent" na paleta Properties.

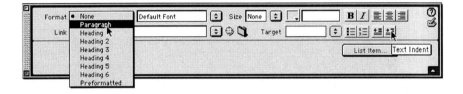

GOLIVE 4

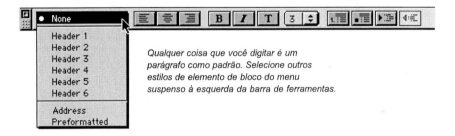

Qualquer coisa que você digitar é um parágrafo como padrão. Selecione outros estilos de elemento de bloco do menu suspenso à esquerda da barra de ferramentas.

FRONTPAGE 2000

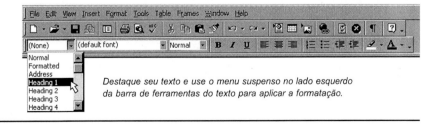

Destaque seu texto e use o menu suspenso no lado esquerdo da barra de ferramentas do texto para aplicar a formatação.

Lógico versus físico

O objetivo da HTML é definir a estrutura lógica de um documento e não sua aparência (veja a nota lateral "Uma rápida história da HTML", no Capítulo 6). Com isto em mente, há algumas marcas de estilo "lógico" embutidas na especificação HTML. Os estilos lógicos descrevem o contexto ou significado do texto incluso. Como contraste, as marcas de estilo físico dão ao navegador instruções de exibição específicas. Para obter um efeito de estilo como itálico, você tem a escolha de uma marca lógica (por exemplo, <EM>) ou uma marca física (por exemplo, <I>). As marcas físicas são de longe as mais populares no uso prático.

Dica

Evite usar itálico para mais do que algumas palavras de texto; o resultado é freqüentemente ilegível.

Estilos incorporados

A maioria das marcas de texto especifica estilos incorporados, significando que eles são usados diretamente no fluxo do texto para afetar a aparência do texto. Diferentemente das marcas de elemento de bloco, o uso de marcas incorporadas não introduzirá quebras de linha ou espaços extras.

<I> ... </I>

Texto em itálico

Esta marca de estilo torna o texto incluso itálico (Figura 7-9). Use texto em itálico com moderação, pois os navegadores apenas inclinam a fonte de texto regular para obter um "itálico". O resultado é freqüentemente ilegível, especialmente para grandes quantidades de texto.

Figura 7-9

```
<P>2 slices ginger <I>(smashed, then pinched in marinade)</I></P>
<P>2 slices ginger <EM>(smashed, then pinched in marinade)</EM></P>
```

2 slices ginger *(smashed, then pinched in marinade)*

2 slices ginger *(smashed, then pinched in marinade)*

Itálico
Tanto <I> quanto <EM> (para dar ênfase) torna o texto itálico.

<EM> ... </EM>

Texto enfatizado

Este é o estilo "lógico" equivalente à marca itálico (veja a nota lateral "Lógico versus físico") já que a maioria dos navegadores exibe texto enfatizado em itálico (Figura 7-9).

<B> ... </B>

Texto em negrito

Esta marca de estilo especifica que o texto incluso seja renderizado no tipo em negrito (Figura 7-10).

<STRONG> ... </STRONG>

Texto forte

Este é o estilo "lógico" equivalente ao <B>, uma vez que a maioria dos navegadores renderiza texto forte no tipo em negrito (Figura 7-10).

`<TT> ... </TT>`

Teletipo (ou texto datilografado)

Texto entre estas marcas será exibido na fonte de largura constante do navegador (geralmente Courier) (Figura 7-11). Diferentemente do texto préformatado (`<PRE>`), o texto de teletipo pode ser usado incorporado e os espaços de caractere extra ou retornos serão ignorados pelo navegador (compare à Figura 7-7).

`<U> ... </U>`

Texto sublinhado

O texto incluso será sublinhado quando exibido. Tenha cuidado ao usar esta, pois seu texto sublinhado pode ser confundido com um link (Figura 7-12).

`<STRIKE> ... </STRIKE>`

Texto tachado

Você pode usar esta marca para fazer com que o texto apareça com uma linha através dele, se este for o tipo de coisa que precisa fazer (Figura 7-12).

`<SUB> ... </SUB>`

Subscrito

`<SUP> ... </SUP>`

Sobrescrito

Estas marcas formatam o texto incluso como subscrito e sobrescrito, respectivamente (Figura 7-12).

Figura 7-10

```
<P>2 slices ginger <B>(smashed, then pinched in marinade)</B></P>
<P>2 slices ginger <STRONG>(smashed, then pinched in marinade)</STRONG></P>
```

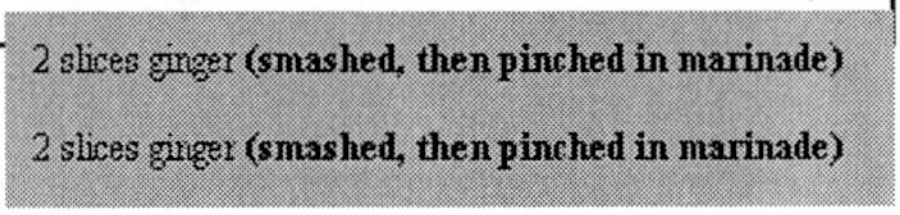

2 slices ginger **(smashed, then pinched in marinade)**

2 slices ginger **(smashed, then pinched in marinade)**

Negrito
Tanto a marca `<B>` quanto `<STRONG>` torna o texto negrito.

Figura 7-11

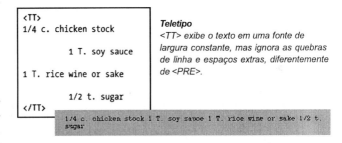

Teletipo
`<TT>` exibe o texto em uma fonte de largura constante, mas ignora as quebras de linha e espaços extras, diferentemente de `<PRE>`.

Figura 7-12

```
<P>An example of <U>underlined</U> text and <STRIKE>strikethrough</STRIKE> text.</P>
<P>You can make a superscript <SUP>word</SUP> and a subscript <SUB>word</SUB>.</P>
```

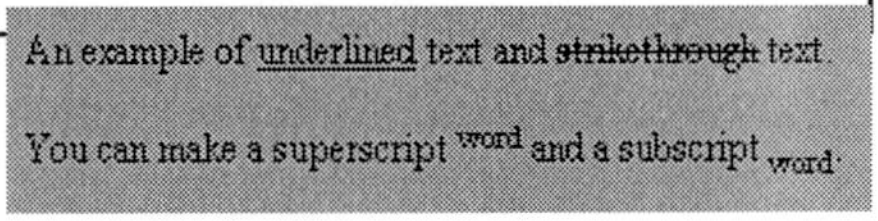

An example of underlined text and strikethrough text.

You can make a superscript ʷᵒʳᵈ and a subscript ᵥᵥₒᵣd.

Exemplos de texto sublinhado, tachado, sobrescrito e subscrito.

Juntando tudo — marcas de estilo

Agora que aprendemos mais alguns truques, vamos ver o que podemos fazer para melhorar nossa receita (Figura 7-13). Simplesmente adicionar toques simples como tipo de largura constante, negrito e itálico faz muito para diferenciar elementos de conteúdo e fazer a receita mais legível só de olhar.

Figura 7-13

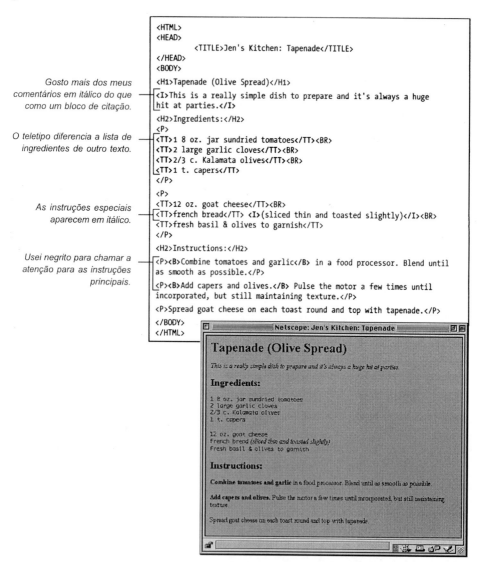

Tamanho de texto, fonte e cor

Como vimos até agora, a formatação que você pode fazer com o conjunto básico de marcas de texto HTML é bem limitada. Mas há uma maneira de controlar o tamanho, face de tipos e cor do texto e é feito com uma pequena marca: a marca <FONT>. A marca <FONT> usa atributos (instruções adicionadas dentro da marca para ampliar sua funcionalidade) para controlar face de tipos, tamanho e cor. Vamos dar uma olhada em um de cada vez.

Como controlar tamanho da fonte

<FONT SIZE=*number*> ... </FONT>

Tamanho da fonte

O atributo SIZE dentro da marca <FONT> controla o tamanho do texto incluso. Infelizmente, a marca <FONT> não permite que você especifique o tipo por tamanho em pixels ou pontos. Em HTML você pode especificar o tamanho do texto apenas em relação ao tamanho de fonte padrão.

Francamente, o sistema que HTML usa para dimensionar tipo é bem estranho. Primeiro, você precisa saber que é dado ao tamanho de fonte padrão do navegador o valor de "3". Alguns usuários têm seu tamanho de fonte padrão definido bem pequeno; outros o têm grande o suficiente para serem vistos de longe. Seja qual for o tamanho, o texto padrão do usuário tem o valor de 3.

Com isto estabelecido, você pode usar o atributo SIZE para especificar o tipo maior e menor em relação ao valor padrão de 3. O valor do atributo SIZE pode ser absoluto ou relativo (Figura 7-14).

Valores absolutos são os numerais 1 a 7, com cada incremento de tamanho cerca de 20% maior do que o tamanho anterior. Portanto, o tipo definido para SIZE=4 seria aproximadamente 20% maior do que o tipo definido para SIZE=3 (o tamanho de texto padrão, o que quer que isto possa ser). O maior tamanho que o navegador exibirá usando a marca <FONT> maior é 7; se você tentar especificar um valor maior, ele simplesmente exibirá no mesmo tamanho que o texto definido para 7.

Valores relativos são indicados com um sinal de mais ou menos, adicionados ou subtraídos do padrão 3. Logo, SIZE=+1 exibe exatamente o mesmo que SIZE=4 (porque 3+1=4). E, pelo fato do navegador não exibir o texto com um valor de tamanho maior que 7, o maior valor relativo que funcionará é +4 (3+4=7).

O problema com <FONT>

Embora a marca <FONT> ofereça uma maneira para fazer com que o texto pareça mais interessante, ela tem alguns aspectos adversos. Primeiro, ela não é uma "boa" prática de HTML, uma vez que ela não faz nada para estruturar o documento logicamente e, ao invés disso, insere informações de exibição diretamente no documento (veja a nota lateral Uma rápida história da HTML, no Capítulo 6, para o porquê disto ser indesejável). Além disso, em termos práticos, é mais pesado fazer mudanças nos estilos, porque cada marca <FONT> individual precisa ser mudada.

Por estas razões, houve um movimento para se distanciar da marca <FONT> e ir em direção às Folhas de estilo em cascata (CSS). As folhas de estilo permitem que você faça formatação de texto mais sofisticada. Elas armazenam estas informações em uma folha de estilo separada (e não dispersa ao longo do conteúdo). Veja o Capítulo 20, para maiores informações sobre Folhas de estilo em cascata.

Figura 7-14

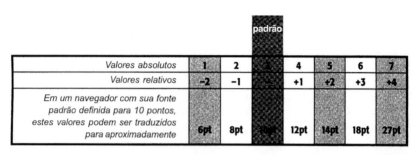

Vamos ver a marca <FONT> em ação. Pelo fato dela ser uma marca container, simplesmente coloque a marca ao redor do texto que você quer mudar, depois use o atributo SIZE para especificar o quanto maior ou menor do que o tamanho padrão você gostaria que ele fosse (Figura 7-15). Perceba que o tamanho final do texto depende do tamanho de fonte padrão no navegador.

Figura 7-15

Perceba que ainda precisamos das marcas <P> para os parágrafos.

O título é definido maior usando o valor absoluto de 6.

Texto padrão (sem configuração de tamanho).

A linha de direito autoral é definida menor usando um valor relativo de –2.

```
<P><FONT SIZE=6>Cold Chinese Salad</FONT></P>
<P>Combine 2 c. shredded cucumbers with 1 c. shredded carrots
and arrange in a platter.  Arrange beansprouts around the
mixture. Top with cooked shrimp, crushed peanuts, and sesame
vinaigrette dressing.</P>
<P><FONT SIZE=-2>Copyright 2000, Jennifer Niederst</FONT></P>
```

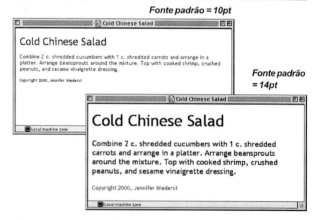

Fonte padrão = 10pt

Fonte padrão = 14pt

Dica

Como uma regra geral, você deve evitar mudar o tamanho de fonte mais do que +1 ou -1. Pelo fato do tipo ser exibido diferentemente através das plataformas e para cada usuário, você se arrisca a tornar seu texto muito pequeno para ser legível ou muito grande e desajeitado.

O tamanho de texto resultante depende da configuração de fonte padrão do navegador. Veja como o texto definido para SIZE=6 é bem maior quando a fonte padrão é definida maior.

Como mudar o tamanho de texto padrão

<BASEFONT SIZE=number>

Define o tamanho base (padrão)

Você não está preso à fonte padrão definida em 3. Você pode usar a marca <BASEFONT> para definir o tamanho padrão do texto. Quando você usar <BASEFONT>, qualquer especificação de tamanho relativo que você faça (com um sinal de mais ou menos) no documento será aplicada ao novo tamanho de fontes base.

Quando colocada no <HEAD> do documento, a marca <BASEFONT> afeta todo o texto no documento. Logo, se você quiser que o texto no documento todo seja ligeiramente maior do que o padrão, defina <BASEFONT SIZE=4> no cabeçalho desta maneira:

Dica
Embora você possa mudar o tamanho de fonte padrão para uma página, não significa que você deva. Tenha em mente que os usuários provavelmente estarão visualizando o texto em seus navegadores em um tamanho que seja confortável para eles. Você não está necessariamente fazendo a eles um favor ao mudá-la.

```
<HTML>
<HEAD>
<TITLE> Sample Document </TITLE>
<BASEFONT SIZE=4>
</HEAD>
<BODY> …
```

Se você quiser mudar o texto padrão para uma parte do documento, você pode colocar a marca <BASEFONT> no fluxo do texto. Todo o texto após a marca será o novo tamanho da fonte base. E, logicamente, qualquer configuração de tamanho de fonte relativo será em relação àquele tamanho (Figura 7-16).

Figura 7-16

A página começa com o texto padrão comum (SIZE=3).

A marca <BASEFONT> muda o padrão para 4.

Agora, o texto aparece em SIZE=4, mesmo sem configuração <FONT>.

Quando uso um tamanho de fonte relativo (+1) ele é adicionado ao novo tamanho padrão. O resultado é equivalente a uma configuração de fonte de 5 (4+1).

```
<P>Put grated ginger in a fine strainer set over a bowl.
Press to extract the juice; discard the pulp. Stir sake,
soy sauce, vegetable oil, and mustard into the juice and
season with salt and pepper.</P>
<BASEFONT SIZE=4>
<P>Set salmon in a broiler pan. Marinate in sauce for
30 to 40 minutes.</P>
<P><FONT SIZE=+1>Broil approx. 6 minutes until just
cooked through. Serve with steamed rice and stir-fried
vegetables.</FONT></P>
```

Put grated ginger in a fine strainer set over a bowl. Press to extract the juice; discard the pulp. Stir sake, soy sauce, vegetable oil, and mustard into the juice and season with salt and pepper.

Set salmon in a broiler pan. Marinate in sauce for 30 to 40 minutes.

Broil approx. 6 minutes until just cooked through. Serve with steamed rice and stir-fried vegetables.

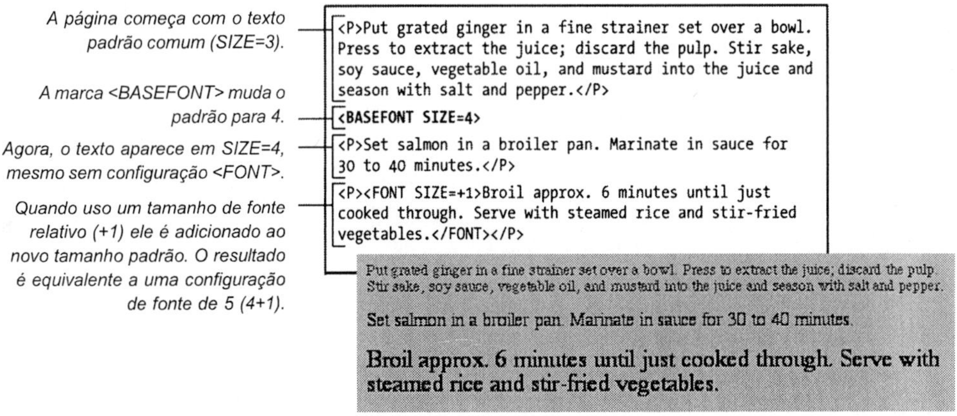

Figura 7-17

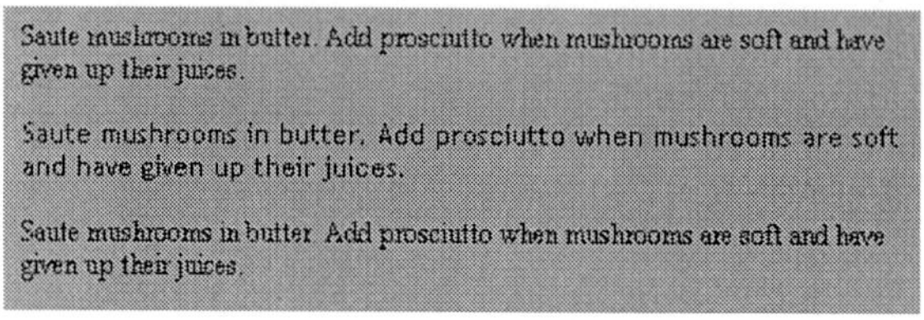

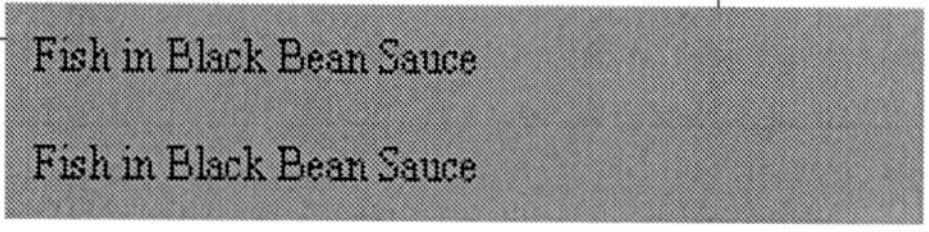

❶ ```
<P>Saute mushrooms in butter. Add prosciutto when mushrooms
are soft and have given up their juices.</P>
```
❷ ```
<P><FONT FACE="trebuchet ms, arial, sans-serif">Saute mushrooms in
butter. Add prosciutto when mushrooms are soft and have given up
their juices.</FONT></P>
```
❸ ```
<P><FONT FACE="ponyface">Saute mushrooms in butter. Add prosciutto
when mushrooms are soft and have given up their juices.</FONT></P>
```

Saute mushrooms in butter. Add prosciutto when mushrooms are soft and have given up their juices.

Saute mushrooms in butter. Add prosciutto when mushrooms are soft and have given up their juices.

Saute mushrooms in butter. Add prosciutto when mushrooms are soft and have given up their juices.

❶ *A fonte padrão como definido no navegador (neste caso, ela é Times).*

❷ *Usei a marca <FONT FACE=> para definir esta linha para Trebuchet MS. Se o navegador não tiver Trebuchet na máquina do usuário, ele pode usar Arial ou qualquer fonte sans serif.*

❸ *Quando o navegador não encontrar a fonte especificada (neste caso, minha fonte "ponyface"), ele simplesmente exibirá o texto na fonte padrão. Perceba como a linha* ❸ *é idêntica à linha* ❶.

**Figura 7-18**

*O atributo COLOR é usado para especificar cor de texto.*

```
<P><FONT COLOR="gray">Fish in Black Bean Sauce</FONT></P>
<P><FONT COLOR="#808080">Fish in Black Bean Sauce</FONT></P>
```

Fish in Black Bean Sauce

Fish in Black Bean Sauce

As cores podem ser especificadas pelo nome ou valor numérico.

Como especificar uma face de tipos

<FONT FACE=*"fontname"* >
... </FONT>

Especifica face de tipos

O atributo FACE é usado para especificar uma face de tipos para o texto. Lembre-se que a face de tipos selecionada será usada apenas se ela for encontrada na máquina do usuário. Você pode fornecer uma lista de fontes (separada por vírgulas e entre aspas) e o navegador usará a primeira fonte que ele encontrar na cadeia (Figura 7-17). Você também pode incluir uma família de fontes genérica (serif, sans-serif, monospace, cursive ou fantasy) como a última escolha em sua lista. Desta maneira, se o navegador não conseguir encontrar qualquer uma de suas fontes nomeadas, ele tentará substituir uma fonte de seu estilo escolhido.

Como especificar cor de tipo

<FONT COLOR=*"color"* >
... </FONT>

Especifica cor de fonte

Você pode mudar a cor do tipo ao usar o atributo COLOR dentro da marca <FONT>. O valor deste atributo pode ser um dos 140 nomes de cor predefinidos, ou pode ser o valor numéri-
```

co para qualquer cor que você escolher. Estes sistemas para especificar cores na web são explicados com mais detalhes no Capítulo 12. A amostra apresenta duas maneiras de tornar a cor do texto cinza (Figura 7-18).

Acabamos de ver os atributos separados da marca <FONT> que controlam tamanho, face e cor. Mas o que aconteceria se quiséssemos fazer um título grande, em Helvetica e azul? Temos que usar a marca <FONT> três vezes?

De maneira alguma. Você pode colocar muitos atributos dentro de uma única marca de abertura. Logo, você pode controlar o tamanho, fonte e a cor de seu texto de uma vez só, como mostrado aqui:

```
<FONT SIZE="+2" FACE="Helvetica" COLOR="teal">
```

Como combinar estilos

Agora que você está começando a entender as marcas container, é hora de uma pergunta. Como você acha que o código HTML a seguir se parecerá quando visualizado em um navegador?

```
<B><I><FONT> COLOR="red" SIZE="6">CAUTION!!</FONT></I></B>
```

Primeiramente, podemos ver que ele exibirá a palavra "CAUTION!!". E a marca <FONT> ao redor daquela palavra significa que ela será grande e vermelha. Mas também temos uma marca de itálico (<I>) e uma marca de negrito (<B>) ao redor de tudo. Aposto que você adivinhou que a palavra será exibida em tamanho grande, texto em vermelho que também é itálico e negrito. (Ou você poderia ver a Figura 7-19).

Ao aninhar marcas de estilo, certifique-se de que um conjunto esteja completamente envolto dentro de outro e de que as marcas não estejam sobrepostas.

Figura 7-19

```
<B><I><FONT COLOR="red" SIZE=6>CAUTION!!</FONT></I></B> Melted sugar is very hot!
```

CAUTION!! Melted sugar is very hot!

Combine estilos ao aninhar marcas de estilo.

Em HTML você pode aplicar diversos estilos ao mesmo pedaço de texto ao colocar um conjunto de marcas de estilo ao redor da outra. Isto é conhecido como elementos ou marcas de aninhamento.

A única regra é que um conjunto de marcas deve estar completamente dentro do outro — sem estar sobreposto. Dê uma olhada neste exemplo de código:

```
<B><FONT FACE="Verdana">Step-by-step</B></FONT>
```

Ele está incorreto, pois tanto a marca de abertura <FONT> quanto a marca de fechamento </FONT> não estão dentro das marcas de negrito <B>. Isto não pode exibir adequadamente em um navegador (embora alguns navegadores sejam mais piedosos que outros).

Juntando tudo — a marca <FONT>

Vamos voltar e nos divertir um pouco com minha página de receita, usando a marca <FONT> e seus atributos para tornar o título e os títulos de seção mais interessantes (Figura 7-20). Perceba que SIZE, FACE e COLOR são atributos e não marcas; eles devem ficar dentro de uma marca <FONT>. Também combinei estilos ao aninhar marcas.

Figura 7-20

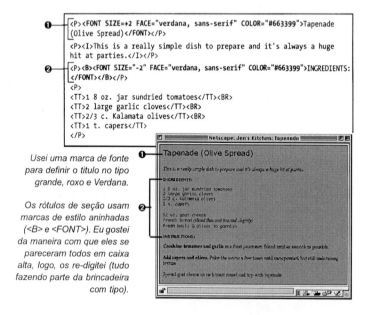

Usei uma marca de fonte para definir o título no tipo grande, roxo e Verdana.

Os rótulos de seção usam marcas de estilo aninhadas (<B> e <FONT>). Eu gostei da maneira com que eles se pareceram todos em caixa alta, logo, os re-digitei (tudo fazendo parte da brincadeira com tipo).

Dicas de ferramentas

Estilos de texto

Eis aqui como você acessa controles de estilo em três dos programas de autoria mais populares.

DREAMWEAVER 3

❶ *Os ajustes de estilo de texto mais comuns estão disponíveis na paleta Properties quando o texto está destacado.*

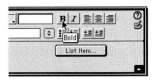

❷ *Estilos adicionais estão disponíveis sob o menu Text → Style.*

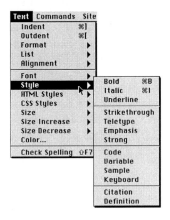

GOLIVE 4

❶ *Configurações básicas de estilo estão disponíveis na barra de ferramentas.*

❷ *Configurações adicionais podem ser encontradas sob o menu Style e seu submenu Structure.*

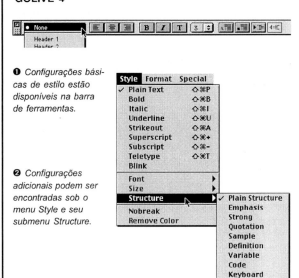

FRONTPAGE 2000

❶ *Configurações básicas de estilo estão disponíveis na barra de ferramentas.*

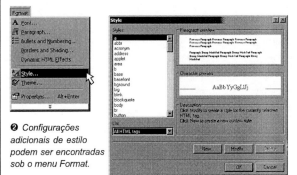

❷ *Configurações adicionais de estilo podem ser encontradas sob o menu Format.*

Listas

Algumas vezes é necessário itemizar informação, ao invés de apresentá-la em parágrafos. Por exemplo, você pode querer listar itens com marcadores. Ou você pode ter instruções detalhadas que devem aparecer em ordem numérica.

Há três tipos de lista que você pode definir com HTML: listas ordenadas (listas numeradas), listas não ordenadas (listas com marcadores) e listas de definição (para termos e suas definições).

Há três tipos de lista que você pode definir com HTML: listas ordenadas (listas numeradas), listas não ordenadas (listas com marcadores) e listas de definição (para termos e suas definições). Cada tipo de lista tem sua própria marca que você usa para indicar o início e o fim da lista como um todo. Você também deve identificar cada item dentro daquela lista. Vamos ver como você cria listas formatadas em HTML.

Listas ordenadas

<OL> ... </OL>

Lista ordenada

<LI>

Item de lista

Uma lista ordenada (numerada) é usada quando a seqüência do item é importante. Os navegadores automaticamente inserem um número antes de cada item de lista, de modo que você não precisa digitar o número à mão (se você digitar um número, você verá dois números quando o documento for exibido). A vantagem de usar uma lista numerada é que a lista será renumerada automaticamente se você inserir ou excluir um item (além disso, você obtém uma borda à esquerda muito bem recuada).

A marca container <OL> é usada para identificar toda a lista como "ordenada". Cada item dentro da lista é então indicado com uma marca <LI> (item de lista) (Figura 7-21). A marca de fechamento do item de lista (</LI>) é opcional.

Capítulo 7 – Como formatar texto | 111

Figura 7-21

```
<P><B>Instructions:</B></P>
<OL>
<LI>Rinse fillets & pat dry. Add to marinade for 20 minutes. Drain and
discard ginger.
<LI>Heat oil in wok. Add seasonings & stir fry for 10 seconds. Add Fish
Sauce;
heat 2 minutes, stirring constantly. Pour over fillets in baking dish.
<LI>Fill wok with water to bottom of steamer tray. Heat til boiling. Steam
fish for 10 minutes, covered, high heat until flakey.
</OL>
```

Instructions:

1. Rinse fillets & pat dry. Add to marinade for 20 minutes. Drain and discard ginger.
2. Heat oil in wok. Add seasonings & stir fry for 10 seconds. Add Fish Sauce; heat 2 minutes, stirring constantly. Pour over fillets in baking dish.
3. Fill wok with water to bottom of steamer tray. Heat til boiling. Steam fish for 10 minutes, covered, high heat until flakey.

*Listas ordenadas (numeradas) são indicadas pela marca <OL>.
Cada item na lista é precedido por uma marca de item de lista <LI>.
Os números são adicionados automaticamente pelo navegador.*

Você pode sofisticar com as listas ordenadas e mudar o estilo da numeração com o atributo TYPE. Há cinco valores possíveis: 1 (números), A (letras em caixa alta), I (numerais romanos em caixa alta), a (letras em caixa baixa) e i (numerais romanos em caixa baixa). Os números comuns são o padrão. As outras variações são mostradas na Figura 7-22.

Figura 7-22

Você pode mudar o estilo de numeração com o atributo TYPE e seus valores a seguir:

A. Marinate fish.
B. Stir-fry seasonings.
C. Heat fish sauce.
D. Steam fish in sauce.

`<OL TYPE=A>`

a. Marinate fish.
b. Stir-fry seasonings.
c. Heat fish sauce.
d. Steam fish in sauce.

`<OL TYPE=a>`

Quando você usa uma lista ordenada, o navegador adiciona os números automaticamente de modo que você não precisa digitá-los. Você pode especificar o tipo de numeração e o número inicial.

I. Marinate fish.
II. Stir-fry seasonings.
III. Heat fish sauce.
IV. Steam fish in sauce.

`<OL TYPE=I>`

i. Marinate fish.
ii. Stir-fry seasonings.
iii. Heat fish sauce.
iv. Steam fish in sauce.

`<OL TYPE=i>`

Você também pode iniciar a lista com um número (ou valor de letra) que não "1" ao usar o atributo START como mostrado na Figura 7-23.

Figura 7-23

Use o atributo START para especificar o primeiro número na lista.

```
<B>Instructions:</B></P>
<OL START=17>
<LI>Marinate fish.
<LI>Stir-fry seasonings.
<LI>Heat fish sauce.
<LI>Steam fish in sauce.
</OL>
```

Instructions:

17. Marinate fish.
18. Stir-fry seasonings.
19. Heat fish sauce.
20. Steam fish in sauce.

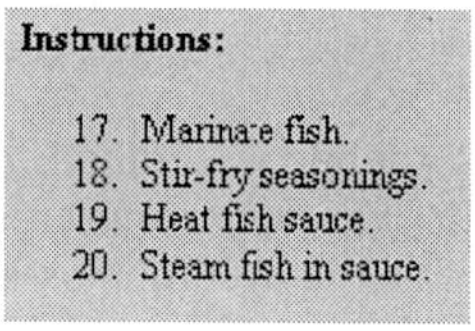

Você pode combinar os atributos START e TYPE em uma marca.

```
<B>Instructions:</B></P>
<OL TYPE=a START=10>
<LI>Marinate fish.
<LI>Stir-fry seasonings.
<LI>Heat fish sauce.
<LI>Steam fish in sauce.
</OL>
```

Instructions:

j. Marinate fish.
k. Stir-fry seasonings.
l. Heat fish sauce.
m. Steam fish in sauce.

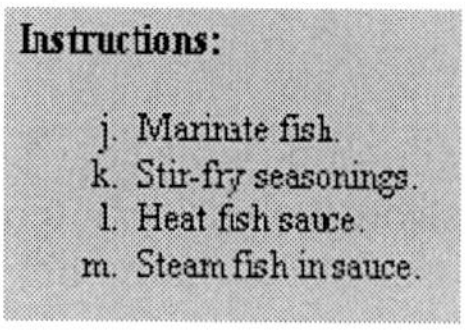

Listas não ordenadas

<UL> ... </UL>

Lista não ordenada

<LI>

Item de lista

Os marcadores nas listas não ordenadas são adicionados automaticamente pelo navegador.

Listas não ordenadas são exibidas como listas com marcadores. Os marcadores são adicionados automaticamente pelo navegador e os itens são definidos em um recuo. As marcas <UL> ... </UL> indica o início e o final da lista com marcadores. Assim como acontece nas listas ordenadas, cada item dentro da lista deve ser marcado com a marca <LI> (item de lista) (Figura 7-24).

Figura 7-24

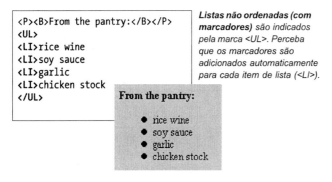

Figura 7-25

Se você não fica muito excitado com os pontos pretos dos marcadores, você pode usar círculos ou quadrados. O atributo TYPE na marca <UL> lhe dá um controle mínimo sobre a aparência dos marcadores. Os valores podem ser disc (o ponto preto padrão), circle ou square (Figura 7-25). Se você quiser usar uma de suas imagens gráficas como marcadores, você precisará usar um dos truques demonstrados no Capítulo 17.

Listas de definição

<DL> ... </DL>

Lista de dicionário (ou de definição)

<DT>

Termo de dicionário

<DD>

Definição de dicionário

Figura 7-26

```
<DL>
<DT>rice vinegar
<DD>Rice vinegar is made from fermented rice and has
a light, clean flavor that goes well with ginger.
<DT>soy sauce
<DD>This sauce based on fermented soy beans is probably
the best-known Asian seasoning.
<DT>fermented black beans
<DD>A staple of Chinese cuisine, these beans are
preserved in salt. The salt must be rinsed off before
the beans are used.
</DL>
```

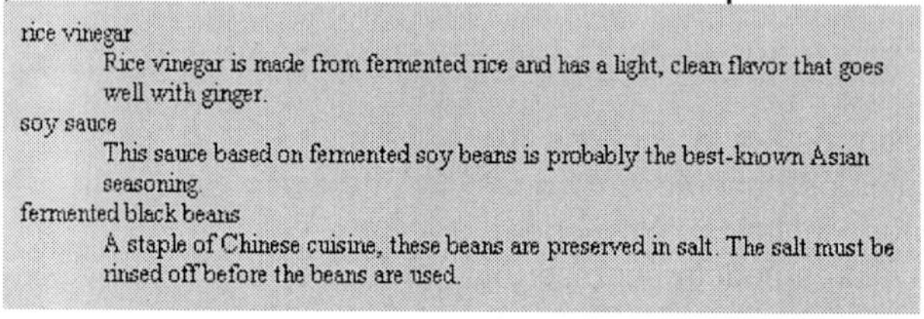
rice vinegar
    Rice vinegar is made from fermented rice and has a light, clean flavor that goes well with ginger.
soy sauce
    This sauce based on fermented soy beans is probably the best-known Asian seasoning.
fermented black beans
    A staple of Chinese cuisine, these beans are preserved in salt. The salt must be rinsed off before the beans are used.

Listas de definição *são marcadas com marcas <DL>. Cada termo é precedido por uma <DT>; cada definição obtém uma <DD>.*

As listas de dicionário são usadas para exibir listas de palavras com blocos de texto descritivo. Elas são um pouco diferentes das outras duas listas HTML no formato. As marcas <DL> ... </DL> são usadas para marcar o início e o final da lista. Dentro da lista, cada palavra (termo) é marcada com a marca <DT> (a marca de fechamento </DT> é normalmente omitida) e sua definição é marcada com uma <DD>.

Os termos são exibidos contra a margem esquerda sem espaço extra acima ou abaixo. A definição é exibida em um recuo (Figura 7-26).

Figura 7-27

```
<OL>
<LI>Mix Marinade
        <UL>
        <LI>2 slices ginger <EM>(smashed, then pinched
in marinade)</EM>
        <LI>1 T. rice wine or sake
        <LI>1 t. salt
        <LI>2 T. peanut oil
        </UL>
<LI>Stir-fry seasonings
<LI>Add fish sauce
</OL>
```

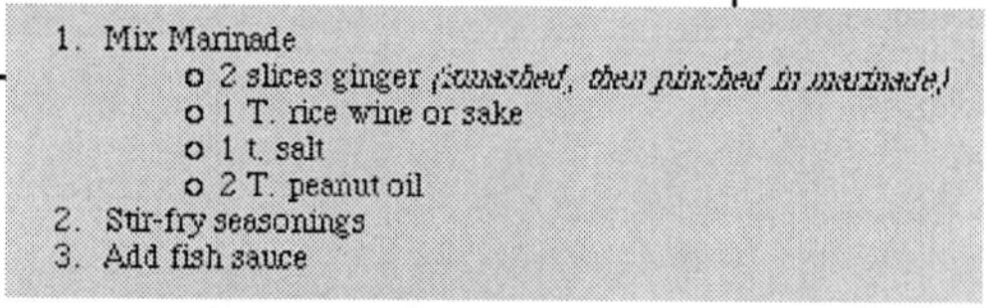
1. Mix Marinade
   - 2 slices ginger *(smashed, then pinched in marinade)*
   - 1 T. rice wine or sake
   - 1 t. salt
   - 2 T. peanut oil
2. Stir-fry seasonings
3. Add fish sauce

Este exemplo aninha uma lista não ordenada dentro de uma lista ordenada (numerada).

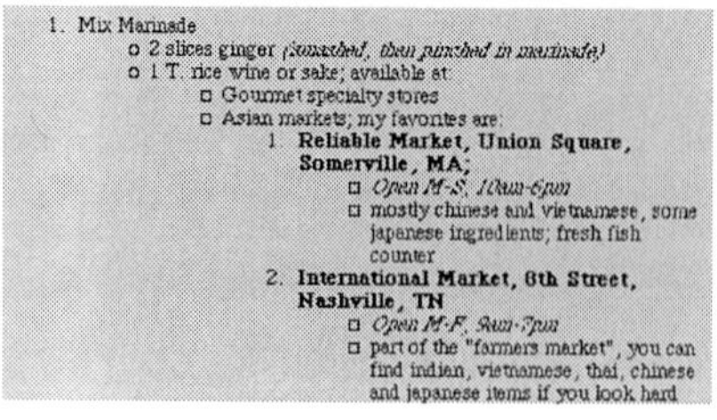
1. Mix Marinade
   - 2 slices ginger *(smashed, then pinched in marinade)*
   - 1 T. rice wine or sake; available at:
     - Gourmet specialty stores
     - Asian markets; my favorites are:
       1. **Reliable Market, Union Square, Somerville, MA;**
          - *Open M-S, 10am-6pm*
          - mostly chinese and vietnamese, some japanese ingredients; fresh fish counter
       2. **International Market, 8th Street, Nashville, TN**
          - *Open M-F, 9am-7pm*
          - part of the "farmers market", you can find indian, vietnamese, thai, chinese and japanese items if you look hard

Se você usar muitas listas aninhadas, seu conteúdo acabará pressionado contra a margem direita.

Como aninhar listas

Qualquer lista pode ser aninhada dentro de uma outra lista (Figura 7-27). Por exemplo, você poderia adicionar um item de lista com marcadores sob um item dentro de uma lista numerada, ou adicionar uma lista numerada dentro de uma lista de definição, e assim por diante. Listas podem ser aninhadas em várias camadas; no entanto, uma vez que o recuo à esquerda é cumulativo, não demora muito tempo para que o texto acabe ficando pressionado contra a margem direita.

Juntando tudo — listas

Pelo fato de uma receita ter instruções passo a passo, ela oferece uma boa oportunidade para o uso de uma lista. O texto bruto para minhas instruções da receita aparece abaixo (Figura 7-28). Que marcas HTML você adicionaria para fazer com que elas tenham a mesma aparência do output da amostra? (A resposta encontra-se a seguir).

Figura 7-28

Que marcas de lista você adicionaria a estas instruções para fazer com que elas correspondam à amostra?

```
<P><B><FONT SIZE="-2" FACE="verdana, sans-serif"
COLOR="#663399">INSTRUCTIONS:</FONT></B></P>
<B>Combine tomatoes and garlic</B> in a food processor.
Blend until as smooth as possible.

<B>Add capers and olives.</B> Pulse the motor a few times
until incorporated, but still maintaining texture.

Spread goat cheese on each toast round and top with tapenade.
```

INSTRUCTIONS:

I. **Combine tomatoes and garlic** in a food processor. Blend until as smooth as possible.
II. **Add capers and olives.** Pulse the motor a few times until incorporated, but still maintaining texture.
III. Spread goat cheese on each toast round and top with tapenade.

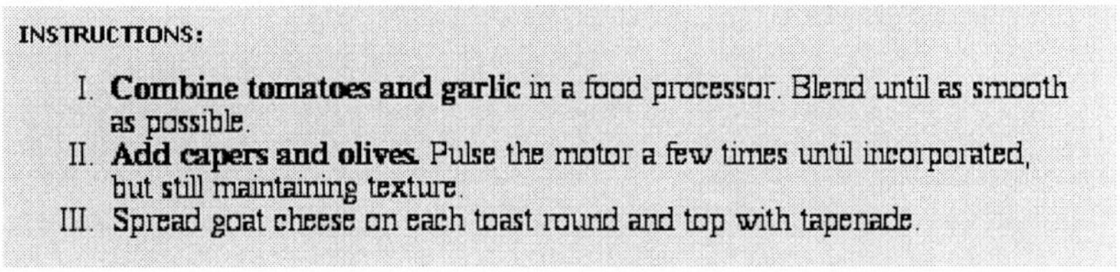

Resposta:

```
<P><B><FONT SIZE="-2" FACE="verdana, sans-serif"
COLOR="#663399">INSTRUCTIONS:</FONT></B></P>
<OL  TYPE=I>
<LI><B>Combine tomatoes and garlic</B> in a food processor.
Blend until as smooth as possible.
<LI><B>Add capers and olives.</B> Pulse the motor a few times
until incorporated, but sill maintaining texture.
<LI>Spread goat cheese on each toast round and top with tapenade
</OL>
```

Dica de ferramenta

Como formatar listas

Eis aqui como você acessa controles de lista em três dos programas de autoria mais populares.

DREAMWEAVER 3

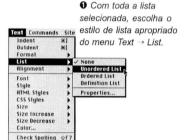

❶ Com toda a lista selecionada, escolha o estilo de lista apropriado do menu Text → List.

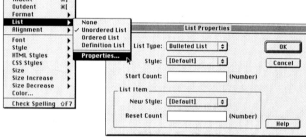

❷ Com um item de lista específico selecionado, abra a caixa de dialogo List Properties do menu Text → List. Aqui você pode fazer um ajuste fino do item de lista.

GOLIVE 4

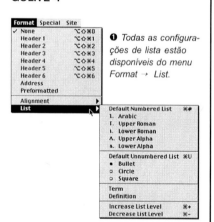

❶ Todas as configurações de lista estão disponíveis do menu Format → List.

❷ Para rápidas listas numeradas ou com marcadores, use os botões na barra de ferramentas.

FRONTPAGE 2000

❶ Insira o cursor onde você gostaria de começar uma lista numerada. Depois selecione Format → Bullets and Numbering. Clique a opção Numbers e selecione o estilo.

❷ Um método rápido é digitar e selecionar itens para serem incluídos em uma lista. Depois clique o ícone Numbering na barra de ferramentas. Os itens serão automaticamente formatados para a lista de número padrão.

Como alinhar texto

A HTML dá aos designers precioso controle sobre o alinhamento de texto. Na maior parte do tempo você tem a escolha de texto alinhado na margem à esquerda (justificado à esquerda), alinhado na margem direita (justificado à direita) ou centralizado. Se você quiser que seu texto fique justificado à esquerda você não tem que fazer coisa alguma; ele será exibido automaticamente. Mas se você não quiser isto, vamos ver as maneiras através das quais você pode mexer com seu texto.

Infelizmente, só a HTML fornece poucas ferramentas para ajustar o alinhamento de texto.

O atributo ALIGN pode sr usado nas marcas de parágrafo e cabeçalho para mudar o alinhamento de texto daquele parágrafo. Você pode definir o valor do atributo ALIGN para left (o padrão), right ou center. Se você tiver múltiplos parágrafos que você queira realinhar, você precisa colocar o atributo ALIGN em cada marca <P>.

A seguir encontram-se alguns exemplos do atributo ALIGN em ação.

Como definir texto na margem direita

<P ALIGN=right>

Alinhamento à direita

Quando você definir o valor ALIGN para right, o texto ficará alinhado na margem direita (Figura 7-29). Perceba que isto funciona nos parágrafos e nos cabeçalhos.

Figura 7-29

```
<H2 ALIGN=right>Fish in Black Bean Sauce</H2>
<P ALIGN=right>The Chinese fermented black beans in this recipe give the
dish an unusual earthy aroma.</P>
<P ALIGN=right>It is a richly flavored dish that is also low in fat.</P>
```

Fish in Black Bean Sauce

The Chinese fermented black beans in this recipe give the dish an unusual earthy aroma.

It is a richly flavored dish that is also low in fat.

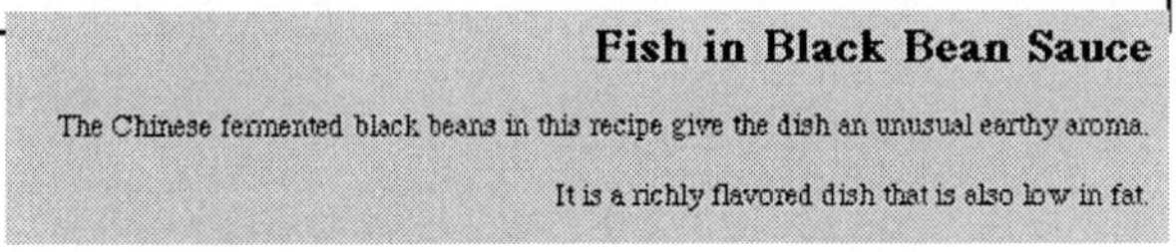

Para alinhar texto à direita, use o atributo ALIGN=right.

Como centralizar texto

<P ALIGN=center>

Alinhamento no centro

Define o valor do atributo ALIGN para *center*, para centralizar o parágrafo ou cabeçalho em uma página. Lembre-se que para centralizar toda a página com este método, todos os elementos precisam ter o atributo ALIGN=center na sua marca de abertura (Figura 7-30).

Figura 7-30

```
<H2 ALIGN=center>Fish in Black Bean Sauce</H2>
<P ALIGN=center>The Chinese fermented black beans in this recipe give the
dish an unusual earthy aroma.</P>
<P ALIGN=center>It is a richly flavored dish that is also low in fat.</P>
```

Fish in Black Bean Sauce

The Chinese fermented black beans in this recipe give the dish an unusual earthy aroma.

It is a richly flavored dish that is also low in fat.

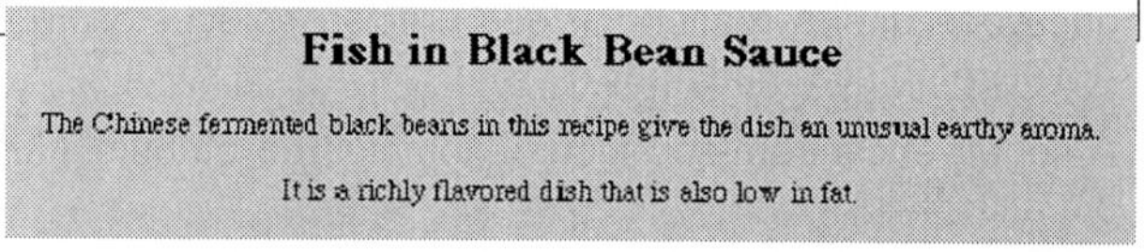

Estes cabeçalhos e parágrafos estão centralizados usando o atributo ALIGN=center em cada marca.

<CENTER>

Alinhamento no centro

Uma outra maneira para centralizar texto é usar a marca container <CENTER> (Figura 7-31). Esta marca centraliza todo o texto dentro dela — você poderia centralizar toda a sua página desta maneira se quisesse. Pelo fato dela ser tão simples de usar, a marca <CENTER> é de longe a maneira mais popular para centralizar; no entanto, ela não é parte da especificação HTML oficial. A maneira adequada para centralizar toda a página é usar uma marca <DIV> (divisão), como explicado a seguir.

Figura 7-31

```
<CENTER>
<H2>Fish in Black Bean Sauce</H2>
<P>The Chinese fermented black beans in this recipe give the
dish an unusual earthy aroma.</P>
<P>It is a richly flavored dish that is also low in fat.</P>
</CENTER>
```

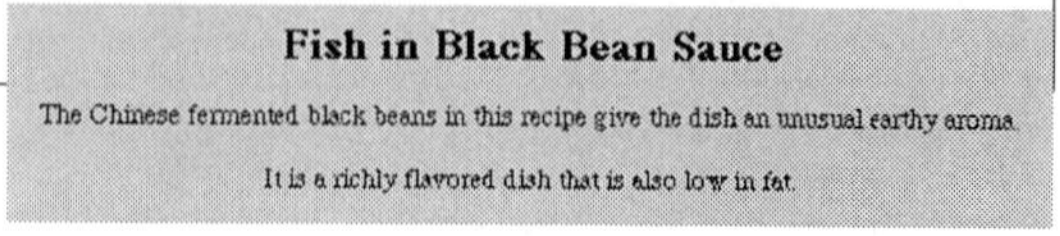

Fish in Black Bean Sauce

The Chinese fermented black beans in this recipe give the dish an unusual earthy aroma.

It is a richly flavored dish that is also low in fat.

Você pode centralizar muitos elementos de uma vez só (ou uma página inteira) usando a marca <CENTER>.

A marca <DIV>

A marca container <DIV> é usada para indicar uma divisão. Uma divisão é como um elemento de bloco genérico; não é um elemento estrutural formal, mas você pode usá-la para aplicar atributos de estilo (como alinhamento), através de uma grande parte da página. Você pode colocar as marcas <DIV>...</DIV> ao redor de uma página inteira ou qualquer parte dela.

Usada sozinha a marca <DIV> não afeta a aparência do texto no navegador. No entanto, você pode usar o atributo ALIGN com ela para afetar o alinhamento de toda a divisão (Figura 7-32). A marca <DIV> também é extremamente útil com as Folhas de estilo em cascata porque você pode aplicar instruções de exibição para tudo que ela tiver (veja o Capítulo 20 para maiores informações a respeito de folhas de estilo). Você descobrirá que os programas de autoria da web, como Dreamweaver da Macromedia, usam a marca <DIV> liberalmente para formatar páginas. É uma boa marca com a qual se familiarizar, mesmo se você for um iniciante.

> **Dica**
>
> Embora o atributo ALIGN não funcione em listas e blocos de citações, se por alguma razão você realmente precisar realinhar estes elementos, você pode colocar tudo dentro das marcas <DIV> e definir o alinhamento lá. Ele irá anular o alinhamento inerente da marca.

Figura 7-32

```
<DIV ALIGN=center>
<H2>Fish in Black Bean Sauce</H2>
<P>The Chinese fermented black beans in this recipe give the
dish an unusual earthy aroma.</P>
<P>It is richly flavored dish that is also low in fat.</P>
</DIV>
```

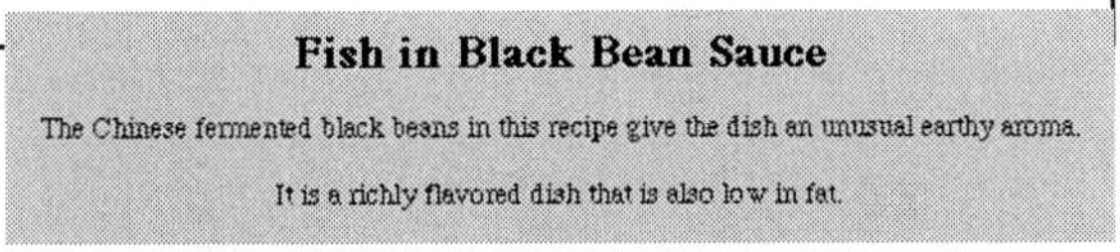

Fish in Black Bean Sauce

The Chinese fermented black beans in this recipe give the dish an unusual earthy aroma.

It is a richly flavored dish that is also low in fat.

O método preferido para centralizar diversos elementos é identificar uma divisão (com a marca <DIV>), depois centralizar a divisão com ALIGN.

Recuos

Infelizmente, não há função de "recuo" na HTML padrão, logo, os designers devem recorrer ao uso criativo (ou mau uso) das marcas existentes para que o texto recue.

Alguns artifícios populares de HTML incluem (Figura 7-33):

- Usar a marca <BLOCKQUOTE> para produzir um recuo tanto na margem direita quanto na esquerda.
- Usar uma lista não ordenada (<UL> ... </UL>) sem itens de lista (<LI>) especificados para exibir o texto como recuado.

> *Geralmente não é uma boa idéia escrever HTML ilegal para obter um efeito visual. Mais tarde ela pode se voltar contra você.*

- Usar uma lista de dicionário (<DL> ... </DL>) com apenas definições (<DD>) e nenhum termo para exibir o texto como recuado.

Figura 7-33

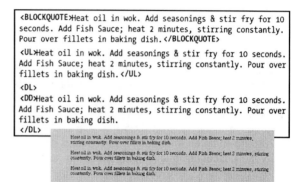

Três "artifícios" para recuar o texto HTML.

Mesmo com estes artifícios, você obtém apenas um recuo automático de cerca de meia polegada na margem esquerda ou em ambas as margens. Você não pode recuar apenas a primeira linha ou especificar a quantidade de recuo. É muito ruim. As folhas de estilo oferecem algum controle adicional, mas, infelizmente, o suporte de navegador para funções de recuo era inconsistente quando este livro estava sendo escrito.

Se você quiser alinhamento de texto e recuo mais sofisticados, é melhor usar tabelas, como discutido no Capítulo 10, Tabelas. Alguns designers usam imagens gráficas transparentes de 1 pixel, que eles dimensionam para tirar o texto do caminho. Esta técnica é discutida no Capítulo 17.

Como evitar quebras de linha

Texto ou imagens entre as marcas "no brake" permanecerá em uma linha, independentemente da largura da janela de navegador.

Digamos que você queira manter uma linha de texto toda em uma linha, mesmo se a janela for redimensionada. Bem, há uma marca para isto! É a marca "no brake" (<NOBR>). O texto e as imagens gráficas que aparecem dentro desta marca não serão quebrados pela função de ajuste automático do navegador (Figura 7-34). Se a cadeia dos elementos for muito longa, ela continuará fora da página do navegador e os usuários terão que paginar para a direita para vê-la. Esta marca é útil para manter uma linha de imagens gráficas individuais juntas (como uma barra de ferramentas de navegação), mesmo quando a janela for muito reduzida.

Figura 7-34

```
<NOBR>The Chinese fermented black beans in this recipe give the
dish an unusual earthy aroma. It is also a low-fat dish that is
richly flavored.</NOBR>
```

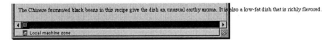

Como evitar quebras de linha
O texto dentro das marcas "no brake" (<NOBR>) permanecerá em uma linha.

Texto pré-formatado

Como vimos anteriormente neste capítulo, a marca de texto pré-formatado (<PRE>) lhe dá controle de caractere por caractere sobre o alinhamento de texto. Logicamente, você tem que aceitar o seu texto exibido em Courier. Já que o texto <PRE> honra espaços de caractere em branco, é possível usar esta marca para alinhar outros elementos precisamente na página (embora, provavelmente, fosse melhor você usar tabelas). A Figura 7-35 mostra o texto pré-formatado usado para alinhamento preciso.

O texto pré-formatado é único, visto que ele exibe carriage returns e caracteres extras exatamente como são digitados.

Figura 7-35

```
<PRE>
                calories     carb (g)     fat (g)
French Fries       285          38          14
Fried Onion Rings  550          26          47
Fried Chicken      402          17          24
</PRE>
```

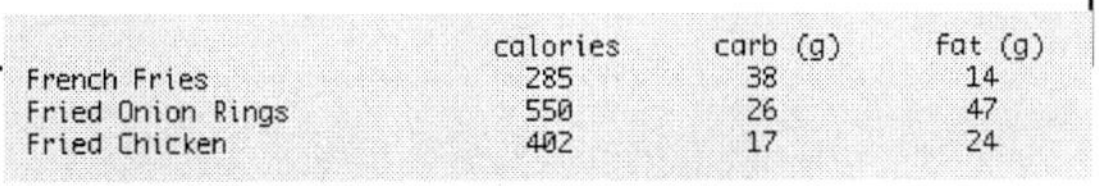

	calories	carb (g)	fat (g)
French Fries	285	38	14
Fried Onion Rings	550	26	47
Fried Chicken	402	17	24

Um exemplo de alinhamento de texto preciso usando texto pré-formatado (<PRE>).

Juntando tudo — como alinhar texto

Na HTML, freqüentemente há mais de uma maneira para obter um efeito em particular. Dois dos exemplos de código listados aqui centralizarão o título da receita e os comentários como mostrado na Figura 7-36; os outros dois não irão. Que exemplos de código não funcionarão? O que há de errado com eles?

Figura 7-36

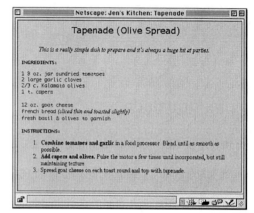

Os comentários e o título da receita estão agora centralizados.

Respostas:

❶ Funciona. Cada elemento é centralizado com o atributo ALIGN.

❷ Não funciona. ALIGN é um atributo e não uma marca.

❸ Não funciona. A marca <DIV> é usada corretamente mas seu valor é definido para right e não center.

❹ Funciona. A marca <CENTER> centraliza tudo que ela contém.

Alguns caracteres especiais

Alguns caracteres comuns, como ©, não são parte do conjunto padrão de caracteres ASCII (que contém apenas letras, números e alguns símbolos básicos). Para colocar estes caracteres em uma página da web, você tem que chamá-los pelos seus nomes de entidade de caractere no documento HTML. Uma entidade de caractere é uma cadeia de texto que identifica um caractere específico. Os caracteres podem ser definidos pelo nome ou pelos seus valores numéricos.

Figura 7-37

```
<P>Copyright &copy; 2000 Jennifer Niederst</P>
<P>Copyright &#169; 2000 Jennifer Niederst</P>
```

Copyright © 2000 Jennifer Niederst
Copyright © 2000 Jennifer Niederst

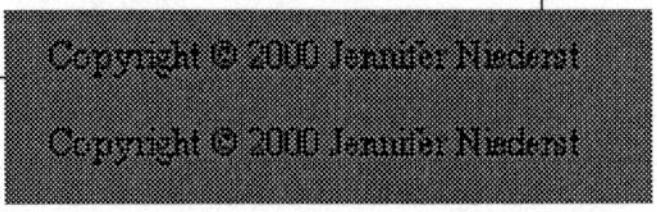

A maioria dos caracteres especiais pode ser chamada pelo nome ou pelo número. O navegador exibe o caractere especial no lugar da cadeia de entidade de caractere.

Figura 7-38

```
<P>The beginning    The End</P>
<P>The beginning   The End</P>
```

The beginning The End
The beginning   The End

Os navegadores ignoram múltiplos espaços de caractere em um arquivo HTML, mas você pode adicionar espaços rígidos usando a entidade de caractere "espaço incondicional".

Tabela 7-1 – Caracteres especiais comuns e suas entidades de caractere

Caractere	Descrição	Nome	Número
	Espaço de caractere (espaço incondicional)		
©	Direito autoral	&copy;	&#169;
®	Marca registrada	&reg;	&#174;
™	Marca registrada	(nenhum)	&#153;
£	Libra	&pound;	&#163;
¥	Yen	&yen;	&#165;
"	Aspas de abertura	(nenhum)	&#147;
"	Aspas de fechamento	(nenhum)	&#148;
<	Símbolo maior do que; parênteses de abertura (útil para exibir marcas em uma página da web)	(nenhum)	&#155;
>	Símbolo menor do que; parêntesesde fechamento (útil para exibir marcas em uma página da web)	(nenhum)	&#139;

Um exemplo tornará isto mais claro. Gostaria de adicionar um símbolo de direito autoral à minha página. O comando do teclado típico do Macintosh, O*ption-g*, que funciona em meu programa de processamento de texto, não funcionará em uma página HTML. Ao invés disso, uso o nome de entidade de caractere © (ou seu valor numérico &#169) onde quero que o símbolo apareça (Figura 7-37).

Lembra de como espaços de caractere extra em um documento HTML são ignorados pelos navegadores? Se você precisar adicionar um espaço de caractere rígido (ou uma cadeia deles) a uma página, você pode inseri-los usando a entidade de caractere para um "espaço incondicional",   (Figura 7-38).

A tabela 7-1 lista algumas entidades de caractere comumente usadas. Logicamente, há muito mais do que as listadas aqui. Para uma lista completa, veja Special Characters Quick Reference da WebMonkey em *hotwired.Lycos.com/webmonkey/reference/special_characters/*.

Dica de ferramenta

Entidades de caractere

Eis aqui como você adiciona entidades de caractere em três dos programas de autoria mais populares.

DREAMWEAVER 3

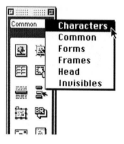

❶ *Primeiro, selecione Characters do menu suspenso da paleta Objects.*

❷ *Isto acessa uma paleta de caracteres comuns que você pode arrastar para sua página. A lista completa de entidades de caractere também está disponível.*

Capítulo 7 – Como formatar texto | 125

GOLIVE 4

❶ As entidades de caractere são acessadas através de Web Database (localizado no menu Special). Para usar um caractere, simplesmente o selecione e arraste-o para documento.

❷ Enquanto ele é selecionado, você pode obter mais informações a respeito dele no Inspector.

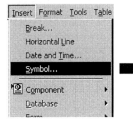

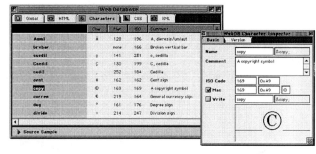

FRONTPAGE 2000

Coloque o ponto de inserção onde você quer inserir um caractere. Vá para Insert → Symbol. Selecione o caractere que você quer inserir e clique Insert.

Revisão de HTML — marcas de formatação de texto

O que se segue é um resumo das marcas que cobrimos neste capítulo:

Marca e atributos	Função
<B>	Texto em negrito
<BLOCKQUOTE>	Citação comprida

	Quebra de linha
<CENTER>	Centraliza elementos na página
<DD>	Item de definição (em uma lista de definição)
<DIV> ALIGN=left/right/center	Divisão (usada para aplicar estilos) Alinhamento horizontal
<DL>	Lista de definição
<DT>	Item de termo (em uma lista de definição)
<EM>	Texto enfatizado (itálico)
<FONT.> SIZE=1 a 7 (ou valor relativo) FACE= "name" COLOR= "number" ou "name"	Usa atributos para especificar tamanho, face de fontes e cor Tamanho do texto Face de tipos para o texto incluso Cor do texto incluso
<H#> ALIGN=left/right/center	Nível de cabeçalho (de 1 a 6) Alinhamento horizontal
<I>	Texto em itálico
<LI>	Item de lista (em uma lista ordenada ou não ordenada)
<NOBR>	"No break"; evita quebras de linha no texto incluso
<OL>	Lista ordenada (numerada)
<P> ALIGN=left/right/center	Parágrafo Alinhamento horizontal
<PRE>	Texto pré-formatado
<STRIKE>	Texto tachado
<STRONG>	Texto forte (em negrito)
<SUB>	Subscrito
<SUP>	Sobrescrito
<TT>	Teletipo (ou texto datilografado)
<U>	Texto sublinhado
<UL>	Lista não ordenada (com marcadores)

Capítulo 8

Como adicionar elementos gráficos

Uma página da web só de texto e sem figuras não é muito divertida! A exposição da web à popularidade de massa é devida em parte ao fato de que há imagens na página. As imagens são usadas de maneiras óbvias e sutis. Por exemplo, pode ser aparente que fotografias, ícones e botões sejam imagens gráficas, mas imagens gráficas também podem ser usadas como dispositivos de espaçamento ou para criar efeitos visuais como cantos arredondados em caixas (estes truques são discutidos no Capítulo 17).

Neste capítulo, veremos detalhadamente as marcas usadas para adicionar imagens gráficas a uma página, no fluxo de texto e como imagens de fundo. Também veremos um pequeno divisor de páginas, o fio horizontal.

Neste capítulo

Como adicionar imagens a uma página da web

Como controlar o posicionamento das imagens

Como adicionar imagens de fundo lado a lado

Como adicionar e manipular fios horizontais

Como adicionar imagens incorporadas

A maioria das imagens gráficas na web é usada como imagem incorporada, as imagens gráficas que são parte do fluxo do conteúdo HTML. Estas incluem todas as ilustrações, títulos de banner, barras de ferramentas de navegação, publicidade etc, que você vê nas páginas da web. Em outras palavras, se ela não for uma imagem de fundo lado a lado, ela é uma imagem incorporada. Todas as imagens incorporadas são colocadas no documento HTML usando a marca <IMG>.

Como apontar para imagens gráficas

Se a imagem gráfica que você está colocando na página estiver no mesmo diretório que o arquivo HTML, você pode simplesmente especificar o nome do arquivo da imagem gráfica no atributo SRC.

Se ela estiver em outro diretório, você precisará fornecer o nome de caminho para a imagem gráfica de modo que o navegador possa encontrá-la. O nome de caminho é uma lista de diretórios e subdiretórios, nos quais a imagem gráfica está, separados por barras. Ele descreve a localização da imagem gráfica em relação ao arquivo HTML atual.

Os nomes de caminho nas marcas <IMG> funcionam da mesma maneira que nas marcas de link. Eles são discutidos com mais detalhes no Capítulo 9.

A fim de ser exibida no navegador, a imagem gráfica deve estar no formato de arquivo GIF ou JPEG * (ver Capítulo 13, se você não estiver familiarizado com estes formatos). Além disso, os arquivos precisam ser nomeados com sufixos apropriados - *.gif* e *.jpg* (ou *.jpeg*), respectivamente — a fim de serem reconhecidos pelo navegador. Simplesmente estar no formato certo não é suficiente.

Vamos dar uma olhada na marca <IMG> e todos os seus atributos que lhe dão controle sobre o posicionamento e aparência da imagem gráfica.

A marca de imagem

<IMG SRC="filename" or "URL">

Adiciona uma imagem à página

Esta é a marca básica que diz ao navegador para "colocar uma imagem gráfica aqui". Há diversos atributos úteis que podem ser usados para manipular a imagem (chegaremos neles a seguir). Apenas um atributo, SRC (diminutivo de "fonte") é necessário, pois ele diz ao navegador que imagem gráfica usar. O valor do atributo SRC é o URL da imagem gráfica. Se o arquivo gráfico estiver no mesmo diretório que o arquivo HTML, você pode simplesmente usar seu nome de arquivo. A nota lateral, "Como apontar para imagens gráficas", lhe dá mais detalhes a respeito de como se referir a imagens gráficas.

Como padrão, as imagens gráficas são exibidas com suas bordas inferiores alinhadas com a linha base do texto ao seu redor (Figura 8-1). O texto não irá automaticamente envolver uma imagem gráfica ao menos que especificado com o atributo ALIGN, descrito posteriormente neste capítulo.

---

* Há um terceiro formato gráfico aceitável chamado PNG (pronunciado "ping") que tem algumas vantagens em relação ao GIF, mas ele é menos suportado e menos popular.

Capítulo 8 — Como adicionar elementos gráficos | 129

Figura 8-1

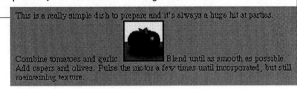

Como padrão, a marca <IMG> alinha a borda inferior da imagem gráfica com a linha base do texto e mantém o espaço ao redor da imagem gráfica vazio.

Dica de ferramentas

Como adicionar imagens

Eis aqui como você adiciona imagens a uma página da web em três dos programas de autoria mais populares.

DREAMWEAVER 3

❶ Arraste o ícone da imagem da lista de Commom na paleta Objects e posicione em seu documento.

❷ Uma caixa de dialogo abrirá perguntando que arquivo gráfico usar.

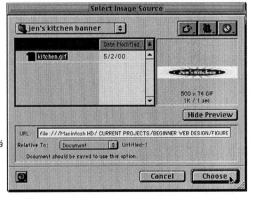

GOLIVE 4

Para adicionar uma imagem arraste o ícone de imagem (ponto de interrogação) da paleta e posicione na janela do documento. Você também pode arrastar um arquivo diretamente de sua área de trabalho para a página.

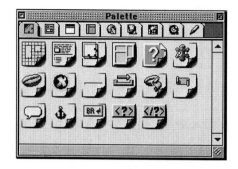

FRONTPAGE 2000

Para adicionar uma imagem, clique o ícone Insert Image. Uma janela aparecerá, navegará para a imagem que você quer do seu sistema de arquivo local e irá selecionar o arquivo.

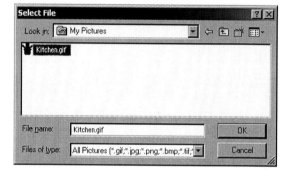

Capítulo 8 – Como adicionar elementos gráficos | **131**

Texto alternativo

ALT="text"

Texto alternativo

O atributo ALT permite que você forneça uma rápida descrição de texto de sua imagem para situações quando a imagem gráfica não pode ser exibida em um navegador. O texto alternativo aparecerá próximo ao ou dentro do ícone gráfico genérico se a imagem estiver faltando ou se o usuário tiver desativado as imagens gráficas do navegador para um download mais rápido (e muitas pessoas fazem isto). Para navegadores não gráficos, como o Lynx, o texto alternativo aparecerá entre colchetes no lugar da imagem gráfica.

O texto alternativo aparecerá próximo ao ou dentro do ícone gráfico genérico se a imagem não for exibida.

Com muita freqüência vejo home pages com links de botões gráficos para seções do site sem texto alternativo. Quando as imagens gráficas não estiverem disponíveis, essas home pages se tornam um beco sem saída (Figura 8-2). Levando um pouco mais de tempo para adicionar texto alternativo (especialmente para imagens gráficas que servem como links de navegação) você pode evitar problemas.

Figura 8-2

```
<CENTER>
<H1>Welcome to Our Site</H1>
<P>Here you will find useful information about Our Products and Our Company.</P>
<P><IMG SRC="products.gif" ALT="PRODUCTS"></P>
<P><IMG SRC="history.gif" ALT="HISTORY"></P>
<P><IMG SRC="jobs.gif" ALT="JOBS"></P>
<P><IMG SRC="contact.gif" ALT="CONTACT US"></P>
</CENTER>
```

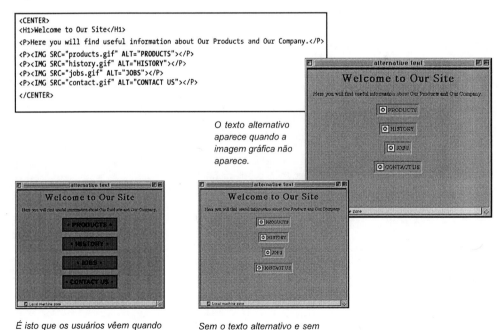

O texto alternativo aparece quando a imagem gráfica não aparece.

É isto que os usuários vêem quando as imagens gráficas são carregadas adequadamente.

Sem o texto alternativo e sem imagens visíveis, esta página é um beco sem saída.

Tamanho da imagem

WIDTH=number

Largura da imagem em pixels

HEIGHT=number

Altura da imagem em pixels

Os atributos WIDTH e HEIGHT podem acelerar a exibição de sua página.

Os atributos WIDTH e HEIGHT indicam as dimensões da imagem gráfica em pixels. Pode soar mundano, mas esses atributos são seus melhores amigos porque eles aceleram o tempo que leva para exibir a página final.

Quando o navegador conhece as dimensões da imagem gráfica, ele pode se preocupar em preparar as páginas enquanto as próprias imagens gráficas estão sendo carregadas. Sem os valores de largura e altura a página é preparada imediatamente e depois remontada cada vez que uma imagem gráfica chega. Dizer ao navegador quanto espaço reservar para cada imagem gráfica pode fazer com a página final apareça segundos mais rápidos.

Se você estiver usando uma ferramenta de autoria da web, os valores WIDTH e HEIGHT serão adicionados automaticamente quando você colocar uma imagem gráfica. Você precisará se lembrar de digitá-los à mão se você estiver usando um editor HTML simples.

Dica

Se você redimensionou uma imagem gráfica em um programa de edição de imagens, certifique-se também de atualizar suas dimensões no arquivo HTML.

No entanto, é importante observar que se seus valores em pixel forem diferentes das dimensões reais de sua imagem, o navegador irá redimensionar sua imagem para corresponder aos seus valores especificados (Figura 8-3). Embora seja tentador redimensionar as imagens desta maneira, você deve saber que a imagem pode ficar embaçada e deformada. Na realidade, se as imagens gráficas tiverem uma aparência embaçada quando visualizadas em um navegador, a primeira coisa a ser verificada é se seus valores de largura e altura correspondem exatamente às dimensões da imagem.

Figura 8-3

`<IMG SRC="tomato.gif" WIDTH=72 HEIGHT=72>`

Os valores de largura e altura ajudam o navegador a preparar a página de maneira mais eficiente.

Esteja atento para o fato de que se as medidas não forem precisas, o navegador irá redimensionar a imagem para que ela corresponda aos valores de largura e altura especificados.

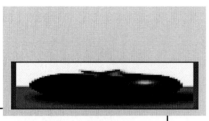

`<IMG SRC="tomato.gif" WIDTH=144 HEIGHT=36>`

Bordas de imagens

BORDER=*number*

Espessura da borda em pixels

Quando você usa uma imagem como um link, o navegador automaticamente adiciona uma borda colorida ao redor da imagem gráfica para indicar que ela é um link. (Veja o Capítulo 9 para saber como se linkar a uma imagem gráfica). A cor da borda corresponderá à cor do texto linkado na página (azul escuro como padrão). Você pode controlar a espessura da borda usando o atributo BORDER dentro da marca de imagem.

Na maioria dos casos, você provavelmente vai querer desativar a borda ao definir o valor para zero pixels, mas você também pode torná-la extra espessa ao especificar um valor em pixels mais alto (Figura 8-4).

Dica

Desative as bordas em imagens linkadas ao adicionar BORDER=0, como em:

<IMG   SRC="picture.gif" BORDER=0>

Figura 8-4

Comportamento padrão: BORDER=1 *(para imagens gráficas linkadas)*

```
<A HREF="recipe.html"><IMG SRC="tomato.gif"></A>
```

Quando uma imagem é linkada, o navegador adiciona uma borda com largura de 1 pixel na cor do link.

Desativar borda: BORDER=0

```
<A HREF="recipe.html"><IMG SRC="tomato.gif" BORDER=0></A>
```

Você pode desativar esta borda ao definir o atributo BORDER para 0.

Aumentar borda: BORDER=x

```
<IMG SRC="tomato.gif" BORDER=10>
```

Você pode adicionar uma borda a qualquer imagem gráfica. Se ela estiver linkada ela aparecerá na cor linkada. Se não estiver linkada a borda aparece na cor do texto.

Como posicionar imagens gráficas

O atributo ALIGN diz ao navegador como você quer alinhar a imagem gráfica, horizontalmente ou verticalmente, em relação às linhas de texto vizinhas. Os valores top, middle e bottom afetam o alinhamento vertical de uma imagem gráfica em relação a uma única linha de texto vizinha (como um rótulo). Os valores left e right afetam o alinhamento horizontal da imagem gráfica (quer dizer, a margem contra a qual a imagem gráfica é colocada). Vamos ver como eles funcionam.

O atributo ALIGN é usado para posicionar imagens gráficas verticalmente e horizontalmente, dependendo dos valores que você especifica.

Alinhamento vertical

ALIGN=top, middle, ou bottom

O alinhamento vertical em relação à linha de texto vizinha

Ao definir o valor do atributo ALIGN para top, middle ou bottom, você afeta o posicionamento da imagem gráfica em relação à linha de texto vizinha. Como padrão (ou seja, se você não especificar coisa alguma), a linha de texto vizinha irá se alinhar com a parte inferior da imagem. Isto é o mesmo que especificar ALIGN=bottom. Se você quiser que a linha base do texto se alinhe com o meio da imagem gráfica, defina o valor para middle; top alinha o texto com a borda superior da imagem (Figura 8-5).

Figura 8-5

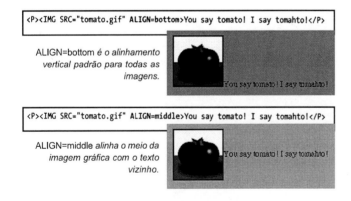

```
<P><IMG SRC="tomato.gif" ALIGN=top>You say tomato! I say tomahto!</P>
```

ALIGN=top *coloca o texto na borda superior da imagem gráfica.*

Como ajustar texto ao redor de uma imagem gráfica

ALIGN=left ou right

Alinhamento horizontal com ajuste de texto

Para fazer com que o texto se molde ao redor de uma imagem gráfica, defina o atributo ALIGN para esquerda ou direita.

O atributo ALIGN também ajusta o posicionamento horizontal da imagem gráfica quando você define o valor para left (contra a margem esquerda) ou right (contra a margem direita).

Este atributo é um dos meus favoritos porque, além de especificar se a imagem gráfica deve aparecer contra a margem esquerda ou direita, ele faz com que o texto a seguir se molde ao redor da imagem gráfica (Figura 8-6). Como vimos nos exemplos anteriores, sem os valores de alinhamento horizontal, o espaço próximo à imagem gráfica fica em branco.

Figura 8-6

Alinhar uma imagem à esquerda ou direita faz com que o texto se molde. ao redor da imagem gráfica.

```
<P>
<B>SAUCE:</B><BR>
Cut prosciutto into 1/2" chunks and fry with chopped onion in olive oil
over low heat, until fat is rendered and meat is crisp. Remove meat and
set aside.<BR>
<IMG SRC="tomato.gif" ALIGN=left> Drain the tomatoes, finely chop them and
add to the onion in the pan. Season with red pepper flakes and salt and
pepper. Simmer 20 minutes, stirring occasionally.<BR>
<B>TO SERVE:</B><BR>
Cook pasta according to directions on package. Drain well.<BR>
Transfer sauce to large skillet over medium-high heat. Add the pasta and
reserved meat and cook for 30 seconds. Remove the skillet from heat. Add
cheese.
</P>
```

```
<IMG SRC="tomato.gif" ALIGN=right> Drain the tomatoes, finely chop them
and add to the onion in the pan. Season with red pepper flakes and salt
and pepper. Simmer 20 minutes, stirring occasionally.<BR>
```

SAUCE:
Cut prosciutto into 1/2" chunks and fry with chopped onion in olive oil over low heat, until fat is rendered and meat is crisp. Remove meat and set aside. Drain the tomatoes, finely chop them and add to the onion in the pan. Season with red pepper flakes and salt and pepper. Simmer 20 minutes, stirring occasionally.

TO SERVE:
Cook pasta according to directions on package. Drain well. Transfer sauce to large skillet over medium-high heat. Add the pasta and reserved meat and cook for 30 seconds. Remove the skillet from heat. Add cheese.

HSPACE=number

Espaço horizontal

VSPACE=number

Espaço vertical

Os atributos HSPACE e VSPACE são usados em conjunto com as configurações ALIGN=left e ALIGN=right. Sem eles o navegador coloca o texto moldado diretamente na borda da imagem gráfica. Existe a possibilidade de que você queira dar à sua imagem um pouco de espaço. Use o atributo HSPACE para especificar uma quantidade de espaço (em pixels) a ser dado para a margem direita e esquerda da imagem (Figura 8-7). Similarmente, VSPACE mantém um valor especificado de espaço acima e abaixo. Acredito que 6 a 9 pixels normalmente sejam suficientes.

Figura 8-7

```
<IMG SRC="tomato.gif" ALIGN=left HSPACE=12 VSPACE=12> Drain the tomatoes,
finely chop them and add to the onion in the pan. Season with red pepper
flakes and salt and pepper. Simmer 20 minutes, stirring occasionally.<BR>
```

Usando o nosso mesmo exemplo, adicionei HSPACE à marca <IMG> para inserir 12 pixels de espaço à esquerda e à direita da imagem gráfica e VSPACE para adicionar 12 pixels acima e abaixo.

Alinhamento à direita, sem ajuste

Se você quiser posicionar uma imagem gráfica na borda direita da página sem que o texto se molde a ela, coloque a marca de imagem em um parágrafo (<P>), depois alinhe o parágrafo à direita, como mostrado abaixo:

`<P ALIGN=right><IMG SRC="tomato.gif"></P>`

```
<P ALIGN=right>Drain the tomatoes, finely chop them and add to the
onion in the pan. Season with red pepper flakes and salt and
pepper. Simmer 20 minutes, stirring occasionally.<P>
```

Como evitar que o texto se molde à imagem
<BR CLEAR=all>

Insira quebra de linha; inicie a próxima linha abaixo da imagem gráfica

Você pode decidir que não quer que todo o texto se molde ao redor de uma imagem gráfica; por exemplo, se você tiver um título ou algum outro texto que você queira que comece contra a margem.

A maneira através da qual você "desativa" o ajuste de texto é ao inserir uma quebra de linha (<BR>) realçada com o atributo CLEAR, que o instrui a iniciar a próxima linha abaixo da imagem... quando a margem estiver vazia (Figura 8-8).

O atributo CLEAR na realidade tem três valores possíveis: left, right e all. Use left apenas quando você quiser iniciar a próxima linha abaixo de uma imagem gráfica que esteja contra a margem esquerda; use right quando você quiser iniciar a próxima linha abaixo de uma imagem gráfica na margem direita. O valor all inicia a próxima linha abaixo da imagem gráfica em qualquer um dos lados ou em ambos os lados, logo, isto será suficiente para a maioria dos casos (uso isto quase que exclusivamente).

Para desativar o ajuste de texto, insira um <BR CLEAR=all> um pouco antes da linha que você quer começar sob a imagem gráfica.

Figura 8-8

```
<IMG SRC="tomato.gif" HSPACE=12 VSPACE=12 ALIGN=left> Drain the
tomatoes, finely chop them and add to the onion in the pan. Season
with red pepper flakes and salt and pepper. Simmer 20 minutes,
stirring occasionally.<BR CLEAR=all>

<B>TO SERVE:</B><BR>
Cook pasta according to directions on package. Drain well.<BR>
```

SAUCE:
Cut prosciutto into 1/2" chunks and fry with chopped onion in olive oil over low heat, until fat is rendered and meat is crisp. Remove meat and set aside.

Drain the tomatoes, finely chop them and add to the onion in the pan. Season with red pepper flakes and salt and pepper. Simmer 20 minutes, stirring occasionally.

TO SERVE:
Cook pasta according to directions on package. Drain well. Transfer sauce to large skillet over medium-high heat. Add the pasta and reserved meat and cook for 30 seconds. Remove the skillet from heat. Add cheese.

O atributo CLEAR=all diz ao navegador para adicionar uma quebra de linha e posicionar a próxima linha quando todas as margens estiverem "vazias" (em outras palavras, quando não houver imagem gráfica). Agora, minha seção "To Serve" começa abaixo da imagem gráfica, que é onde eu quero que ela comece.

Dica de ferramentas

Como definir atributos de imagem

Eis aqui como você acessa os controles de atributo de imagem em três dos programas de autoria mais populares.

DREAMWEAVER 3

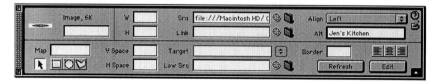

Com a imagem selecionada (alças estarão visíveis), todas as configurações para a imagem estão disponíveis na paleta Properties.

GOLIVE 4

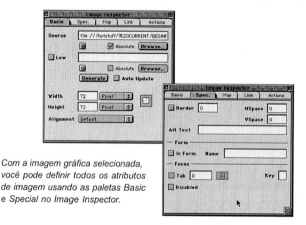

Com a imagem gráfica selecionada, você pode definir todos os atributos de imagem usando as paletas Basic e Special no Image Inspector.

FRONTPAGE 2000

Clique à direita do botão do mouse na imagem gráfica para trazer a caixa de diálogo Picture Properties no menu de atalho. Depois clique a opção Appearance para ver os atributos para a imagem gráfica dentro do layout.

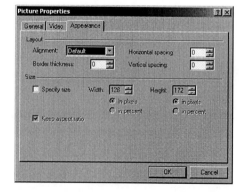

Juntando tudo — colocação das imagens gráficas

Para mostrar a marca <IMG> em ação, enfeitei a home page do site de cozinha que comecei no Capítulo 6, com algumas imagens gráficas (Figura 8-9). Vamos ver o que fiz:

❶ A imagem gráfica de banner é transparente, permitindo que a imagem gráfica de fundo apareça (falaremos a respeito de transparência no Capítulo 14). Adicionei 8 pixels de espaço acima e abaixo da imagem gráfica usando o atributo VSPACE para adicionar espaço entre a imagem gráfica e a borda superior do navegador.

Uma outra coisa a ser observado: você pode dizer a partir do URL na marca <IMG> que todas as minhas imagens gráficas para esta página estão armazenadas em um diretório chamado *graphics*. O nome de caminho diz ao navegador onde procurar cada imagem gráfica no servidor atual.

❷ Sofistiquei um pouco e substitui a primeira letra de minha introdução por uma imagem gráfica para corresponder ao texto do banner. Letras maiúsculas que se ajustam nas primeiras linhas de texto desta maneira são conhecidas como "drop-caps" no mundo de design. É fácil obter o efeito com o atributo ALIGN=left.

❸ Também transformei meus cabeçalhos de seção em imagens gráficas. Sempre que você coloca texto em uma imagem gráfica é especialmente importante incluir texto alternativo com o atributo ALT de modo que as pessoas sem imagens gráficas possam receber sua mensagem.

Figura 8-9

Capítulo 8 – Como adicionar elementos gráficos | 143

Figura 8-9 (cont.)

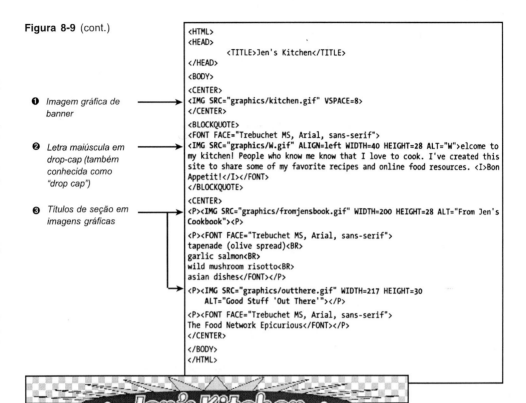

❶ *Imagem gráfica de banner*

❷ *Letra maiúscula em drop-cap (também conhecida como "drop cap")*

❸ *Títulos de seção em imagens gráficas*

❶ Kitchen.gif

❷ W.gif

Estes padrões em quadriculado indicam que estas são imagens gráficas transparentes (da maneira vista no Adobe Photoshop).

❸ fromjensbook.gif

❸ outthere.gif

Fundo lado a lado

Uma maneira fácil de temperar uma página da web é usar uma imagem gráfica como uma imagem de fundo lado a lado.

<BODY BACKGROUND="*filename*" ou "URL">
Adiciona imagem de fundo lado a lado

A chave para um fundo lado a lado bem sucedido é a sutileza — você precisa ter a capacidade de ler o texto sobre ele com facilidade.

Os fundos lado a lado são criados usando-se os atributos BACKGROUND dentro da marca <BODY>. Usamos a marca <BODY> anteriormente como a marca estrutural que define a parte visível do documento da web. Ela também pode ser usada para certas configurações que afetam toda a página, como telas lado a lado de fundo e configurações de cor. (O uso da marca <BODY> para mudar configurações de cor é discutido no Capítulo 12).

Na Figura 8-10 especifiquei que a imagem gráfica *tile.gif* seja usada como um fundo lado a lado. O padrão gráfico começa no canto superior esquerdo da página e é repetido automaticamente.

A chave para os fundos lado a lado bem sucedidos é a *sutileza*. Nada pode destruir uma página da web mais rápido do que um fundo lado a lado que seja muito escuro e ocupado, tornando o texto virtualmente ilegível. Logo, por favor, utilize os fundos lado a lado com cuidado.

Figura 8-10

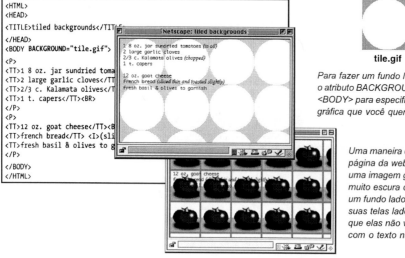

tile.gif

Para fazer um fundo lado a lado, use o atributo BACKGROUND na marca <BODY> para especificar a imagem gráfica que você quer repetir.

Uma maneira de tornar uma página da web ilegível é usar uma imagem gráfica que seja muito escura ou ocupada como um fundo lado a lado. Projete suas telas lado a lado de modo que elas não venham a competir com o texto na frente delas.

Capítulo 8 – Como adicionar elementos gráficos | 145

Dica de ferramentas

Como adicionar fundos lado a lado

Eis aqui como você adiciona imagens gráficas de fundo lado a lado em três dos programas de autoria mais populares.

DREAMWEAVER 3

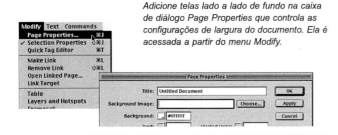

Adicione telas lado a lado de fundo na caixa de diálogo Page Properties que controla as configurações de largura do documento. Ela é acessada a partir do menu Modify.

GOLIVE 4

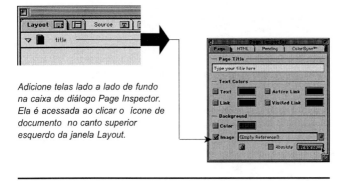

Adicione telas lado a lado de fundo na caixa de diálogo Page Inspector. Ela é acessada ao clicar o ícone de documento no canto superior esquerdo da janela Layout.

FRONTPAGE 2000

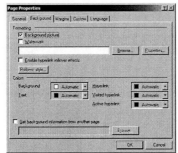

Clique à direita do botão do mouse na página para trazer a caixa de diálogo Page Properties no menu de atalho. Depois clique a opção Background para selecionar uma imagem de fundo.

Cores de fundo sólidas

A marca <BODY> também é usada para fazer o fundo de uma cor sólida usando o atributo BGCOLOR conforme mostrado neste exemplo:

<BODY BGCOLOR="*color name* ou *number*">

O sistema para especificar cores em HTML é discutido em detalhes no Capítulo 12.

Freqüentemente usarei os atributos BGCOLOR e BACKGROUND ao mesmo tempo. O atributo BGCOLOR carrega uma cor sólida que é a mesma que a cor dominante da tela lado a lado de fundo. Desta maneira, o tom para a página é definido imediatamente enquanto o download da imagem gráfica lado a lado de fundo ainda está sendo feito.

Juntando tudo — telas lado a lado de fundo

Projetei as imagens gráficas para a home page Jen's Kitchen para serem vistas contra uma cor de fundo escura. Para polir um pouco mais a página, adicionei uma imagem de fundo lado a lado (Figura 8-11, Caderno colorido). Pelo fato da imagem gráfica lado a lado ser muito alta, a maioria dos usuários verá apenas a faixa de cor na parte superior da página. Esta técnica é discutida com mais detalhes no Capítulo 17.

Figura 8-11

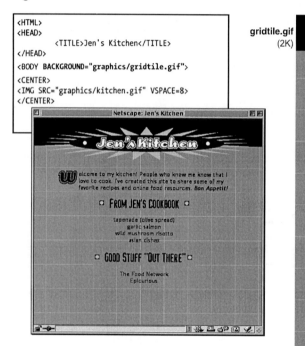

*Adicionei uma imagem de fundo lado a lado (**gridtile.gif**) ao meu site Jen's Kitchen. Fiz a imagem gráfica realmente alta de modo que você não possa ver a segunda fileira de telas lado a lado, criando o efeito de uma faixa de cor na parte superior da página.*

Fios horizontais

Se você precisar quebrar um longo fluxo de texto em pedaços mais gerenciáveis, você pode usar um fio horizontal ("Fio" é um outro termo para uma linha).

<HR>

Fio Horizontal

Os fios horizontais são colocados na página com a marca <HR>. Quando o navegador vê a marca <HR> sozinha, ele desenha uma linha sombreada "realçada" através da largura completa disponível da página (Figura 8-12). Os fios são elementos de bloco, logo, algum espaço será adicionado acima e abaixo. Isto significa que você não pode colocar um fio na mesma linha que o texto.

Há diversos atributos que permitem que você crie efeitos diferentes com fios horizontais. Vamos dar uma olhada.

SIZE=*number*

Espessura do fio

Este atributo especifica a espessura do fio em pixels (Figura 8-13).

Figura 8-12

```
<HR>
<B>SAUCE:</B><BR>
Cut prosciutto into 1/2" chunks and fry with chopped onion in olive oil
over low heat, until fat is rendered and meat is crisp. Remove meat and
set aside. Drain the tomatoes, finely chop them and add to the onion in
the pan. Season with red pepper flakes and salt and pepper. Simmer 20
minutes, stirring occasionally.<BR>

<HR>
<B>TO SERVE:</B><BR>
Cook pasta according to directions on package. Drain well.<BR>

Transfer sauce to large skillet over medium-high heat. Add the pasta and
reserved meat and cook for 30 seconds. Remove the skillet from heat. Add
cheese.
<HR>
```

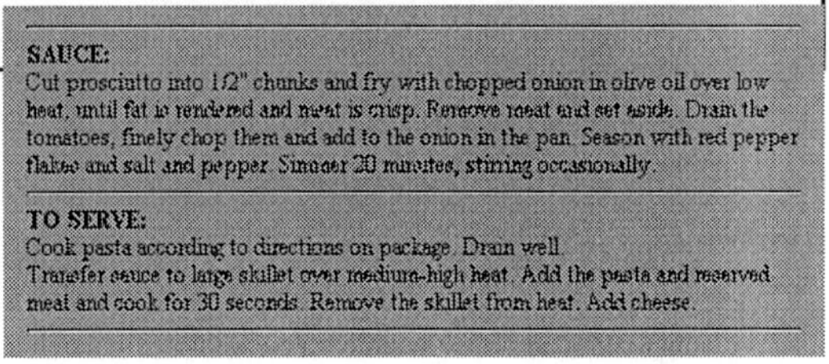

O fio horizontal padrão é uma linha "inclinada" que preenche a largura da janela do navegador.

Figura 8-13

```
<P>12 pixels thick.</P>
<HR SIZE=12>
```

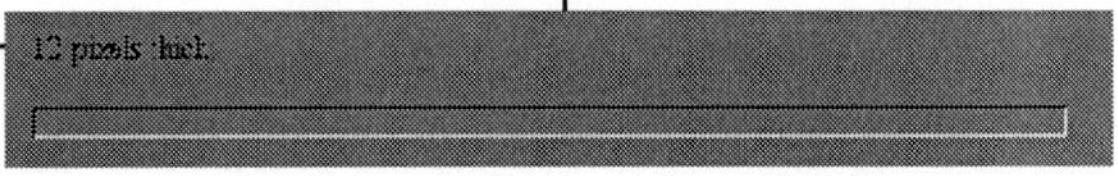

O atributo SIZE afeta a espessura do fio.

Como faço um fio vertical?

Enquanto o ato de adicionar um fio horizontal é fácil com a marca <HR>, não há marca similar para adicionar um fio vertical a uma página da web, infelizmente. No entanto, há diversas maneiras através das quais você pode simular isto usando tabelas e imagens gráficas, como demonstrado no Capítulo 17.

WIDTH=*number* **ou %**

Largura do fio

WIDTH determina qual deve ser o comprimento do fio (em outras palavras, sua largura através da página). Você pode especificar uma medida em pixel, ou uma percentagem da largura de página disponível (Figura 8-14).

ALIGN=left, right ou center

Alinhamento horizontal

Você pode especificar onde você gostaria de posicionar o fio através da página com este atributo (Figura 8-15). Como padrão os fios são centralizados.

Figura 8-14

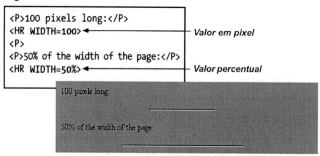

```
<P>100 pixels long:</P>
<HR WIDTH=100>         Valor em pixel
<P>
<P>50% of the width of the page:</P>
<HR WIDTH=50%>         Valor percentual
```

O atributo WIDTH afeta o comprimento do fio.

Figura 8-15

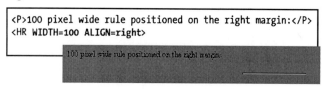

```
<P>100 pixel wide rule positioned on the right margin:</P>
<HR WIDTH=100 ALIGN=right>
```

Use o atributo ALIGN para posicionar o fio horizontalmente na página.

Figura 8-16

```
<P>Rule with "no shade" attribute:</P>
<HR NOSHADE>
```

O atributo NOSHADE cria uma linha cinza ou preta sólida (ao invés de inclinada).

Figura 8-17

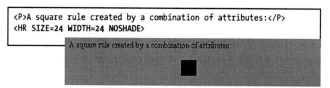

```
<P>A square rule created by a combination of attributes:</P>
<HR SIZE=24 WIDTH=24 NOSHADE>
```

Você pode combinar atributos para radicalmente mudar a aparência do fio.

Dica de ferramentas

Como adicionar fios horizontais

Eis aqui como você adiciona fios horizontais em três dos programas de autoria mais populares.

DREAMWEAVER 3

 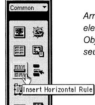

Arraste o ícone de fio da lista de elementos comuns na paleta Objects para posicioná-lo em seu documento.

GOLIVE 4

❶ *Arraste o ícone de fio da janela Palette e posicione-o em seu documento.*

 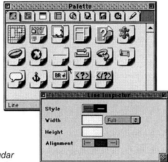

❷ *Quando o fio estiver selecionado, você pode mudar seus atributos na caixa de diálogo Line Inspector.*

FRONTPAGE 2000

Posicione o botão de inserção e vá para Insert →Horizontal Line. Isto trará uma caixa de diálogo que permitirá que você especifique as características do fio.

NOSHADE

Desativa o sombreado

Se você não quiser o efeito de barra sombreada, adicione este atributo à marca <HR> para tornar o fio uma linha sólida (Figura 8-16). Este atributo é apenas uma instrução; ele não necessita de um valor.

Lembre que atributos podem ser usados em combinação em uma marca única, portanto, sinta-se à vontade para ser criativo. No exemplo a seguir, o fio foi manipulado para formar um pequeno quadrado centralizado na página (Figura 8-17).

Revisão de HTML — marcas de elementos gráficos

A seguir encontra-se um resumo das marcas que cobrimos neste capítulo.

Marcas e atributos	Função
<BODY>	Corpo do documento; pode conter atributos que afetam a aparência do documento.
BACKGROUND= *"url"*	Imagem gráfica de fundo lado a lado.
BGCOLOR=*"number"* ou *"name"*	Cor de fundo.
<BR CLEAR=all>	Insere quebra de linha e inicia a próxima linha abaixo daimagem gráfica.
<IMG>	Insere uma imagem incorporada.
SRC=*"url"* ·	O arquivo gráfico a ser usado.
ALT=*"text"* ·	Texto alternativo.
WIDTH=*number*	Largura da imagem gráfica.
HEIGHT=*number*	Altura da imagem gráfica.
BORDER=*number*	Espessura da borda quando a imagem gráfica é linkada.
ALIGN=leftlright	Alinhamento horizontal.
ALIGN=toplmiddle I bottom	Alinhamento vertical.
HSPACE=*number*	Espaço à esquerda e direita de uma imagem gráfica.
VSPACE=*number*	Espaço acima e abaixo de uma imagem gráfica.
<HR>	Insere um fio horizontal (uma linha).
SIZE=*number*	Ajusta a espessura do fio.
WIDTH=*number*	Ajusta o comprimento do fio.
ALIGN=leftlrightlcenter	Posicionamento horizontal.
NOSHADE	Desativa inclinação em 3D.

Capítulo 9
Como adicionar links

Se você estiver criando uma página para a Web, há a possibilidade de que você queira apontar para outras páginas da web, seja para uma outra seção de seu próprio site ou o de uma outra pessoa. Você pode até mesmo vincular para um outro lugar na mesma página. O link, afinal de contas, tem tudo a ver com a Web!

Neste capítulo, veremos a HTML que faz com que os links funcionem: para outros sites, para seu próprio site e dentro de uma página. Além disso, cobriremos mapas de imagem, imagens únicas que contêm diversos links.

Se você já usou a Web, você deve estar familiarizado com as imagens gráficas e texto destacado que indicam "clique aqui". Há uma marca que torna a criação de links possível, a marca âncora (<A>). A marca âncora é uma marca container; ela tem marcas inicial e final que você coloca ao redor de um bloco de texto.

Para usá-la, simplesmente coloque a marca ao redor do texto que você quer vinculado, desta maneira:

```
<A HREF="http://www.oreilly.com">Go to O'Reilly.com</A>
```

Para tornar uma imagem gráfica um link, simplesmente coloque a marca âncora ao redor de toda a marca de imagem, como mostrado aqui:

```
<A HREF= "http://www.oreilly.com"><IMG SRC="ora.gif"></A>
```

Neste capítulo

Como fazer links para páginas externas

Como fazer links relativos a documentos em seu próprio servidor

Como vincular dentro de uma página

Como criar mapas de imagem

Como adicionar links "mailto"

Como mudar as cores de link

Está cansado de seus links sempre com aquele azul brilhante padrão? Bem, você pode mudá-los! Atributos especiais na marca <BODY> atribuem cores para links para todo o documento. Além dos links simples, você pode especificar a cor dos links que já foram clicados ("links visitados") e a cor que os links aparecem enquanto estão sendo clicados ("links ativos"):

LINK="color name or number"

Define a cor do link (azul como padrão)

VLINK="color name or number"

Define a cor dos links visitados (roxo como padrão)

ALINK="color name or number"

Define a cor dos links ativos

Logicamente, você pode usar todos estes atributos em uma única marca <BODY> como se segue:

<BODY LINK= "aqua"

VLINK="teal" ALINK="red">

O sistema para especificar cores na HTML é coberto em detalhes no Capítulo 12.

No entanto, cuidado: se você optar por mudar suas cores de link, recomenda-se que você as mantenha consistentes ao longo de seu site de modo a não confundir seus usuários. Para uma discussão mais completa, veja a seção "Codificação de cores" no Capítulo 18.

Sintaxe da marca âncora

A estrutura simplificada (ou sintaxe) para a marca âncora é:

<A HREF=url>linked text ou image</A>

Quando visualizado em um navegador, o texto marcado é azul e sublinhado (como padrão) e a imagem gráfica vinculada aparece com um contorno azul (a menos que você a desative; veja o Capítulo 8). Quando um usuário clica na imagem gráfica ou texto vinculado, a página que você especificar na marca âncora será carregada na janela do navegador. O código listado anteriormente teria esta aparência, Figura 9-1.

Figura 9-1

Quando um usuário clica na imagem gráfica ou texto vinculado, a página que você especifica na marca âncora será carregada na janela do navegador.

A marca âncora dissecada

A marca âncora é uma marca container simples com um atributo, logo, você já deve ter uma boa idéia de como ela funciona. Vamos dar uma olhada nas partes da marca.

<A> ... </A>

Marca âncora

A marca âncora é uma marca container que é colocada ao redor de qualquer texto ou imagem gráfica que você gostaria que fosse vinculada. O que quer que esteja dentro da marca âncora será exibido como um link no navegador. Como padrão, os links aparecem como texto sublinhado em azul, ou como imagens gráficas delineadas em azul na maioria dos navegadores.

HREF=url

A localização do arquivo vinculado

Você precisará dizer ao navegador a que documento se vincular, certo? HREF é o atributo que fornece o URL da página (seu endereço) para o navegador. Na realidade, não está claro o que significa "HREF" (talvez referência a hipertexto). Na maioria das vezes, você estará apontando para outras páginas da web; no entanto, você pode também apontar para outros recursos da web, como imagens e arquivos de vídeo ou áudio.

O URL pode ser absoluto (com o protocolo e nome de caminho completo) ou relativo ao documento atualmente exibido na janela. Os URLs absolutos são usados quando você está apontando para um documento na Web. Se você estiver apontando para um outro documento no seu próprio site (quer dizer, em seu próprio servidor), você pode usar um URL relativo e omitir o protocolo http://. Tanto o URL absoluto, quanto o relativo são discutidos neste capítulo.

Uma vez que não é tão difícil colocar uma marca âncora ao redor de algum texto, a arte real da criação de links reside na obtenção do URL correto.

Como vincular a páginas na web

Muitas vezes, é possível que você queira criar um link para uma página que você encontrou na web. Isto é conhecido como link "externo" porque ele está indo para uma página fora de seu próprio servidor ou site.

Para fazer um link externo, você precisa fornecer o URL completo (também chamado de um URL absoluto), começando com a parte http:// (o protocolo). Isto diz ao navegador, "Saia da web e pegue o seguinte documento". Para maiores informações sobre as partes de um URL, volte para nosso exemplo de dissecação de URL no Capítulo 12.

Use o URL completo (incluindo "http://") ao linkar a páginas na web.

Adicionei alguns links externos para sites de cozinha populares à parte inferior da minha home page de cozinha (Figura 9-2).

Dica

Se você estiver se vinculando a uma página com um URL longo, é útil copiar o URL da barra de ferramentas de localização em seu navegador e colá-lo no seu documento HTML. Desta maneira, você evita digitar de maneira errada um único caractere e quebrar todo o link.

Figura 9-2

Para fazer um link, coloque a marca âncora <A> ao redor do texto ou imagem gráfica que você quer linkar. O atributo HREF diz ao navegador a que arquivo linkar.

Ao linkar a uma página na Web, use o URL absoluto (incluindo o protocolo http) na marca âncora.

No navegador, os links aparecem como texto sublinhado em azul.

Algumas vezes, quando a página que você está vinculando tem um longo nome de caminho de URL o link pode acabar parecendo confuso (Figura 9-3). Apenas tenha em mente que a estrutura ainda é uma marca container simples com um atributo. Não deixe que o nome do caminho o intimide.

Figura 9-3

Um exemplo de um URL longo. Embora ele possa fazer com que a marca âncora pareça confusa, a estrutura é a mesma.

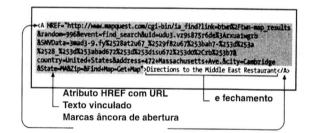

A marca <IMG> e URLs relativos

O atributo SRC na marca <IMG> funciona da mesma maneira que o atributo HREF nas âncoras no que se refere a especificar URLs. Uma vez que provavelmente você estará usando arquivos gráficos de seu próprio servidor, os atributos SRC dentro de suas marcas de imagem serão definidos para URLs relativos. Todas as regras e diretrizes para escrever nomes de caminho descritos aqui também se aplicam a apontar para arquivos gráficos.

Como vincular dentro de seu próprio site

Uma grande parte da criação de links que você fará, será entre páginas de seu próprio site: da home page a páginas de seção, de páginas de seção a páginas de conteúdo e assim por diante. Nestes casos, você pode fornecer um URL relativo — um que chame por uma página em seu próprio servidor, relativa à página que esteja atualmente sendo exibida no navegador.

Para links relativos, você pode omitir o http://. Sem ele, o navegador começa a procurar no servidor atual pelo documento vinculado. Mas você tem que dizer ao navegador em que diretório o documento está ao fornecer o nome do caminho. Um nome do caminho é a notação usada para apontar para um determinado arquivo ou diretório. Ele segue a convenção Unix de separar diretório e nomes de arquivo com barras (/).

Ao começar com o documento atual, você precisa descrever o caminho para o documento alvo. É aqui que os URLs relativos ficam um pouco perigosos. Daremos alguns exemplos para lhe mostrar como eles funcionam.

Como vincular dentro de um diretório

O link relativo mais simples é para um outro arquivo dentro do mesmo diretório. (Usuários Macintosh, vocês provavelmente estão acostumados a pensar em termos de "pastas", mas, para fins da Web, você precisará mudar seu pensamento ligeiramente para o modelo de diretório).

Um link para apenas um nome de arquivo indica que o arquivo está no diretório atual.

Quando você estiver vinculando a um arquivo no mesmo diretório, você precisa apenas fornecer o nome do arquivo (seu nome do arquivo). Sem qualquer informação de caminho, o navegador assumirá que o arquivo está no mesmo diretório que o documento atual.

No meu exemplo, quero fazer um link da minha home page (index.html) a uma página de informações gerais (information.html). Atualmente, ambos os arquivos estão no mesmo diretório, chamado jenskitchen. Logo, de minha home page, posso fazer um link para a página de informações ao simplesmente fornecer seu nome de arquivo no URL (Figura 9-4):

```
<A HREF="information.html">About this Site</A>
```

Aprenda Web design

Figura 9-4

A vista da área de trabalho e a ilustração mostram que index.html e information.html estão no mesmo diretório.

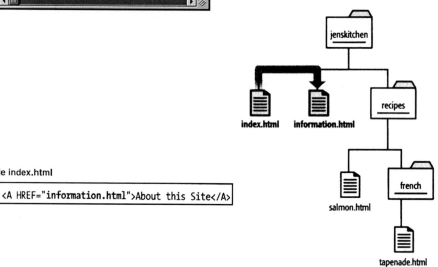

de index.html

```
<A HREF="information.html">About this Site</A>
```

Como vincular a um diretório mais baixo

Mas o que aconteceria se os arquivos não estivessem no mesmo diretório? Você tem que dar ao navegador direções ao incluir o nome do caminho no URL. Vamos ver como isto funciona.

Voltando para nosso exemplo, meus arquivos de receita estão armazenados em um subdiretório chamado recipes. Quero fazer um link de index.html para um arquivo naquele diretório chamado salmon.html. Primeiro devo dizer ao navegador para olhar no subdiretório chamado recipes e depois procurar o arquivo salmon.html (Figura 9-5):

Ao linkar a um arquivo em um diretório mais baixo, o nome do caminho deve conter os nomes dos subdiretórios que você passa para chegar ao arquivo.

```
<A HREF="recipes/salmon.html">garlic salmon</A>
```

Figura 9-5

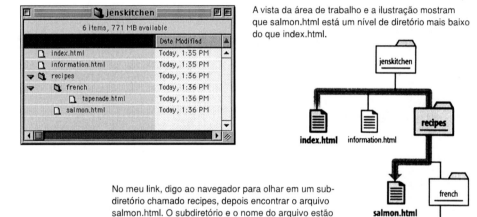

A vista da área de trabalho e a ilustração mostram que salmon.html está um nível de diretório mais baixo do que index.html.

No meu link, digo ao navegador para olhar em um subdiretório chamado recipes, depois encontrar o arquivo salmon.html. O subdiretório e o nome do arquivo estão separados por uma barra (/).

de index.html

```
<A HREF="recipes/salmon.html">garlic salmon</A><BR>
```

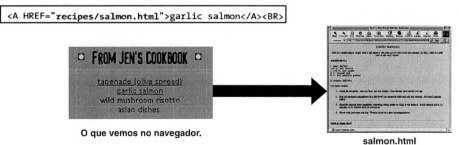

O que vemos no navegador.

salmon.html

Agora vamos vincular, em um nível de diretório mais abaixo, ao arquivo chamado tapenade.html, que está localizado no subdiretório french. Tudo que precisamos fazer é fornecer as direções através de dois subdiretórios, recipes e french, para o nosso arquivo (Figura 9-6):

```
<A HREF= "recipes/french/tapenade.html" >tapenade
(olive spread)</A>
```

A marca âncora resultante está dizendo ao navegador: "Procure no diretório atual pelo diretório chamado recipes". Lá, você encontrará um outro diretório chamado french e lá dentro encontra-se o arquivo ao qual gostaria de vincular, tapenade.html."

Figura 9-6

Meu link contém direções através de dois níveis de diretório para chegar ao arquivo. Os subdiretórios e o nome do arquivo estão separados por barras.

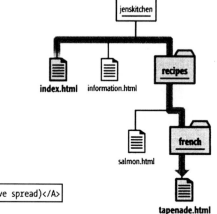

A vista da área de trabalho e a ilustração mostram que tapenade.html está dois níveis de diretório mais baixo do que index.html.

de index.html

```
<A HREF="recipes/french/tapenade.html">tapenade (olive spread)</A>
```

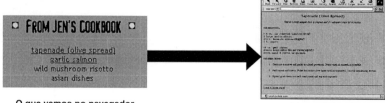

O que vemos no navegador.　　　　　　　　　　tapenade.html

Como vincular a um diretório mais alto

Vimos como escrever um nome do caminho para um arquivo em um diretório que é mais baixo na hierarquia do que o arquivo atual. Agora, vamos para a outra direção — da página de receita de volta para a home page, que está em um nível mais alto.

No Unix, há uma convenção de nome do caminho apenas para este propósito, o "ponto ponto barra" (../). Quando você começa um nome do caminho com ../ é o mesmo que dizer ao navegador "suba um nível" e depois siga o caminho para o arquivo especificado.

Cada ../ no início do nome do caminho diz ao navegador para subir um nível de diretório para procurar o arquivo.

Vamos começar ao fazer um link de volta para a home page (index.html) de salmon.html. Para fazer isto, precisamos vincular a um arquivo que esteja um nível de diretório mais alto do que o documento atual. No nome do caminho, precisamos dizer ao navegador para "subir um nível" depois procurar um arquivo chamado index.html (Figura 9-7):

```
<A HREF="../index.html">[back to home page]</A>
```

Figura 9-7

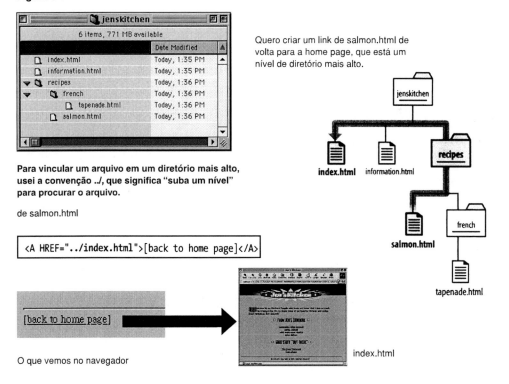

O diretório raiz

O diretório "raiz" se refere ao nível de diretório superior do servidor. Se você mantiver arquivos no primeiro nível de diretório de seu HD, você está mantendo aqueles arquivos no diretório raiz do seu computador.

O diretório raiz é indicado com uma barra no início do nome do caminho. Quando o navegador vê um nome do caminho que começa com uma barra, ele vai para o nível mais alto do servidor e começa a passar pelos diretórios e subdiretórios a partir de lá. Se você estiver confuso com diretórios relativos, você pode sempre começar do nível mais alto e apontar para o arquivo de lá.

O nome do caminho para o arquivo tapenade.html na nossa amostra, começando no diretório raiz, pode ter esta aparência:

/jenskitchen/recipes/french/tapenade.html.

A primeira barra é a dica!

Mas e quanto a vincular de volta para a home page de tapenade.html? Você consegue imaginar como voltaria dois níveis de diretório? Simples, apenas use o ponto ponto barra duas vezes (Figura 9-8).

Confesso que algumas vezes ainda entôo silenciosamente "suba um nível, suba um nível" para cada ../ ao tentar decifrar um URL relativo complicado. Isto me ajuda a entender as coisas.

Figura 9-8

Neste exemplo, estou vinculando a um documento que está dois níveis de diretório mais alto.

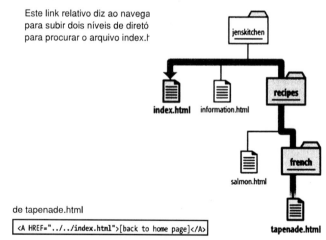

Este link relativo diz ao navega para subir dois níveis de diretó para procurar o arquivo index.h

de tapenade.html

`<A HREF="../../index.html">[back to home page]</A>`

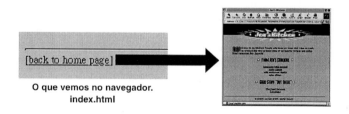

O que vemos no navegador.
index.html

Não se preocupe!

A boa notícia é que se você usar uma ferramenta de autoria WYSIWYG para criar seu site, a ferramenta pode cuidar da geração dos URLs relativos para você. Certifique-se de usar uma das ferramentas de link automatizadas (como o botão Browse, ou uma função de "arrastar e soltar") para fazer links entre as páginas de seu site e para colocar imagens gráficas. A ferramenta deve tratar do resto. Algumas, como Dreamweaver da Macromedia e GoLive da Adobe, têm funções de gerenciamento de site embutidas que irão ajustar seus URLs relativos se você reorganizar a estrutura do diretório.

> **A maioria das ferramentas de autoria da web escreverá os nomes de caminho relativos para você quando você usar a função "browse" ou "arrastar e soltar" para vincular documentos em seu site.**

Caso você faça previsões que escreverá muita HTML à mão, você precisará se familiarizar com nomes de caminho relativos e outras convenções do Unix. Há um resumo dos comandos operacionais e funções de servidor do Unix em Web Design in a Nutshell (O'Reilly, 1999). Se você quiser se aprofundar ainda mais, tente Unix in a Nutshell de Arnold Robbins (O'Reilly, 1999).

Juntando tudo — como fazer links

Se você quiser experimentar URLs relativos, tente este pequeno nome de caminho mais complicado!

Estamos começando com um arquivo chamado index.html que está localizado no diretório three em um servidor com esta estrutura de diretório.

```
/one/two/three/four/five
```

Queremos criar um link para um arquivo chamado a.html. O nome do caminho para aquele arquivo dependerá de que diretório o arquivo está. Seu desafio é escrever os nomes de caminho para a.html, quando ele estiver localizado em vários diretórios no servidor. Lembre-se, você está começando no diretório three. Você começou com o fácil!

	Se a.html estiver neste diretório	O nome do caminho será:
a.	three	HREF="a.html"
b.	two	HREF=
c.	one	HREF=
d.	four	HREF=
e.	five	HREF=

[Respostas: b: ../a.html]   c: ../../a.html
d: four/a.html e: four/five/a.html]

Dicas de ferramentas
Como adicionar links

Eis aqui como você adiciona links a uma página em três dos programas de autoria mais populares.

DREAMWEAVER 3

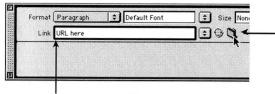

Com o texto ou imagem destacado, insira o URL no campo de texto "Link" na paleta Properties.

Se você estiver vinculando a uma página no seu site, você pode usar o ícone "browse" (que parece uma pasta) para selecionar um arquivo em seu computador.

GOLIVE 4

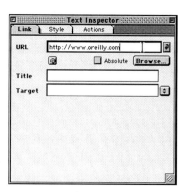

Para adicionar um link, clique o botão "New Link" na barra de ferramentas enquanto seu texto ou imagem é selecionado. Depois, insira o URL na paleta Link do Text Inspector. Você pode digitar um URL completo ou escolher dentre arquivos na área de trabalho. Você também pode usar o botão "Point and Shoot" para apontar para um arquivo na janela Site.

FRONTPAGE 2000

O texto selecionado pode ser vinculado da barra de ferramentas, usando Insert → Hyperlink. O URL pode ser digitado ou o arquivo, se local, pode ser selecionado do Finder.

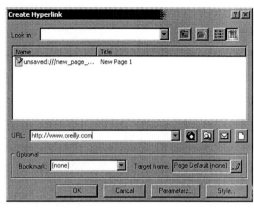

Como vincular dentro de uma página

Você sabia que você pode se vincular a um ponto específico em uma página da web? Este é um truque útil para fornecer atalhos a informações na parte inferior de uma longa página de paginação, ou para voltar para o topo de uma página com apenas um clique.

Vincular-se a um fragmento dentro de uma página é um processo de duas partes. Primeiro, você precisa dar ao fragmento um nome e depois você faz um link a ele. No meu exemplo, estou criando um índice alfabético no topo da página que se vincula a cada seção alfabética de minha página de glossário (Figura 9-9). Quando os usuários clicarem na letra "C", eles descerão na página para o primeiro termo começando com C.

> Vincular a um outro lugar na mesma página funciona bem para longas páginas de paginação, mas o efeito pode ficar perdido em uma página da web pequena.

Etapa 1— Como nomear um fragmento

<A NAME="text">

Âncora nomeada

A marca âncora (<A>) com o atributo NAME é usada para dar a uma seção da página um nome que possa ser referenciado em outro lugar. É como colocar um marcador ou uma flag no arquivo de modo que você possa voltar para ele facilmente.

❶ Adicionei uma âncora nomeada em "CGI" (meu primeiro termo começando com C) e dei a ela o nome "startC".

Etapa 2 — Como se vincular a um fragmento

<A HREF="#text">

Vínculo a um fragmento (uma "âncora nomeada").

A seguir, no topo da página, criarei um link para a âncora nomeada. O link é um link simples (usando o atributo HREF), ele apenas inclui um símbolo # antes do nome para indicar que estamos nos vinculando a um fragmento.

❷ Vinculei a letra "C" em meu índice alfabético ao fragmento rotulado "startC". E pronto! Agora, se você clicar no C você é transportado para o primeiro termo C.

Como vincular a um fragmento em um outro documento

Você pode se vincular a um fragmento em um outro documento ao adicionar o nome de fragmento ao final do URL (absoluto ou relativo) conforme mostrado aqui:

<A HREF= "http://www.oreilly.com/niederst.html#fragment" >
<A HREF="content/glossary.html#fragment">

Figura 9-9

❶ Adiciona a âncora nomeada.

```
<DT><A NAME="startC">CGI</A>
<DD>Common Gateway Interface; the mechanism for communication between the
web server and other programs (CGI scripts) running on the server.
<P>
<DT>character entities
<DD>Strings of characters used to specify characters not found in the
normal alphanumeric character set in HTML documents.
<P>
<DT>character set
<DD>An organization of characters (units of a written language system)
in which each character is assigned a specific number.
```

❷ Cria um link para a âncora.

```
<HTML>
<HEAD>
            <TITLE>Named Anchor</TITLE>
</HEAD>
<BODY>

<PRE>A B <A HREF="#startC">C</A> D E F G H I J K L M N O P Q R S T U V W
X Y Z</PRE>
```

Capítulo 9 – Como adicionar links | 165

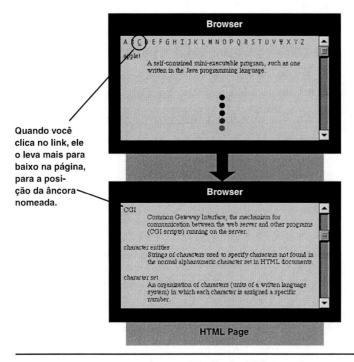

Quando você clica no link, ele o leva mais para baixo na página, para a posição da âncora nomeada.

Dicas de ferramentas
Como adicionar âncoras nomeadas

Eis aqui como você adiciona âncoras nomeadas a uma página em três dos programas de autoria mais populares.

DREAMWEAVER 3

Primeiro selecione "Invisibles" do menu suspenso Launcher. Arraste o ícone Anchor para o seu lugar no seu documento. Uma caixa de diálogo será aberta e pedirá que você nomeie a âncora.

GOLIVE 4

Arraste o ícone de objeto Anchor da Palette para o seu lugar na janela de documento. Com a âncora selecionada, insira o nome no Anchor Inspector.

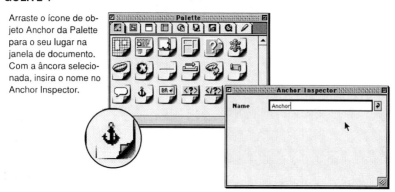

FRONTPAGE 2000

Uma "Âncora" (bookmark) pode ser adicionada à página com Insert → Bookmark. A caixa de diálogo pedirá de você um nome único.

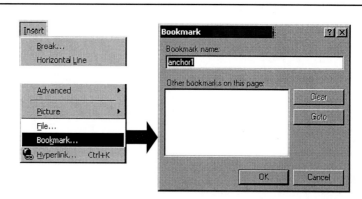

Diversos links em uma imagem gráfica (mapas de imagem)

Em suas viagens pela web, certamente você já se deparou com uma única imagem gráfica que tinha muitos "pontos ativos" ou links, dentro dela. Estas imagens gráficas são chamadas de mapas de imagem.

Colocar os links em uma imagem gráfica não tem nada a ver com a própria imagem gráfica; é apenas uma imagem gráfica comum. Ao invés disso, a imagem gráfica serve como um frontend para os mecanismos que correspondem a um determinado clique de mouse para um URL.

O trabalho verdadeiro é feito por um mapa que contém conjuntos de coordenadas em pixels e suas respectivas informações de link. Quando o usuário clica em algum lugar dentro da imagem, o navegador passa as coordenadas em pixels do ponteiro para o mapa, que, por sua vez, gera o link apropriado.

Estaremos nos concentrando nos mapas de imagem no cliente em nosso exemplo, que coloca o mapa diretamente no arquivo HTML. Os cliques de mouse e URLs são correspondidos pelo navegador na máquina do usuário (daí a expressão no cliente). Veja a nota lateral "O outro mapa" de Imagem para maiores informações sobre mapas de imagem no servidor.

Um mapa de imagem é um único arquivo gráfico que contém diversos links, ou pontos ativos.

Os mapas de imagem no cliente têm três componentes:

- Um arquivo gráfico comum (.gif, .jpg ou .jpeg, ou .png)
- O atributo USEMAP dentro da marca <IMG> daquela imagem gráfica que identifica que mapa usar
- Um arquivo de mapa (identificado com a marca <MAP>) localizado dentro do documento HTML.

O outro mapa de imagem

Antes de haver mapas de imagem no cliente, todos os mapas de imagem eram no servidor. Há algumas diferenças significativas.

Para mapas de imagem no servidor, o mapa é um arquivo separado (nomeado com o sufixo .map) que mora no servidor. Ele se baseia em um programa especial (chamado de script CGI) para interpretar o arquivo .map e enviar o URL correto de volta para o navegador. Todo o processamento para corresponder às coordenadas ocorre no servidor. Toda imagem gráfica é vinculada ao arquivo .map através de uma marca âncora comum, como mostrado aqui:

```
<A HREF="/cgi-bin/veggie.map"><IMG SRC="veggie.gif" ISMAP></A>
```

A outra coisa a ser observada é que a marca <IMG> usa o atributo ISMAP simples para indicar que ela é um mapa de imagem.

A vantagem dos mapas de imagem no servidor é que eles são universalmente suportados (os mapas de imagens no cliente não são suportados no Netscape Navigator 1.0 e Internet Explorer 2.0), mas eles são mais perigosos de usar. Pelo fato deles serem tão dependentes da configuração do servidor, você precisa coordenar com seu administrador de servidor se planeja implementá-los. Eles também adicionam um trabalho extra para seu servidor.

Como criar o mapa

Felizmente, há ferramentas que geram mapas de modo que você não tenha que escrever o mapa à mão. Você pode fazer o download de programas de mapas de imagem shareware (veja a nota lateral "Ferramentas de mapas de imagens"). Você também descobrirá que praticamente todas as ferramentas de autoria da web têm geradores de mapas de imagem embutidos. Independentemente da ferramenta que usar, o processo para criar é essencialmente o mesmo e segue estas etapas:

1. Coloque a imagem gráfica na página (ou abra-a em um programa de mapa de imagem).

2. Defina as áreas que serão "clicáveis" ao usar as ferramentas de figuras apropriadas: retângulo, círculo ou polígono (para desenhar figuras irregulares).

3. Enquanto a figura ainda estiver destacada, insira um URL para aquela área no campo de entrada de texto fornecido.

4. Continue adicionando figuras e seus respectivos URLs para cada área clicável na imagem.

5. Selecione o tipo de mapa de imagem que você quer criar (estamos nos concentrando naquele no cliente, neste exemplo). Se você escolher no servidor, você também terá que definir um URL padrão, que é a página que será exibida se os usuários clicarem fora de uma das áreas definidas.

6. Dê ao mapa um nome e adicione o mapa ao arquivo HTML. As ferramentas de autoria da web irão inserir o mapa automaticamente.

7. Salve o documento HTML e abra-o em seu navegador.

A Figura 9-10 demonstra como um mapa é criado usando-se o Dreamwaver 3 da Macromedia.

Capítulo 9 – Como adicionar links | 169

Ferramentas de mapas de imagem

Há muitas ferramentas de criação de mapas de imagem disponíveis como shareware e freeware, tanto para máquinas Windows quanto Macs. Você pode fazer uma pesquisa para "imagemap" em Download.com da CNET (www.download.com) ou tentar um desses programas populares:

Windows

MapEdit de Tom Boutell, disponível em www.boutell.com/mapedit/.

Mac

MapMaker 1.1.2 de Frederic Eriksson, disponível em www.kickinit.com/mapmaker/.

Figura 9-10

Começo com minha imagem gráfica posicionada no documento da página da web. (Se você estiver usando uma ferramenta de mapa de imagem, simplesmente abra o arquivo gráfico).

No Dreamweaver, as ferramentas de mapeamento são parte da paleta de imagens.

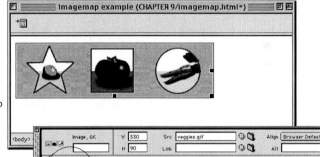

Ferramentas de desenho: quadrado, círculo, polígono. A seta permite que você mova a figura depois delas terem sido desenhadas.

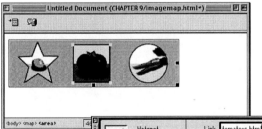

Para criar o mapa, desenho figuras sobres as áreas clicáveis de minha imagem usando a ferramenta de desenho apropriada. Enquanto a área está destacada, insiro o URL para o link na caixa de diálogo.

Simplesmente continuo adicionando figuras e URLs um de cada vez. A ferramenta automaticamente cria o mapa e o coloca no arquivo HTML.

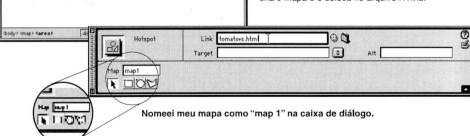

Nomeei meu mapa como "map 1" na caixa de diálogo.

Agora vamos dar uma olhada no arquivo de mapa que o Dreamweaver gerou (Figura 9-11):

❶ A marca <IMG> agora apresenta o atributo USEMAP, que diz ao navegador que mapa usar. Você poderia incluir diversas imagens gráficas com mapas de imagens e seus respectivos arquivos de mapa em um único documento HTML.

❷ Isto marca o início do mapa. O mapa é chamado de map1, da mesma maneira que o fiz na caixa de diálogo. Dentro da marca <MAP> há marcas <AREA> para cada ponto ativo na imagem.

❸ Cada marca <AREA> contém o identificador de figura (SHAPE), coordenadas em pixel (COORDS) e o URL para o link (HREF). Neste mapa há três áreas correspondendo ao quadrado, círculo e polígono que desenhei em minha imagem.

Figura 9.11

```
<html>
<head>
<title>Imagemap example</title>
</head>

<body bgcolor="#FFFFFF">
❶ <img src="veggies.gif" width="330" height="90" border="0" usemap="#map1">
❷ <map name="map1">
❸ <area shape="rect" coords="125,8,199,82" href="tomatoes.html">
  <area shape="circle" coords="271,46,37" href="carrots.html">
  <area shape="poly"
  coords="55,5,66,32,96,32,74,54,82,81,54,66,28,81,38,50,18,31,46,33"
  href="peas.html">
</map>

</body>
</html>
```

No navegador, cada ponto irá se vincular ao arquivo que especifiquei (Figura 9-12). O cursor mudará quando ele passar sobre cada ponto ativo para indicar que ele é um link e o URL aparecerá na barra de status.

Figura 9-12

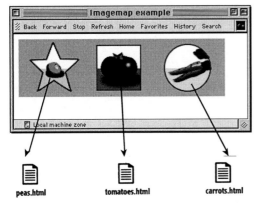

Links de correspondência

Eis aqui um pequeno truque de criação de links: o link "mailto". Ao usar o protocolo mailto em um link, você pode se vincular a um endereço de e-mail. Quando você clica em um link "mailto", o navegador abre uma nova mensagem de correspondência em um programa de correspondência designado. O navegador tem que estar configurado para ativar um programa de correspondência, de modo que o efeito não funcionará para 100% de seu público, mas ele alcança pessoas suficientes para ser um bom atalho.

A Figura 9-13 mostra a estrutura de um link "mailto" e o que acontece quando você clica nele em um navegador.

> **Dica**
>
> Se você usar o próprio endereço de e-mail como o texto vinculado, ninguém ficará de fora se a função "mailto" não funcionar.

Figura 9-13

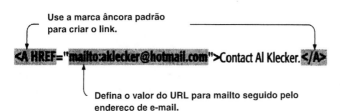

Aviso

Spam-bots

Esteja ciente de que ao colocar um endereço de e-mail em uma página você ficará sujeito a receber um e-mail que não foi solicitado (conhecido como spam). As pessoas que geram listas de spam algumas vezes usam programas automatizados de busca (chamados bots) para varrer a Web à procura de endereços de e-mail. Logo, se você não quiser correr o risco de que isto aconteça, mantenha seu endereço de e-mail fora de sua página da web.

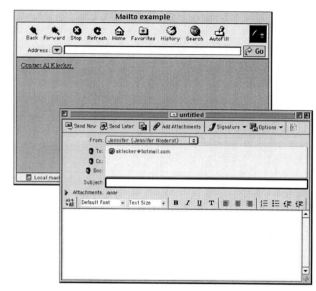

Quando você clicar em um link mailto, muitos navegadores abrirão uma nova mensagem de saída endereçada para o endereço de e-mail especificado. O navegador precisa ser configurado com um programa de e-mail assistente para o protocolo mailto.

Revisão de HTML — marcas de link

O que se segue é um resumo das marcas cobertas neste capítulo.

Marcas e atributos	Função
<A>	Marca âncora
HREF= "url"	Localização do arquivo alvo
NAME= "text"	Nome para a localização na página
<MAP>	Informações de mapa para um mapa de imagem
NAME= "text"	Nome para o mapa
<AREA>	Informações de link em um mapa de imagem
<SHAPE>=rect l circle l poly	Forma da área vinculada
COORDS= "numbers"	Coordenadas em pixel para a área vinculada
HREF= "url"	Arquivo alvo para o link

Capítulo 10

Tabelas

As tabelas são o melhor amigo do designer e seu pior inimigo. Embora elas ofereçam um controle muito bem vindo sobre o alinhamento de texto e controle de layout, o código HTML por detrás delas não é especialmente intuitivo e tem tendência a ficar maluco.

Será melhor para você confiar em uma ferramenta da web para criar tabelas ao invés de escrevê-las à mão (embora não seja tão difícil, uma vez que você se acostume com isto). As ferramentas da web, como o Dreamweaver da Macromedia o GoLive da Adobe, têm truques embutidos que prevêem alguns problemas comuns de tabelas e elas lhe economizam muito tempo. No entanto, mesmo com as ferramentas, é benéfico entender como as tabelas funcionam e estar familiarizado com a terminologia das tabelas.

Neste capítulo, lhe darei uma introdução completa às tabelas, como elas são feitas, como planejar e projetá-las, as marcas específicas que as controlam e como elas tendem a dar errado.

Neste capítulo

Como as tabelas são usadas

Como as tabelas funcionam

Uma estratégia de design de tabelas

As marcas HTML para tabelas e células

Onde as tabelas dão errado

Como as tabelas são usadas para a estrutura da página

Como as tabelas são usadas

Embora originalmente pretendidas para a exibição de linhas e colunas de dados, as tabelas foram rapidamente cooptadas para servir a muitos propósitos. Em cada um dos exemplos abaixo a borda da tabela foi ativada para revelar a estrutura da tabela e suas células. Com as bordas desativadas, estas páginas seriam contínuas e limpas. Alguns usos para as tabelas incluem:

Para exibição de dados. Ah, a beleza da tabela usada como ela foi originalmente pretendida — linhas e colunas repletas de dados (Figura 10-1) Muito organizado e útil.

Figura 10-1

Para melhor alinhamento de texto. Como vimos no Capítulo 7, só a HTML oferece pouco controle sobre como o texto é alinhado (você não pode nem mesmo recuar). Colocar texto em tabela permite que você formate recuos e colunas e adicione espaço em branco a uma página (Figura 10-2).

Para estrutura de página geral. Um uso comum de tabelas é dividir uma página seções principais. Neste exemplo, a coluna à esquerda é para itens de navegação e a coluna principal é para conteúdo (Figura 10-3).

Figura 10-2

Para unir uma imagem de múltiplas partes (fatiada). As tabelas podem ser usadas para unir uma imagem que tenha sido dividida para acomodar animações, rollovers etc. (Figura 10-4). A melhor maneira de criar estas tabelas é usar um programa de imagens da web como Fireworks da Macromedia ou ImageReady da Adobe. Com a ferramenta, você apenas arrasta guias onde você quer que a imagem seja fatiada e a ferramenta divide a imagem e escreve todo o código para a tabela.

Como as tabelas funcionam

Figura 10-3   Figura 10-4

Vamos dar uma olhada em uma tabela simples para ver do que ela é feita. No seu estado mais básico, as tabelas são compostas de células, organizadas em linhas e colunas (Figura 10-5).

As tabelas são compostas de células, organizadas em linhas e colunas

Figura 10-5

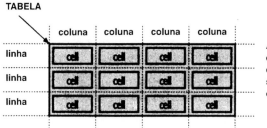

As tabelas são divididas em linhas e colunas. As células são os containers para o conteúdo.

Simples, não? Vamos ver como os elementos da tabela se traduzem em HTML.

É uma questão de célula

Como mostrado na Figura 10-6, há marcas que identificam a tabela (<TABLE>), linhas (<TR>) e células (<TD>, para "dados da tabela"). As células são o coração da tabela, uma vez que é lá que o conteúdo propriamente dito fica. As outras marcas unem as coisas.

Figura 10-6

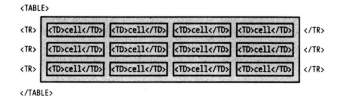

A marca <TABLE> identifica o início e o final da tabela.

As linhas são criadas com as marcas <TR> (linha da tabela).

As células são criadas com as marcas de dados da tabela (<TD>) colocadas dentro de cada linha.

O que não vemos são marcas para colunas. O número de colunas em uma tabela é determinado pelo número de células de tabela em cada linha. Isto é uma das coisas que torna as tabelas HTML perigosas. As linhas são fáceis — se você quiser que a tabela tenha três linhas, simplesmente use três marcas <TR>. As colunas são diferentes. Para uma tabela com quatro colunas, você precisa se certificar de que cada linha tenha quatro conjuntos de marcas <TD>; as colunas são implícitas.

A seguir encontra-se o código de origem para uma outra tabela da maneira que ela poderia aparecer em um documento HTML. Você pode dizer quantas linhas e colunas ela terá quando ela for exibida em um navegador?

```
<TABLE>
<TR>
        <TD>Elliott Smith</TD>
        <TD>Supergrass</TD>
        <TD>Wheat</TD>
</TR>
<TR>
        <TD>Cat Power</TD>
        <TD>The Magnetic Fields</TD>
        <TD>Orbit</TD>
</TR>
</TABLE>
```

Dica

Certifique-se de fechar as marcas de sua tabela! Alguns navegadores não exibirão a tabela se a marca final (</TABLE>) estiver faltando.

Se você adivinhou que é uma tabela com duas linhas e três colunas, você está certo! Ela é uma versão despojada da tabela na Figura 10-22 mais tarde neste capítulo. Duas marcas <TR> criam duas linhas; três marcas <TD> em cada linha criam três colunas.

Lembre-se que todo o conteúdo para uma tabela deve ficar nas células; ou seja, dentro das marcas <TD>. Você pode colocar qualquer conteúdo HTML em uma célula: texto, imagem gráfica e mesmo uma outra tabela. As marcas <TABLE> são usadas para definir o início e o final da tabela. A única coisa que pode ficar entre as marcas <TR> é algum número de marcas <TD>s.

Como estender células

Um recurso fundamental das tabelas é a ampliação de células, o esticar de uma célula para cobrir diversas linhas ou colunas (Figura 10-7). A extensão sobre linhas é quando uma célula é esticada para baixo para englobar diversas linhas. A extensão sobre colunas é quando uma célula é esticada para a direita para englobar colunas subseqüentes. Elas são controladas pelos atributos ROWSPAN e COLSPAN, respectivamente.

A habilidade de estender células lhe dá mais flexibilidade ao projetar tabelas; no entanto, isto pode também tornar as coisas um pouco mais difíceis de controlar. A tabela com a qual estaremos trabalhando nesta seção (pré-visualizada na nota lateral O produto acabado) é um excelente exemplo de como a extensão sobre colunas funciona.

Figura 10-7

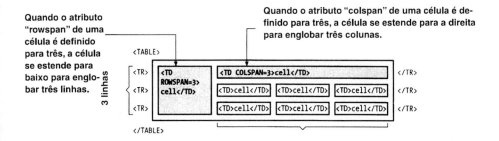

Controles de células e tabela

Além de formar a estrutura geral da tabela, as marcas de célula e tabela têm atributos que você pode usar para ajustar a formatação e a aparência da tabela.

No nível da tabela (usando a marca <TABLE>), você pode especificar a largura e a altura de toda a tabela, o espaço entre as células (chamado espaçamento entre células), o espaço dentro de cada célula (enchimento de célula), a cor de fundo e a espessura da borda para a tabela.

No nível da célula (na marca <TD>), há atributos para controlar a largura da coluna, a altura da linha, a cor de fundo da célula e o alinhamento dos elementos dentro da célula.

Discutiremos todos estes atributos em detalhes mais tarde neste capítulo. Por agora, quero lhe dar uma idéia do processo de design da tabela.

A parte difícil de escrever código para tabelas é se lembrar que elementos você controla no nível da tabela e que elementos você controla no nível da célula.

Como projetar tabelas

No que se refere à criação de tabelas, particularmente as complicadas, recomendo as ferramentas de autoria da web WYSIWYG ao invés de escrever a HTML à mão. (Mostrarei estas duas maneiras nesta demonstração). Com o software de autoria da web você preenche as caixas de diálogo e a ferramenta monitora o código.

Mas, mesmo com uma boa ferramenta, o projeto de tabelas exige algum planejamento e estratégia. Logicamente, cada designer tem sua própria abordagem, mas o processo que irei delinear cobre algumas das questões chave com as quais você irá se deparar. Novamente, não se preocupe com marcas específicas; o processo é que é importante.

Vamos começar com o velho e cansado lápis e papel.

O produto acabado

A demonstração de tabela nesta seção lhe orienta através da criação do formulário de pedido no site da web Sifl & Olly (projetado por mim). Você pode ver a página final online em www.sifl-n-olly.com/merch e uma versão colorida na galeria deste livro.

Passo um: faça um esboço!

Um ponto chave para evitar que você fique sobrecarregado com uma avalanche de marcas <TR> e <TD> é planejar sua tabela previamente. Mesmo se você estiver usando um programa de autoria da web, você precisará saber quantas linhas e colunas sua tabela tem, e algumas vezes isto não é evidente, especialmente se houver células em ampliação sobrepostas.

Começo com um esboço da página que quero fazer. Freqüentemente uso o Photoshop para fazer uma simulação de página; no entanto, desta vez estou usando lápis e papel para fazer um esboço da minha página rapidamente.

Neste exemplo, estou projetando um formulário de pedido (o formulário concluído é mostrado na nota lateral "O produto acabado" na página anterior). Fiz um rascunho da estrutura básica da página e a informação que preciso incluir com cada registro (Figura 10-8).

Figura 10-8

Um rascunho da interface de merchandise que será mantida por uma tabela bem complexa.

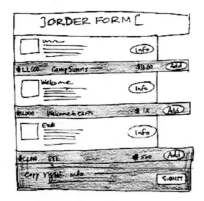

Dica
A tabela está ficando muito complicada?

Se sua tabela está totalmente fora de controle com pequenas linhas e colunas e milhões de extensões de célula, considere dividir um pouco da informação em tabelas menores e mais controláveis. Estas tabelas podem ser aninhadas dentro de células de uma tabela maior e mais simples que forneça a estrutura geral da tabela.

Passo dois: encontre a grade

Depois, desenharei uma grade sobre o rascunho, me certificando de que haja uma linha em cada divisão significativa de informações. Acho mais fácil desenhar as linhas entre cada linha da tabela. Depois, volto e arrasto minha régua através da página, desenhando uma linha vertical em cada ponto onde deveria ter uma quebra de coluna em qualquer das linhas.

Este exercício revela o número total de linhas e colunas na tabela (Figura 10-9). Também é uma boa oportunidade de designar medidas em pixels para as colunas e as linhas se você pretende restringir o tamanho da tabela. Neste caso, quero controlar as larguras de coluna, mas estou permitindo que as alturas das linhas se redimensionem automaticamente.

Passo três: planeje as extensões

Uma vez que eu tenha minha grade mestra, começo a criar células com extensões sobre linhas e colunas até que a grade lembre a estrutura do meu rascunho (Figura 10-10). Este passo deve ser feito também em uma ferramenta de autoria da web, mas também acho útil desenhar caixas sombreadas no próprio rascunho (no papel ou com guias e camadas no Photoshop).

Figura 10-9

Desenho uma grade sobre o meu rascunho para descobrir o número total de linhas e colunas. (Acredite em mim. Não é sempre evidente apenas ao olhar a tabela, especialmente se houver muitas células expandidas).

Também é uma boa hora para planejar as dimensões da tabela e cada linha e coluna. No exemplo deixarei que a tabela e que as alturas das linhas se dimensionem automaticamente, mas quero restringir as larguras.

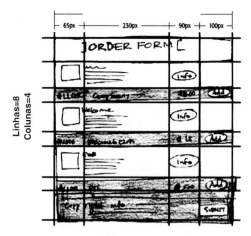

Figura 10-10

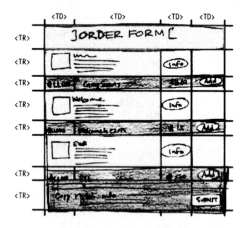

Bloquear as áreas principais da tabela me ajuda a planejar a extensão de células sobre linhas e colunas (embora não haja extensões sobre linhas neste exemplo).

Passo 4: comece a criar

Quando todo o planejamento tiver acabado, a criação da tabela deve ser fácil. Você pode escrever a HTML à mão (não faria mal treinar um pouco para se acostumar com isto), ou obter ajuda de uma ferramenta de autoria da web como o Dreamwaver da Macromedia. Vamos começar fazendo da maneira difícil.

Como criar a estrutura em HTML

Há muitas maneiras de abordar a construção de tabelas em HTML, dependendo da complexidade da tabela e de seu estilo de trabalho. Criarei primeiro a estrutura da tabela (trabalhando a partir de meu layout de grade). Normalmente projeto com a borda ativada (BORDER=1) de modo que eu possa ver se a tabela está estruturada da maneira que quero. Uma vez que a tabela esteja funcionando adequadamente, desativo a borda e adiciono todo o conteúdo.

Considero útil escrever as marcas de linha e célula diretamente no meu esboço. Isto me ajuda a obter o número correto de marcas <TD>s em cada linha e a definir as extensões de célula corretamente. Usando aquele esboço marcado como um mapa, fica simples escrever o arquivo HTML (Figura 10-11).

Também inseri as larguras de coluna em uma das linhas (uma linha é suficiente para definir as larguras para toda a tabela) e especifiquei cores variadas para destacar células e linhas. (Não se preocupe se os valores de cores parecerem estranhos — discutirei cores no Capítulo 12).

Use comentários para rotular seu documento

O código para as tabelas pode ficar complicado, particularmente para tabelas complexas ou tabelas aninhadas dentro de outras tabelas.

Esta é uma boa oportunidade para usar marcas de comentário para deixar observações para você mesmo no documento. Qualquer coisa que você coloque entre marcas de comentário (<!-- -->) não aparecerá no navegador e não terá qualquer efeito no resto da página HTML.

Por exemplo, se você tiver uma tabela contendo seu sistema de navegação, você pode inserir os seguintes comentários para que seja mais fácil encontrar o código original de HTML:

<!-- Start nav. table -->
<TABLE>
...
</TABLE>
<!-- end nav. table -->

Figura 10-11

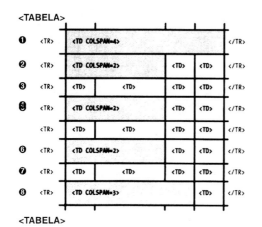

Estou escrevendo a HTML para minha tabela à mão. Uso minha grade para preencher cada <TR> e <TD>. A grade facilita o monitoramento do número final de células em cada linha depois que algumas células se expandiram.

Perceba que o total de células (<TD>s) e as extensões sobre colunas são iguais a 4 em cada linha.

Figura 10-11 (cont.)

Esta é a estrutura de HTML para a tabela no meu rascunho. Você pode comparar as marcas resultantes com o rascunho linha a linha. Você também perceberá que adicionei atributos de marca para as larguras de coluna (WIDTH) e cores de fundo (BGCOLOR).

❶
❷
❸
❹
❺
❻
❼
❽

```
<TABLE CELLPADDING=6 CELLSPACING=0 BGCOLOR="#0099CC" WIDTH="485">
<TR>
    <TD COLSPAN=4> </TD>
</TR>
<TR>
    <TD COLSPAN=2 BGCOLOR="#CCFFFF"> </TD>
    <TD BGCOLOR="#CCFFFF"> </TD>
    <TD> </TD>
</TR>
<TR BGCOLOR="#0066CC">
    <TD WIDTH=65> </TD>
    <TD WIDTH=230> </TD>
    <TD WIDTH=90> </TD>
    <TD WIDTH=100> </TD>
</TR>
<TR>
    <TD COLSPAN=2 BGCOLOR="#CCFFFF"> </TD>
    <TD BGCOLOR="#CCFFFF"> </TD>
    <TD> </TD>
</TR>
<TR BGCOLOR="#0066CC">
    <TD> </TD>
    <TD> </TD>
    <TD> </TD>
    <TD> </TD>
</TR>
<TR>
    <TD COLSPAN=2 BGCOLOR="#CCFFFF"> </TD>
    <TD BGCOLOR="#CCFFFF"> </TD>
    <TD> </TD>
</TR>
<TR BGCOLOR="#0066CC">
    <TD> </TD>
    <TD> </TD>
    <TD> </TD>
    <TD> </TD>
</TR>
<TR BGCOLOR="#0066CC">
    <TD COLSPAN=3> </TD>
    <TD> </TD>
</TR>
</TABLE>
```

Coloque conteúdo nas células

Agora que a estrutura da tabela está estabelecida, posso escrever o conteúdo para cada célula. Pelo fato do arquivo final ser consideravelmente grande, mostrarei apenas uma parte dele aqui, assim como uma amostra da tabela como ela é vista em um navegador (Figura 10-12). Na realidade, tive muitas viagens para o navegador para verificar meu progresso durante este processo, fazendo ajustes no código HTML e o visualizando novamente até que obtive algo que gostei.

Figura 10-12

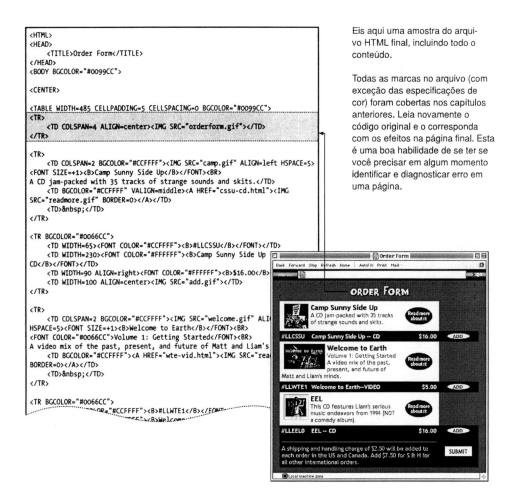

Eis aqui uma amostra do arquivo HTML final, incluindo todo o conteúdo.

Todas as marcas no arquivo (com exceção das especificações de cor) foram cobertas nos capítulos anteriores. Leia novamente o código original e o corresponda com os efeitos na página final. Esta é uma boa habilidade de se ter se você precisar em algum momento identificar e diagnosticar erro em uma página.

Usar uma ferramenta de autoria da web WYSIWYG torna o processo de design de tabela muito mais rápido e fácil.

A mesma coisa, desta vez usando o Deamweaver

Vamos criar a mesma tabela, começando com o mapa que fizemos na Figura 10-8, usando uma ferramenta de autoria da web WYSIWYG. Embora eu esteja usando o Dreamweaver neste exemplo, outras ferramentas também oferecem economia de tempo e paciência (logicamente, os recursos e a interface serão ligeiramente diferentes).

Comece com um novo documento do Dreamweaver. Já nomeei e salvei o documento e inseri algumas configurações de nível de documento, como cor de fundo e título. Agora estou pronto para inserir uma nova tabela na página, escolhendo "Table" do menu "Insert" ou arrastando o ícone da tabela para a página. Isto ativará uma caixa de diálogo que pede todas as configurações do nível de tabela (Figura 10-13).

Figura 10-13

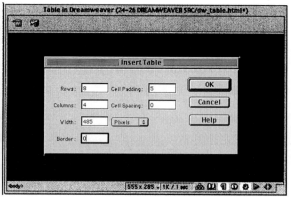

Usei o botão Table na janela Objects para inserir uma nova tabela na minha página. A caixa de diálogo permite que eu insira configurações do nível de tabela tudo de uma vez só, incluindo:

- Número de linhas e colunas
- Espaçamento e preenchimento de células
- Largura geral da tabela
- Espessura de borda

Agora posso começar a formatar todas as minhas células, incluindo a configuração das larguras de coluna em uma linha que manterá todas as suas células intactas, eliminar células com extensões sobre colunas e atribuir cores de fundo de células, enquanto uso meu esboço como guia (Figura 10-14, a página a seguir).

Capítulo 10 – Tabelas | 185

Figura 10-14

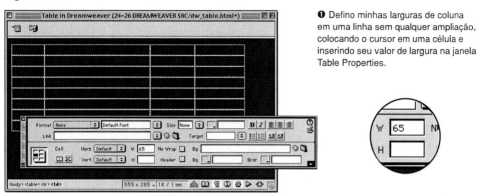

❶ Defino minhas larguras de coluna em uma linha sem qualquer ampliação, colocando o cursor em uma célula e inserindo seu valor de largura na janela Table Properties.

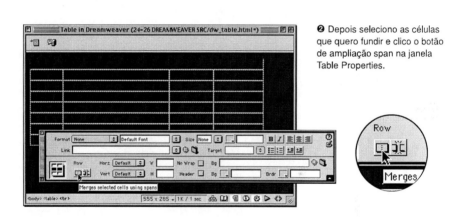

❷ Depois seleciono as células que quero fundir e clico o botão de ampliação span na janela Table Properties.

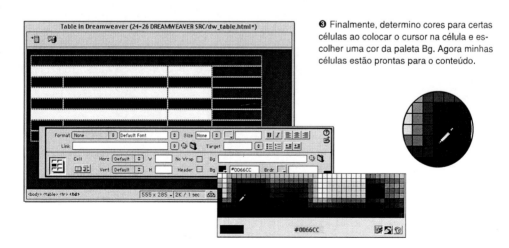

❸ Finalmente, determino cores para certas células ao colocar o cursor na célula e escolher uma cor da paleta Bg. Agora minhas células estão prontas para o conteúdo.

Agora que a tabela está formatada, posso adicionar o conteúdo dentro de cada célula (Figura 10-15). Usei a janela Objects para adicionar imagens gráficas à minha página. A janela Properties torna a formatação de texto e a inclusão de links rápida e fácil.

Figura 10-15

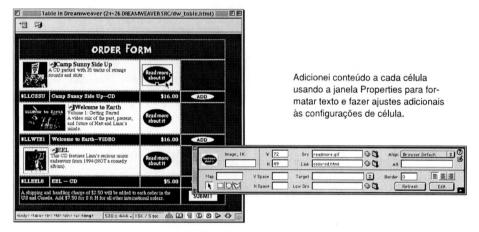

Adicionei conteúdo a cada célula usando a janela Properties para formatar texto e fazer ajustes adicionais às configurações de célula.

Está pronto! Como você pode ver, ela tem a mesma aparência na janela do navegador que a tabela que escrevi à mão. No entanto, dê uma olhada no código original gerado pelo Dreamweaver (Figura 10-16, a página a seguir). Você verá diferenças sutis na maneira que as ferramentas geram código para obter o mesmo efeito visual. Em HTML há freqüentemente diversas soluções para uma tarefa de formatação.

Esta seção lhe dá uma visão geral do processo de design de tabela. Acredito que quando você usa as versões mais atuais das grandes ferramentas de autoria da web, a criação de tabelas flui mais suavemente. No entanto, mesmo as tabelas criadas com o maior cuidado estão sujeitas a erros, logo, é importante entender como as marcas de tabela funcionam em HTML.

Capítulo 10 – Tabelas | 187

Figura 10-16

```
<html>
<head>
<title>Table in Dreamweaver</title>
<meta http-equiv="Content-Type" content="text/html; charset=iso-8859-1">
</head>

<body bgcolor="#0099CC">
<div align="center">
  <table width="485" border="0" cellspacing="0" cellpadding="5">
    <tr>
      <td colspan="4">
        <div align="center"><img src="orderform.gif" width="160" height="36"></div>
      </td>
    </tr>
    <tr>
      <td colspan="2" bgcolor="#CCFFFF">
        <p><img src="camp.gif" width="60" height="60" align="left"><b><font size="+1">Camp
        Sunny Side Up</font></b><br>
        A CD packed with 35 tracks of strange sounds and skits.</p>
      </td>
      <td bgcolor="#CCFFFF">
        <div align="left"><a href="cssu-cd.html"><img src="readmore.gif" width="72" height="49" border="0"></a></div>
      </td>
      <td> </td>
    </tr>
    <tr>
      <td width="65" bgcolor="#0066CC"><b><font color="#FFFFFF">#LLCSSU</font></b></td>
      <td width="230" bgcolor="#0066CC"><b><font color="#FFFFFF">Side
      Up--CD</font></b></td>
      <td width="90" bgcolor="#0066CC">
        <div align="right"><b><font color="#FFFFFF">$16.00</font>
      </td>
      <td width="100" bgcolor="#0066CC">
        <div align="center"><img src="add.gif" width="58" height=
      </td>
    </tr>
    <tr>
      <td colspan="2" bgcolor="#CCFFFF"><img src=
```

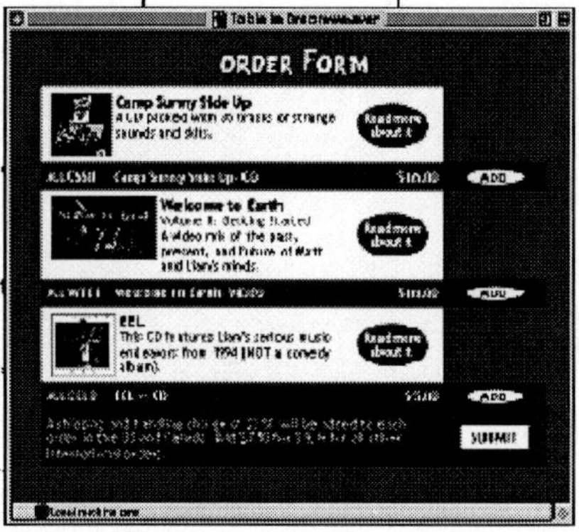

Eis aqui a HTML final como criada no Dreamweaver. Ela é ligeiramente diferente da HTML que escrevi à mão, mas os resultados no navegador são idênticos.

HTML para tabelas

Mesmo se você estiver usando uma ferramenta de autoria, conhecer a terminologia lhe ajudará a usar a ferramenta com mais eficácia.

Agora que temos uma noção de como as tabelas são criadas, vamos nos aprofundar nos detalhes das marcas e como elas funcionam. Mesmo se você estiver usando uma ferramenta de autoria, conhecer a terminologia lhe ajudará a usá-la com mais eficácia.

Assim como ocorre com muitos outros elementos da web, o controle real sobre a exibição da tabela reside nos atributos. Algumas configurações se aplicam a toda a tabela, enquanto outras afetam células individuais.

Como formatar toda a tabela

No nível da tabela (ou seja, usando atributos na marca <TABLE>), você pode controlar os seguintes aspectos de como toda a tabela é formatada:

- Espessura da borda ao redor da tabela
- Dimensões da tabela
- Quantidade de espaço dentro e entre as células da tabela
- Cor de fundo para a tabela

Veremos cada um desses atributos <TABLE>.

<TABLE BORDER=number>

Espessura de borda

O atributo BORDER indica a espessura (em pixel) da borda ao redor da borda externa da tabela (Figura 10-17). A configuração mais popular para este atributo é zero, o que torna as bordas da tabela e das células invisíveis. Usar apenas o atributo BORDER, sem um valor, resultará na borda padrão de 1 pixel. Se você omitir o atributo BORDER a maioria dos navegadores exibirá a tabela sem uma borda, mas é melhor definir a borda para zero para trabalhar com segurança.

Capítulo 10 – Tabelas | 189

Figura 10-17

```
<TABLE BORDER=0>
<TR>
<TD>Cell 1</TD><TD>Cell 2</TD>
</TR>
<TR>
<TD>Cell 3</TD><TD>Cell 4</TD>
</TR>
</TABLE>
```

Para se certificar de que a borda não seja visível, defina o valor BORDER para zero.

Você pode dar a largura que quiser para a borda. Perceba que ele afeta apenas a borda externa da tabela.

```
<TABLE BORDER=15>
<TR>
<TD>Cell 1</TD><TD>Cell 2</TD>
</TR>
<TR>
<TD>Cell 3</TD><TD>Cell 4</TD>
</TR>
</TABLE>
```

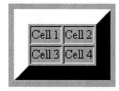

Figura 10-18

```
<TABLE WIDTH=200 HEIGHT=100 BORDER>
<TR>
<TD>Cell 1</TD><TD>Cell 2</TD>
</TR>
<TR>
<TD>Cell 3</TD><TD>Cell 4</TD>
</TR>
</TABLE>
```

As dimensões de uma tabela podem ser especificadas em números de pixels...

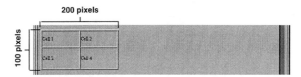

```
<TABLE WIDTH=80% BORDER>
<TR>
<TD>Cell 1</TD><TD>Cell 2</TD>
</TR>
<TR>
<TD>Cell 3</TD><TD>Cell 4</TD>
</TR>
</TABLE>
```

... ou como uma porcentagem da largura total disponível da janela.

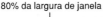
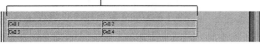

<TABLE WIDTH=numbev HEIGHT=number>

Altura e largura da tabela

Estes atributos são usados para especificar as dimensões da tabela (Figura 10-18). Você pode especificar uma dimensão em pixels ou uma porcentagem. Por exemplo, se você definir a largura para 100%, a tabela preencherá toda a largura disponível da página. Como padrão, a tabela ampliará para ter a largura suficiente para acomodar o conteúdo dentro dela.

<TABLE CELLPADDING =number>

Margens ao redor do conteúdo da célula

O enchimento de célula é a quantidade de espaço mantido entre o conteúdo da célula e a borda da célula (Figura 10-19). Pense nele como uma margem mantida dentro de uma célula. Pelo fato dela ser especificada apenas no nível de tabela, esta configuração se aplicará a todas as células na tabela. Em outras palavras, você não pode especificar quantidades diferentes de enchimento para células individuais. Se você não especificar nada, as células terão o valor padrão de um pixel de enchimento.

<TABLE CELLSPACING =number>

Espaço entre células

O espaçamento entre células é a quantidade de espaço entre células, especi-ficada em número de pixels (Figura 10-20). Se você não especificar nada, o navegador usará o valor padrão de dois pixels de espaço entre as células.

<TABLE BGCOLOR=color>

Cor de fundo da tabela

Use o atributo BGCOLOR para especificar a cor de fundo aplicada a toda a tabela (Figura 10-21). Infelizmente, isto funcionará apenas nos navegadores de versão 4.0 e acima, logo, tenha cuidado como você o implementa. O valor é um nome de cor ou seu equivalente numérico. A especificação de cores em HTML é abordada pelo Capítulo 12.

Como combinar atributos de tabela

Logicamente, é provável que você estará usando uma combinação destas configurações em uma única tabela, como mostrado na Figura 10-22.

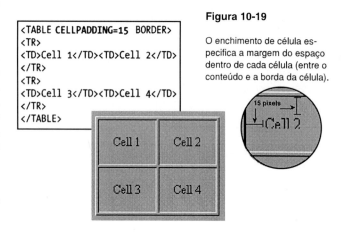

Figura 10-19

O enchimento de célula especifica a margem do espaço dentro de cada célula (entre o conteúdo e a borda da célula).

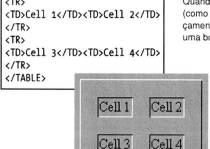

Figura 10-20

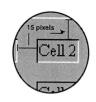

O espaçamento entre células é o espaço entre as células. Quando a borda é ativada (como neste exemplo), o espaçamento é renderizado como uma borda levantada.

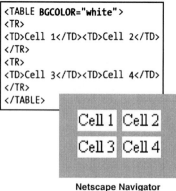

Figura 10-21

O atributo BGCOLOR atribui uma cor que preenche todas as células na tabela. Este atributo é implementado diferentemente no Navigator e Internet Explorer e não é suportado pelos navegadores anteriores a 4.0.

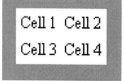

Capítulo 10 – Tabelas | 191

Figura 10-22

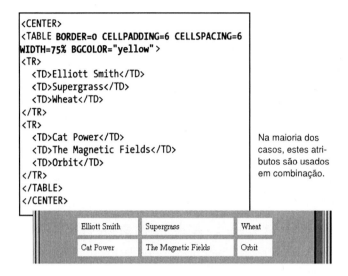

```
<CENTER>
<TABLE BORDER=0 CELLPADDING=6 CELLSPACING=6
WIDTH=75% BGCOLOR="yellow">
<TR>
  <TD>Elliott Smith</TD>
  <TD>Supergrass</TD>
  <TD>Wheat</TD>
</TR>
<TR>
  <TD>Cat Power</TD>
  <TD>The Magnetic Fields</TD>
  <TD>Orbit</TD>
</TR>
</TABLE>
</CENTER>
```

Na maioria dos casos, estes atributos são usados em combinação.

Dica de ferramentas

Como adicionar tabelas

Eis aqui como você adiciona uma tabela e ajusta todas as configurações de nível de tabela em três dos programas de autoria mais populares.

DREAMWEAVER 3

Adicione uma tabela à página ao arrastar o ícone Table da paleta Objects para seu lugar na página. Uma caixa de diálogo aparecerá pedindo a você todas as especificações de nível de tabela.

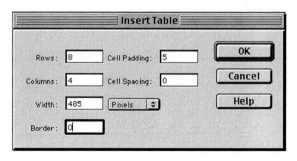

GOLIVE 4

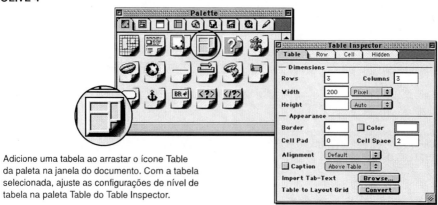

Adicione uma tabela ao arrastar o ícone Table da paleta na janela do documento. Com a tabela selecionada, ajuste as configurações de nível de tabela na paleta Table do Table Inspector.

FRONTPAGE 2000

A maneira mais rápida para inserir uma tabela é usar o ícone Table na barra de ferramentas. Arraste seu mouse sobre as linhas e colunas para criar uma tabela instantânea.

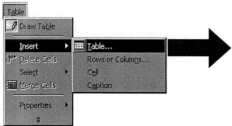

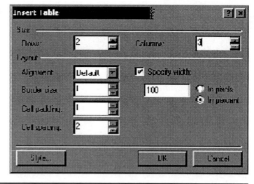

Uma tabela pode também ser criada da barra de menu, Table → Insert → Table. Isto trará uma caixa de diálogo com uma gama completa de recursos a serem especificados.

Como controlar células individuais

Algumas das configurações de tabela mais interessantes acontecem no nível de células. Estas incluem:

- Expansão sobre linhas e colunas
- Dimensões de célula
- Alinhamento do conteúdo da célula
- Cor de fundo para a célula

Todos estes aspectos são controlados usando atributos dentro da marca <TD>. A seguir encontra-se uma descrição de cada.

Figura 10-23

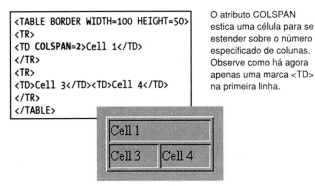

```
<TABLE BORDER WIDTH=100 HEIGHT=50>
<TR>
<TD COLSPAN=2>Cell 1</TD>
</TR>
<TR>
<TD>Cell 3</TD><TD>Cell 4</TD>
</TR>
</TABLE>
```

O atributo COLSPAN estica uma célula para se estender sobre o número especificado de colunas. Observe como há agora apenas uma marca <TD> na primeira linha.

Figura 10-24

```
<TABLE BORDER WIDTH=100 HEIGHT=50>
<TR>
<TD ROWSPAN=2>Cell 1</TD><TD>Cell 2</TD>
</TR>
<TR>
<TD>Cell 4</TD>
</TR>
</TABLE>
```

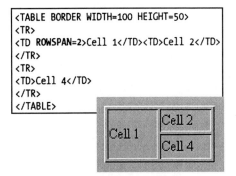

O atributo ROWSPAN amplia uma célula para baixo para se estender sobre um número especificado de linhas. Observe como há agora apenas uma marca <TD> na segunda linha, considerada pela célula ampliada.

<TD COLSPAN=number>

Expansão sobre colunas

Apresentei este recurso de design anteriormente na seção "Como estender células". Quando você usa o atributo COLSPAN em uma marca <TD>, ele faz com que aquela célula expanda para a direita para se estender sobre o número especificado de colunas (Figura 10-23). Tenha cuidado com seus valores COLSPAN; se você especificar um número que exceda o número de colunas na tabela, a maioria dos navegadores adicionará colunas à tabela existente.

<TD ROWSPAN=number>

Expansão sobre linhas

Quando você coloca o atributo ROWSPAN em uma marca <TD>, a célula expandirá para baixo para cobrir o número de linhas que você especificar (Figura 10-24).

Se você especificar um valor ROWSPAN que seja maior do que o número real de linhas, as linhas em excesso não serão adicionadas à tabela. Isto significa que se você tiver muitas linhas e não estiver a fim de contá-las, pense alto com seu valor ROWSPAN: você se estenderá sobre todas as linhas e não fará mal algum à estrutura da tabela.

Células de cabeçalho

Há uma marca de célula de tabela usada especialmente para os títulos acima de cada coluna. Estas células são chamadas "cabeçalhos" e estão indicadas com as marcas <TH>. Elas seguem as mesmas regras que as <TD>, apenas exibem texto dentro delas em negrito e centralizado como padrão:

```
<TABLE CELLPADDING=6
       BORDER=1>
<TR>
    <TH>Name</TH>
    <TH>Occupation</TH>
    <TH>Location</TH>
</TR>
    <TD>Jennifer Niederst</TD>
    <TD>Web Designer</TD>
    <TD>Boston, MA</TD>
</TR>
</TABLE>
```

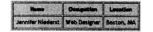

Quando você especifica a largura de uma célula, você está estabelecendo a largura de toda a coluna. Igualmente, definir a altura de uma célula afetará a altura de todas as células naquela linha.

<TD WIDTH=number

HEIGHT=number>

Altura e largura da célula

Os atributos WIDTH e HEIGHT são usados para especificar as dimensões de uma célula em particular (Figura 10-25). Você pode especificar uma medida em pixels ou uma porcentagem da janela disponível.

Quando você especifica a largura de uma célula, você está estabelecendo a largura da coluna inteira. Igualmente, definir a altura de uma célula afetará a altura de todas as células naquela linha. Tenha cuidado para não ter larguras de célula conflitantes dentro de uma coluna (ou alturas conflitantes dentro de uma linha). A melhor maneira de evitar isto é definir as larguras apenas uma vez na tabela, usando uma linha que tenha todas as suas células (quer dizer, sem expansão sobre colunas).

Também, ao usar medidas específicas em pixels, tenha cuidado para que o total de suas medidas de células seja o mesmo que as dimensões definidas na marca <TABLE>.

Os tamanhos de tabela são imprevisíveis mesmo quando especificados. Se o conteúdo exigir mais espaço, a célula geralmente redimensionará para acomodar, logo, especificações de tamanho da tabela e célula devem ser consideradas valores mínimos.

Figura 10-25

```
<TR>
<TD WIDTH=200 HEIGHT=50>Cell 1</TD><TD>Cell 2</TD>
</TR>
<TR>
<TD>Cell 3</TD><TD>Cell 4</TD>
</TR>
</TABLE>
```

As dimensões na Cell 1 determinam a altura da primeira linha e a largura da primeira coluna.

Você pode especificar a largura e a altura de uma célula específica. Tenha em mente que as dimensões especificadas afetarão todas as outras células na mesma linha e coluna que aquela célula.

Figura 10-26

```
<TABLE BORDER="1" WIDTH="450">
<TR>
    <TD ALIGN=left>flush left</TD>
    <TD ALIGN=center>centered</TD>
    <TD ALIGN=right>flush right</TD>
</TR>
</TABLE>
```

O atributo ALIGN controla o alinhamento horizontal do conteúdo em uma célula.

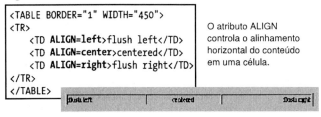

```
<TABLE BORDER="1" HEIGHT="150">
<TR>
    <TD VALIGN=top>top</TD>
    <TD VALIGN=middle>middle</TD>
    <TD VALIGN=bottom ALIGN="RIGHT">bottom</TD>
</TR>
</TABLE>
```

O atributo VALIGN controla o alinhamento vertical do conteúdo da célula.

Figura 10-27

```
<TABLE BGCOLOR="white" BORDER="1" CELLPADDING="5" >
<TR>
    <TD BGCOLOR="black"><FONT COLOR="white">Cell 1</FONT></TD>
    <TD>Cell 2</TD>
</TR>
<TR>
    <TD>Cell 3</TD>
    <TD>Cell 4</TD>
</TR>
</TABLE>
```

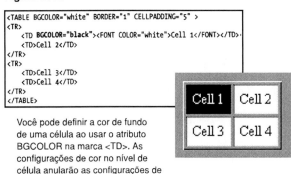

Você pode definir a cor de fundo de uma célula ao usar o atributo BGCOLOR na marca <TD>. As configurações de cor no nível de célula anularão as configurações de cor da tabela.

<TD ALIGN=left | right | center

VALIGN=top | center | bottom>

Alinhamento do conteúdo da célula

Os atributos ALIGN e VALIGN controlam o alinhamento dos elementos dentro das células. Como padrão, o texto (ou qualquer elemento) colocado em uma célula, será posicionado rente à esquerda e centralizado verticalmente dentro da altura disponível da célula.

Use o atributo ALIGN para posicionar os elementos horizontalmente em uma célula. Seus valores são left, right ou center. O atributo VALIGN posiciona os elementos verticalmente na célula. Seus valores são top, center ou bottom (Figura 10-26).

<TD BGCOLOR="color name or number">

Cor de fundo da célula

Isto especifica a cor de fundo a ser usada na célula da tabela (Figura 10-27). Uma configuração de cor de fundo da célula anula as cores definidas no nível de linha ou tabela. O sistema para especificação de cor é coberto no Capítulo 12.

Como combinar atributos de célula

Como vimos nas outras marcas HTML, você pode colocar diversas configurações de atributo em uma única marca <TD> (Figura 10-28).

Figura 10-28

```
<TABLE>
<TR>
    <TD WIDTH=100 HEIGHT=100 BGCOLOR="gray" ALIGN="right" VALIGN="top">
    hello.</TD>
</TR>
</TABLE>
```

Muitos atributos podem ser combinados dentro de uma única marca de célula (<TD>).

Span-o-rama

Você pode combinar os atributos ROWSPAN e COLSPAN em uma única célula para eliminar todo um bloco de células:

```
<TABLE WIDTH=200 BORDER=1 CELLPADDING=3>
<TR>
  <TD>one</TD>
  <TD COLSPAN=3 ROWSPAN=2>two</TD>
</TR>
<TR>
  <TD>three</TD>
</TR>
<TR>
  <TD>four</TD>
  <TD>five</TD>
  <TD>six</TD>
  <TD>seven</TD>
</TR>
</TABLE>
```

Linha linha linha

Você pode usar os atributos ALIGN, VALIGN e BG-COLOR na marca <TR> para fazer configurações que afetem todas as células em uma linha de tabela:

```
<TABLE WIDTH=200 HEIGHT=100 BORDER=1
                BGCOLOR="white">
<TR ALIGN="right" VALIGN="top"
BGCOLOR="yellow">
  <TD>Cell 1</TD>
  <TD>Cell 2</TD>
  <TD>Cell 3</TD>
</TR>
<TR>
  <TD>Cell 4</TD>
  <TD>Cell 5</TD>
  <TD>Cell 6</TD>
</TR>
</TABLE>
```

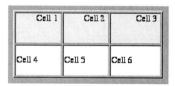

Capítulo 10 – Tabelas | 197

Dica de ferramentas
Como formatar células de tabela

Eis aqui como você ajusta configurações de nível de célula em três dos programas de autoria mais populares:

DREAMWEAVER 3

Quando o seu cursor estiver em uma célula, todas as configurações de nível de célula podem ser ajustadas na janela Properties (certifique-se de que ela esteja totalmente aberta). Você pode aplicar configurações a diversas células de uma vez só ao arrastar e selecionar grupos de células.

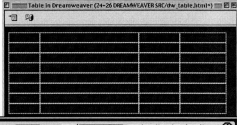

GOLIVE 4

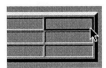

Para fazer configurações de célula, selecione a borda da célula com o ponteiro e insira os valores de atributo na paleta Cell do Table Inspector. Você pode aplicar as mesmas configurações a diversas células selecionadas de uma vez só, ou usar a paleta Rows para controlar as células na linha atual.

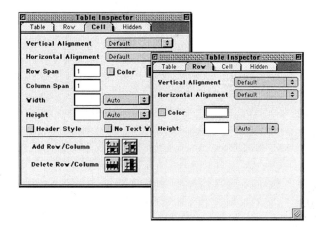

FRONTPAGE 2000

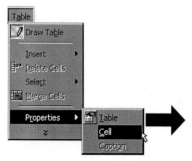

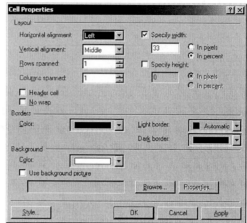

As configurações de células podem ser feitas quando o cursor estiver na(s) célula(s) desejada. Vá para a barra de menu, Table Õ Properties Õ Cell. Uma caixa de diálogo para especificar atributos de células aparecerá.

As tabelas podem facilmente ter problemas se tudo não estiver perfeitamente no seu lugar.

Onde as tabelas dão errado

As tabelas têm a fama de causar dor de cabeça, parcialmente devido ao potencial para código complexo e parcialmente devido às maneiras inconsistentes e peculiares através das quais os navegadores interpretam este código. Isto é especialmente preocupante para tabelas que exigem dimensões precisas de célula para formar a página.

Embora nem todo problema possa ser previsto, eis aqui alguns dos lugares onde as tabelas tendem a ter problemas. Mais idiossincrasias de tabelas são discutidas com detalhes no meu grande livro de design da web, Web Design in a Nutshell (O'Reilly, 1999).

Como expandir texto em células

Lembre-se que o tamanho de texto varia de usuário para usuário. Se você estiver usando o texto em uma célula, a célula irá se expandir para acomodar seu texto, potencialmente quebrando uma tabela construída com cuidado (Figura 10-29). Certifique-se de que haja espaço suficiente na célula para o texto, ou permita que a altura de sua célula seja flexível.

Figura 10-29

```
<TABLE BORDER=0 CELLPADDING=0 CELLSPACING=0>
<TR>
    <TD COLSPAN=3><IMG SRC="top.gif"></TD>
</TR>
<TR>
    <TD WIDTH=28 HEIGHT=144><IMG SRC="left.gif"></TD>
    <TD WIDTH=94 HEIGHT=144 BGCOLOR="white">Roses are red, <BR>Violets
are Blue<BR>Sugar is Sweet<BR>And So Are You!</TD>
    <TD WIDTH=28 HEIGHT=144><IMG SRC="right.gif"></TD>
</TR>
<TR>
    <TD COLSPAN=3><IMG SRC="bottom.gif"></TD>
</TR>
</TABLE>
```

Dica	
Cuidado ao colocar texto nas células com dimensões críticas em pixels. Projete com espaço para que o texto se expanda.	

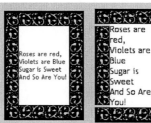

Criei uma borda decorativa usando quatro imagens gráficas, unidas por uma tabela com medidas específicas de células.

O efeito é ótimo quando visto no navegador com o tamanho de fonte definido para 12 pixels.

Mas, se alguém tiver seu tamanho de fonte maior, a célula se expande para acomodar o texto maior e a borda decorativa é destruída.

Como fechar células

O Netscape Navigator tem um hábito irritante de fechar qualquer célula que não contenha texto: a célula desaparece e sua cor de fundo de célula não é exibida (Figura 10-30). Se a borda da tabela estiver ativada, a célula será preenchida com uma área sólida "levantada" com a mesma cor que o fundo da página. Por esta razão, é uma boa idéia se certificar que haja um conteúdo mínimo entre cada conjunto de marcas <TD>.

No mínimo, você pode manter a célula aberta com um caractere de espaço incondicional, . Se o dimensionamento preciso de célula for importante, tente usar uma imagem gráfica transparente que tenha apenas um 1 pixel de largura por 1 pixel de altura, depois use os atributos WIDTH e HEIGHT nas marca <IMG> para dimensionar a imagem gráfica para o tamanho alvo da célula.

Aprenda Web design

Figura 10-30

Nesta tabela a segunda célula está vazia (não há nada entre as marcas <TD>).

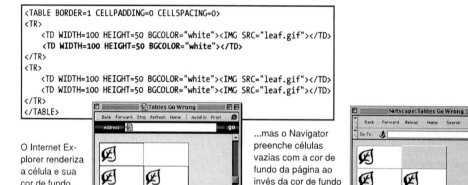

```
<TABLE BORDER=1 CELLPADDING=0 CELLSPACING=0>
<TR>
    <TD WIDTH=100 HEIGHT=50 BGCOLOR="white"><IMG SRC="leaf.gif"></TD>
    <TD WIDTH=100 HEIGHT=50 BGCOLOR="white"></TD>
</TR>
<TR>
    <TD WIDTH=100 HEIGHT=50 BGCOLOR="white"><IMG SRC="leaf.gif"></TD>
    <TD WIDTH=100 HEIGHT=50 BGCOLOR="white"><IMG SRC="leaf.gif"></TD>
</TR>
</TABLE>
```

O Internet Explorer renderiza a célula e sua cor de fundo muito bem...

...mas o Navigator preenche células vazias com a cor de fundo da página ao invés da cor de fundo de célula especificada.

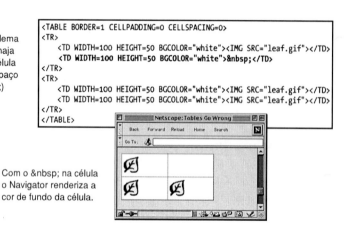

Para evitar este problema certifique-se de que haja conteúdo em cada célula — até mesmo um espaço incondicional ( ) servirá.

```
<TABLE BORDER=1 CELLPADDING=0 CELLSPACING=0>
<TR>
    <TD WIDTH=100 HEIGHT=50 BGCOLOR="white"><IMG SRC="leaf.gif"></TD>
    <TD WIDTH=100 HEIGHT=50 BGCOLOR="white"> </TD>
</TR>
<TR>
    <TD WIDTH=100 HEIGHT=50 BGCOLOR="white"><IMG SRC="leaf.gif"></TD>
    <TD WIDTH=100 HEIGHT=50 BGCOLOR="white"><IMG SRC="leaf.gif"></TD>
</TR>
</TABLE>
```

Com o   na célula o Navigator renderiza a cor de fundo da célula.

Como mover colunas

Muitas expansões sobre colunas em uma tabela podem criar problemas para suas especificações de largura de coluna. Uma vez escrevi HTML para uma tabela que parecia perfeita no código original, mas deu completamente errado uma vez que foi visualizada pelo navegador (Figura 10-31). O que eu não tinha percebido era que minhas expansões de coluna não tinham considerado as larguras específicas de algumas de minhas colunas. O navegador faz o que pode para renderizar a tabela com base no código que você lhe dá.

O truque para fazer com que as larguras de coluna se comportem é inserir os valores WIDTH em uma linha que tenha todas as suas células intactas, sem configuração COLSPAN. Se não houver linhas intactas, crie uma linha de controle na parte superior ou inferior da tabela que tenha seu valor HEIGHT definido para 0 (zero), e ainda contenha todas as larguras adequadas para cada célula (e, portanto, coluna). A linha de controle não será renderizada no navegador, mas manterá sua tabela em forma mesmo após muitas expansões.

Muitas ferramentas de autoria criarão esta linha de controle automaticamente e é por esta razão que seu código da tabela tende a ser mais confiável através de diferentes navegadores.

Figura 10-31

```
<TABLE BORDER=0 CELLPADDING=0 CELLSPACING=0 WIDTH=250>
<TR>
    <TD COLSPAN=2><IMG SRC="sweetpea-1.gif" WIDTH=200></TD>
    <TD><IMG SRC="sweetpea-2.gif" WIDTH=50></TD>
</TR>
<TR>
    <TD><IMG SRC="sweetpea-3.gif" WIDTH=50></TD>
    <TD COLSPAN=2><IMG SRC="sweetpea-4.gif" WIDTH=200></TD>
</TR>
</TABLE>
```

Este código original da tabela não contém informações suficientes para que o navegador renderize a tabela corretamente. Ambas as linhas se expandem sobre a coluna central necessária, logo, as larguras das colunas nunca são definidas claramente.

```
<TABLE BORDER=0 CELLPADDING=0 CELLSPACING=0 WIDTH=250>
<TR>
    <TD WIDTH=50 HEIGHT=0></TD>
    <TD WIDTH=150 HEIGHT=0></TD>
    <TD WIDTH=50 HEIGHT=0></TD>
</TR>
<TR>
    <TD COLSPAN=2><IMG SRC="sweetpea-1.gif" WIDTH=200></TD>
    <TD><IMG SRC="sweetpea-2.gif" WIDTH=50></TD>
</TR>
<TR>
    <TD><IMG SRC="sweetpea-3.gif" WIDTH=50></TD>
    <TD COLSPAN=2><IMG SRC="sweetpea-4.gif" WIDTH=200></TD>
</TR>
</TABLE>
```

Para corrigir o problema, adicione uma linha de controle que defina explicitamente as larguras de todas as três colunas. Pelo fato das células estarem vazias e a altura estar definida para zero, a linha não será exibida no navegador.

Com evitar espaço em branco extra

É comum que espaços em branco extra se alojem entre células de tabela (ou entre as células e a borda). Quando você estiver tentando criar um efeito contínuo com células coloridas ou unir peças de uma imagem maior, este espaço extra é inaceitável.

O problema na maioria das vezes reside dentro da marca de célula (<TD>). Alguns navegadores renderizam qualquer espaço extra dentro de uma marca <TD> como espaço em branco em uma tabela. No código a seguir, o espaço de caractere após a marca <IMG> introduz espaço extra dentro daquela célula:

```
<TD><IMG SRC="topleft.gif"> </TD>
```

Espaço em branco indesejado também pode ocorrer quando houver quebra de returns dentro das marca container de célula, como mostrado aqui:

```
<TD>
<IMG SRC="topleft.gif">
</TD>
```

Se você quiser uma tabela contínua, comece com border, cellpadding e cellspacing todos definidos para zero na marca <TABLE>. Certifique-se de que as marcas <TD> e </TD> fiquem alinhadas contra o conteúdo da célula, sem espaços extras ou retorno. A abordagem mais segura é manter suas marcas de célula e seus conteúdos todos em uma linha, desta maneira:

```
<TD><IMG SRC="topleft.gif"></TD>
```

Se você precisar quebrar a linha do código, faça isto dentro de uma marca. Não fará mal à marca e não introduzirá qualquer espaço extra na célula. Por exemplo:

```
<TD><IMG
SRC="topleft.gif"></TD>
```

Vale observar que pelo fato das marcas <TABLE> e <TR> conterem apenas outras marcas e nenhum conteúdo para a tabela, espaços e retornos dentro dessas marcas são ignorados. Se você estiver obtendo espaço em branco indesejado em suas tabelas, verifique estas marcas <TD>.

Como usar tabelas para alinhamento

Como disse anteriormente neste capítulo, as tabelas foram originalmente pretendidas para exibir linhas e colunas de dados. Mas os designers rapidamente encontraram maneiras criativas de usá-las para controlar a exibição da página. Eis aqui alguns truques populares (embora renegados) que você pode fazer com tabelas.

Estrutura da página

Muitos sites usam uma tabela de duas colunas para preparar o layout da estrutura da página. A técnica mais popular é criar uma coluna estreita para links e usar o restante da página para conteúdo.

Você tem opção de ajustar a largura de sua tabela para medidas precisas em pixel, deixar que as larguras sejam redimensionadas em relação à largura da janela, ou uma combinação de ambos (Figura 10-32, na página seguinte). O código para cada layout de página é simples.

Figura 10-32

Largura fixa
Neste exemplo a largura da tabela e as larguras de cada coluna são definidas para medidas específicas em pixels.

```
<HTML>
<HEAD>
<TITLE>Page Formatting</TITLE>
</HEAD>
<BODY>
<TABLE BORDER=1 WIDTH=600 HEIGHT=100%>
<TR>
    <TD WIDTH=150>left column</TD>
    <TD WIDTH=450>right column contents here</TD>
</TR>
</TABLE>

</BODY>
</HTML>
```

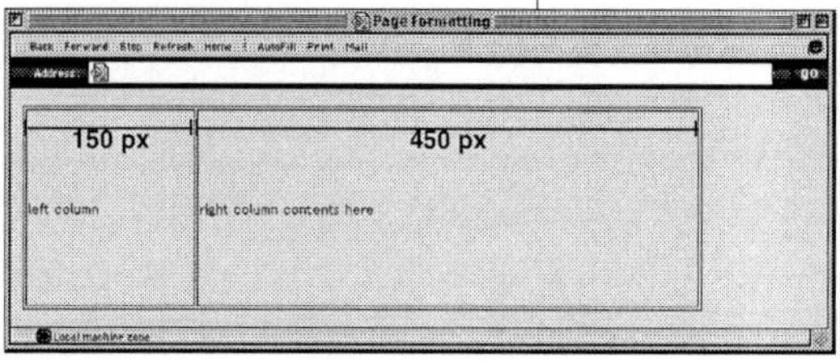

As colunas e a tabela permanecerão com a mesma largura independentemente do tamanho da janela do navegador.

Largura relativa
Aqui a tabela sempre ocupa a largura da página (sua largura é definida para 100%) e cada coluna é uma porcentagem especificada daquela largura.

```
<TABLE BORDER=1 WIDTH=100% HEIGHT=100%>
<TR>
    <TD WIDTH=15%>left column</TD>
    <TD WIDTH=85%>right column contents here</TD>
</TR>
</TABLE>
```

Este layout se estende para preencher a largura da janela. As colunas também se estendem, mas em proporção umas com as outras.

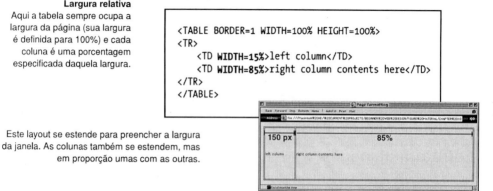

Combinação
Nesta tabela a coluna de esquerda permanece em uma largura fixa, enquanto que a da direita é flexionada com a página.

```
<TABLE BORDER=1 WIDTH=100% HEIGHT=100%>
<TR>
    <TD WIDTH=150>left column</TD>
    <TD>right column contents here</TD>
</TR>
</TABLE>
```

Esta tabela preenche a janela (sua largura é definida para 100%). As células com uma medida em pixel permanecem fixas (esta em 150 pixels) e as células sem medida se expandem para preencher o espaço remanescente.

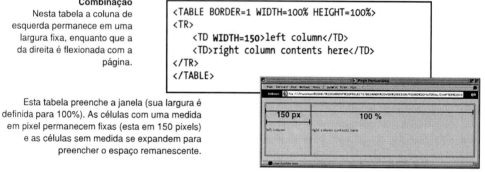

Centralização na janela

Eis aqui um truque que usa uma tabela para manter um elemento de página centralizado na janela do navegador. Você simplesmente faz uma tabela com uma célula e define a largura e a altura para 100%. Depois, define o alinhamento para o centro e o alinhamento vertical para o meio. E voila! Seu objeto será o centro das atenções! (Ver Figura 10-33.)

Figura 10-33

```
<HTML>
<HEAD><TITLE>Centered object</TITLE></HEAD>
<BODY>

<TABLE WIDTH=100% HEIGHT=100% BORDER=0>
<TR>
    <TD ALIGN=center VALIGN=middle><IMG SRC="tomato.gif"></TD>
</TR>
</TABLE>

</BODY>
</HTML>
```

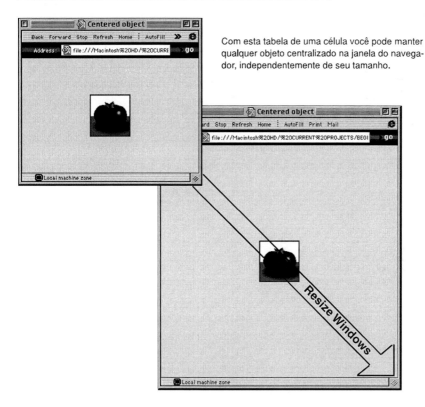

Com esta tabela de uma célula você pode manter qualquer objeto centralizado na janela do navegador, independentemente de seu tamanho.

Revisão de HTML — marcas de tabela

O que se segue é um resumo das marcas que cobrimos neste capítulo.

Marcas e atributos	Função
<TABLE>	Estabelece o início e o final de uma tabela
BGCOLOR="number" ou "name"	Cor de fundo para toda a tabela
BORDER=number	Espessura da borda ao redor da tabela
CELLPADDING=number	Espaço dentro das células
CELLSPACING=number	Espaço entre as células
HEIGHT=number	Altura da tabela (pixels ou porcentagem)
WIDTH=number	Largura da tabela (pixels ou porcentagem)
<TD>	Estabelece uma célula dentro de uma linha da tabela
ALIGN=left | right| center	Alinhamento horizontal do conteúdo da célula
BGCOLOR="number" ou "name"	Cor de fundo para a célula
COLSPAN=number	Número de colunas sobre as quais a célula deve se estender
HEIGHT=number	Altura da célula (pixels ou porcentagem)
ROWSPAN=number	Número de linhas sobre as quais a célula deve se estender
VALIGN=top | middle | bottom| baseline	Alinhamento vertical do conteúdo da célula
WIDTH=number	Largura (pixels ou porcentagem)
<TH>	Cabeçalho da tabela
(os atributos são o mesmo como a marca <TD>)	
<TR>	Estabelece uma linha dentro de uma tabela
ALIGN=left | right| center	Alinhamento horizontal do conteúdo da célula para uma linha inteira
BGCOLOR="number" ou "name"	Cor de fundo para a linha inteira
VALIGN=top | middle | bottom| baseline	Alinhamento vertical do conteúdo da célula para a linha inteira

Capítulo 11
Quadros

Você alguma vez já viu alguma página da web com conteúdo que pagina enquanto a barra de ferramentas de navegação ou um anúncio permanece no mesmo lugar? Páginas como esta são criadas usando-se um recurso de design da web chamado "quadros". Os quadros dividem uma janela do navegador em mini-janelas, cada uma delas exibindo um documento HTML diferente (Figura 11-1).

A habilidade de ter uma parte da janela sempre visível enquanto outras paginam através de um conteúdo mais longo é a vantagem principal de usar quadros. Os quadros abrem possibilidades de navegação e também podem ser usados para unificar informações de diversos sites em uma página.

No entanto, os quadros têm sido controversos desde sua primeira apresentação no Navigator Netscape 2.0. Eles causam o mesmo número de problemas de navegação quanto o número de problemas que eles resolvem, já que a maioria dos usuários considera difícil trabalhar com eles. Também é difícil fazer o bookmark de conteúdo em quadros ou encontrá-los através de dispositivos de pesquisa. E já que cada página com quadros é composta de diversos documentos HTML, isto significa mais trabalho para programadores e uma carga maior para o servidor.

Neste capítulo

Como os documentos de conjunto de quadros são diferentes de outros documentos da web

Como configurar um documento de conjunto de quadros

Como controlar a funcionalidade e a aparência dos quadros

Como tomar quadros como alvo

Como fornecer conteúdo para usuários sem quadros

Figura 11-1

Quadros dividem o navegador em janelas separadas, cada uma delas exibindo sua própria página da web. As janelas podem paginar independentemente.

Como resultado de suas inúmeras desvantagens, os quadros se tornaram um item indesejado para grandes sites comerciais.

Como resultado de suas inúmeras desvantagens, os quadros se tornaram um item indesejado para grandes sites comerciais. Não fique surpreso se seus clientes disserem "sem quadros" na primeira reunião. Mas, como a maioria das coisas, os quadros não são de todo bons nem de todo ruins, logo, sinta-se à vontade para brincar com eles e decidir por si só.

Como os quadros funcionam

Quando você vê uma página com quadros no navegador, você na realidade está vendo diversos documentos HTML de uma vez (Figura 11-2). O ponto chave de exibir a página em quadros é o documento de conjunto de quadros — um documento HTML que contém instruções para a maneira através da qual o quadro é desenhado e que documento HTML é exibido em cada quadro.

Figura 11-2

Este documento com quadros está, na realidade, exibindo dois documentos externos separados ao mesmo tempo.

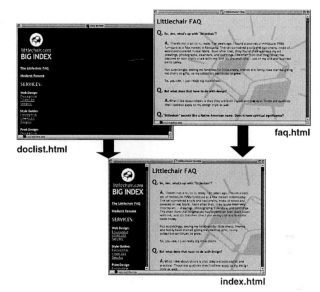

A função principal do documento de conjunto de quadros é definir uma estrutura para a página. Vamos dar uma olhada na fonte HTML para nosso exemplo de página com quadros (Figura 11-3).

Figura 11-3

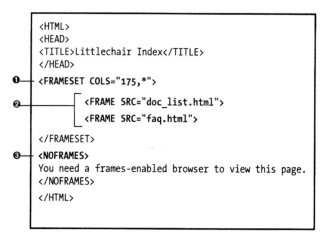

```
<HTML>
<HEAD>
<TITLE>Littlechair Index</TITLE>
</HEAD>
❶ <FRAMESET COLS="175,*">
❷     <FRAME SRC="doc_list.html">
       <FRAME SRC="faq.html">
</FRAMESET>
❸ <NOFRAMES>
You need a frames-enabled browser to view this page.
</NOFRAMES>
</HTML>
```

Esta é a fonte HTML para o documento de conjunto de quadros index.html em nosso exemplo.

❶ <FRAMESET>

Falaremos a respeito da criação de documentos de conjunto de quadros com mais detalhes na próxima seção, mas por agora quero destacar alguns pontos de interesse. Primeiro, perceba que enquanto o documento de conjunto de quadros usa o elemento estrutural <HEAD>, ele não tem um <BODY>. Ele usa, ao invés disso, a marca estrutural <FRAMESET>. Isto destaca os conjuntos de quadros em relação a outras páginas da web.

❷ <FRAME>

Dentro das marcas container <FRAMESET>, vemos uma marca <FRAME> para cada quadro na página. O trabalho principal da marca <FRAME> é especificar que documento HTML exibir; no entanto, você pode controlar outros recursos de um quadro, como veremos mais tarde neste capítulo.

❸ <NOFRAMES>

Finalmente, há algum conteúdo mínimo dentro da marca <NOFRAMES>. É isto que será exibido se os quadros não funcionarem (por exemplo, se o usuário estiver usando um navegador muito antigo). Ele é similar ao texto alternativo fornecido nas marcas de imagem. Falaremos mais a respeito de conteúdo "sem quadros" no final deste capítulo.

Quando o navegador vê que este é um documento de conjunto de quadros, ele desenha os quadros conforme instruído no documento e depois coloca os documentos HTML separados na página.

Como preparar um documento de conjunto de quadros

Testarei uma interface com quadros para a seção do livro de culinária do site de receita que comecei nos capítulos anteriores. Nesta seção, irei orientá-lo através do processo de escrever a HTML para documentos com quadros.

Assim como acontece com qualquer documento HTML, a primeira etapa é criar a estrutura do documento. Vamos fazer isto para nosso novo documento com quadros; lembre-se que ele usará a marca <FRAMESET> ao invés de <BODY> (Figura 11-4).

Figura 4-7

A imagem abaixo mostra como uma imagem gráfica pode aparecer em um monitor que exibe milhares ou milhões de cores (monitores de 16 bits ou 24 bits). Esses monitores podem exibir de maneira suave uma enorme faixa de cores.

Os monitores de 8 bits, por outro lado, podem exibir apenas 256 cores de cada vez. Dentro do navegador, há apenas 216 cores disponíveis dentre as quais escolher.

A imagem acima mostra o que acontece com a mesma imagem gráfica quando visualizada em um monitor de 8 bits. A aproximação mostra como a cor real é aproximada ao misturar cores da paleta disponível. Este efeito é chamado de pontilhamento.

Figura 8-11

gridtile.gif
(2k)

Adicionei uma imagem de fundo lado a lado (gridtile.gif) ao meu site Jen's Kitchen. Fiz a imagem gráfica realmente alta de modo que você não consiga ver a segunda linha das imagens lado a lado, criando o efeito de uma banda de cor no topo da página.

Figura 4-8

Gama se refere ao brilho geral de monitores. As máquinas Windows tendem a ser mais escuras (o resultado das configurações de gama maiores) do que os Macs.

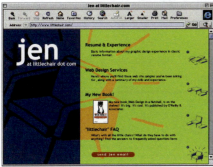 

Mac **Windows**

Nota lateral do Capítulo 10:

"O produto acabado"

Nota lateral do Capítulo 11:

"O produto acabado"

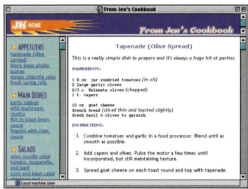

Figura 12-2

As cores nos monitores de computador usam o modelo de cor RGB, no qual as cores são compostas de combinações de luz de vermelho, verde e azul.

Se você misturar todas as três cores em total intensidade, obterá branco. Uma outra maneira de dizer isto é que a cor RGB é aditiva.

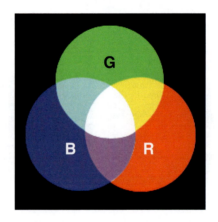

Figura 12-3

Como encontrar valores RGB

No Photoshop, a paleta Info fornece os valores RGB quando passo o conta-gotas (ou qualquer ferramenta) sobre a imagem.

Neste exemplo, quero saber os valores RGB da cor laranja-amarelado na explosão de estrelas, de modo que possa correspondê-la em qualquer outro lugar na página da web. A paleta Info me diz que é 250 vermelho, 213 verde e 121 azul.

Figura 13-1

O formato de arquivo GIF é melhor para imagens com linhas nítidas e áreas de cor lisa.

Figura 13-2

O formato de arquivo JPEG funciona melhor para imagens com cores gradientes, como fotos ou quadros.

Figura 13-9

As imagens e o texto serrilhado têm bordas em formato de escada.

As imagens e o texto suavizado têm bordas embaçadas, para tornar as transições mais suaves.

Figura 14-1

O formato GIF é ótimo para imagens gráficas compactadas, principalmente as de cores lisas e bordas rígidas.

Figura 14-2

As cores em uma imagem de cor indexada são armazenadas e referenciadas por uma tabela de cores. A tabela de cores (também chamada de paleta) pode conter um máximo de 256 cores (8 bits).

Nesta figura, vemos a tabela de cores para a imagem gráfica de um banner de OVNI.

Figura 14-15

"Halos" são a franja que é deixada ao redor de uma imagem transparente. Eles aparecem quando as bordas suavizadas são misturadas com uma cor mais clara que o fundo da página.

Os halos não aparecem ao redor das imagens e do texto serrilhado (em formato de escada) porque há uma borda rígida entre as cores.

Figura 14-21

256 cores: 21K **64 cores: 13K** **8 cores: 8K**

Reduzir o número de cores em uma imagem também reduz o tamanho do arquivo.

Figura 14-22

Sem pontilhamento: 7,8K   **Pontilhamento: 9,6K**

Desativar ou reduzir a quantidade de pontilhamento reduz o tamanho do arquivo. Ambas as imagens têm cores de 32 pixels e usam uma paleta Adaptative.

Figura 14-23

"Com perdas" definido para 0%: 13,2K   **"Com perdas" definido para 25%: 7,5K**

Aplicar um valor "Com perdas" (no Photoshop) ou "Perda" (no Fireworks) remove pixels da imagem e resulta em um tamanho de arquivo menor. Ambas as imagens mostradas aqui contêm 64 cores e usam pontilhamento Diffusion.

Figura 14-24

Você pode manter os tamanhos de arquivo pequenos ao projetar de maneira a tirar proveito do esquema de compactação GIF.

Este GIF tem misturas gradientes e 256 cores. Seu tamanho de arquivo é de 19K.

Mesmo quando reduzo o número de cores para 8, o tamanho de arquivo ainda é de 7,6K.

Quando crio a mesma imagem com cores lisas ao invés de misturas, o tamanho do arquivo GIF é de apenas 3,2K

Figura 14-27

Este GIF é projetado com cores não seguras para a web, resultando em pontilhamento nos monitores de 8 bits.

Em um monitor de 24 bits, as cores sólidas são suaves e precisas.

Em um monitor de 8 bits, as cores são aproximadas pontilhando-se cores da paleta da web.

Se as áreas lisas forem preenchidas com cores seguras para a web, a fotografia ainda será pontilhada, mas as cores lisas permanecerão lisas.

Figura 15-1

O formato de arquivo JPEG é ideal para fotografias (coloridas ou em escala de cinza) ou qualquer imagem com gradações sutis de cor.

Figura 15-2

Original   **Alta compactação**

A compactação JPEG descarta detalhes da imagem para obter tamanhos de arquivo menores. Em taxas de compactação bem altas, a qualidade da imagem sofre, como mostrado na imagem à direita.

Figura 15-3

gradient.jpg (12K)

detail.jpg (49K)

A compactação JPEG funciona melhor em imagens suaves do que em imagens com detalhes e bordas rígidas. Compare os tamanhos de arquivo destes exemplos.

Figura 15-4

chair.jpg

chair.gif

A mesma imagem gráfica lisa salva tanto em JPEG quanto em GIF.

No JPEG, a cor lisa muda e fica manchada. O detalhe é perdido como resultado da compactação JPEG.

No GIF, as cores lisas e o detalhe ondulado são preservados.

Figura 15-5

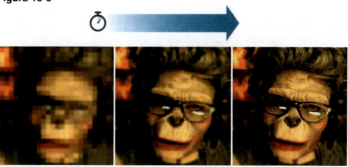

Os JPEGs progressivos se renderizam em uma série de passagens. A qualidade e o detalhe de imagem são melhorados com cada passagem.

Figura 15-10

Uma comparação de vários níveis de compactação no Photoshop 5.5 da Adobe e no Fireworks 3 da Macromedia.

Photoshop 5.5

Photoshop 100% (42,2K)   Photoshop 80% (22,3K)   Photoshop 60% (13,6K)

Photoshop 40% (8,2K)   Photoshop 20% (6,0K)   Photoshop 0% (3,7K)

Fireworks 3

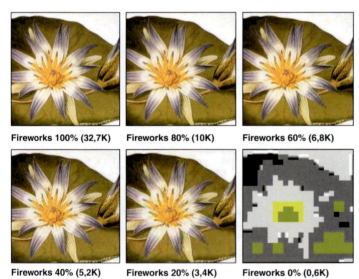

Fireworks 100% (32,7K)   Fireworks 80% (10K)   Fireworks 60% (6,8K)

Fireworks 40% (5,2K)   Fireworks 20% (3,4K)   Fireworks 0% (0,6K)

Figura 15-11

Embaçar a imagem ligeiramente antes de exportar como um JPEG resultará em tamanhos de arquivos menores.

Qualidade: 20   Embaçado: 0 (8,7K)

Este JPEG foi salvo em qualidade inferior (20 no Photoshop) sem qualquer embaçamento aplicado.

Qualidade: 20   Embaçado: .5 (6,9K)

Neste JPEG, apliquei um ligeiro embaçamento à imagem (.5 no Photoshop) antes de exportá-la. Embora ela tenha a mesma configuração de qualidade (20), o tamanho de arquivo é 20% menor.

No Fireworks, use a configuração "Smoothing" para aplicar um embaçamento.

Qualidade: 20   Embaçado: 0 (6,6K)
(Embaçamento aplicado manualmente com o filtro Gaussian)

Nesta imagem, embacei apenas áreas selecionadas da imagem. Desta maneira, consegui aplicar um embaçamento mais acentuado a partes da imagem ao mesmo tempo em que mantive detalhes na face, onde era importante. O tamanho de arquivo é comparável ao exemplo embaçado.

Figura 16-1

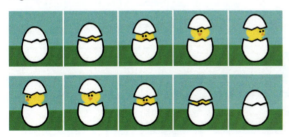

Este GIF animado contém todas as imagens mostradas acima. As imagens são executadas em seqüência, criando um efeito de movimento. Quando este GIF é visualizado em um navegador, o pintinho aparece, dá uma olhada ao redor e depois retorna para a sua casca.

Cada quadro é similar a uma página em um livro infantil.

Figura 17-12

Este elemento decorativo foi criado com cinco linhas de GIFs de 1 pixel de várias cores. Cada GIF foi definido com um tamanho específico para formar o padrão que você vê aqui.

Nenhum espaço extra entre as marcas <IMG>.

```
<P>
<IMG SRC="1px-blue.gif" WIDTH=200 HEIGHT=2><BR>
<IMG SRC="1px-green.gif" WIDTH=95 HEIGHT=10><IMG SRC="1px-blue.gif"
     WIDTH=10 HEIGHT=10><IMG SRC="1px-green.gif" WIDTH=95 HEIGHT=10><BR>
<IMG SRC="1px-green.gif" WIDTH=85 HEIGHT=10><IMG SRC="1px-blue.gif"
     WIDTH=10 HEIGHT=10><IMG SRC="1px-white.gif"
     WIDTH=10 HEIGHT=10><IMG SRC="1px-blue.gif" WIDTH=10
     HEIGHT=10><IMG SRC="1px-green.gif" WIDTH=85 HEIGHT=10><BR>
<IMG SRC="1px-green.gif" WIDTH=95 HEIGHT=10><IMG SRC="1px-blue.gif"
     WIDTH=10 HEIGHT=10><IMG SRC="1px-green.gif" WIDTH=95 HEIGHT=10><BR>
<IMG SRC="1px-blue.gif" WIDTH=200 HEIGHT=2>
</P>
```

Figura 18-11

A codificação de cores de seção é um método popular para orientar usuários dentro de seu site.

Amazon.com

Buy.com

Figura 18-25

A home page Blue Family.

Figura 18-26

Uma típica página de segundo nível para o site Blue Family.

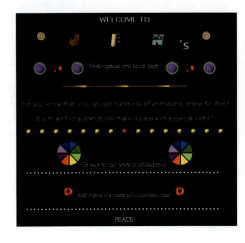

Figura 19-2

Eis um exemplo de muita animação! Gostaria de que este livro impresso pudesse lhe mostrar o "esplendor" verdadeiro da minha nova home page especial, apresentando letras animadas, marcadores e barras divisórias. Imagine todas as imagens gráficas girando, rodando ou pulsando. Isso pode parecer um exagero, mas tenho visto páginas assim e até piores.

Figura 19-4

Este pedaço da home page Webmonkey (www.webmonkey.com) usa tratamentos de tipo de modo eficaz para apresentar a estrutura das informações. As listagens de artigo têm a mesma estrutura, com o título de artigo recebendo a maioria do peso visual. Os títulos de seção também são tratados similarmente e recebem muito espaço para destacá-los das outras listagens.

Figura 19-14

Esta página sofre de excesso de cores. Fazer cada elemento em uma cor brilhante diferente é um caminho certo para criar caos visual.

Figura 19-15

Os padrões de fundo em negrito podem tornar o texto na página ilegível.

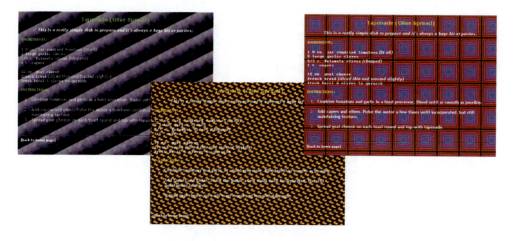

Figura 19-17

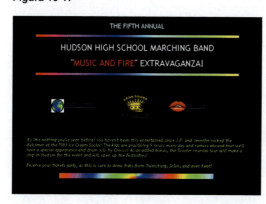

A página da web de meus pesadelos! Esta página tem tudo:

- Fundo preto gratuito
- Divisores de arco-íris animados
- Um globo girando
- Uma cor de link ilegível
- Ícones sem significado
- Muitas cores
- Péssimo alinhamento

Figura 20-11

Cenas de um vídeo musical para "Nicotine and Gravy" de Beck (criado pela Fullerene Productions).

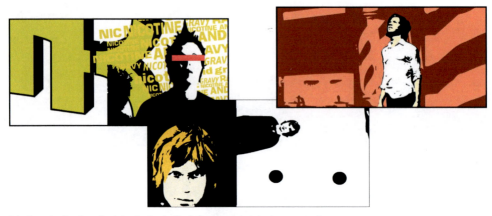

Interface de site da web e introdução do Flash (imagens de tela de www.eye4u.com, uma firma de design da web em Munique).

  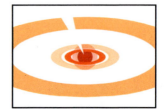

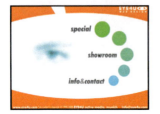  

Animação do Flash. Partes de "A Short Smoke Break" de Rich Oakley e Fawn Scott. Este e outros curtas de animação interessantes podem ser vistos em www.animationexpress.com.

  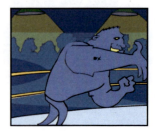

Agora podemos decidir quantas linhas e/ou colunas queremos que a página tenha e o tamanho de cada uma. Todas estas configurações são feitas dentro da marca <FRAMESET>.

Figura 11-4

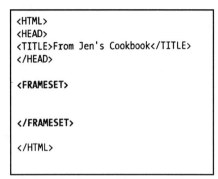

```
<HTML>
<HEAD>
<TITLE>From Jen's Cookbook</TITLE>
</HEAD>

<FRAMESET>

</FRAMESET>

</HTML>
```

Começo ao estruturar marcas adicionais básicas a um novo documento.

Os documentos de conjunto de quadros usam uma marca <FRAMESET> ao invés de <BODY>.

O produto acabado

A demonstração de quadros nesta seção o conduz através da criação desta página de três quadros "Jen's Kitchen", mostrado aqui e em cores na galeria.

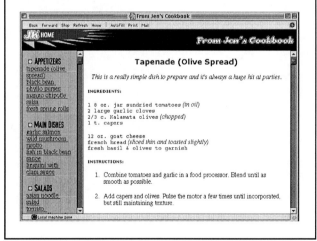

O número de medidas que você fornecer especifica o número de quadros que você criará.

Se você quiser dividir a página em quadros horizontais (linhas), use o atributo ROWS e especifique a medida de altura para cada linha, separada por vírgulas (Figura 11-5). O número de medidas que você fornece especifica o número de quadros horizontais que você criará. Similarmente, se você quiser criar quadros verticais (colunas), use o atributo COLS, seguido pela medida de largura para cada coluna (Figura 11-5).

Figura 11-5

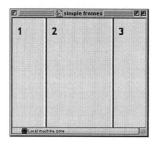

`<FRAMESET COLS="25%,50%,25%">`

O atributo COLS cria quadros verticais. Há três quadros, pois forneci três medidas depois do atributo.

`<FRAMESET ROWS="*,*">`

O atributo ROWS cria quadros horizontais. Dois valores de medida após o atributo criam duas linhas.

No que se refere a especificar as medidas, você tem algumas opções, como a seção a seguir explica.

Planilha

Você pode combinar linhas e colunas para fazer uma grade de quadros. Os quadros serão preenchidos da esquerda para a direita, de cima para baixo:

```
<FRAMESET ROWS="*,*"
         COLS="25%,50%,25%>
   <FRAME SRC="1.html">
   <FRAME SRC="2.html">
   <FRAME SRC="3.html">
   <FRAME SRC="4.html">
   <FRAME SRC="5.html">
   <FRAME SRC="6.html">
</FRAMESET>
```

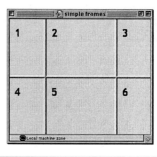

Medidas de quadros

Há três maneiras de especificar tamanhos para quadros:

Valores absolutos em pixel. Para dar a um quadro um tamanho específico em pixel, insira o número de pixels após o atributo ROWS ou COLS. O conjunto de quadros <FRAMESET ROWS="100,400"> cria dois quadros horizontais, um exatamente de 100 pixels de altura, o outro exatamente de 400 pixels de altura. Se a janela do navegador for maior do que os 500 pixels de altura combinados, ela irá aumentar cada quadro proporcionalmente para preencher a janela.

Porcentagens. Você também pode especificar tamanho como porcentagens da janela do navegador. O conjunto de quadros <FRAMESET COLS="25%,50%,25%> cria três colunas; as colunas da esquerda e da direita sempre ocupam 25% da janela do navegador, já a coluna do meio ocupa 50%, independentemente do quanto a janela tenha sido redimensionada".

Valores relativos. Há um outro sistema que usa asteriscos para especificar valores relativos. A melhor maneira para explicar isto é com um exemplo. O conjunto de quadros <FRAMESET COLS="100,*"> cria duas colunas: a coluna da esquerda tem exatamente 100 pixels de largura e a coluna da direita preenche a parte que sobrar da janela. Esta combinação de largura fixa e largura flexível é uma das minhas favoritas.

Você também pode especificar valores relativos em múltiplos, como em <FRAMESET COLS="100,2*,*">, que cria uma coluna com 100 pixels de largura à esquerda da

> As medidas de quadro podem ser especificadas em pixels, porcentagens ou valores relativos.

página. Depois, o restante da página é dividido em dois quadros; a coluna do meio tem sempre o dobro da largura da coluna à direita.

Dito isto, vamos começar a projetar os quadros para nossa nova página. Vou começar com dois quadros, um quadro estreito na parte superior para um banner e o restante da página para meu conteúdo (Figura 11-6).

Figura 11-6

```
<HTML>
<HEAD>
<TITLE>From Jen's Cookbook</TITLE>
</HEAD>
<FRAMESET ROWS="50,*">

</FRAMESET>
</HTML>
```

Estou projetando minha página de livro de culinária para ter duas linhas, uma estreita no topo (com 50 pixels de altura) para navegação de nível mais alto e um quadro que preenche o restante da janela para conteúdo.

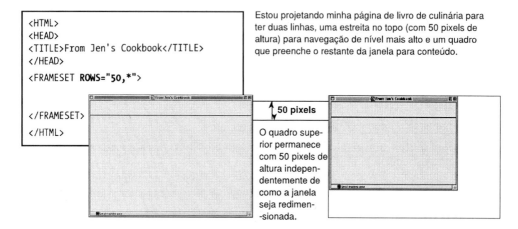

Como adicionar e aninhar quadros

Agora preciso inserir um quadro para cada linha. Os quadros são adicionados ao inserir marcas <FRAME> dentro das marcas <FRAMESET> (Figura 11-7). Dentro de cada marca, uso o atributo SRC para especificar o URL de um documento para carregar naquele quadro.

Figura 11-7

```
<HTML>
<HEAD>
<TITLE>From Jen's Cookbook</TITLE>
</HEAD>
<FRAMESET ROWS="50,*">
        <FRAME SRC="header.html">
        <FRAME SRC="tapenade.html">
</FRAMESET>
</HTML>
```

Para cada quadro adicionei uma marca <FRAME> que diz ao navegador que documento HTML exibir naquele quadro.

Espere, acabei de ter uma idéia... Gostaria de pegar o quadro grande da parte inferior e dividi-lo em dois quadros verticais. Posso fazer isto ao aninhar um segundo conjunto de quadros dentro do meu conjunto de quadros atual. O aninhamento é feito ao substituir uma marca <FRAME> por um conjunto de quadros completo (uma marca <FRAMESET> com suas marcas <FRAME> inclusas).

Na Figura 11-8, troquei minha marca <FRAME> na parte inferior para uma <FRAMESET> contendo dois quadros verticais.

Figura 11-8

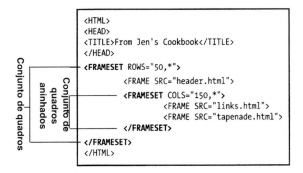

Para aninhar quadros (preencher um quadro com um outro conjunto de quadros), simplesmente substitua a marca <FRAME> por um <FRAMESET> como mostrado aqui.

Você pode fazer isto em quantos níveis quiser. Apenas tenha cuidado para fechar suas marcas <FRAMESET> de maneira adequada.

Já criei os documentos HTML (header.html, links.html e tapenade.html) que serão exibidos em cada quadro. Vamos dar uma olhada na minha página com quadros em um navegador da maneira como ela está agora (Figura 11-9).

Figura 11-9

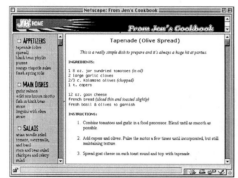

Minha página com quadros da maneira como ela está no navegador. Abaixo você pode ver os documentos HTML separados que são unidos pelo conjunto de quadros.

jeanscookbook.html

header.html
links.html

tapenade.html

Este é um bom começo, mas posso fazer alguns ajustes para tornar a página menos desajeitada.

Bordas

A última decisão que posso tomar em nível de conjunto de quadros é se quero ou não que bordas apareçam ao redor de meus quadros. Se você não especificar o contrário, os quadros serão divididos por barras em 3-D espessas (como mostrado na Figura 11-9). Para controlar bordas para todo o conjunto de quadros, use os atributos FRAMEBORDER e BORDER na marca <FRAMESET>.*

---

* O atributo BORDER não é parte da especificação HTML padrão, mas ele funciona muito bem nas versões atuais dos principais navegadores.

Para desativar completamente a borda, fazendo uma transição suave entre os quadros, simplesmente defina o atributo BORDER para 0 (zero). Isso funcionará para o Netscape Navigator e o Microsoft Internet Explorer, Versões 4 e acima. Se vice quiser suportar o Navigator 3 e o IE 3, defina o atributo FRAMEBORDER para 0 (zero, o que significa "desativado").

Você pode querer controlar apenas a espessura da borda. Se este for o caso, defina FRAMEBORDER para 1 (o que significa "ativado") e use o atributo BORDER para especificar uma espessura em pixel.

Definitivamente não quero bordas ao redor dos meus quadros; logo, as estou desativando no nível de conjunto de quadros (Figura 11-10).

Você pode escolher se você quer que bordas em 3-D sejam exibidas ao redor dos seus quadros.

Figura 11-10

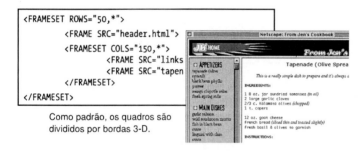

Como padrão, os quadros são divididos por bordas 3-D.

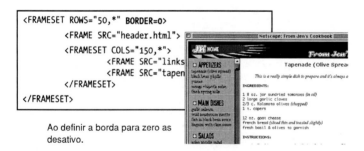

Ao definir a borda para zero as desativo.

Fizemos tudo que podemos fazer com todo o conjunto de quadros. Agora vamos ver os tipos de coisas que podemos ajustar dentro de cada quadro.

Dica de ferramentas

Como criar um conjunto de quadros

Eis aqui como você cria um novo conjunto de quadros em três dos programas de autoria mais populares.

DREAMWEAVER 3

❶ Uma maneira de criar um documento de conjunto de quadros é adicionar um quadro ao documento atual com o menu Modify Ö Frameset.

❷ Alternativamente, você pode clicar em um ícone de quadro predefinido do painel Frames da janela Object.

❹ Quando você seleciona todo o conjunto de quadros na janela Frames, você pode fazer configurações em nível de quadros na janela Properties.

❸ A janela Frames (acessada do menu Windows) é usada para administrar o conjunto de quadros e suas configurações.

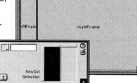

GOLIVE 4

❶ Primeiro selecione a opção Frame Editor na parte superior da janela do documento para mudar para a visualização Frames Editor. Esta visualização é usada para definir e organizar o documento com quadros.

Opção Frame Editor

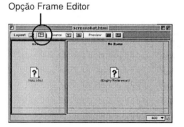

Opção Frames

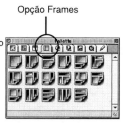

❷ Da opção Frames da paleta, arraste uma configuração de quadros para sua janela de documento.

❸ Selecione o conjunto de quadros ao clicar em qualquer borda (você pode arrastar a borda para redimensionar o quadro) e faça suas configurações de conjunto de quadros na caixa de diálogo Frame Inspector.

FRONTPAGE 2000

Ê Crie um novo documento e selecione a opção Frames Pages. Há uma variedade de modelos de quadros, cada um deles com uma pequena descrição do uso sugerido. Escolha o conjunto de quadros mais próximo do layout que você quer.

❷ Páginas podem então ser definidas ou criadas para cada quadro. Os quadros podem ser modificados ao mover as bordas dos quadros.

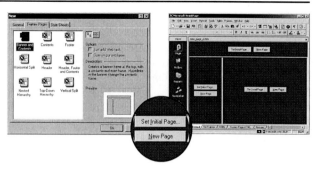

Função e aparência dos quadros

No nível de quadros (ou seja, dentro de cada marca <FRAME>), você pode especificar três atributos para o quadro: se ele tem uma barra de paginação, a largura de suas margens e se os usuários podem redimensionar o quadro.

Isto não parece ter muito controle, mas lembre-se, tudo que você vê no quadro — a cor de fundo ou o alinhamento de texto, por exemplo — é parte do documento HTML que está preenchendo o quadro.

Paginação

Você controla se o quadro tem uma barra de paginação com o atributo SCROLLING na marca <FRAME>. Há três opções:

- O valor padrão é auto, que significa que as barras de paginação aparecerão apenas se o conteúdo do quadro for muito grande para ficar em apenas uma janela.
- Se você quiser se certificar de que a barra de paginação esteja sempre disponível, independentemente do conteúdo, defina o valor SCROLLING para yes.
- Se você quiser se certificar de que as barras de paginação nunca apareçam em seu conjunto de quadros, defina o valor para no. Cuidado com esta opção, particularmente se seu quadro tiver texto. Se as fontes forem definidas grandes no navegador do espectador, não haverá uma maneira daquela pessoa acessar o conteúdo que sai do quadro sem uma barra de paginação.

No meu conjunto de quadros, gostaria que o quadro superior nunca paginasse, pois o estou usando apenas para um banner (Figura 11-11). Já que meus outros quadros contêm conteúdo que poderiam potencialmente sair do espaço de navegador disponível do usuário, permitirei que eles tenham barra de paginação quando necessário. Pelo fato da paginação estar definida para auto como padrão, não preciso adicionar qualquer código para obter este efeito.

> **Dica**
>
> **Espaço para barras de paginação**
>
> Quando as barras de paginação estão visíveis, elas ocupam um pouco da largura do quadro. Logo, certifique-se de prever a largura de uma barra de paginação ao calcular os tamanhos dos quadros em medidas precisas em pixel. No Macintosh, as barras de paginação têm 15 pixels de largura; em um PC, elas têm 12 pixels de largura.

Figura 11-11

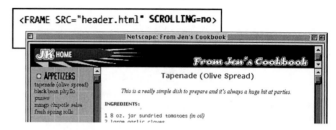

Removi a barra de paginação do meu quadro superior ao definir o atributo SCROLLING para "no" na marca <FRAME> para aquele quadro.

Como definir margens

Dica

Erro de margens no Navigator

Há um erro estranho no Nescape Navigator, versões 4.0 e anteriores, que deixa uma margem de um pixel mesmo se os atributos MARGINHEIGHT e MARGIN-WIDTH estiverem definidos para zero. Não há nada que você possa fazer a não ser camuflá-la com uma imagem ou cor de fundo correspondente. O Navigator 6.0 parece ter corrigido o problema.

Os navegadores automaticamente adicionam um pequeno espaço entre a borda do quadro e seu conteúdo, exatamente como eles o fazem para uma página da web no navegador. Você pode controlar a quantidade de margem dentro de cada quadro, adicionando espaço extra ou definindo o conteúdo rente à borda do quadro.

O atributo MARGINHEIGHT controla a largura de pixels da margem nas bordas inferior e superior do quadro. O atributo MARGINWIDTH controla o espaço nas bordas esquerda e direita. A Figura 11-12 mostra exemplos destes atributos.

Figura 11-12

O atributo MARGI-NHEIGHT controla a quantidade de espaço entre as bordas inferior e superior do quadro e seu conteúdo.

MARGINWIDTH controla o espaço nas bordas esquerda e direita.

Definirei ambas as margens para zero em meu quadro superior, para aninhar minha imagem gráfica do banner o mais perto possível no canto superior esquerdo (Figura 11-13).

Figura 11-13

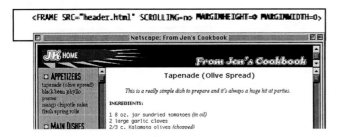

Com MARGINWIDTH e MARGINHEIGHT definidos para zero, minha imagem gráfica está posicionada rente ao canto superior esquerdo do quadro, sem espaço extra.

Redimensionamento de quadros

Como padrão, os usuários podem redimensionar seus quadros, anulando suas configurações de tamanho simplesmente ao clicar sobre e arrastar a borda entre os quadros. Você pode evitar que eles façam isto ao colocar o atributo NORESIZE na marca <FRAME>. Gostaria de deixar aquele quadro superior no lugar, logo, estou incluindo o atributo NORESIZE lá (Figura 11-14). (Tive que, temporariamente, ativar minhas bordas de quadro para demonstrar o truque NORESIZE; irei desativá-las novamente para o produto final.)

Figura 11-14

Como padrão, quando as bordas do quadro estiverem visíveis, os usuários podem arrastar as bordas e redimensionar os quadros.

Aprenda Web design

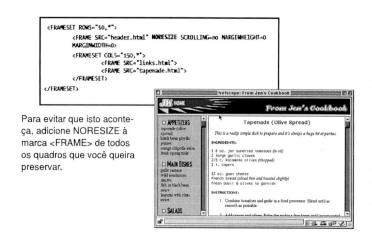

Para evitar que isto aconteça, adicione NORESIZE à marca <FRAME> de todos os quadros que você queira preservar.

Antes de você definir todos os seus quadros para NORESIZE, considere se pode haver uma boa razão para permitir o redimensionamento (como ver mais texto na tela). No meu exemplo, os usuários não estão ganhando nada ao redimensionar aquele quadro superior, logo, restringi a capacidade para modificá-lo.

Dicas de ferramentas

Como formatar quadros

Eis aqui como você formata quadros individuais em três dos programas de autoria mais populares.

DREAMWEAVER 3

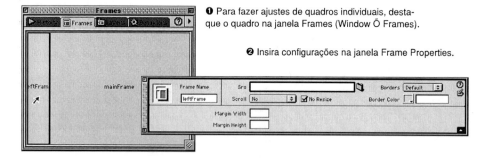

❶ Para fazer ajustes de quadros individuais, destaque o quadro na janela Frames (Window Õ Frames).

❷ Insira configurações na janela Frame Properties.

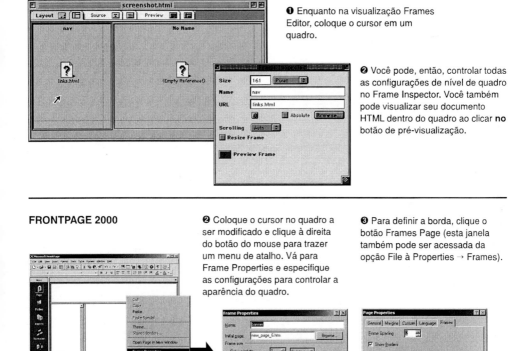

Como tomar quadros como alvo

Agora que você obteve uma idéia de como configurar documentos com quadros, é hora de tratar do último aspecto dos quadros: certificar-se de que documentos linkados sejam carregados no quadro correto.

Quando você clica em um link em uma janela de navegador comum, a nova página substitui a página atual na janela do navegador. A mesma coisa acontece como padrão dentro de um quadro. Quando você clica em um link em um quadro, o documento linkado será carregado naquele mesmo quadro (um quadro é apenas uma mini janela de navegador).

Como definir alvo para todo o documento

Se você quiser que todos os links em uma página apontem para a mesma janela, você pode especificar o alvo no cabeçalho do documento usando a marca <BASE> como se segue:

```
<HEAD>
<BASE TARGET="main">
</HEAD>
```

Com esta especificação no cabeçalho do documento, todos os links naquela página serão automaticamente carregados no quadro "principal" (a menos que especificado de outra forma no link). Esta técnica evita digitação extra e mantém o tamanho do arquivo reduzido.

No entanto, em muitos casos, você quer que o documento vinculado seja carregado em um quadro diferente, como quando você tem uma lista de links em um quadro e seu conteúdo em outro. Nestas situações, você precisa dizer ao link que quadro usar. Em outras palavras: você precisa tomar como alvo um quadro específico.

Como nomear o quadro

Antes que você possa tomar como alvo um quadro, você precisa lhe dar um nome usando o atributo NAME na marca <FRAME> 1 (Figura 11-15, na página seguinte). Gostaria de carregar meus documentos de conteúdo no quadro principal da página, portanto, dei àquele quadro o nome "principal".

Como tomar como alvo o quadro

Agora posso apontar para aquele quadro de qualquer link 2. Meu quadro à esquerda contém um documento (links.html) com uma lista de links. Dentro de links.html adiciono o atributo TARGET a cada um dos meus links e defino o valor para "principal". Quando alguém clicar naquele link, o navegador carregará o novo documento no quadro chamado "principal".

Nomes de alvos reservados

Há quatro nomes de alvos padronizados para ações específicas de tomada de alvo. Perceba que todos eles começam com um sublinhado (_). Você deve evitar dar aos quadros nomes que comecem com um sublinhado, pois eles serão ignorados pelo navegador. Os nomes de alvo reservados são:

_top

Quando você define o alvo para top, o novo documento é carregado no nível mais alto da janela do navegador, substituindo todos os quadros por uma única janela. Um documento que é linkado usando target="_top" sai de seu conjunto de quadros e é exibido na janela do navegador completa.

_parent

Este nome de alvo faz com que o documento vinculado seja carregado no quadro pai (o conjunto de quadros que está um nível acima na hierarquia de quadros aninhados). Isto também provoca uma saída do conjunto de quadros, mas apenas para o próximo nível de quadros.

Figura 11-15

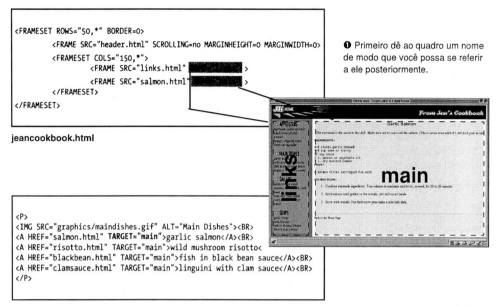

```
<FRAMESET ROWS="50,*" BORDER=0>
        <FRAME SRC="header.html" SCROLLING=no MARGINHEIGHT=0 MARGINWIDTH=0>
        <FRAMESET COLS="150,*">
                <FRAME SRC="links.html"              >
                <FRAME SRC="salmon.html"             >
        </FRAMESET>
</FRAMESET>
```

jeancookbook.html

❶ Primeiro dê ao quadro um nome de modo que você possa se referir a ele posteriormente.

```
<P>
<IMG SRC="graphics/maindishes.gif" ALT="Main Dishes"><BR>
<A HREF="salmon.html" TARGET="main">garlic salmon</A><BR>
<A HREF="risotto.html" TARGET="main">wild mushroom risotto<
<A HREF="blackbean.html" TARGET="main">fish in black bean sauce</A><BR>
<A HREF="clamsauce.html" TARGET="main">linguini with clam sauce</A><BR>
</P>
```

links.html

❷ Depois, no documento HTML que contém o link, use o atributo TARGET na marca âncora <A> para chamar o quadro pelo nome.

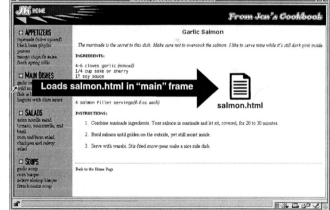

Agora, quando um usuário clicar naquele link, o documento vinculado será aberto no quadro especificado.

_self

Isto faz com que o documento seja carregado no mesmo quadro. Já que esta ação é a padrão para todos os quadros, você não precisa especificar isto dentro da marca <FRAME>. No entanto, pode ser útil na marca <BASE> apresentada anteriormente.

_blank

Um link com target=_blank abre uma nova janela de navegador para exibir o documento vinculado. Isto não é necessariamente um valor relacionado a quadros — você pode usá-lo a partir de qualquer página da web. No entanto, tenha em mente que cada vez que um link que toma como alvo _blank for clicado, o navegador ativa uma nova janela, potencialmente deixando o usuário com uma grande quantidade de janelas de navegador abertas.

> **Dica**
>
> Criação de links entre quadros pode ser algo perigoso. Preste atenção ao que você está fazendo e teste todos os seus links em um navegador para se certificar de que eles estejam se comportando da maneira que você pretende.

Precisarei me aproveitar do valor _top em meus documentos. O quadro superior contém um link gráfico para a home page. Se eu deixá-lo como está, a home page será carregada naquele pequeno pedaço de quadro. Para sair dos quadros e voltar para uma janela de navegador normal, tomarei como alvo o nível superior naquele link (Figura 11-16).

Figura 11-16

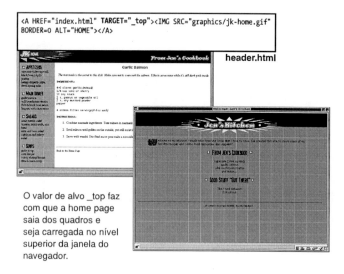

O valor de alvo _top faz com que a home page saia dos quadros e seja carregada no nível superior da janela do navegador.

Conteúdo para usuários sem quadros

A última coisa que você deve adicionar a seu documento de conjunto de quadros é algum conteúdo que será exibido para os usuários sem navegadores habilitados para quadros. Isto beneficia pessoas usando navegadores mais antigos (ou navegadores apenas de texto) que não suportam quadros, assim como as pessoas que desativaram o suporte a quadros usando suas preferências de navegador. Você coloca seu conteúdo alternativo entre as marcas <NOFRAMES>.

Muitas pessoas simplesmente colocam uma mensagem, como "Você precisa de um navegador habilitado para quadros para visualizar esta página". Embora isto seja aceitável, é preferível colocar uma página de conteúdo completa, incluindo links para páginas mais profundas de seu site, dentro das marcas <NOFRAMES>.

O conteúdo NOFRAMES evita que seu documento com quadros se torne um beco sem saída para utilitários de pesquisa e usuários sem navegadores habilitados para quadros.

Principalmente porque isto fornece conteúdo e navegação para usuários que estão usando navegadores não habilitados para quadros (eles podem estar usando-os por uma boa razão). Além disso, dá aos principais utilitários de pesquisa (como Lycos, AltaVista e outros) algo para indexar em suas páginas assim como acesso a conteúdo vinculado àquela página. Se houver apenas marcas de quadro e conjunto de quadros na página, a página será ignorada.

Entre as marcas <NOFRAMES>, adicione tudo que você colocaria em um documento comum sem quadros. Isto inclui a marca <BODY> com seus atributos para definir cores e telas lado a lado de fundo. A Figura 11-17 mostra o conteúdo <NOFRAMES> que forneci para meu conjunto de quadros "From Jen's Cookbook".

Figura 11-17

```
<HTML>
<HEAD>
<TITLE>From Jen's Cookbook</TITLE>
</HEAD>
<FRAMESET rows="50,*" BORDER=0 FRAMEBORDER=0 FRAMEBORDER=no>
        <FRAME SRC="header.html" MARGINWIDTH=0 MARGINHEIGHT=0 SCROLLING=no>
        <FRAMESET COLS="150,*">
                <FRAME SRC="links.html">
                <FRAME SRC="tapenade.html" NAME="main">
        </FRAMESET>
</FRAMESET>

<NOFRAMES>
<BODY BACKGROUND="graphics/bkgd-grid.gif">
<CENTER>
<IMG SRC="graphics/jensbook.gif">
<P>[NOTE: This page is best viewed with a frames-enabled
<P>
<IMG SRC="graphics/appetizers.gif" ALT="Appetizers"><BR>
<A HREF="tapenade.html" TARGET="main">tapenade (olive sp
<A HREF="purses.html" TARGET="main">black bean phyllo pu
<A HREF="mangosalsa.html" TARGET="main">mango chipotle s
<A HREF="springroll.html" TARGET="main">fresh spring rol
```

O conteúdo que forneci dentro das marca <NOFRAMES> aparecerá em qualquer navegador que não suporte quadros. Meu conteúdo "noframes" fornece funcionalidade similar e uma aparência similar ao documento com quadros.

Revisão de HTML — marcas de quadro

O que se segue é um resumo das marcas que cobrimos neste capítulo.

Marca e atributos	Função
<FRAMESET>	Indica o corpo de um documento com quadros
BORDER=number	Espessura da borda em pixel quando a borda está ativada
COLS="measurements"	Número de colunas (quadros verticais)
FRAMEBORDER= 1 | 0	Especifica se as bordas aparecem entre os quadros (1 é sim; 0 é não)
ROWS="measurements"	Número de linhas (quadros horizontais)
<FRAME>	Adiciona um quadro a um documento de quadros
MARGINWIDTH=number	Espaço em pixel na borda esquerda do quadro
MARGINHEIGHT=number	Espaço em pixel na borda superior do quadro
NAME="text"	Nome do quadro (para tomada de alvo)
SCROLLING=yes | no | auto	Especifica se barras de paginação aparecem no quadro
SRC="url"	Nome do arquivo a ser carregado no quadro
<NOFRAMES>	Conteúdo que será exibido em um navegador não habilitado para quadros

Capítulo 12
Cor na web

Nos capítulos passados, nos deparamos com diversas oportunidades de especificar cores em nosso código HTML. Há dois métodos para fazer isto: pelo nome ou pelo valor numérico. Não se surpreenda, ambos métodos são peculiares. Vamos começar com o menos técnico!

Como especificar cores pelo nome

Você pode especificar cores usando um dos 140 nomes de cores. Alguns nomes são normais ("vermelho", "marrom", "branco") enquanto muitos dos nomes são um pouco bobos (meus favoritos são "burlywood" e "papayawhip"). O conjunto de nomes foi originalmente desenvolvido para um sistema de janelas do Unix e foi adotado inicialmente pelos criadores da Web.

Para usar um nome de cor, insira-o como o valor para qualquer atributo que chama uma especificação de cor (Figura 12-1).

A Tabela 12-1 (próxima página) lista a lista completa de nomes de cores por tom. Para ver uma amostra de cada cor, veja o gráfico na página da web para este livro em www.learningwebdesign.com.

Neste capítulo

Como especificar cores pelo nome

Como especificar cores pelos seus valores RGB numéricos

Elementos HTML que você pode colorir

A paleta da web

Figura 12-1

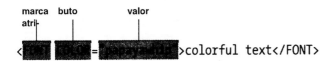

Use um nome de cor como o valor de qualquer atributo de configuração de cor.

Aviso

Tenha em mente que as cores que você especificar não terão necessariamente a mesma aparência que elas têm em seu monitor quando vistas pelos seus leitores. A maneira através da qual a cor é renderizada é uma função da configuração do monitor de computador na qual ela é vista — o número de cores que ele exibe assim como sua configuração de brilho geral (gama). As cores podem ser mais claras ou mais escuras, ter uma tonalidade ligeiramente diferente ou até mesmo pontilhamento.

Tabela 12-1 — Nomes de cores da web por tom

Preto	Cor de laranja	Verde-azuladas	Roxas
branco	darkorange	aqua	blueviolet
	orange	cyan	darkmagenta
Neutras frias	orangered	darkcyan	darkorchid
darkgray	peachpuff	darkturquoise	darkviolet
darkslatefray		lightcyan	fuchsia
dimgray	**Amarelas**	ligthseagreen	lavender
gainsboro	darkgoldenrod	mediumaqua-	lavenderblush
ghostwhite	gold	marine	mediumorchid
gray	goldenrod	mediumturquoise	mediumpurple
lightgray	lemonchiffon	paleturquoise	mediumvioletred
lightslategray	lightgoldenrod-	teal	orchid
silver	yellow	turquoise	palevioletred
slategray	lightyellow		plum
snow	palegoldenrod	**Azuis**	purple
whitesmoke	yellow	aliceblue	thistle
		azure	violet
Neutras quentes	**Verdes**	blue	
antiquewhite	aquamarine	cadetblue	**Rosas**
cornsilk	chartreuse	cornflowerblue	coral
floralwhite	darkgreen	darkblue	darksalmon
ivory	darkkhaki	darkslateblue	deeppink
linen	darkolivegreen	deepskyblue	hotpink
oldlace	darkseagreen	dodgerblue	lightcoral
papayawhip	forestgreen	indigo	lightpink
seashell	green	lightblue	lightsalmon
	greenyellow	lightskyblue	magenta
Marrons/tans	honeydew	lightsteelblue	mistyrose
beige	lawngreen	mediumblue	pink
bisque	lightgreen	mediumslateblue	salmon
blanchedalmond	lime	midnightblue	
brown	limegreen	navy	**Vermelhas**
burlywood	mediumseagreen	powderblue	crimson
chocolate	mediuspring-	royalblue	darkred
khaki	green	skyblue	firebrick
moccasin	mintcream	slateblue	indianred
navahowhite	olive	steelblue	maroon
peru	olivedrab		red
rosybrown	palegreen		tomato
saddlebrown	seagreen		
sandybrown	springgreen		
sienna	yellowgreen		
tan			
wheat			

Como especificar cores pelo número

A maneira mais precisa de especificar cor é fornecer a descrição numérica da cor. Para aqueles que não estão familiarizados com a maneira através da qual os computadores lidam com cores, começarei com os fundamentos básicos antes de pular para a HTML.

Uma palavra sobre cor RGB

Os computadores criam cores que você vê em um monitor ao combinar três cores de luz: vermelha, verde e azul. Este modelo de cor é conhecido como cor RGB. Quando você mistura intensidade completa das três, elas se misturam para criar o branco (Figura 12-2, caderno colorido).

Os computadores criam cores ao combinar vermelho, verde e azul (cor RGB). A quantidade de luz em cada "canal" de cor recebe um valor de 1 a 255. Você pode especificar qualquer cor RGB ao fornecer seus valores numéricos.

Figura 12-2 (Caderno colorido)

Os monitores de computador usam o modelo de cor RGB no qual as cores são compostas de combinações de luz de vermelho, verde e azul.

Se você misturar todas as três cores em sua intensidade completa, você obtém o branco. Uma outra maneira de dizer isto é que a cor RGB é aditiva.

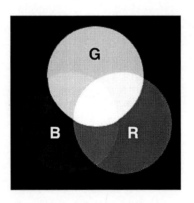

Você pode fornecer receitas (uma espécie de) para cores ao dizer ao computador as quantidades de cores a serem misturadas. A quantidade de luz em cada "canal" de cor é descrita em uma escala de 0 (nenhuma) a 255 (total). Quanto mais perto os três valores chegarem de 255, mais perto a cor resultante chega ao branco.

Logo, qualquer cor que você vir em seu monitor pode ser descrita por uma série de três números: o valor vermelho, o valor verde e o valor azul. Com o sistema de cor RGB, uma agradável cor lavanda pode ser descrita como 200, 178, 230.

Esta é uma das maneiras que os editores de imagem (como Adobe Photoshop ou JASC Paint Shop Pro) monitoram as cores. Cada pixel em uma imagem é descrito em termos de seus valores de cor RGB. Você pode usar um editor de imagem para descobrir os valores RGB para as cores que você quer usar.

Digamos que eu queira corresponder elementos em minha página da web a um certo laranja amarelado que aparece em uma de minhas imagens gráficas. Usando o Adobe Photoshop posso descobrir os valores RGB de qualquer cor em minha imagem ao posicionar o ponteiro sobre minha cor escolhida e ler os valores RGB na paleta Info (Figura 12-3, caderno colorido).

Figura 12-3 (Caderno colorido)

Como encontrar valores RGB

No Photoshop a paleta Info fornece os valores RGB quando passo o conta-gotas (ou qualquer ferramenta sobre a imagem).

Neste exemplo, quero saber os valores RGB do laranja amarelado na imagem gráfica de modo que eu possa correspondê-lo em algum outro lugar na página da web. A paleta Info me diz que ele é 250 vermelho, 213 verde e 121 azul.

Valores hexadecimais

Agora que conheço os valores RGB para minha cor laranja amarelado, devo ser capaz de colocá-los diretamente em minha HTML, certo? Infelizmente, isto não é tão simples.

Em HTML, os valores RGB devem ser fornecidos em números hexadecimais (e não decimais).

Os navegadores querem seus valores de número RGB como números hexadecimais, e não decimais. O sistema de numeração hexadecimal é de base 16 ao invés de base 10 (a base 10 é o sistema decimal com o qual estamos acostumados). Os valores hexadecimais usam 16 dígitos (0 a 9 e A a F) para compor os números. A Figura 12-4 mostra como isto funciona.

Figura 12-4

O sistema de numeração hexadecimal é de base 16.
Ele usa os caracteres 0 a 9 e A a F (para representar as
quantidades de 10 a 15).

O número decimal 32 é representado como

20

(2 dezesseis e 0 uns)

O número decimal 42 é representado como
(2 dezesseis e 10 uns)

2A

O sistema hexadecimal é usado amplamente na computação para reduzir o espaço necessário para armazenar certas informações. Por exemplo, nossos valores RGB são reduzidos de três para dois caracteres uma vez que eles sejam convertidos para valores hexadecimais ("hex").

Você pode calcular o valor hex ao dividir seu número por 16 para obter o primeiro número e depois usar o resto para o segundo número. Logo, 200 é igual a C8 porque 200=(16x12) + 8. Isto é {12,8} na base 16 ou C8 na hexadecimal. Ufa!

Ou, você pode usar uma calculadora para fazer a conversão (muito mais fácil). No Windows a calculadora padrão tem um conversor hexadecimal na visualização "Scientific". O usuários Mac podem fazer um download de uma cópia do Calculator II (ftp://ftp.amug.org/pub/mirrors/info-mac/sci/calc/calculator-ii-15.hqx). Para sua conveniência, um gráfico de decimal para hexadecimal é fornecido na Tabela 12-2 (a página a seguir).

Usarei uma calculadora para traduzir meu valor RGB laranja amarelado (R:250, G:213, B:121) para hexadecimal (Figura 12-5).

Dica

Valores hexadecimais úteis

Branco = #FFFFFF

(o equivalente a 255,255,255)

Preto = #000000

(o equivalente a 0,0,0)

Aprenda Web design

Figura 12-5

Uma vez que trabalho em um Mac estou usando o Calculator II para converter meus valores RGB para hexadecimais.

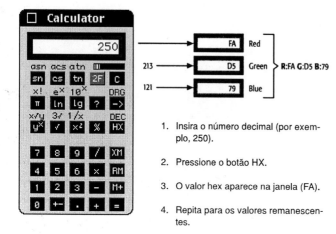

1. Insira o número decimal (por exemplo, 250).
2. Pressione o botão HX.
3. O valor hex aparece na janela (FA).
4. Repita para os valores remanescentes.

Tabela 12-2 — Equivalentes de decimal para hexadecimal

dec = hex	dec = hex	dec = hex	dec = hex	dec = hex	255 = FF
0 = 00	51 = 33	102 = 66	153 = 99	204 = CC	
1 = 01	52 = 34	103 = 67	154 = 9A	205 = CD	
2 = 02	53 = 35	104 = 68	155 = 9B	206 = CE	
3 = 03	54 = 36	105 = 69	156 = 9C	207 = CF	
4 = 04	55 = 37	106 = 6A	157 = 9D	208 = D0	
5 = 05	56 = 38	107 = 6B	158 = 9E	209 = D1	
6 = 06	57 = 39	108 = 6C	159 = 9F	210 = D2	
7 = 07	58 = 3A	109 = 6D	160 = A0	211 = D3	
8 = 08	59 = 3B	110 = 6E	161 = A1	212 = D4	
9 = 09	60 = 3C	111 = 6F	162 = A2	213 = D5	
10 = 0A	61 = 3D	112 = 70	163 = A3	214 = D6	
11 = 0B	62 = 3E	113 = 71	164 = A4	215 = D7	
12 = 0C	63 = 3F	114 = 72	165 = A5	216 = D8	
13 = 0D	64 = 40	115 = 73	166 = A6	217 = D9	
14 = 0E	65 = 41	116 = 74	167 = A7	218 = DA	
15 = 0F	66 = 42	117 = 75	168 = A8	219 = DB	
16 = 10	67 = 43	118 = 76	169 = A9	220 = DC	
17 = 11	68 = 44	119 = 77	170 = AA	221 = DD	
18 = 12	69 = 45	120 = 78	171 = AB	222 = DE	
19 = 13	70 = 46	121 = 79	172 = AC	223 = DF	
20 = 14	71 = 47	122 = 7A	173 = AD	224 = E0	
21 = 15	72 = 48	123 = 7B	174 = AE	225 = E1	
22 = 16	73 = 49	124 = 7C	175 = AF	226 = E2	
23 = 17	74 = 4A	125 = 7D	176 = B0	227 = E3	
24 = 18	75 = 4B	126 = 7E	177 = B1	228 = E4	
25 = 19	76 = 4C	127 = 7F	178 = B2	229 = E5	
26 = 1A	77 = 4D	128 = 80	179 = B3	230 = E6	
27 = 1B	78 = 4E	129 = 81	180 = B4	231 = E7	
28 = 1C	79 = 4F	130 = 82	181 = B5	232 = E8	
29 = 1D	80 = 50	131 = 83	182 = B6	233 = E9	
30 = 1E	81 = 51	132 = 84	183 = B7	234 = EA	
31 = 1F	82 = 52	133 = 85	184 = B8	235 = EB	
32 = 20	83 = 53	134 = 86	185 = B9	236 = EC	
33 = 21	84 = 54	135 = 87	186 = BA	237 = ED	
34 = 22	85 = 55	136 = 88	187 = BB	238 = EE	
35 = 23	86 = 56	137 = 89	188 = BC	239 = EF	
36 = 24	87 = 57	138 = 8A	189 = BD	240 = F0	
37 = 25	88 = 58	139 = 8B	190 = BE	241 = F1	
38 = 26	89 = 59	140 = 8C	191 = BF	242 = F2	
39 = 27	90 = 5A	141 = 8D	192 = C0	243 = F3	
40 = 28	91 = 5B	142 = 8E	193 = C1	244 = F4	
41 = 29	92 = 5C	143 = 8F	194 = C2	245 = F5	
42 = 2A	93 = 5D	144 = 90	195 = C3	246 = F6	
43 = 2B	94 = 5E	145 = 91	196 = C4	247 = F7	
44 = 2C	95 = 5F	146 = 92	197 = C5	248 = F8	
45 = 2D	96 = 60	147 = 93	198 = C6	249 = F9	
46 = 2E	97 = 61	148 = 94	199 = C7	250 = FA	
47 = 2F	98 = 62	149 = 95	200 = C8	251 = FB	
48 = 30	99 = 63	150 = 96	201 = C9	252 = FC	
49 = 31	100 = 64	151 = 97	202 = CA	253 = FD	
50 = 32	101 = 65	152 = 98	203 = CB	254 = FE	

Como usar valores RGB em HTML

Agora estamos prontos para inserir os valores RGB hexadecimais de 2 dígitos em nosso código HTML. Os valores de cor são escritos em HTML na sintaxe a seguir: "#RRGGBB" (Figura 12-6).

Figura 12-6

Como colocar valores de cor em HTML

Os valores numéricos sempre aparecem entre aspas e são precedidos por um símbolo numérico (#).

Por exemplo, se eu quiser dar à célula de uma tabela a mesma cor laranja amarelada de minha imagem gráfica de banner, uso os valores hexadecimais que calculei na Figura 12-5 depois do atributo BGCOLOR, conforme mostrado na Figura 12-7.

Figura 12-7

Ao usar minha cor laranja amarelada como a cor de fundo em uma célula de tabela, obtenho:

`<TD BGCOLOR="#FAD579">`

Resumo rápido

Foram necessárias algumas páginas para se chegar aqui, mas o processo é na realidade fácil: primeiro, encontre os valores RGB da cor que você quer usar (usar uma ferramenta de edição de imagem, ajuda), depois converta cada valor para hexadecimal e coloque-o na marca. Certifique-se de incluir a marca numérica (#).

Elementos que você pode colorir com HTML

Agora que você sabe como definir cores em HTML, vamos ver todas as coisas que você pode colorir.* Nos deparamos com eles em capítulos HTML anteriores, mas é útil dar uma olhada geral. Lembre-se, você pode usar nomes de cores ou descrições de cores hexadecimais como os valores para qualquer um destes atributos.

Configurações de cor do escopo do documento

A marca <BODY> é usada principalmente para dar estrutura a um documento HTML, mas ela também tem diversos atributos que aplicam configurações de cores para todo o documento. Você pode usar qualquer número e combinação dos seguintes atributos em uma única marca <BODY>:

<BODY BGCOLOR="color name or number">

>Estabelece uma cor de fundo sólida para todo o documento.

<BODY TEXT="color name or number">

>Especifica a cor de texto padrão para todo o documento. A cor padrão é o preto. Você pode anular a cor padrão de qualquer texto usando a marca <FONT COLOR>.

<BODY LINK="color name or number">

>Especifica a cor usada para todos os links no documento. Na maioria dos navegadores, a cor padrão é azul brilhante. Você pode anular a cor de um link individual ao usar a marca <FONT COLOR>, desde que as marcas de abertura e fechamento <FONT> estejam totalmente dentro das marcas âncora (<A>).

<BODY VLINK="color name or number">

>Define a cor para todos os links visitados no documento. Um link visitado é um que já foi clicado e seguido. Sua cor padrão na maioria dos navegadores é roxa.

De relance

As marcas e atributos a seguir aceitam valores de cor:

    <BODY BGCOLOR>
    <BODY TEXT>
    <BODY LINK>
    <BODY VLINK>
    <BODY ALINK>
    <FONT COLOR>
    <BASEFONT COLOR>
    <TABLE BGCOLOR>
    <TR BGCOLOR>
    <TD BGCOLOR>
    <TH BGCOLOR>

Como colorir links individuais

Definir a cor de link na marca <BODY> muda a cor para todos os links no documento. Se você quiser que um link seja diferente da cor de link global, use a marca <FONT> com o atributo COLOR. Para que ele funcione, as marcas de abertura e fechamento <FONT> precisam estar inteiramente dentro das marcas âncora (<A>), como mostrado aqui:

    <A HREF="foo.html"><FONT
    COLOR="seagreen">Clique
    aqui!</FONT></A>

---

* Há mais oportunidade de especificar cor usando as Folhas de estilo em cascata além da HTML; no entanto, isto está além do escopo deste livro. Uma introdução às folhas de estilo é fornecida no Capítulo 20.

<BODY ALINK="color name or number">

Define a cor para todos os links ativos. A cor de links ativos aparece apenas quando o link está no processo de ser clicado — logo, ela é uma cor transitória, mas fornece feedback visual útil para o usuário.

Como colorir texto

Você pode especificar cores para qualquer seleção de texto usando o atributo COLOR na marca <FONT> (veja Capítulo 7, para maiores informações a respeito das marcas <FONT> e <BASEFONT>):

<FONT COLOR="color name or number">

Muda a cor de qualquer quantidade de conteúdo entre as marcas container. A cor de texto definida com a marca <FONT> cancela as configurações de cor na marca <BODY>.

<BASEFONT COLOR="color name or number">

Muda a cor de todo o texto apos a marca (exceto se ele estiver em uma tabela). BASEFONT também pode ser usado para ajustar o tamanho do texto seguinte com o atributo SIZE.

Embora o atributo COLOR esteja na especificação HTML e seja suportado pelo Internet Explorer Versão 3 e acima, o Netscape Navigator não o suporta na marca <BASEFONT>. Por esta razão, definir cores de texto com este método não é confiável.

Fundos de tabela

Você pode colorir os fundos de células e tabelas usando o atributo BGCOLOR nas marcas de tabela padrão (veja Capítulo 10, para maiores informações sobre essas marcas):

<TABLE BGCOLOR="color name or number">

Aplique uma cor de fundo a todas as células em uma tabela. Este atributo é implementado de maneira diferente através de navegadores. O Microsoft Internet Explorer dá à tabela um bloco sólido de cor, enquanto que o Netscape Navigator apenas preenche o espaço da célula com cor, deixando a borda e qualquer espaçamento entre células com a mesma cor que o fundo da página, resultando em uma aparência quadriculada.

Dica

É importante observar que as configurações <FONT> e <BASEFONT> não são levadas para as tabelas, logo, se você quiser que todo o texto em uma tabela tenha uma certa cor, você precisará especificar a cor da fonte para o texto em cada célula individual.

<TR BGCOLOR="color name or number">

Aplica uma cor de fundo a cada célula naquela linha. As configurações na marca de linhas irão cancelar as configurações de cor na marca <TABLE>.

<TD BGCOLOR="color name or number">

Especifica a cor de fundo de uma célula individual. As configurações de cor na marca de célula irão cancelar as configurações de cor no nível de linha tabela.

<TH BGCOLOR="color name or number">

Especifica a cor de fundo das células do cabeçalho. Assim como acontece com as configurações <TD>, as configurações no cabeçalho irão anular as configurações em nível de linha e tabela.

A paleta da web

Se você passar algum tempo no mundo da web você certamente ouvirá o termo "paleta da web" mais cedo ou mais tarde. Ela também é chamada de "cores seguras para a web", "a paleta do Netscape" e "a paleta segura para navegadores", apenas para citar alguns nomes. Como um designer da web, é importante entender o conceito de paleta da web e suas aplicações.

O que ela é

Antes de nos aprofundarmos na paleta da web, vamos falar um pouco a respeito de paletas em geral. Uma paleta é apenas um conjunto de cores. As paletas são úteis para computadores que podem exibir apenas um número limitado de cores, como monitores de 8 bits que podem exibir um máximo de 256 cores de cada vez. Os PCs com cores de 8 bits têm uma paleta de 256 cores de sistema que eles usam para compor imagens na tela. Os Macs têm uma paleta de sistema similar.

A paleta da web é um conjunto específico de 216 cores que não irão pontilhar quando vistas em um navegador em Mac ou PC. Os principais navegadores usam cores desta paleta da web embutida quando eles estão rodando em computadores com monitores de apenas 8 bits. Pelo fato da paleta ser parte do software de navegador, esta é a maneira de garantir que as imagens gráficas terão mais ou menos a mesma aparência em todas as plataformas.

A paleta da web é um conjunto de 216 cores predefinidas que não irão pontilhar em Macs ou PCs.

> **Dica**
>
> O Capítulo 14, tem mais informações a respeito da paleta da web da maneira como ela se relaciona com a produção gráfica, incluindo com acessar amostras da paleta da web no Adobe Photoshop e Macromedia Fireworks.

A paleta da web no seu habitat natural pode ser vista na página da web para este livro em www.learningwebdesign.com. Você também pode acessar a paleta da web facilmente em ferramentas de autoria da web, normalmente de uma janela pop-up de escolha de cores (veja Dicas de ferramentas no final deste capítulo).

Você provavelmente perceberá a grande percentagem de tonalidades fluorescentes e cores de uma outra forma desagradáveis. Infelizmente pelo fato das cores na paleta da web serem selecionadas matematicamente, e não esteticamente, muitas das cores não seriam sua primeira escolha.

> ### O que torna as cores "seguras"
>
> As 216 cores da paleta da web são as cores compartilhadas pelas paletas de sistema do Windows e do Macintosh. Isto significa que as cores escolhidas da paleta da web serão renderizadas com precisão no Mac ou PC sem mudanças ou pontilhamento. É por isso que elas são chamadas de cores "seguras" para a web — elas permanecem verdadeiras em ambas as plataformas. (Infelizmente, o sistema operacional Unix foi deixado de fora desta equação.)

> A paleta da web aparece apenas em monitores de 8 bits.

Como ela funciona

Em monitores com milhões (24 bits) ou milhares (16 bits) de cores, os navegadores não precisam se referir a uma paleta para renderizar cores com precisão. Mas em monitores de 8 bits com apenas 256 cores disponíveis, muitas cores de toda a faixa visual devem ser aproximadas usando-se as cores em mãos.

Os navegadores ficam usando apenas as 216 cores da paleta da web para fazer esta aproximação. A maioria deles fornecerá as 40 cores extras das possíveis 256 da paleta de sistema do usuário.

Quando uma cor do espaço de cor completo é renderizada em um monitor de 8 bits, o navegador faz o melhor que pode para representar a cor usando cores da paleta da web. Dependendo da cor, ela pode ser mudada para o equivalente mais próximo seguro para a web ou pode ser aproximada ao misturar duas cores de uma paleta da web em um processo chamado pontilhamento (Figura 12-8). Os resultados podem ser imprevisíveis e são indesejáveis no texto e áreas de cor lisa. Em imagens de tom contínuo, como fotografias, o pontilhamento não é problema; na realidade, ele pode ser bem benéfico.

Figura 12-8

Em monitores de 8 bits com apenas 256 cores, os navegadores precisam aproximar cores que não sejam parte da paleta da web.

Mudança
Algumas cores mudarão para seu equivalente mais próximo na paleta.

`<BODY BGCOLOR="#FFAFF0">`

No arquivo HTML, especifiquei um branco-sujo quente.

No navegador ele muda para o branco comum.

Pontilhamento
Algumas cores serão pontilhadas (compostas pela mistura de cores da paleta do navegador).

Em um monitor com milhões de cores, a cor é suave.

Para usuários com monitores de 8 bits, as cores são pontilhadas.

Nomes de cores seguras

Dos 140 nomes de cores, apenas 10 representam cores da paleta da web. Elas são:

aqua	lima
preto	magenta
azul	vermelho
cyan	branco
fuchsia	amarelo

A paleta da web em números

Uma maneira importante de ver a paleta da web é através de seus valores numéricos. A paleta reconhece seis tonalidades de vermelho, seis tonalidades de verde e seis tonalidades de azul, resultando em 216 valores de cores possíveis (6 x 6 x 6 = 216). É por isso que algumas vezes ela é chamada de "cubo de cores 6 x 6 x 6".

Estas seis tonalidades em valores decimais são 0, 51, 102, 153, 204 e 255. Elas são traduzidas para 00, 33, 66, 99, CC e FF em hexadecimal. É fácil reconhecer uma cor segura para a web no código HTML porque ela é uma combinação destes seis valores: #6699FF e #0033CC são seguras para a web, #FAD579 não é.

A tabela 12-3 mostra os valores decimais, hexadecimais e de percentagem para cada um dos seis valores componentes na paleta da web.

Tabela 12-3 — Valores numéricos para as cores da paleta da Web

Decimal	Hexadecimal	Percentagem
0 (mais escuro)	00	0%
51	33	20%
102	66	40%
153	99	60%
204	CC	80%
255 (mais claro)	FF	100%

Projetar com cores da paleta da web garante que suas cores sejam sólidas e consistentes em todas as visualizações.

O que isto significa para você

Agora você sabe que quando os navegadores estão rodando em monitores de 8 bits, eles usam cores de suas paletas embutidas de 216 cores seguras para a web para aproximar as cores na página. Como isto pode ajudá-lo?

Já que você sabe exatamente que valores de cor não irão pontilhar, você pode usar a paleta da web para seu proveito ao projetar com aquelas cores. Você se antecipará ao navegador. Desta maneira, você pode se certificar de que suas cores e suas imagens gráficas tenham a mesma aparência para um número máximo de usuários. Você pode evitar que as cores mudem ou então sejam pontilhadas, o que é o resultado do remapeamento de navegador de cores para a paleta da web.

Além disso, você descobrirá que muitas empresas de design da web e seus clientes exigem que os designers usem cores da paleta da web para consistência da qualidade.

A paleta da web se aplica a todas as cores na página, especificadas em HTML ou como parte de uma imagem gráfica. Discutiremos o design de imagens gráficas com a paleta da web no Capítulo 14.

Projetar com cores da paleta da web garante que suas cores sejam sólidas e consistentes em todas as visualizações.

Dicas de ferramenta

Como acessar a paleta da web

Com tanta ênfase colocada na paleta segura para a web, ela está se tornando um recurso padrão das ferramentas de software de autoria da web. As ferramentas fornecem uma interface visual fácil para selecionar cores seguras para a web para seus elementos de página da web e elas se preocupam em fornecer o código HTML para você.

Eis aqui como você acessa a paleta da web em três dos programas de autoria mais populares.

DREAMWEAVER 3

Clicar o ícone Palete ( ) na janela Properties ou qualquer caixa de diálogo faz com que uma paleta de cores seguras para a web apareça. Escolha uma cor ao clicá-la com o ponteiro do conta-gotas (ele irá até mesmo mostrar a você os valores hex quando você passar o cursor sobre os quadrados).

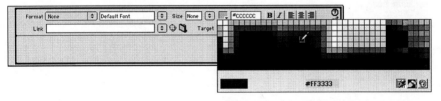

GOLIVE 4

Todas as cores são gerenciadas pela caixa de diálogo Color Palette.

Se você escolher a opção Real Web Color tab (), você pode selecionar cores da paleta da web completa. Simplesmente arraste a cor da Color Palette para o objeto destacado ou o campo para aplicar a cor.

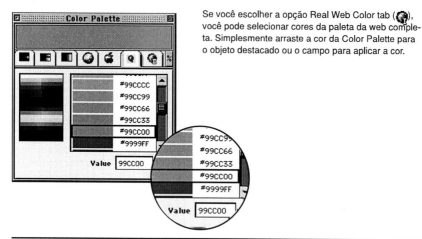

FRONTPAGE 2000

A cor pode ser aplicada da janela Properties ou da maioria das caixas de diálogo. Algumas escolhas seguras para a web são tipicamente dadas, com acesso a uma paleta segura para a web completa. Escolha uma cor ao clicar nela com o ponteiro de conta-gotas. O valor hex aparecerá quando o conta-gotas se mover sobre cada cor.

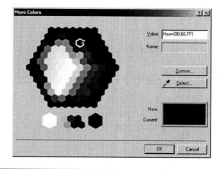

Parte III

Como criar imagens gráficas da web

Para mim — designer gráfico por profissão — fazer imagens gráficas é a parte divertida do design da web. Mas no início, precisei aprender a adaptar meu estilo e processo para fazer imagens gráficas que fossem apropriadas para a web. Os capítulos na Parte III analisam os formatos e técnicas que são parte da sacola de truques do designer da web.

Os capítulos a seguir incluem demonstrações passo a passo sobre como criar imagens gráficas da web em diversos programas gráficos populares (Adobe Photoshop 5.5, Macromedia Fireworks 3 e JASC Paint Shop Pro). Os exemplos assumem que você tenha um entendimento básico de como usar seu programa de edição de imagens para criar imagens gráficas. Se você é um iniciante na criação de imagens gráficas, recomendo que você passe algum tempo com o manual ou outros livros a respeito de seu software gráfico. Este livro se concentrará em como fazer imagens gráficas apropriadas para a web.

Nesta parte

Capítulo 13, Tudo a respeito de imagens gráficas da web

Capítulo 14, Como criar GIFs

Capítulo 15, Como criar JPEGs

Capítulo 16, GIFs animadas

Capítulo 13

Tudo a respeito de imagens gráficas da web

Eis o que você precisa saber: as imagens gráficas da web precisam ser imagens gráficas de baixa resolução salvas no formato GIF ou JPEG.

Esta fase basicamente diz tudo. Embora simples, ela toca em algumas das principais questões que irei explorar neste e nos próximos capítulos. Usarei a declaração acima como um ponto inicial para discutir os detalhes das imagens gráficas da web. Além disso, irei compartilhar algumas dicas sobre como obter imagens e criar imagens gráficas da web.

Formatos de arquivo

A Web tem sua própria sopa de letras de formatos de arquivos gráficos. Os formatos gráficos que têm sucesso na Internet são aqueles facilmente portados de plataforma para plataforma em uma rede.

Praticamente todas as imagens gráficas que você vê na web estão em um de dois formatos: GIF e JPEG. O que se segue é uma rápida introdução a cada um destes formatos.

O GIF onipresente

O arquivo GIF (Formato de Intercâmbio Gráfico) é o favorito tradicional da Internet. Os arquivos GIF são arquivos compactados que podem conter o máximo de informações de cores de 8 bits. Compactado significa que ao transformar sua imagem gráfica em um arquivo GIF, ela está passando por um processo que compacta as informações de cor no menor

Neste capítulo

Introdução aos formatos de arquivo gráfico da web

Resolução de imagem como ela se aplica às imagens gráficas da web

Dicas para manter seus tamanhos de arquivo os menores possíveis

Descrições de ferramentas gráficas populares da web

Algumas idéias para fontes de imagens

Dicas de produção de imagens gráficas

O formato GIF é o mais apropriado para imagens com áreas de cor lisa, como logos, ilustrações do tipo de desenho, ícones e art de linha (Figura 13-1, caderno colorido). Os GIFs não são eficientes ao salvar imagens fotográficas.

tamanho de arquivo possível. Cor de 8 bits significa que a imagem gráfica pode conter um máximo de 256 cores em pixel diferentes, embora possa conter menos.

Figura 13-1 (Caderno colorido)

O formato de arquivo GIF é melhor para imagens com linhas acentuadas e áreas de cor lisa.

GIFs também têm outras vantagens. Você pode tornar transparentes partes de um arquivo GIF, permitindo que sua imagem de fundo ou cor de fundo apareça. Eles também podem conter efeitos de animação simples diretamente no arquivo. A vasta maioria de banner de anúncios animados que você vê na web é de GIFs animados.

O formato de arquivo GIF é discutido em detalhes no Capítulo 14, e a animação é coberta no Capítulo 16.

O JPEG fotogênico

O esquema de compactação e a capacidade de cor viva do JPEG o tornam a escolha ideal para imagens fotográficas.

O segundo formato gráfico mais popular na web atualmente é o formato JPEG. JPEGs são imagens de cores de 24 bits; eles podem conter milhões de cores. Diferentemente do formato GIF, JPEGs usam um esquema de compactação que prefere gradiente e cores misturadas e não funciona especialmente bem em cores lisas ou imagens com bordas rígidas. O esquema de compactação e a capacidade de cor viva do JPEG o tornam a escolha ideal para imagens fotográficas (Figura 13-2, caderno colorido).

Capítulo 13 – Tudo a respeito de imagens gráficas da web | 251

Embora o esquema de compactação seja "com perdas" (significando que algum detalhe na imagem é jogado fora para obter melhor compactação), os JPEGs ainda assim oferecem excelente qualidade de imagem empacotada em arquivos menores.

Os JPEGs são discutidos em detalhes no Capítulo 15.

Figura 13-2 (Caderno colorido)

O formato de arquivo JPEG funciona melhor para imagens com cores gradientes, como fotos ou pinturas.

Como escolher o melhor formato de arquivo

Parte do truque de fazer imagens gráficas da web de qualidade que tenha um download rápido é escolher o formato de arquivo correto para o trabalho. Esta tabela fornece um bom ponto de partida:

Se sua imagem...	use...	porque...
for gráfica com cores lisas	GIF	ela será compactada com mais eficiência e manterá as cores lisas e crisp, resultando em imagens de qualidade mais alta em tamanhos de arquivos menores.
for fotográfica ou tiver gradações de cores, como pintura em watercolor	JPEG	a compactação JPEG funciona melhor em imagens com mistura de cores e pode retratar imagens com milhões de cores, resultando em qualidade de imagem melhor em tamanho de arquivos menores.
for uma combinação de arte lisa e fotográfica, como um banner com texto no fundo liso e uma pequena imagem fotográfica	GIF	na maioria dos casos, é melhor preservar suas cores lisas e bordas crisp e tolerar um pouco de pontilhamento nas bordas fotográficas do que passar toda a imagem para a compactação JPEG.
for uma fotografia do tamanho de um selo ou do tamanho de um ícone	GIF ou JPEG	embora JPEG seja melhor para imagens fotográficas, descobri que quando as dimensões da imagens são realmente pequenas, GIF normalmente cria tamanhos de arquivos menores com qualidade de imagem aceitável. É aconselhável tentar ambos e descobrir aquele que funciona melhor para sua imagem.
precisar que uma parte seja transparente	GIF	é o único formato de arquivo que suporta transparência.
precisar de animação	GIF	é o único formato que suporta animação nativa.

Felizmente, as ferramentas gráficas da web disponíveis atualmente permitem que você tenha uma prévia de sua imagem (e os tamanhos de arquivo resultantes) da maneira como ela apareceria em diferentes formatos de arquivo. Você pode até mesmo vê-las lado a lado para escolher que formato funciona melhor para sua imagem (Figura 13-3).

Capítulo 13 – Tudo a respeito de imagens gráficas da web | 253

Figura 13-3

O Photoshop 5.5 e o Fireworks 3 permitem que você tenha uma prévia da qualidade da qualidade da imagem e dos tamanhos de arquivo resultantes para diferentes formatos de arquivo. Isto pode facilitar a escolha do melhor formato de arquivo para sua imagem.

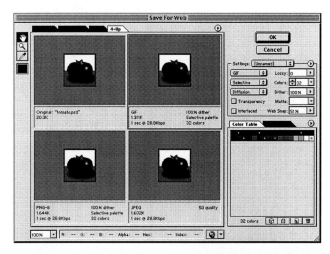

Adobe Photoshop 5.5
Select File Õ Save for Web para ter uma prévia de sua imagem e fazer um ajuste fino de suas configurações antes de exportar o arquivo final.

Macromedia Fireworks 3
No Fireworks, você tem a oportunidade de ver "4-up" diretamente na janela do documento. Use a paleta Optimize para ajustar as configurações.

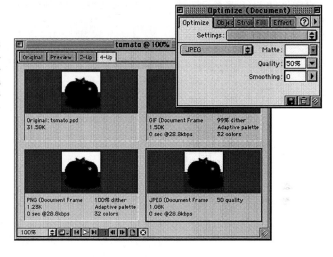

Resolução de imagem

Tanto GIF quanto JPEG são imagens baseadas em pixel, ou com bitmaps (também chamadas imagens de varredura). Quando você faz um zoom, é possível ver que a imagem é como um mosaico composto de muitos pixels (pequenos quadrados de uma única cor). Eles são diferentes das imagens gráficas de vetor que são compostas de suaves linhas e áreas preenchidas, baseadas em formulas matemáticas (Figura 13-4).

Figura 13-4

As imagens de bitmap são compostas de uma grade de pixels com cores variadas, como um mosaico.

Imagens de vetor usam equações matemáticas para definir figuras.

Se você tem usado imagens baseadas em pixels no design de impressão, como TIFFs, você está familiarizado com o termo resolução, o número de pixels por polegada que a imagem gráfica contém. Para uma impressão, uma imagem tem tipicamente uma resolução de 300 pontos por polegada (ou dpi).

Adeus polegadas, alô pixels!

Na Web as imagens precisam ser criadas em resoluções muito mais baixas; 72 dpi se tornaram o padrão de facto, mas, na realidade, toda a noção de "polegadas" e até mesmo "pontos por polegada" se torna irrelevante no ambiente da web. As imagens gráficas da web são sempre vistas em monitores de computador, que têm suas próprias resoluções, como veremos em breve. No final, a única medida significativa de uma imagem gráfica da web é o seu número real de pixels.

Como medir a resolução

Pelo fato das imagens gráficas da web existirem unicamente na tela, é tecnicamente correto medir sua resolução em pixels por polegada (ppi). Uma outra medida de resolução, dpi (pontos por polegada), se refere à resolução de uma página impressa, dependente da resolução do dispositivo de impressão.

Na prática, os termos dpi e ppi são usados intercambiavelmente (embora, incorretamente). É uma prática geralmente aceita se referir à resolução gráfica da web em termos de dpi.

As imagens gráficas da web precisam ser de baixa resolução (tipicamente 72 dpi).

Capítulo 13 – Tudo a respeito de imagens gráficas da web | 255

Quando uma imagem gráfica é exibida em uma página da web, os pixels no mapa de imagem, um a um com a resolução de exibição do monitor, e a resolução do monitor varia por plataforma e usuário. O exemplo a seguir demonstra esta questão.

Criei uma imagem gráfica que tem 72 pixels quadrados (Figura 13-5, a página a seguir). Uma vez que defini a resolução para ter 72 dpi em meu programa de edição de imagens, espero que a imagem gráfica apareça com cerca de uma polegada quadrada quando vista em meu monitor. E certamente, em meu Macintosh, isto é aproximadamente correto.

Mas o que acontece quando esta mesma imagem gráfica é exibida no monitor de uma outra pessoa — um com a configuração de resolução muito mais alta? Vamos dar uma outra olhada na minha imagem gráfica de "uma polegada".

Figura 13-5

O tamanho de uma imagem depende da resolução do monitor.

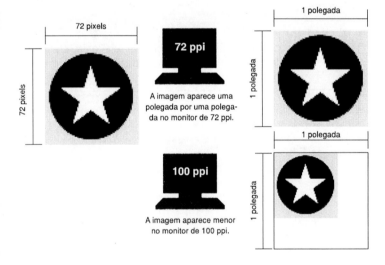

A única medida verdadeira para imagens gráficas da web é número de pixels.

De repente, minha imagem gráfica de uma polegada quadrada tem menos de três quartos de polegada quadrada porque os mesmos 72 pixels estão mapeando um a um através de uma resolução que é próxima de 100 pixels por polegada. Por esta razão é inútil considerar "polegadas" na web. Tudo isto é relativo. E sem as polegadas, toda a noção de pontos por polegada também é basicamente jogada no lixo. A única coisa que sabemos com certeza é que a imagem gráfica tem 72 pixels de comprimento, e que terá uma largura duas vezes maior do que uma imagem gráfica que tenha 36 pixels de comprimento, por exemplo.

Depois deste exemplo, fica bem claro porque imagens gráficas digitalizadas ou criadas em resoluções mais altas (como 300 dpi) são inadequadas para a Web. Em resoluções mais altas é típico que as imagens tenham diversos milhares de pixels. Com as janelas de navegador com uma largura de 600 pixels todos estes pixels são desnecessários e resultará em imagens gráficas que são enormes uma vez mostradas na janela do navegador (Figura 13-6).

Imagens gráficas de alta resolução (por exemplo, 300 dpi) são inadequadas para a Web.

Como trabalhar em baixa resolução

Apesar do fato de que resolução é irrelevante, praticamente todo mundo cria imagens gráficas da web em 72 dpi porque é aproximadamente a média para o número correto de pixels. O problema de trabalhar com resolução tão baixa é que a qualidade de imagem é menor porque não há muita informação de imagem em um dado espaço. Isto tende a tornar a imagem um pouco mais granulada ou pixelizada e, infelizmente, esta é a natureza da Web.

Figura 13-6

Esta imagem de 3 polegadas quadradas se ajusta perfeitamente na janela de navegador a 72 dpi...

...mas, a 300 dpi, a maior parte da imagem fica fora da área visível da janela do navegador.

Quanto tempo demora?

É impossível dizer exatamente quanto tempo o download de uma imagem gráfica irá demorar na Web. Depende de muitos fatores, incluindo a velocidade da conexão do usuário, a velocidade do computador do usuário, a quantidade de atividade no servidor da web e a quantidade geral de tráfego na própria Internet.

A regra geral é calcular que uma imagem gráfica levará 1 segundo por kilobyte (K) em uma conexão de modem padrão (digamos, a 28,8Kbps). Isto significaria que uma imagem gráfica de 30K levaria 30 segundos para sofrer o download, um tempo muito longo para ficar olhando para a tela de seu computador doméstico. Use esta diretriz de 1seg/K apenas para obter uma estimativa para o menor denominador comum. Tempos reais podem ser muito melhores ou muito piores.

Tamanho de arquivo é importante

Uma página da web é publicada em uma rede e precisará ser transmitida com muita rapidez, como pequenos pacotes de dados a fim de alcançar o usuário final. Portanto, é bem intuitivo que quantidades maiores de dados exigirão um tempo maior para chegar. E adivinhe que parte de uma página da web é o maior consumidor de largura de banda — é isso mesmo, as imagens gráficas. Colocado de uma maneira simples, imagens gráficas grandes significam prolongados tempos de download.

Portanto, nasce, assim, o relacionamento amor/ódio com imagens gráficas na web. Por um lado, as imagens gráficas podem fazer com que uma página da web possa parecer mais interessante do que uma página com apenas texto. A habilidade de exibir imagens gráficas é um dos fatores que tornam a Web o primeiro segmento na Internet a explodir em popularidade de massa. Por outro lado, as imagens gráficas também testam a paciência de quem está navegando, esperando e esperando pelo download das imagens e sua exibição na tela.

O usuário tem três escolhas: ter paciência e esperar, desativar a função de download de imagens gráficas do navegador e ler a página apenas de texto ou clicar o botão "Back" e navegar em outro lugar.

Apesar do surgimento de conexões de alta largura de banda nas residências (como DSL e modems a cabo), a conexão de modem dial-up de 28,8 ou 56Kbps ainda é algo muito presente atualmente. A regra de ouro do design da web permanece "Mantenha o tempo de download o menor possível".

Na realidade, muitos clientes corporativos definirão um limite de kilobyte (chamado de limite-K) que a quantidade de todos os arquivos em uma página não pode exceder. Conheço um site corporativo que define seu limite em 15K por página (isto inclui o arquivo HTML e todas as imagens gráficas combinadas!). Similarmente, muitos sites insistem que banners de propaganda não sejam maiores que 6 ou 7K. Mesmo se o ato de manter arquivos pequenos não seja uma prioridade para você, pode ser para seus clientes.

Depende dos designers da web serem sensíveis a esta questão em geral e se preocupar com os arquivos gráficos em particular. Eis algumas estratégias.

Limite as dimensões

Embora seja bem obvio, a maneira mais fácil de manter baixo o tamanho de arquivo é limitar as dimensões da própria imagem gráfica. Não há qualquer número mágico; apenas não faça imagens gráficas maiores do que elas precisam ser.

Ao simplesmente eliminar espaço extra na imagem gráfica na Figura 13-7 pude reduzir o tamanho do arquivo em 3K.

Projete para compactação

Uma das maneiras chave de tornar seus arquivos os menores possíveis, é se aproveitar dos esquemas de compactação. Por exemplo, uma vez que sabemos que a compactação GIF gosta de cores lisas, não projete imagens GIF com mistura de cores gradientes quando uma cor lisa será suficiente. E já que sabemos que JPEGs gostam de transições suaves e não gostam de bordas rígidas, você pode estrategicamente tentar embaçar imagens que serão salvas no formato JPEG. Essas técnicas são discutidas nas seções "Otimizar" dos capítulos sobre GIF e JPEG.

Figura 13-7

Você pode reduzir o tamanho de seus arquivos simplesmente ao recortar espaço em branco extra.

600x200 pixels (13K)

500x136 pixels (10K)

Reutilize e recicle

Uma maneira de limitar o tempo de download é se aproveitar do cache de seu navegador e reutilizar suas imagens gráficas. Eis como isso funciona.

Ao navegar pela Web, é típico se deslocar de um lado para outro entre documentos, freqüentemente voltando para o mesmo documento repetidamente. Não faz sentido para o navegador pedir a um servidor o mesmo documento seguidamente; ao invés disso, o navegador retém uma cópia dos documentos mais recentemente acessados, caso você retorne para eles. Isto é chamado de criação de cache e o local onde estes arquivos são temporariamente armazenados é chamado de cache.

Você pode se aproveitar do cache do navegador ao reutilizar as imagens gráficas sempre que possível em seu site. Desta maneira, cada imagem gráfica precisará download apenas uma vez, acelerando a exibição das páginas subseqüentes (Figura 13-8).

O único truque é que cada instância da imagem gráfica deve ter exatamente o mesmo URL na sua marca <IMG>; ou seja, deve ser uma única imagem gráfica em um único diretório. Se você fizer cópias de uma imagem gráfica e colocá-las em diferentes diretórios, mesmo o arquivo tendo o mesmo nome, o navegador fará um novo download ao ver o novo nome do caminho.

Ferramentas do negócio

As ferramentas gráficas da web vêm de muito longe, desde quando comecei a fazer imagens gráficas da web em 1993. Naquela época, tínhamos que nos contentar com ferramentas projetadas para imagens de impressão e nos baseávamos em utilitários limitados para adicionar recursos específicos da web, como transparência.

Mas, com a explosão da web e a demanda que ela coloca sobre os designers, os programadores de software responderam rapidamente e competitivamente para atender os requisitos específicos dos designers da web.

O que se segue é uma rápida introdução às ferramentas gráficas mais populares dentre os designers da web profissionais. Ela não é de modo algum uma lista das ferramentas da web que existem por aí. Há muitos programas gráficos bons que acionam arquivos GIF e JPEG; se você encontrou um que serve para você, isto é ótimo.

Figura 13-8
A imagem gráfica é solicitada, sofre download, é visualizada e armazenada no cache de computador local.

Você pode acelerar a exibição da página ao reutilizar imagens gráficas. O navegador faz o download da imagem gráfica apenas uma vez e se baseia no cache para solicitações subseqüentes.

Adobe Photoshop/ImageReady. Sem dúvida, o padrão da industria para a criação de imagens gráficas da web é o Adobe Photoshop. Ela é a ferramenta de escolha de todos os designers gráficos com os quais me deparei. Com a Versão 5.5 a Adobe introduziu muitos recursos específicos da web como uma opção "Save to Web" que mostra prévias de sua imagem gráfica em diferentes formatos de arquivo e em diferentes taxas de compactação. Ela também oferece paleta avançada e controle de pontilhamento para arquivos GIF.

Quando este livro estava sendo escrito, o Photoshop vinha com o software ImageReady da Adobe para fazer truques especiais da web, como efeitos de rollover e animação (o programa escreve o código JavaScript necessário para você). O ImageReady também fornece ferramentas sofisticadas para otimizar o tamanho do arquivo de imagem.

Muitas firmas de desenvolvimento da web na realidade exigem que seus designers e freelancers criem suas imagens gráficas usando Photoshop e ImageReady. Se você estiver interessado em fazer imagens gráficas profissionalmente, recomendo o Photoshop imediatamente.

JASC Paint Shop Pro. Se você trabalha em um PC ou dentro de um orçamento, você pode querer testar o Paint Shop Pro, que tem muitos dos mesmos recursos do Photoshop, mas a um custo muito mais baixo (apenas 99 dólares na época em que este livro estava sendo impresso). Ele vem com o Animation Shop 2 para a criação de GIFs animados.

Macromedia Fireworks. Este é um dos primeiros programas gráficos a ser projetado para tratar dos requisitos especiais das imagens gráficas da web. Ele tem ferramentas para criação de imagens de vetor (baseadas em linha) e de varredura (baseadas em pixel). Dentre seus muitos impressionantes recursos encontra-se o texto editável, efeitos "ao vivo" que podem ser editados a qualquer momento, prévias de exportação lado a lado, recursos de animação, botões rollover, ferramentas avançadas de recorte de imagens e muito mais, tudo em um programa.

Encontre-a online

Para maiores informações e versões de teste gratuitas do software mencionado aqui, verifique os web sites destas empresas:

Adobe Systems, Inc.
www.adobe.com

Macromedia, Inc.
ww.macromedia.com

JASC Software
www.jasc.com

Isto elimina a necessidade de se alternar entre um programa de desenho, um programa de edição de bitmaps e utilitários da web especializados. A curva de aprendizado é bem íngreme (particularmente se você estiver acostumado à interface da Adobe), mas, uma vez que me acostumei com ela, descobri que poderia usá-la para praticamente todas as minhas imagens gráficas da web (embora, deva admitir que ela não tornou o Photoshop completamente obsoleto).

Adobe Illustrator; Macromedia Freehand. Listo esses programas juntos, pois eles são programas de desenho de vetor populares. Muitos designers da web começam seus designs em um programa de desenho, pois as ferramentas são ideais para criar as imagens gráficas simples, que são adequadas para a Web. Embora estes programas tenham a habilidade de salvar diretamente para o formato GIF, os designers normalmente abrem seus desenhos em uma ferramenta gráfica da web para processamento final.

O programa que você usar é uma questão de preferência; no entanto, não é incomum que um cliente insista que seus designers e profissionais freelance usem uma ou outra para garantir coerência na qualidade gráfica ao longo do site.

Fontes de imagens

Sabemos que as imagens gráficas precisam ser GIF ou JPEG e vimos algumas das ferramentas usadas para fazê-las, mas, por onde começamos? De onde essas imagens gráficas vêm?

Adquirir imagens para usar em imagens gráficas da web é o mesmo que encontrá-las para impressão, com algumas considerações extras. Vamos ver algumas das fontes possíveis para arte final para aperfeiçoar suas páginas.

Como digitalizar

Digitalizar é uma ótima maneira de coletar material original para as imagens gráficas da web. Você pode digitalizar praticamente qualquer coisa, desde arte lisa a objetos em 3-D. No entanto, tenha cuidado com a tentação de digitalizar e usar imagens encontradas. Tenha em mente que a maioria das imagens que você encontra provavelmente têm direitos autorais protegidos e não podem ser usadas sem permissão, mesmo se você modificá-las consideravelmente. Lembre-se que milhões de pessoas têm acesso à Web e usar imagens para as quais você não tem permissão pode colocar você e seu cliente em risco.

Câmeras digitais

Você pode capturar o mundo ao seu redor e colocá-lo diretamente em um programa de edição de imagens com uma câmera digital. Uma vez que a Web é um ambiente de baixa resolução, você não precisa de uma câmera sofisticada de alta resolução para fazer o trabalho. No entanto, esteja ciente de que as câmeras digitais compactam as imagens (normalmente usando compactação JPEG), logo, você estará começando com originais com uma qualidade ligeiramente menor. Sempre que você aplica compactação JPEG a uma imagem, a qualidade sofre.

Ilustração eletrônica

Em muitos casos, você pode criar suas imagens do zero em um programa gráfico como Illustrator, Fireworks ou Photoshop. Como gosto de ilustração, freqüentemente crio minhas próprias imagens em um programa de desenho usando uma mesa de digitalização de desenho e estilo. Se estiver usando um programa de bitmap (como o Photoshop), crie um arquivo novo com 72 dpi que seja grande o suficiente para eu possa incluir figuras e texto de diversas formas (é sempre possível recortar mais tarde). Também algumas vezes uso um programa de vetor como o Freehand ou Illustrator para criar ilustrações que levo para o programa de bitmap. Estas ferramentas tornam a edição e o dimensionamento de figuras muito mais fácil do que lidar com pixels. Elas também podem fazer efeitos de tipo interessantes que não podem ser feitos no Photoshop, como a edição de formatos de caracteres e colocação de tipo em uma curva.

Clip-art e arquivos de fotos

Se você não quiser gerar imagens do zero, isto também pode ser feito. Há diversas coleções de fotos prontas, ilustrações e botões disponíveis. Atualmente há coleções inteiras de clip-art disponíveis especificamente para uso da web.

Uma ida à sua loja de software local ou o ato de folhear as páginas de um catálogo de software, certamente lhe propiciará coleções de imagens sem royalties (muitas apresentando mais de 100.000 peças de arte).

Há também diversos ótimos recursos online, e a boa notícia é que alguns destes sites estão dando imagens gráficas gratuitamente. O problema é que muitas delas têm qualidade

Dicas sobre digitalização

Se você estiver digitalizando imagens para uso na Web, estas dicas lhe ajudarão a obter imagens de melhor qualidade:

- Suas imagens finais devem estar em uma resolução de 72 dpi. Para a maioria das imagens você pode digitalizar diretamente em 72 dpi. Digitalizar em uma resolução ligeiramente mais alta (digamos, 100 dpi) pode lhe dar mais flexibilidade para redimensionamento (particularmente para imagens muito pequenas) porque você terá mais pixels com os quais trabalhar. No entanto, no final, é o número de pixels que conta e 72 dpi é a resolução padrão.

- Recomendo digitalizar imagens em preto e branco no modo de escala de cinza (8 bits), e não no modo preto e branco (2 bits ou bitmap). Isto permite que você faça ajustes nas áreas de meio tom uma vez que você tenha dimensionado a imagem para sua resolução e dimensões finais. Se você realmente quiser apenas pixels em preto e branco, converta a imagem como uma etapa final.

- Se você estiver digitalizando uma imagem que tenha sido impressa, você precisará eliminar o padrão de pontos que é o resultado do processo de impressão. A melhor maneira de fazer isto é aplicar um ligeiro embaçamento à imagem (no Photoshop, use o filtro Gaussian Blur), redimensionar a imagem para um tamanho ligeiramente menor e depois aplicar um filtro de nitidez. Isto eliminará os pontos.

Roubo não é correto

Não é ético (sem mencionar que é ilegal) usar imagens com direitos autorais protegidos que não pertencem a você ou pelas quais você não pagou licença. Não "pegue emprestadas" imagens gráficas dos web sites de outras pessoas ou digitalize imagens encontradas e considere-as suas.

Mesmo se você comprou uma foto ou uma coleção de CD de clip-art, certifique-se de ler as informações de licen-ciamento cuidadosamente para ver se há encargos adicionais para uso comercial.

Se você estiver procurando material de imagem gratuita, use os recursos apropriados e procure as palavras mágicas: "unrestricted" e "royalty-free".

---

precária. Os sites a seguir são bons pontos de partida para acessar milhares de imagens gráficas gratuitas:

A + Art

www.aplusart.com

    Ícones, fundos, botões, animações e muito mais

Web Clip-Art Links Page (cortesia da The Mining Co.)

webclipart.miningco.com/internet/webclipart/

    Centenas de links relacionados a clip-art

Se você estiver fazendo trabalho profissional com um orçamento profissional, você deve considerar estes recursos online para imagens e ilustrações:

PictureQuest

www.picturequest.com

    Este site apresenta cerca de 100.000 imagens de qualidade profissional de uma variedade de empresas de imagem, incluindo PhotoDisc, Corbis e muitas outras.

ArtToday

www.arttoday.com

    A ArtToday tem bibliotecas gratuitas e para assinantes de ilustrações e imagens de qualidade.

Dicas de produção de imagens gráficas

No decorrer dos anos peguei alguns truques básicos para produzir imagens gráficas de web que se aplicam a todos os formatos de arquivo. Irei compartilhá-los com você agora. Outras técnicas específicas de formato podem ser encontradas nos capítulos 14, 15 e 16.

Trabalho no modo RGB

Você deve sempre fazer seu trabalho de edição de imagem no modo RGB (a escala de cinza é boa, mas para imagens sem cor) independentemente da imagem gráfica acabar sendo um JPEG ou GIF. Os arquivos JPEG apenas compactam a imagem de cor RGB diretamente. Para os GIF, você deve converter a imagem de cor RGB para cor indexada primeiro antes de salvá-la (discutiremos isto com mais detalhes no Capitulo 14).

Se você tiver experiência com a criação de imagens gráficas para impressão, você pode estar acostumado a trabalhar no modo CMYK (cores impressas são compostas de tinta azul esverdeado, magenta, amarela e preta), mas a tinta — e o modo CMYK — é irrelevante no design da web.

Use texto suavizado

Em geral, criar imagens gráficas para a Web com aparência profissional, você deve usar objetos e texto suavizado. A suavização é o ligeiro embaçado usado em bordas curvas para fazer transições mais suaves entre as cores. Bordas serrilhadas, por outro lado, são maciças e têm formato de escada. A Figura 13-9, caderno colorido, mostra o efeito do serrilhado (parte superior) e suavização (parte inferior). Você encontrará um controle para ativar e desativar a suavização (ou selecionar um determinado tipo de suavização, no caso do Photoshop) com a ferramenta de texto em seu programa gráfico.

**Figura 13-9
(Caderno colorido)**

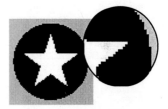

A exceção a esta diretriz é o texto bem pequeno (10 pontos ou menor), para os quais as bordas suavizadas embaçam os caracteres até o ponto da ilegibilidade. Texto em tamanhos menores produz resultados muito melhores quando é serrilhado.

Imagens e texto serrilhado têm bordas em formato de escada.

O único problema com as bordas suavizadas é que elas aumentam o número de cores em sua imagem, o que pode potencialmente aumentar o tamanho do arquivo. Em geral, o benefício na aparência compensa os bytes extras, mas você deve estar ciente de que há este problema.

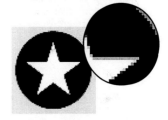

Salve seu trabalho

Assim como você o faria para qualquer outro design de desktop, é uma boa idéia salvar seu trabalho com freqüência. Se você estiver criando sua imagem gráfica em um arquivo em camadas do Photoshop, certifique-se de salvar a versão em camadas separada do arquivo GIF ou JPEG "plano". É muito mais fácil fazer as mudanças inevitáveis no arquivo com camadas.

Imagens e texto suavizados têm bordas embaçadas para fazer transições mais suaves.

Nomeie os arquivos adequadamente

Certifique-se de usar as extensões de arquivo adequadas para seus arquivos gráficos. Todos os arquivos GIF devem ser nomeados com o sufixo .gif. Os arquivos JPEG devem ter .jpeg ou .jpg como sufixo. Mesmo se seus arquivos forem salvos no seu formato correto, o navegador não irá reconhecê-los sem o sufixo adequado.

Considere outros usos finais

Um dos problemas da criação de arquivos em baixa resolução é que eles parecem terríveis na impressão. Normalmente, as resoluções de 300 dpi ou acima são necessárias para impressão suave, portanto, os 72 pontos por polegada de uma imagem gráfica da web apresentarão uma imagem impressa maciça e manchada.

Se você prevê que precisa de imagens (como logos ou ilustrações importantes) para peças impressas, assim como para sua página da web, faz sentido criar primeiro a imagem em alta resolução, salvá-la e depois criar uma duplicata em um tamanho apropriado para a web. Sempre que possível, tente se aproveitar dos programas de desenho para criar logos no formato de vetor; eles podem ser redimensionados infinitamente sem perda de qualidade e depois, apresentados na resolução desejada.

Destaques de imagens gráficas da web

Eis alguns dos pontos principais deste capítulo que você deve ter em mente ao criar imagens gráficas da web:

- Salve imagens com áreas lisas de cor e bordas rígidas no formato GIF.
- Salve imagens fotográficas no formato JPEG.
- Imagens com uma combinação de áreas gráficas lisas e material fotográfico são normalmente melhor salvas no formato GIF.
- Imagens gráficas da web devem ser imagens de bitmaps de baixa resolução.
- Imagens gráficas da web devem ser criadas no modo de cor RGB (e não CMYK).
- A única medida significativa para as imagens gráficas da web é o pixel.

Onde aprender mais

Técnicas gráficas avançadas

Uma vez que você tenha dominado os fundamentos básicos, você pode querer continuar a aprender técnicas gráficas avançadas. Os livros a seguir são altamente recomendados.

Photoshop for the Web, Second Edition, de Mikkel Aaland (O'Reilly, 2000) Este livro está repleto de exemplos passo a passo e exemplos do mundo real para fazer as melhores imagens gráficas da web usando o Adobe Photoshop. A nova edição cobre a Versão 5.5 e ImageReady 2.0.

Designing Web Graphics, Third Edition, de Linda Weinman (New Riders Publishing, 1999)

Este é um tesouro de dicas e técnicas de imagens gráficas da web e inclui demonstrações claras passo a passo.

- Imagens podem ser criadas do zero, digitalizadas, obtidas através de uma câmera digital ou de uma biblioteca de clip-art.
- As ferramentas profissionais mais populares para a criação de imagens gráficas da web são Adobe Photoshop (com o ImageReady) e Macromedia Fireworks.

Capítulo 14

Como criar GIFs

Se você quiser fazer páginas da web, planeje se familiarizar com a criação de GIFs. Embora a criação de GIFs básicos seja simples, a criação de GIFs de qualidade profissional exige atenção extra para questões de transparência, otimização e a paleta da web, como veremos neste capítulo. Felizmente, essas tarefas são simplificadas com as ferramentas gráficas prontas para a web que temos atualmente.

Antes de nos aprofundarmos na criação de GIFs, lhe darei uma explicação mais detalhada sobre como os GIFs funcionam e as coisas que você pode fazer com eles. No processo, apresentarei alguma terminologia que facilitará a utilização das ferramentas gráficas.

Neste capítulo

Características chave do formato de arquivo GIF

Como criar um GIF simples, passo a passo

Como adicionar transparência

Otimização de GIFs

O design de imagens gráficas com a paleta da web

Tudo a respeito de GIFs

A vasta maioria das imagens gráficas que você vê na web hoje é de arquivos GIF (Formato de Intercâmbio Gráfico). Embora não projetado especificamente para a Web, o formato foi rapidamente adotado pela sua versatilidade, pequenos tamanhos de arquivo e compatibilidade através de varias plataformas. Até hoje, ele é o único formato que é universalmente suportado por todos os navegadores gráficos, independentemente de versão. Se você quiser ter certeza absoluta de que todos verão sua imagem gráfica, faça dela um GIF.

Pelo fato do esquema de compactação GIF ser excelente na compactação de cores lisas, ele é o melhor formato de arquivo para usar para imagens com áreas de cor lisa, como logos, arte de traços, imagens gráficas contendo texto, ícones etc. Embora você possa salvar qualquer imagem como um GIF, você descobrirá que ele não é tão eficiente ao salvar fotografias ou imagens com muita textura. (Elas são mais bem salvas como JPEGs, como discutido no Capítulo 15.

A Figura 14-1, caderno colorido e a página seguinte, mostram alguns exemplos de imagem que são apropriadas para o formato GIF.

Figura 14-1 (Caderno colorido)

O formato GIF é ótimo para imagens gráficas compostas, principalmente de cores lisas e bordas rígidas.

Cor indexada de 8 bits

Todos os GIFs são imagens de cores indexadas com um máximo de informações de cores de 8 bits.

Simplesmente falando, todos os GIFs são imagens de cores indexadas com um máximo de informações de cores de 8 bits. Vamos explicar melhor.

A expressão cores indexadas significa que todas as cores em pixels na imagem são armazenadas em uma tabela de cores (também chamada de paleta). A tabela serve como um índice numérico (uma espécie de) para as cores na imagem (Figura 14-2, caderno colorido). Pelo fato de você poder salvar uma imagem gráfica como um GIF, você precisa converter a imagem RGB para o modo Indexed Color (algumas ferramentas fazem isto para você automaticamente quando você seleciona "GIF" como o formato de arquivo).

Figura 14-2 (Caderno colorido)

As cores em uma imagem de cor indexada são armazenadas e referenciadas por uma tabela de cores. A tabela de cores (também chamada de paleta) pode conter um máximo de 256 cores (8 bits).

Nesta figura vemos a tabela de cores para a imagem gráfica de um banner de OVNI.

Cor de 8 bits significa que a imagem (e sua tabela de cores) pode conter um máximo de 256 cores — o número máximo que 8 bits de informação podem definir (2^8=256). Os GIFs também podem ter profundidades de bits menores, resultando em menos cores e tamanhos de arquivos menores. Isto será discutido mais tarde, na seção "Otimização de GIFs", neste capítulo.

Ao criar GIFs, você freqüentemente entra em contato direto com a tabela de cores para aquela imagem.

Compactação GIF

A compactação GIF é fácil de entender. Primeiro, ela é "sem perdas", o que significa que nenhuma informação da imagem é sacrificada a fim de compactar a imagem. Segundo, ela usa um esquema de compactação (chamado "LZW") que compacta a imagem linha a linha. Quando ele atinge uma linha de pixels que tenham a mesma cor, ele pode compactar isto em uma descrição de dados. É por isso que imagens com grandes áreas de cores lisas condensam mais do que imagens com texturas (Figura 14-3).

GIFs compactam imagens linha a linha. Linhas de cores em pixels idênticos condensam mais eficientemente e resultam em um tamanho de arquivo menor.

Figura 14-3

Uma demonstração simples de compactação GIF

O esquema de compactação GIF condensa pixels em linhas. Quando ele atinge uma longa cadeia de pixels da mesma cor, ele pode salvar esta informação em uma única descrição.

descrição="14 teal"

Em uma imagem com gradações de cor, ele tem que armazenar informação para cada pixel na linha. Quanto mais longa a descrição, maior o tamanho de arquivo.

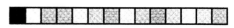

descrição="1 teal", "1 light teal", "2 medium teal", etc.

Isto leva a algumas características de design interessantes para os GIFs. Por exemplo, imagens com listras horizontais serão menores do que a imagem de mesmo tamanho com listras verticais. Você também pode reduzir o tamanho de uma imagem ao adicionar linhas alternadas de cor sólida. Estas técnicas são discutidas na Seção "Otimização de GIFs" mais adiante neste capítulo.

Transparência

Figura 14-4

A transparência permite que todo o fundo listrado apareça através da imagem gráfica. A imagem no topo usa transparência; a imagem na parte inferior não usa.

Uma das coisas mais interessantes a respeito de GIFs é que você pode tornar transparentes partes das imagens e permitir que a cor ou imagem de fundo apareça. Todas as imagens gráficas com bitmaps (incluindo GIFs) são retangulares por natureza, mas com a transparência você pode criar a ilusão de que sua imagem gráfica tem um formato mais interessante (Figura 14-4). A transparência é discutida em detalhes mais adiante neste capítulo, na Seção "Como adicionar transparência".

Entrelaçamento

O entrelaçamento é um efeito que você pode aplicar a um GIF que faz o download de imagem em uma série de passagens. Cada passagem é mais clara que a passagem anterior até que o GIF esteja totalmente renderizado na janela do navegador (Figura 14-5). Sem o entrelaçamento, alguns navegadores podem esperar até que a imagem inteira tenha sido transferida antes de exibir a imagem. Outros podem exibir a imagem algumas linhas de cada vez, de cima para baixo, até que toda a imagem esteja completa.

Em uma conexão rápida, estes efeitos (entrelaçamento ou atrasos de imagem) podem não ser perceptíveis. No entanto, em conexões de modem lentas, o entrelaçamento de imagens grandes pode ser uma maneira de fornecer uma idéia da imagem que está por vir enquanto é feito o download de toda a imagem. Se a imagem for usada como um mapa de imagem, o usuário pode até mesmo clicar em uma parte da imagem e seguir em frente antes que ela esteja completamente transferida.

O fato de você entrelaçar ou não é sua decisão de design. Minha regra é que para imagens gráficas pequenas isto provavelmente não é necessário, mas para imagens grandes, particularmente aquelas usadas como mapas de imagem, o entrelaçamento vale a pena.

Figura 14-5

GIFs entrelaçados são exibidos em uma série de passagens, cada uma mais clara do que a passagem anterior.

Animação

Um outro recurso diretamente embutido no formato de arquivo GIF é a habilidade de exibir animações simples (Figura 14-6). Uma vez que você crie todos os quadros separados de sua animação, há ferramentas gráficas da web que facilitam salvá-las como um único GIF animado. Iremos explorar GIFs animados no Capítulo 16.

Figura 14-6

Todos os quadros nesta animação simples estão contidos dentro de um arquivo GIF.

Como criar um GIF simples, passo a passo

Agora que sabemos o que GIFs podem fazer, vamos fazer um. Este primeiro exemplo será bem básico; trataremos das coisas sofisticadas como transparência e otimização mais tarde.

Quando a Web se tornou popular e a demanda por imagens gráficas GIF chegou às nuvens, as empresas de software foram rápidas em sua resposta. Agora, virtualmente todos os programas gráficos têm alguma funcionalidade básica para salvar GIF. Não há como demonstrar todas elas aqui, logo, ficarei com as ferramentas mais populares usadas pelos designers da web: Adobe Photoshop, Macromedia Fireworks e JASC Paint Shop Pro (um programa de imagem apenas do Windows barato, similar ao Photoshop).

Independentemente da ferramenta você use, salvar uma imagem como GIF envolve estas etapas básicas:

1. Comece com uma imagem de baixa resolução (72 dpi) no modo de cor RGB.

2. Faça sua edição de imagem (redimensionamento, recorte, correção de cores etc) enquanto a imagem ainda está no modo RGB.

3. Quando você tiver sua imagem do jeito que quer, converta-a para cor indexada (será pedido primeiro que você alise a imagem se ela tiver camadas). Se

você estiver usando uma ferramenta gráfica da web, a imagem será convertida para cor indexada automaticamente quando você selecionar "GIF" das opções de formato.

Será pedido que você selecione uma paleta que será aplicada à imagem quando as cores forem reduzidas. A nota lateral "Paleta de cores" descreve as várias opções de paleta.

4. Depois que você tiver selecionado suas configurações desejadas, salve ou exporte o GIF.

Uma observação importante: certifique-se de manter a imagem RGB original caso você precise fazer mudanças mais tarde. É preferível editar no modo de cor RGB e depois exportar para GIF, como foi feito na última etapa.

No Adobe Photoshop

Há, na realidade, algumas maneiras de criar um GIF dentro do Photoshop. Se você tiver a versão 5.5 ou acima, recomendo se aproveitar do versátil recurso "Save for Web" (Figura 14-7). Em todas as versões depois da 3.0, você pode fazer um simples "Save as" e selecionar o formato GIF (Figura 14-8). Demonstrarei ambos os métodos aqui.

Paletas de cores

Todas as imagens de cores indexadas de 8 bits usam uma paleta para definir as cores na imagem e há diversas paletas padrão dentre as quais você pode escolher dentro dos programas gráficos populares:

Exata. Cria uma paleta personalizada a partir das cores reais na imagem se a imagem já tiver menos de 256 cores.

Adaptativa. Cria uma paleta personalizada usando as cores em pixels mais freqüentemente usadas na imagem.

Web. Aplica a paleta de web de 216 cores (discutido mais adiante neste capítulo) à imagem.

continua...

Figura 14-7   Como salvar um GIF com o recurso "Save for Web" no Photoshop 5.5

❶ Abra o arquivo e faça qualquer edição de imagem necessária à imagem original.

❷ Quando você estiver pronto para salvar uma versão GIF de sua imagem, selecione "Save for Web" do menu File.

❸ Na caixa de diálogo Save for Web, primeiro selecione o GIF do menu suspenso de formatos (A), depois selecione uma paleta (B), o número de cores (C) o tipo de pontilhamento (difusão é o melhor) e a quantidade (D) e se você gostaria que a imagem fosse entrelaçada (E).

Esta caixa de diálogo também pode ser usada para definir transparência e controlar cuidadosamente cores seguras para a web.

❹ Quando você tiver acabado, clique OK e dê um nome ao arquivo que termine com o sufixo .gif.

Paletas de cores (continuação)

Perceptiva. "Cria uma tabela de cores personalizadas ao dar prioridade às cores para as quais o olho humano tem maior sensibilidade" (manual do Photoshop 5.5).

Seletiva. "Cria uma tabela de cores similar à tabela de cores Perceptiva, mas favorecendo áreas amplas de cor e a preservação das cores da Web... normalmente produzindo imagens com a maior integridade de cor" (manual do Photoshop 5.5).

Uniforme. Cria uma paleta que contém uma amostra de cores uniformemente graduadas do espectro RGB.

Sistema (Windows ou Macintosh). Usa as cores na paleta padrão do sistema especificado.

Figura 14-8
Como salvar um GIF simples no Photoshop (Versão 4 e acima)

❶ Abra o arquivo e faça a edição de imagem necessária enquanto ainda no modo RGB.

❷ Converta a imagem para cor indexada ao selecionar Mode à Indexed Color do menu Image. Você precisará nivelar as camadas antes que ela possa ser convertida. (É uma boa idéia salvar seu arquivo com camadas antes de salvá-lo como GIF!)

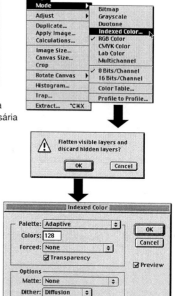

❸ As decisões chave que você precisa tomar na caixa de diálogo Indexed Color são que paleta usar (veja a nota lateral "Paletas de cores" para descrições de paletas) A, o número de cores (profundidade de bits) B e se você quer que a imagem pontilhe C. Se você tiver usado cores seguras para a web no seu design, selecione "Preserve Exact Colors" para evitar que elas mudem (Versão 5 e acima).

❹ Neste ponto, você pode salvar como ou exportar.

Save As
Selecione "Save As" do menu File, depois selecione "CompuServe GIF" do menu suspenso na caixa de diálogo. Certifique-se de nomear o arquivo com o sufixo .gif. Uma caixa de opções finais perguntará se você gostaria que a imagem fosse entrelaçada.

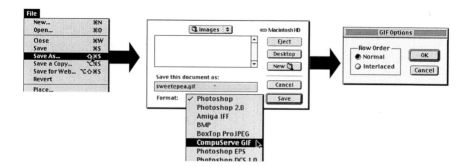

Capítulo 14 – Como criar GIFs | 277

Export
Selecione Export à GIF89a Export do menu File. A caixa de diálogo lhe dará a oportunidade para tornar uma cor na sua imagem transparente e tornar a imagem entrelaçada. Nomear e salvar seu arquivo é a etapa final.

No Fireworks 3 da Macromedia

Pelo fato do Fireworks ter sido projetado especificamente para imagens gráficas da web, você descobrirá que suas ferramentas são ideais para criar GIFs de alta qualidade e otimizados. Isto lhe dá um controle bem significativo sobre muitos aspectos da imagem para melhorar taxas de compactação.

Figura 14-9

Como exportar um GIF no Fireworks 3

❶ Abra o arquivo e faça qualquer edição de imagem necessária.

❷ Diretamente do espaço de trabalho, você pode usar a paleta Optimize para selecionar o formato GIF A, selecionar uma paleta B, definir o número de cores C e controlar o pontilhamento D. Para tornar a imagem entrelaçada, use o menu pop-up da seta no canto superior direito E. Você pode ver os resultados de suas configurações instantaneamente na janela Preview.

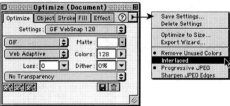

278 | Aprenda Web design

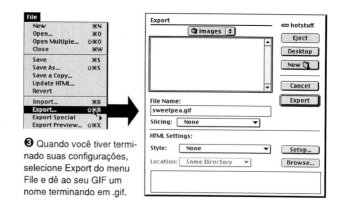

❸ Quando você tiver terminado suas configurações, selecione Export do menu File e dê ao seu GIF um nome terminando em .gif.

No Paint Shop Pro 6 da JASC

Assim como no Photoshop, é fácil criar GIFs em Paint Shop Pro. A versão 6 apresenta uma nova ferramenta de otimização GIF também (Figura 14-10).

Figura 14-10

Como salvar um arquivo GIF no Paint Shop Pro 6 e acima

❶ Abra o arquivo e faça a edição de imagem necessária enquanto no modo RGB. Quando você estiver pronto para salvar a imagem como um arquivo GIF, escolha File → Save As.

❷ Na caixa de diálogo Save As, digite um nome de arquivo para a imagem e escolha "CompuServe Graphics Interchange (*.gif)" do menu suspenso.

❸ Clique o botão Options. Na caixa de diálogo Save Options, você pode selecionar a versão GIF (89a suporta transparência e animação) e se você quiser que a imagem seja entrelaçada. Neste ponto, você pode clicar OK para salvar o GIF ou Run Optimizer para maiores opções.

Capítulo 14 – Como criar GIFs

❹ Use o painel Colors do GIF Optimizer para definir a profundidade de bits, quantidade de pontilhamento e a paleta para a imagem. As escolhas "método de seleção de cores" se referem à paleta. Use Existing se você estiver começando com uma imagem Indexed Color. Use "Standard/Web-safe" para aplicar a paleta da web à imagem. Optimized Median Cut reduz a imagem para algumas cores usando algo similar a uma paleta adaptativa. Use a opção Optimized Octree se a imagem original tiver apenas algumas cores e você quiser manter aquelas cores exatas.

❺ Use o painel Transparency, se você quiser que partes de seu GIF sejam transparentes. Se você estiver começando com uma imagem com camadas com áreas transparentes, selecione "Existing image or layer transparency". Se você quiser tornar transparente uma cor em pixels específica na imagem, selecione "Areas that match this color".

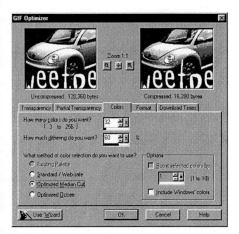 

❻ Quando você tiver feito seus ajustes no GIF Optmizer, clique OK para salvar o arquivo.

Como adicionar transparência

Um outro recurso do formato GIF é que você pode definir partes da imagem para serem transparentes. O que quer que esteja atrás da área transparente (mais provavelmente o padrão ou cor de fundo) aparecerá.

Isto funciona da seguinte maneira: um slot na tabela de cores é designado como "transparente" — você simplesmente seleciona a cor que você gostaria de tornar transparente e a ferramenta cuida do resto. No entanto, esteja ciente de que todas as instâncias daquela cor ficarão transparentes quando você selecionar uma cor. Veja "Como evitar transparência indesejada", mais adiante neste capítulo, para maiores detalhes sobre este assunto.

O método que você usa para adicionar transparência à sua imagem depende do fato de sua imagem original ser em camadas (no formato nativo do Photoshop ou Fireworks) ou

Dica

A cor Matte também é útil para imagens transparentes. Quando você estiver exportando uma imagem transparente, definir a cor Matte para corresponder à cor de sua página da web fará com que a imagem gráfica se misture com o fundo melhor. (Discutiremos isto em "Como evitar halos" mais adiante neste capítulo).

lisa (como um arquivo GIF pré-existente). Vamos dar uma olhada em ambas as técnicas, começando com o arquivo em camadas.

Como preservar transparência em imagens em camadas

Se você estiver começando com uma imagem em camadas que já tenha áreas transparentes (você sabe porque o tabuleiro de damas cinza e branco aparece, manter aquelas áreas transparentes, então, é fácil com o Photoshop 5.5 (ou acima) ou o Fireworks 3).

Em ambas as ferramentas, quando você escolhe Transparency da paleta "Save for Web" (Photoshop) ou Optimize (Fireworks), as áreas transparentes na sua imagem gráfica com camadas ficarão transparentes no GIF final (Figura 14-11). Ambas as ferramentas permitem que você especifique uma cor "Matte", que é a cor que preencherá as áreas transparentes de sua imagem se transparência GIF não for selecionada.

Figura 14-11

Como preservar a transparência nos documentos com camadas

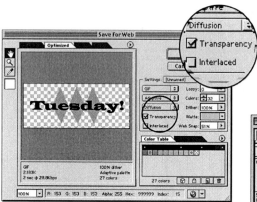

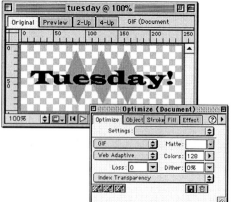

No Fireworks 3
Use a paleta Optimize para selecionar "Index Transparency" do menu suspenso Transparency.

No Photoshop 5.5
Selecione "Save for Web" do menu File. Assinale a caixa próxima a Transparency para preservar as áreas transparentes quando você salvar.

Índice versus transparência alfa

O método mais simples para adicionar transparência a uma imagem é através de transparência de índice — atribuindo um pixel na tabela de cores para ser transparente. Isto é o que você está fazendo ao selecionar uma cor para ser transparente com uma ferramenta conta-gotas.

O Photoshop oferece um método avançado para lidar com transparência, chamado transparência alfa. A transparência alfa é um método para salvar um mapa das áreas transparentes de um GIF em um canal separado (chamado de canal alfa) do documento. As áreas da imagem correspondentes aos pixels pretos no canal alfa serão transparentes, independentemente de suas cores em pixel. As áreas da imagem correspondentes às áreas de pixel branco no canal alfa são exibidas como opacas.

Ao editar o canal alfa (localizado na paleta Channels do Photoshop), você pode pintar a transparência na imagem, como mostrado abaixo, independentemente das cores em pixel na imagem.

Manipular transparência diretamente com um canal alfa é uma técnica avançada e, de alguma forma esotérica, que até mesmo os designers da web profissionais raramente recorrem. Portanto, neste capítulo, nos concentraremos principalmente na transparência de índice.

Como adicionar transparência a uma imagem lisa

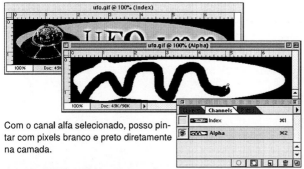

Com o canal alfa selecionado, posso pintar com pixels branco e preto diretamente na camada.

Quando o GIF for exibido no navegador, as áreas que correspondem a pixels pretos no canal alfa serão transparentes, independentemente de suas cores em pixel.

Adicionar transparência a uma imagem lisa (como um GIF existente) é fácil, mas você pode se deparar com alguns problemas de qualidade.

O que aconteceria se você estivesse começando com uma imagem que já foi alisada, como um arquivo GIF pré-existente? A boa notícia é que adicionar áreas transparentes a um arquivo existente é simples no Photoshop e no Fireworks. A má notícia é que dependendo de sua imagem, você pode se deparar com problemas de qualidade. Se a imagem foi alisada para uma cor de fundo que é diferente da cor de fundo de sua página da web, você pode ver uma borda com franjas de pixels de cores diferentes (chamada de "halo") ao redor da imagem transparente quando ela for exibida. Discutiremos halos em detalhes na próxima seção "Como evitar halos".

Por enquanto, vamos adicionar transparência a uma imagem lisa sob as melhores circunstâncias possíveis, nas quais a cor de fundo sólida do GIF corresponde ao fundo com padrão da página da web.

Digamos que você tenha um arquivo GIF preenchido com um verde que corresponda perfeitamente ao fundo verde de sua página. Mas agora você decidiu dar um tempero à página ao mudar o fundo verde sólido para um padrão sutil de imagens lado a lado. Aquele agradável arquivo GIF é repentinamente um grande retângulo verde flutuando como uma balsa em um mar de padrões (Figura 14-12). Você pode consertar isto ao tornar transparente as áreas verdes de seu GIF e permitir que o padrão apareça através delas.

Figura 14-12

O GIF liso no topo parece estranho na frente de um fundo com padrão. Você pode consertar isto ao tornar transparentes as áreas verdes lisas como mostrado no exemplo de baixo.

No Adobe Photoshop 4 (ou acima)

A única maneira de modificar cores sólidas em pixels para transparente no Photoshop é usar a função Export àGIF89a, como mostrado na Figura 14-13.

A função mais sofisticada "Save for Web" requer que a imagem original contenha pixels transparentes (veja a Figura 14-11). Se você quiser se aproveitar das opções "Save for Web" você pode copiar a imagem alisada para um documento novo e usar a Magic Wand (Varinha Mágica) para selecionar pixels e excluí-los. Então, sua imagem terá pixels transparentes para preservar.

Figura 14-13

Como tornar uma cor transparente usando Photoshop (Versão 4 e acima)

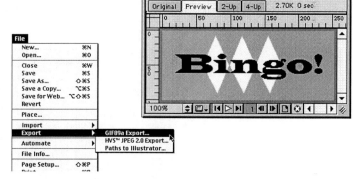

❶ Abra a imagem e converta--a para cor indexada (se ela já não estiver convertida), depois selecione Export à GIF89a Export do menu File.

❷ Use a ferramenta conta-gotas para selecionar a cor que você gostaria que ficasse transparente. Selecione múltiplas cores para transparência ao pressionar a tecla Shift durante a seleção. Quando você clica, todos os pixels daquela cor são preenchidos com "Transparency Index Color". Isto indica que áreas da imagem são transparentes, e é também a cor que preencherá as áreas transparentes se, por alguma razão, a transparência não funcionar. O padrão é cinza, mas você pode modificá-lo para o que quiser.

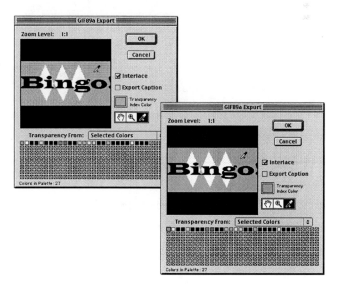

❸ Clique OK quando tiver terminado.

No Fireworks 3 da Macromedia

No Fireworks, você pode tornar cores transparentes em uma imagem gráfica lisa diretamente do espaço de trabalho usando a paleta Optimize, como mostrado na Figura 14-14.

Figura 14-14

Como adicionar transparência a uma imagem gráfica lisa no Fireworks 3

❶ Com a imagem gráfica aberta, use a paleta Optimize para selecionar "Index Transparency" do menu suspenso Transparency.

❷ Usando a ferramenta de conta-gotas "Set Transparency" A, clique sobre a cor na imagem que você gostaria que ficasse transparente.

Com "Preview" selecionado na janela de documentos, as áreas que você selecionar aparecerão transparentes.

❸ Para tornar transparentes cores adicionais, use a ferramenta conta-gotas "Add to Transparency" B. Para tornar uma cor transparente opaca novamente, use a ferramenta conta-gotas "Subtract from Transparency" C.

❹ Quando tiver terminado, exporte a imagem gráfica (File → Export).

Como evitar halos

Você já viu uma imagem gráfica transparente que tem uma franja de pixels que não se mistura com a cor de fundo da página? Isto é comumente conhecido como halo, e é fácil de evitar, especialmente com o auxilio das ferramentas gráficas da web que usamos neste capítulo.

Halos são o resultado de bordas suavizadas (o ligeiro embaçado ao redor de uma imagem gráfica ou texto que cria transições mais suaves entre as cores) que foram misturadas com uma cor que não a cor de fundo da página (Figura 14-15, caderno colorido). Quando a cor ao redor de uma borda suavizada fica transparente, o embaçado ao longo da borda ainda está intacto e todas aquelas sombras serão visíveis contra a nova cor de fundo. Isto destrói o efeito de transparência.

Figura 14-15

Dica

Como corrigir halos em imagens alisadas

Infelizmente, a única maneira de corrigir um halo em uma imagem que já tenha sido alisada é chegar lá e apagar as bordas suavizadas, pixel por pixel. Você precisa chegar o mais perto possível da área de imagem para se livrar da borda misturada, certificando-se de não apagar partes da própria imagem. Mesmo se você tiver se livrado de todas as bordas, ficará com as bordas serrilhadas (formato de escada) e a qualidade da imagem sofrerá.

Se você estiver preocupado com a aparência profissional de seu site, diria que é melhor recriar a imagem gráfica do zero tomando cuidado para evitar halos do que perder tempo tentando corrigi-la. Isso é uma outra boa razão para sempre salvar seus arquivos em camadas.

"Halos" são a franja que é deixada ao redor de uma imagem transparente. Eles aparecem quando bordas suavizadas foram misturadas com uma cor que é mais clara do que o fundo da página.

Halos não aparecem ao redor de imagens e texto serrilhado (formato de escada) porque há uma borda rígida entre as cores.

Uma maneira de evitar halos é, em primeiro lugar, simplesmente evitar o uso de bordas suavizadas. Nas imagens serrilhadas, há uma borda rígida entre as cores. Quando não houver embaçado, não há halos! Infelizmente, o efeito serrilhado de formato em escada das bordas serrilhadas geralmente também tem a aparência ruim.

Mas, na hipótese mais provável de que sua imagem tenha bordas suavizadas, há duas maneiras de evitar halos, ambas exigindo que você comece com um arquivo Fireworks ou Photoshop com camadas. As partes de sua imagem gráfica devem estar em camadas transparentes sem qualquer pixel ao redor. Em outras palavras, a imagem não pode já ter sido "alisada".

Se você estiver trabalhando no Photoshop 5.5 ou Fireworks 3, a melhor maneira de evitar halo é definir a cor Matte para a mesma cor que o fundo para sua página (Figura 14-16). Quando você exportar o GIF com Transparency selecionada, as bordas suavizadas na sua imagem serão misturadas com a cor Matte especificada. Chega de halos!

Figura 14-16

Como usar o recurso Matte para evitar halos

No Photoshop 5.5
Selecione "Save for Web" do menu File. Clique Matte para ativar um tabela de cores onde você possa especificar a cor de fundo de sua página da web.

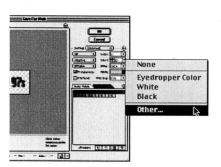
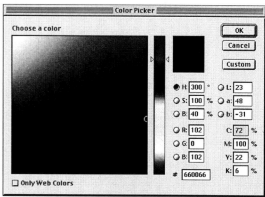

No Fireworks 3
A opção Matte está disponível na paleta Optimize. Clicá-la faz com que uma paleta de cores seguras para a web apareça (ou você pode clicar o botão de tabela de cores para escolher uma cor alternativa).

Resultados
Agora, as bordas suavizadas se misturam com a cor Matte especificada e o efeito será contínuo quando a imagem gráfica aparecer na página.

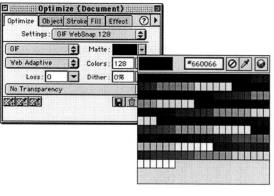

Imagem gráfica com camadas com a cor Matte selecionada.

GIF transparente como ele aparece na página.

Se você estiver trabalhando com uma versão antiga do Photoshop ou JASC Paint Shop Pro, o truque é criar uma nova camada na parte inferior da "pilha" de camadas e preenchê--la com a cor de fundo de sua página. Quando a imagem for alisada (como resultado de modificá-la para Indexed Color), as bordas suavizadas irão se misturar com a cor de fundo apropriada (Figura 14-17). A seguir, apenas selecione a cor de fundo a ser transparente durante a exportação e seus problemas de halos devem acabar.

Figura 14-17

Se sua ferramenta não tiver uma função Matte, simplesmente crie uma nova camada atrás da imagem e preencha-a com a cor de fundo de sua página da web. Quando a imagem for mesclada para criar um GIF, as bordas suavizadas serão misturadas com a cor de fundo.

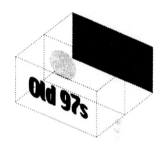

Como evitar transparência indesejada

Em algumas situações você descobrirá que a cor ao redor da borda de sua imagem também aparece dentro de sua imagem. Nestes casos, se você usar uma ferramenta conta-gotas para selecionar a cor da borda para a transparência, partes de sua imagem também desaparecerão, como na Figura 14-18.

Figura 14-18

overeasy.gif

Se você usar uma ferramenta conta-gotas para tornar o fundo branco transparente, todo o branco dentro de minha imagem ficará transparente também (A)! O objetivo é tornar o fundo transparente ao mesmo tempo em que mantém o branco interior opaco (B).

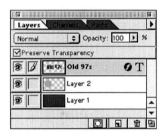

Dica

Caso seu fundo de página seja de um padrão multicolorido, ou de outra forma for difícil de corresponder com a cor Matte, opte por uma cor que seja ligeiramente mais escura do que a cor dominante da página da web.

Isto não será um problema se você estiver usando Photoshop 5.5 ou Fireworks 3, pois o recurso Matte irá permitir que você misture uma cor específica enquanto a mantém opaca dentro da imagem. Até este momento, os benefícios destas ferramentas prontas para a web devem ser evidentes.

No entanto, se você estiver usando ferramentas mais tradicionais, a solução para preservar a cor opaca dentro de sua imagem é tão simples quanto mudar a cor da borda para alguma outra coisa. O truque é fazer a cor mudar após a imagem ter sido alisada (de modo que as bordas suavizadas se misturem à cor desejada) e para garantir que você não selecione qualquer daquelas bordas suavizadas ao preencher com a nova cor. A Figura 14-19 (página a seguir) mostra esta técnica passo a passo.

Figura 14-19

Como evitar transparência indesejada no Photoshop 4 e 5

❶ Se você estiver começando com uma imagem com camadas, salve-a, depois alise as camadas. A camada inferior deve ser preenchida com a cor de fundo de sua página da web para evitar um "halo".

❷ Use a ferramenta Magic Wand para selecionar a cor fora da imagem que você gostaria que fosse transparente.

Observação: é importante que a tolerância da Magic Wand seja definida para "1" e a suavização desativada. Certifique-se de que nenhum pixel dentro de sua imagem seja selecionado.

❹ Converta a imagem para Indexed Color e Export para GIF89a. Na caixa de diálogo Export, selecione sua nova cor para torná-la transparente.

❸ Preencha a área selecionada com uma cor que você tenha certeza que não aparece em outro lugar na sua imagem. Defini a minha para um amarelo brilhante detestável.

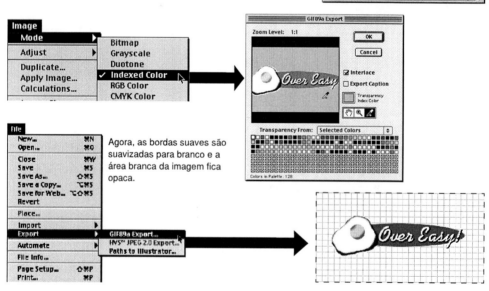

Agora, as bordas suaves são suavizadas para branco e a área branca da imagem fica opaca.

Como otimizar GIFs

Você se lembra da regra de ouro do Design da Web, "Mantenha seus arquivos os menores possíveis"? Isto se aplica especialmente a arquivos gráficos, já que eles são tipicamente os maiores arquivos na página. Por esta razão, certamente vale a pena o esforço extra para otimizar seus GIFs.

Ao otimizar arquivos GIF, é útil ter em mente que a compactação GIF funciona ao condensar linhas de cores em pixel idênticas. Na maioria destas estratégias de otimização, o resultado líquido é que você está criando mais áreas de cor sólida na imagem para a compactação.

Novamente, se você estiver usando Photoshop 5.5 (ou acima) ou Fireworks, você encontrará diversas ferramentas que tornam o trabalho de otimização simples, como a capacidade de ver os efeitos de suas configurações instantaneamente e ainda fazer comparações lado-a-lado (Figura 14-20).

"Otimização" se refere a medidas tomadas para tornar os arquivos os menores possíveis.

Figura 14-20

Novas ferramentas da web como Fireworks e Photoshop 5.5 permitem que você visualize até quatro variações de sua imagem de uma vez. Isto permite que você teste diversas configurações para obter a melhor qualidade de imagem no menor tamanho de arquivo.

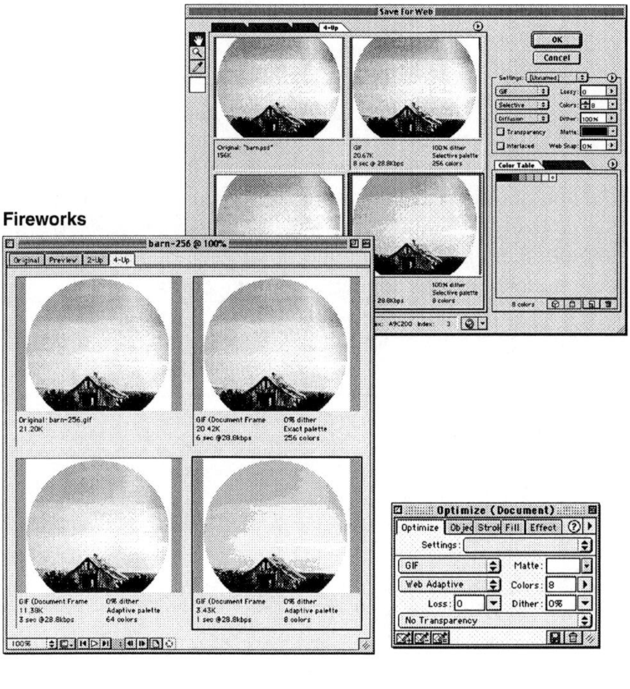

Profundidade de bits

A "profundidade de bits" é uma maneira de se referir ao número máximo de cores que uma imagem gráfica pode conter. Esta tabela mostra o número de cores que cada profundidade de bit pode representar:

1 bit	2 cores
2 bits	4 cores
3 bits	8 cores
4 bits	16 cores
5 bits	32 cores
6 bits	64 cores
7 bits	128 cores
8 bits	256 cores
16 bits	65.536 cores
24 bits	16.777.216 cores (normalmente chamado de "milhões")

Ferramentas da web mais novas permitem que você selecione o número de cores. Em algumas ferramentas básicas (como versões mais antigas do Photoshop), você pode selecionar o número de cores indiretamente ao escolher a profundidade de bits de um menu pop-up.

Reduza o número de cores

Embora GIFs possam conter até 256 cores, na há regra que diga que eles têm que conter este número de cores. Na realidade, ao reduzir o número de cores na imagem (quer dizer, reduzindo sua profundidade de bits), você pode significativamente reduzir seu tamanho de arquivo (Figura 14-21, caderno colorido). Uma razão é que os arquivos com profundidades de bits menores contêm menos dados. Um outro subproduto da redução de cores é que mais áreas de cor lisa são criadas ao combinar cores em pixels similares, contíguas. Mais cores lisas, compactação mais eficiente.

Praticamente todos os programas gráficos que permitem que você salve ou exporte para o formato GIF também permitirão que você especifique o número de cores (ou profundidade de bits).

Em um certo momento, logicamente, se você reduzir o número de cores exageradamente, a imagem começará a se desfazer ou deixará de comunicar o efeito que você quer obter. Por exemplo, na Figura 14-21, uma vez que reduzi o número de cores para oito, perdi o arco-íris, junto com todo o objetivo da imagem. Este ponto de "fusão" é diferente de imagem para imagem.

Você ficaria surpreso de descobrir quantas imagens ficam com uma aparência ótima a 5 bits com apenas 32 cores em pixels (este é normalmente meu ponto de partida para redução de cores, e atinjo valores mais altos apenas se necessário). Alguns tipos de imagens são melhores que outros com paletas de cores reduzidas, mas, como uma regra geral, quanto menor o número de cores, menor o arquivo.

A verdadeira economia de tamanho de arquivo acontece quando há grandes áreas de cores lisas. Tenha em mente que mesmo que sua imagem tenha apenas oito cores em pixels, se ela tiver muitas misturas e gradientes, você não obterá o tipo de economia de tamanho de arquivo que pode esperar com aquele tipo de redução severa de cores.

Figura 14-21

256 cores: 21K

64 cores: 13K

8 cores: 8K

Reduzir o número de cores em uma imagem reduz o tamanho do arquivo.

Como reduzir pontilhamento

Quando as cores em uma imagem são reduzidas para uma paleta específica, as cores que não estão na paleta são aproximadas por pontilhamento. O pontilhamento é o padrão de salpico que você vê em imagens quando cores de paleta são combinadas para simular cores não disponíveis.

Em imagens fotográficas o pontilhamento não é um problema e pode até mesmo ser benéfico; no entanto, o pontilhamento em áreas lisas é normalmente indesejável e provoca distração. Além de razões estéticas, o pontilhamento é indesejável porque os salpicos atrapalham áreas de uma outra forma suaves de cor. Estes salpicos atrapalham a compactação GIF e resultam em arquivos maiores.

Uma maneira de salvar bytes em um GIF é limitar a quantidade de pontilhamento. Novamente, praticamente todas as ferramentas de criação de GIFs permitirão que você ative e desative o pontilhamento. O Photoshop (5.5 e acima) e o Fireworks dão um passo a mais ao permitir que você defina a quantidade específica de pontilhamento em uma escala gradativa. Você pode até mesmo ver os resultados da configuração de pontilhamento de modo que você possa decidir em que ponto a degradação na qualidade da imagem não compensa a economia de tamanho de arquivo (Figura 14-22, caderno colorido). Em imagens com gradientes de cores suaves, desativar o pontilhamento resulta em criação de faixas e manchas inaceitáveis.

O pontilhamento é o padrão de salpicos que você vê em imagens quando cores de paleta são combinadas para simular cores não disponíveis.

Figura 14-22 (Caderno colorido)

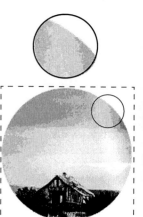
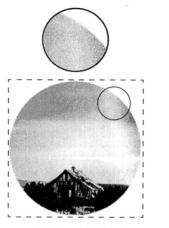

Pontilhamento: 9,6K   Sem pontilhamento: 7,8K

Desativar ou reduzir a quantidade de pontilhamento reduzirá o tamanho de arquivo. Ambas as imagens têm 32 cores em pixel e usam uma paleta adaptativa.

GIFs com perda

Como discutimos anteriormente, a compactação GIF é "sem perda", o que significa que cada pixel na imagem é preservado durante a compactação. Mas você pode fazer com que alguns pixels sejam jogados fora usando a configuração "Lossy" ou "Loss" no Photoshop 5.5 e Fireworks, respectivamente (Figura 14-23, caderno colorido). Novamente, o ato de jogar fora pixels é feito em nome da maximização do número de linhas sem interrupção de cores em pixels, permitindo assim que a compactação GIF faça o seu trabalho. Dependendo da imagem, você pode aplicar um valor com perda/sem perda de 5-30% sem degradar seriamente a imagem. Esta técnica funciona melhor para arte de tom contínuo (embora as imagens que sejam de tom contínuo deveriam provavelmente ser salvas em JPEGs). Você pode tentar isto em uma imagem com uma combinação de conteúdo liso e fotográfico.

Figura 14-23 (Caderno colorido)

"Lossy" definido para 0%: 13,2K   "Lossy" definido para 25%: 7,5K

Aplicar um valor "Lossy" (no Photoshop) ou "Loss" (no Fireworks) remove pixels da imagem e resulta em tamanho de arquivo menor. Ambas as imagens mostradas aqui contêm 64 cores e usam o pontilhamento de difusão.

Projetar para compactação

Vimos diversas maneiras possíveis de se usar as configurações em suas ferramentas para reduzir o tamanho de seus GIFs. Mas mesmo antes de chegarmos neste ponto, você pode ser pró-ativo a respeito de otimizar suas imagens gráficas ao projetá-las para compactar bem.

Mantenha-a lisa

Descobri que, como um designer da web, mudei meu estilo de ilustração para corresponder ao meio. Em situações onde eu poderia ter usado uma mistura gradiente, opto agora por uma cor lisa. Na maioria dos casos, ela funciona bem e não introduz criação de faixas e pontilhamento ou aumenta o tamanho de arquivo (Figura 14-24, caderno colorido).

Você pode ser pró-ativo a respeito de otimizar suas imagens gráficas ao projetá-las para compactar bem.

Figura 14-24 (Caderno colorido)

Você pode manter tamanhos de arquivo pequenos ao projetar de uma maneira que se aproveite do esquema de compactação GIF.

Este GIF tem misturas gradientes e 256 cores. Seu tamanho de arquivo é 19K.

Mesmo quando reduzo o número de cores para 8, o tamanho de arquivo ainda é 7,6K.

Quando crio a mesma imagem com cores lisas ao invés de misturas, o tamanho do arquivo GIF é apenas 3,2K.

Brinque com listras horizontais

Quando você estiver projetando suas imagens gráficas da web, tenha em mente que a compactação funciona melhor em faixas de cores horizontais. Se você quiser fazer algo listrado, é melhor fazer as listras horizontais do que verticais (Figura 14-25). Parece bobo, mas é verdade.

Figura 14-26

13K

Figura 14-25

GIFs projetados com faixas de cor horizontais serão compactados com mais eficiência do que faixas verticais.

10K

Adicionar um padrão listrado de 1 pixel sobre uma imagem fotográfica é uma técnica de design para reduzir o tamanho de arquivo.

280 bytes   585 bytes

Uma técnica que é comumente usada no design da web é aplicar linhas horizontais com 1 pixel de largura sobre uma imagem fotográfica. A imagem ainda aparece através das linhas horizontais, mas a compactação GIF pode fazer mágica em uma parcela significativa da área da imagem (Figura 14-26).

Design com a paleta da web

Uma outra grande parte do design de GIFs para a Web é o fato de usar ou não e como usar a paleta da web. A paleta da web é um conjunto de 216 cores que não irá pontilhar em PCs ou Macs e está embutida em todos os navegadores principais. Quando um navegador está rodando em um computador com um monitor de 8 bits (capaz de exibir apenas 216 cores de cada vez), ele se refere à sua paleta da web interna para compor as cores na página. As cores nas imagens são remapeadas para as cores na paleta da web.

Vimos diversos exemplos do que acontece quando as cores são mapeadas para uma paleta menor — mudança e pontilhamento. Mas pelo menos temos a vantagem de saber exatamente que cores o navegador usará e se escolhermos aquelas cores "seguras para a web", podemos evitar resultados imprevisíveis em monitores de 8 bits (Figura 14-27, caderno colorido). Nossas imagens gráficas parecerão consistentes de plataforma para plataforma, de usuário para usuário.

Qual a aparência da paleta da web?

As cores na paleta da web não são escolhidas pela sua aparência; elas são apenas os resultados da combinação de quantidades de vermelho, verde e azul claro em incrementos uniformes de 20%. Pelo fato das cores da web se basearem na luz, é impossível obter uma representação decente delas em impressão (especialmente os tons mais florescentes), portanto, elas não são reproduzidas neste livro.

Para ver exemplos de todas as cores na paleta da web, carregue-a em sua paleta de amostra do Photoshop (veja a Figura 14-28 para uma demonstração) ou veja a tabela da paleta da web disponível em www.learningwebdesign.com.

Figura 14-27 Caderno colorido

Este GIF é projetado com cores não seguras para a web resultando em pontilhamento em monitores de 8 bits.

Em um monitor de 24 bits, as cores sólidas são suaves e precisas.

Em um monitor de 8 bits, as cores aproximadas através de pontilhamento de cores da paleta da web.

Se as áreas lisas forem preenchidas com cores seguras para a web, a fotografia ainda pontilha, mas as cores lisas permanecem lisas.

Dica

Para ver como sua imagem se parecerá no ambiente de 8 bits, tente usar a prévia "Browser Dither" do Photoshop 5.5 (acessada na caixa de diálogo "Save for Web"). Isto pode ajudá-lo a tomar decisões quando à otimização.

No Capítulo 12, há uma explicação mais técnica de como a paleta da web foi projetada e como ela é aplicada em documentos HTML. Mas a paleta da web também age quando você está projetando e criando imagens gráficas GIF. É particularmente útil para imagens com cores lisas, uma vez que estas são as que mais sofrem com pontilhamento indesejado.

Quando você não precisa se preocupar com a paleta da web

Há algumas situações quando você não precisa se preocupar com a paleta da web:

Se você não se preocupar com o desempenho em monitores de 8 bits. Lembre-se, a paleta da web aparece apenas em monitores de 8 bits. Os monitores de 16 bits e de 24 bits podem exibir com precisão praticamente qualquer imagem. Logo, se você não estiver preocupado com o desempenho de seu site em sistemas pouco sofisticados, você não precisa se preocupar com a paleta da web.

No entanto, no interesse de projetar democraticamente e controlar o "menor denominador comum", a maioria dos designers da web toma a medida extra de se certificar de que seus GIFs usem cores da paleta da web. Você pode até mesmo descobrir que seus clientes insistem nisto para manter qualidade consistente em seus sites.

Se sua imagem for principalmente fotográfica. Primeiro, devo dizer, se você estiver começando com uma imagem puramente fotográfica, você deve salvá-la no formato JPEG (veja o Capítulo 15 para maiores informações).

Mas, digamos que você tenha uma imagem fotográfica que queira salvar como GIF. Pelo fato da imagem pontilhar de qualquer maneira quando você reduzir suas cores e pelo fato do pontilhamento poder ser benéfico em imagens fotográficas, você não precisa aplicar a paleta da web. Selecionar uma paleta adaptativa (uma paleta personalizada baseada nas cores mais usadas na imagem) é uma melhor escolha durante o processo de conversão.

Se sua imagem estiver no formato JPEG. A paleta da web é irrelevante para imagens JPEG. Primeiro porque JPEGs não usam paletas para monitorar as cores. Mas, o mais importante, mesmo se você tiver áreas lisas de cores seguras para a web em sua imagem original, elas serão modificadas e distorcidas durante o processo de compactação JPEG. O design com a paleta da web é uma questão específica de GIF.

Como começar com cores seguras para a Web

Se você estiver criando imagens do zero, você tem a oportunidade perfeita para usar cores seguras para a Web em seu design.

Se você estiver criando imagens do zero, você tem a oportunidade perfeita para usar cores seguras para a Web em seu design. O benefício é saber que suas imagens gráficas terão a mesma aparência para todos os usuários. O principal problema é que a seleção de cor é muito limitada. Além do fato de 216 cores não serem muitas cores dentre as quais escolher, uma boa percentagem delas você jamais usaria por nada neste mundo (a paleta da web foi gerada matematicamente e não esteticamente).

O truque é ter as cores da paleta da web disponíveis na paleta Swatches (ou no dispositivo que seu programa gráfico usar para cores). Felizmente, com a grande demanda por imagens gráficas da web, a paleta da web foi integrada à maioria dos programas relacionados a imagens gráficas, incluindo, mas não limitado a:

- Adobe Photoshop (5.0 e acima)
- Macromedia Fireworks (1.0 e acima)
- JASC Paint Shop Pro (5 e acima)
- Adobe Illustrator (7.0 e acima)
- Corel (anteriormente MetaCreations) Paint (6 e acima)
- Macromedia Freehand (7.0 e acima)
- Macromedia Director (5.0 e acima)
- Macintosh System Color Picker OS8

A paleta da web pode ser chamada por um de seus muitos nomes, como Netscape Palette, Web 216, Browser-safe Palette, Non-dithering Palette, a 6 x 6 x 6 Cube, e assim por diante — mas você deve reconhecê-la ao vê-la.

O Photoshop e outras ferramentas gráficas salvam paletas em arquivos chamados CLUTs (Color Look-Up Tables). Algumas ferramentas, como Fireworks, oferecem a paleta da web como padrão. Em outras, você pode precisar carregar o arquivo CLUT da web apropriado no programa para torná--la disponível. A Figura 14-28 mostra como isto funciona no Adobe Photoshop.

Figura 14-28

Como carregar a paleta da web no Photoshop

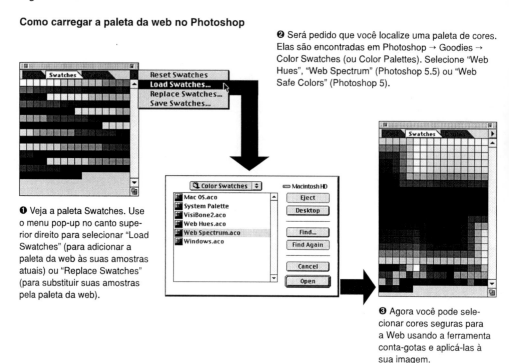

❶ Veja a paleta Swatches. Use o menu pop-up no canto superior direito para selecionar "Load Swatches" (para adicionar a paleta da web às suas amostras atuais) ou "Replace Swatches" (para substituir suas amostras pela paleta da web).

❷ Será pedido que você localize uma paleta de cores. Elas são encontradas em Photoshop → Goodies → Color Swatches (ou Color Palettes). Selecione "Web Hues", "Web Spectrum" (Photoshop 5.5) ou "Web Safe Colors" (Photoshop 5).

❸ Agora você pode selecionar cores seguras para a Web usando a ferramenta conta-gotas e aplicá-las à sua imagem.

Como aplicar a paleta da web

Uma outra maneira de se certificar de que sua imagem use cores seguras para a Web é aplicar a paleta da web no processo de conversão de RGB para cor indexada. Em qualquer ferramenta, uma vez que você tenha optado por transformar sua imagem em um GIF ou convertê-la para cor indexada, será pedido que você selecione uma paleta para a imagem.

O método mais simples é selecionar a opção de paleta "Web" quando for pedida para você a paleta. A tabela de cores para o GIF resultante conterá cores exclusivamente da paleta da web, independentemente das cores na imagem original (Figura 14-29).

Capítulo 14 – Como criar GIFs | 299

Figura 14-29

Muitas ferramentas permitem que você selecione a paleta da web durante o processo de conversão para cor indexada. Se você vir Color Table para a imagem (mostrado aqui no Photoshop), você verá as cores da paleta da web.

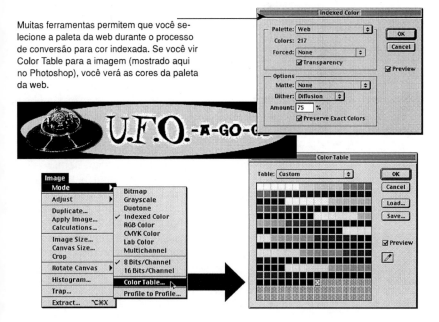

Figura 14-30

O Fireworks 3 oferece uma paleta adaptativa da web.

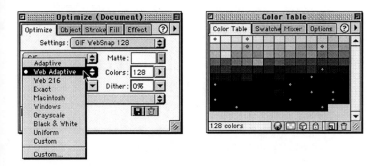

Você pode ver a tabela de cores para a imagem na paleta Color Table.

As ferramentas gráficas da web mais novas oferecem um método mais sofisticado para aplicar e preservar cores seguras para a Web no processo de conversão. Estas são especialmente úteis para imagens que contêm uma combinação de imagens fotográficas de cores vivas e cores seguras para a Web, lisas.

O Fireworks 3 dá a opção de salvar com a paleta "Web Adaptive". Ela é uma paleta adaptativa, portanto, a paleta será personalizada para a imagem, mas qualquer cor que esteja próxima em valor às cores da paleta da web "se aproximará" das cores mais próximas da paleta da web (Figura 14-30).

No Photoshop 5.5 você pode controlar como muitas cores mudam para seus equivalentes mais próximos seguros para a Web ao selecionar uma paleta adaptativa (adaptativa, perceptiva ou seletiva) e usar a ferramenta de cursor "Web Snap" (Figura 14-31). Quanto mais alto for definido o cursor, mais cores mudarão. Isto permite que o Photoshop construa uma tabela de cores personalizadas para a imagem enquanto mantém áreas da imagem seguras para a Web.

Figura 14-31

Use o cursor Web Snap do Photoshop 5.5 para controlar com precisão quantas cores se aproximam de seus equivalentes seguros para a Web mais próximos. Na opção Color Table as amostras com pontos são seguras para a Web.

Você pode ver os resultados de suas configurações imediatamente na janela de prévia.

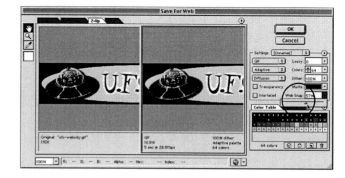

Estratégias da paleta da web para imagens gráficas

Muitos iniciantes cometem o erro de aplicar a paleta da web a todas as imagens gráficas que produzem. Afinal de contas, elas são imagens gráficas da "web", não é? Errado! A paleta da web não é apropriada para todos os tipos de imagem e pode, na realidade, reduzir a qualidade em potencial. De fato, eu praticamente nunca aplico a paleta da Web a uma imagem, particularmente agora que as ferramentas gráficas da web fornecem opções mais sofisticadas.

Não há regras rígidas, uma vez que cada imagem tem seus próprios requisitos. O que se segue são algumas diretrizes básicas para usar — e resistir — a paleta da web.

Imagens gráficas lisas

OBJETIVO: evitar que as áreas de cores lisas pontilhem ao mesmo tempo em que mantém suavidade nas bordas suavizadas.

ESTRATÉGIA: usar cores da paleta da web para preencher áreas de cores lisas você estiver projetando a imagem. Não aplique a opção de paleta da web simples ao salvar ou exportar porque você perderá as gradações de cor na suavização. É melhor escolher uma paleta adaptativa com a opção "Web Snap", se estiver disponível. No Photoshop, defina a quantidade de "Web Snap" com a escala do cursor. No Fireworks, aplique a paleta "Web Adaptive". Isto manterá as cores da web em suas áreas lisas, mas permitirá que algumas das cores na suavização permaneçam.

A paleta da web não é apropriada para todos os tipos de imagem e pode, na realidade, reduzir a qualidade em potencial.

Imagens fotográficas

OBJETIVO: manter a qualidade e a fidelidade de cor para o número máximo de usuários.

ESTRATÉGIA: primeiro, se ela for uma imagem inteiramente fotográfica, considere salvá-la no formato JPEG. Do contrário, escolha uma paleta adaptativa (ou seletiva no Photoshop 5.5 e superior) ao converter a imagem para o formato GIF. Sempre que reduzir as cores em uma imagem fotográfica você obterá algum pontilhamento, portanto, escolha uma paleta que melhor corresponda às cores na imagem. Desta maneira, a imagem terá a melhor aparência que é possível ter para usuários com monitores de 24 bits. Para usuários com monitores de 8 bits, a imagem mapeará novamente para a paleta da web, mas o pontilhamento normalmente não é prejudicial em imagens fotográficas. A única vantagem de aplicar a paleta da web a uma imagem de tom contínuo é que você saberá que ela terá uma aparência ruim para todos.

Imagens de combinação (áreas lisas e fotográficas)

OBJETIVO: evitar que as áreas lisas pontilhem ao mesmo tempo em que permite que as áreas de tom contínuo pontilhem com uma paleta adaptativa.

ESTRATÉGIA: usar cores seguras para a Web em áreas lisas quando você estiver projetando a imagem. Quando for o momento de salvar ou exportar para o formato GIF, escolha uma paleta adaptativa com uma opção "Web Snap" se estiver disponível. A paleta adaptativa preserva a fidelidade da cor nas áreas fotográficas enquanto que a opção "Web Snap" preserva as cores seguras para a Web nas áreas lisas.

Algumas coisas a serem lembradas a respeito de GIFs

Resumindo: gostaria de citar alguns dos principais pontos deste longo mais importante capítulo:

- GIF é o melhor formato de arquivo para imagens com área de cor lisa, como logos, arte de traços, imagens gráficas de texto etc. O esquema de compactação GIF funciona ao encontrar e condensar linhas de pixels identicamente coloridos.
- GIFs podem ser entrelaçados, transparentes e/ou animados.
- GIF usa uma paleta de cor que pode conter até 256 cores. Quando você salva uma imagem como GIF, você precisa convertê-la para cor indexada e selecionar uma paleta de cores apropriada.
- Você pode tornar partes de um GIF transparentes ao preservar as áreas transparentes em um documento com camadas (no Photoshop e Fireworks), ou ao selecionar uma cor em uma imagem lisa com a ferramenta de transparência apropriada.

- Halos ocorrem quando uma imagem é suavizada para uma cor que não a cor de fundo da página, fazendo com que apareça uma franja de pixels ao redor da imagem. Halos são mais fáceis de evitar do que corrigir.
- Algumas estratégias para manter os tamanhos de arquivo GIF pequenos são: projetar com áreas de cores lisas, reduzir o número de cores ao converter para cor indexada, limitar o pontilhamento e se aproveitar da compactação GIF com perdas, se disponível.
- A paleta da web é um conjunto de 216 cores que não pontilharão em navegadores em monitores de 8 bits. Escolher cores da paleta da web ao projetar imagens GIF evita que áreas de cor lisa pontilhem.

Capítulo 15
Como criar JPEGs

Se você tiver uma fotografia ou qualquer outra imagem com cor misturada (como uma pintura ou ilustração digital realista), JPEG é o formato de arquivo a ser usado. É perfeito para compactar cor de tom contínuo e imagens uniformes em escala de cinza (Figura 15-1, caderno colorido).

Figura 15-1 (Caderno colorido)

O formato de arquivo JPEG é ideal para fotografias (coloridas ou em escala de cinza) ou qualquer imagem com gradações de cor sutis.

Neste capítulo

Características da compactação JPEG

Como fazer JPEGs, passo a passo

Otimização de JPEGs

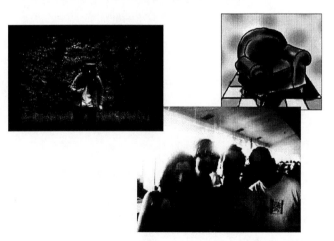

Comparado aos GIFs, salvar suas imagens no formato JPEG é um passeio. Antes de tratarmos do processo de criação de JPEG, há algumas coisas que você deve saber a respeito do formato de arquivo que lhe ajudará a decidir quando usar JPEG e como fazer as melhores imagens JPEG possíveis.

Mais a respeito de JPEGs

JPEG (Joint Photographic Experts Group, a junta de normas que o criou) é um algoritmo de compactação especialmente desenvolvido para imagens fotográficas. Ao entender a terminologia JPEG e a natureza da compactação JPEG, você conseguirá usar suas ferramentas gráficas de maneira eficiente para fazer JPEGs da mais alta qualidade no menor tamanho.

Cor de 24 bits

A boa coisa a respeito de JPEGs é que eles podem conter informações de cor RGB de 24 bits; são milhões de cores! Este é um aspecto que os torna ideal para fotografias — eles têm todas as cores que você precisará. Com JPEGs, você não tem que se preocupar com paletas de cores ou se limitar a 256 cores, como você faz com GIFs. Os JPEGs são muito mais simples.

Compactação com perdas

Perda de imagem cumulativa

Esteja ciente de que uma vez que a qualidade de imagem seja perdida na com-pactação JPEG, você nunca poderá tê-la de volta novamente. Por esta razão, você deve evitar re--salvar um JPEG como JPEG: você sempre perde qualidade de imagem.

É melhor ficar com a imagem original. Desta maneira, se você precisar fazer uma modificação na versão JPEG, você pode voltar para a original e salvar ou exportar. Felizmente, as ferramentas gráficas específicas da web atualmente facilitam isto.

O esquema de compactação JPEG é com perdas, o que significa que algumas das informações de imagem são jogadas fora no processo de compactação. Felizmente, esta perda não é percebível para a maioria das imagens na maioria dos níveis de compactação. Quando uma imagem é compactada com níveis altos de compactação JPEG, você começa a ver manchas e quadrados de cores (geralmente chamados de "artefatos") que resultam da maneira que o esquema de compactação mostra a imagem (Figura 15-2, caderno colorido).

Figura 15-2 (Caderno colorido)

Original | Alta compactação

A compactação JPEG descarta o detalhe da imagem para atingir tamanhos de arquivos menores. Nas altas taxas de compactação, a qualidade de imagem sofre, como mostrado na imagem à direita.

Como um bônus adicional, você controla com que agressividade você quer que a imagem seja compactada. Isto envolve uma compensação entre qualidade e nível de compactação. Quanto mais você compacta a imagem (para um tamanho de arquivo menor), mais a imagem sofre. De maneira inversa, quando você maximiza a qualidade, você também acaba com arquivos maiores. Você precisará definir seus níveis com base na imagem em particular e seus objetivos para o site. Falaremos mais a respeito disto na seção "Otimização de JPEGs", mais adiante neste capítulo.

JPEGs dão preferência a cores suaves

JPEGs compactam áreas de cores misturadas e suaves de maneira muito mais eficiente do que áreas com alto contraste e detalhes acentuados (Figura 15-3, caderno colorido). Na realidade, quanto mais embaçada a sua imagem, menor o JPEG resultante. Mais adiante neste capítulo, veremos como você pode usar isto em sua vantagem ao otimizar JPEGs.

E a paleta da web?

Quando você estiver trabalhando com JPEGs, você não precisa se preocupar com a paleta da web. JPEGs não têm tabelas de cores como os GIFs: eles apenas tentam ser fiéis às cores RGB originais na imagem.

Quando um JPEG aparecer em um monitor de 8 bits, o navegador aplicará sua paleta da web interna à imagem e, como resultado, a imagem ficará pontilhada. Felizmente, embora o pontilhamento chame a atenção nas áreas de cor lisa, normalmente não é um problema nas imagens fotográficas com transições suaves.

Figura 15-3 (Caderno colorido)

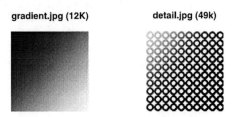

gradient.jpg (12K)   detail.jpg (49k)

A compactação JPEG funciona melhor em imagens suaves do que em imagens com detalhes e bordas rígidas. Compare os tamanhos de arquivo destes exemplos.

Cores totalmente lisas não funcionam bem no formato JPEG porque as cores podem mudar e ficar manchadas (Figura 15-4, caderno colorido). (Imagens gráficas lisas devem ser salvas como GIFs).

JPEGs e GIFs não se correspondem

Nos arquivos GIF, você tem controle total sobre as cores que aparecem na imagem, facilitando a combinação de cores em GIFs próximos, ou em um GIF incorporado, e uma imagem de fundo lado a lado.

Infelizmente, as cores lisas mudarão e ficarão um pouco manchadas com a com-pactação JPEG, logo, não há como controlar as cores precisamente. Mesmo as brancas genuínas serão distorcidas em JPEG.

Isto faz com que seja praticamente impossível criar uma correspondência perfeita e contínua entre JPEG e GIF com suas cores lisas puras. Se você estiver planejando corresponder uma imagem gráfica no primeiro plano a uma imagem gráfica de fundo lado a lado, não misture os formatos. Você terá os melhores resultados ao corresponder GIF com GIF devido à imprevisi-bilidade da cor de JPEG.

Figura 15-4 (Caderno colorido)

chair.jpg

A mesma imagem gráfica lisa salva tanto como JPEG quanto GIF.

chair.gif

No JPEG, a cor lisa muda e fica manchada. O detalhe é perdido como resultado da compactação JPEG.

No GIF, as cores lisas e o detalhe acentuado são preservados.

JPEGs progressivos

Os JPEGs progressivos são apenas JPEGs comuns que são exibidos em uma série de passagens (como GIFs entrelaçados), começando com uma versão de baixa resolução que fica mais clara com cada passagem (Figura 15-5, caderno colorido). Em alguns programas gráficos, você pode especificar o número de passagens que leva para preencher a imagem final (3, 4 ou 5). A vantagem de usar JPEGs progressivos é que os espectadores podem ter uma idéia da imagem antes de seu download completo. A desvantagem é que eles consomem mais energia de processamento para serem exibidos e não são suportados em versões de navegadores muito antigas.

Figura 15-5 (Caderno colorido)

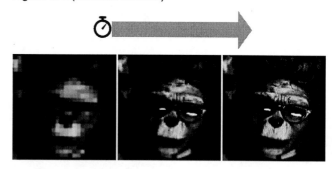

Os JPEGs progressivos renderizam em uma série de passagens. A qualidade e o detalhe da imagem são melhorados com cada passagem.

Descompactação

JPEGs precisam ser descompactados antes que possam ser exibidos; portanto, demora mais para um navegador decodificar e montar um JPEG do que um GIF de mesmo tamanho de arquivo. No entanto, não é uma grande diferença, não sendo um motivo para evitar o formato JPEG.

Como nomear JPEGs

JPEGs devem ser nomeados com o sufixo .jpg ou .jpeg a fim de serem usados em uma página da web. Mesmo se a imagem gráfica estiver no formato JPEG, o navegador se baseia no sufixo adequado para reconhecer o arquivo como um JPEG e colocá-lo na página.

Como fazer JPEGs, passo a passo

Independentemente da ferramenta usada, o processo para criar um JPEG é praticamente o mesmo. Você começará ao abrir sua imagem em um programa de edição de imagens e realizará qualquer edição necessária, como redimensionamento, recorte, ajustes de cor etc. Sempre salve seu original caso você precise fazer mudanças na imagem mais tarde.

Importante

Certifique-se de que sua imagem esteja no modo de cor de escala de cinza ou RGB (e não CYMK) e que a resolução esteja definida em 72 dpi.

No processo de salvar ou exportar JPEG, será pedido que você tome as seguintes decisões:

Qualidade de imagem. A configuração de qualidade diz ao programa com que agressividade compactar a imagem. A qualidade de imagem é geralmente monitorada em uma escala de 1 a 10 ou de 0 a 100%. Os números maiores correspondem a melhor qualidade de imagem e, portanto, a maiores tamanhos de arquivo. Números menores correspondem a pior qualidade de imagem com tamanhos de arquivo menores. Na maioria dos casos, "metade" ou aproximadamente 50%, produz uma imagem JPEG aceitável; no entanto, você pode conseguir um número ainda menor.

Progressivo. Decida se você quer que JPEG seja progressivo (veja a seção JPEGs progressivos, anteriormente neste capítulo).

Otimizado. Decida se você quer que JPEG seja otimizado. Isto resulta em um JPEG ligeiramente menor, mas ele pode não ser exibido nas versões mais antigas de navegadores.

> **Cuidado**
>
> Alguns navegadores realmente antigos (versão 2 e anterior) não suportam JPEGs otimizados e progressivos; logo, se você estiver preocupado com 100% de suporte de navegador, escolha "Baseline (Standard)" e evite as opções especiais.

Matte. Se você estiver trabalhando com uma imagem com camadas ou uma que contenha áreas transparentes, a cor fosca que você especificar será usada para preencher as áreas transparentes da imagem. Geralmente, você gostaria de selecionar uma cor que corresponda à cor de fundo da página para simular transparência (JPEGs não podem ter áreas transparentes reais como os GIFs).

Embaçar ou suavizar. Algumas ferramentas permitem que você embace a sua imagem ligeiramente para melhorar a compactação e reduzir o tamanho de arquivo. Se você optar por fazer isto, é importante visualizar sua imagem para garantir que a qualidade de imagem ainda seja aceitável. A configuração, logicamente, dependerá de sua imagem.

Uma vez que você tenha feito todas as suas configurações, exporte ou salve o arquivo como JPEG. Certifique-se de nomeá-lo com o sufixo .jpg ou .jpeg.

Agora, vamos dar uma olhada em como estas etapas são tratadas nas diversas ferramentas populares de criação de imagens.

No Adobe Photoshop 5.5 (e acima)

O Adobe Photoshop 5.5 apresentou o recurso útil "Save for Web". Selecionar "Save for Web" é essencialmente o mesmo que fazer "Save As", já que seu original é preservado e um documento JPEG separado é criado. A Figura 15-6 mostra as etapas para criar um JPEG usando a opção File à Save for Web.

Figura 15-6

Como salvar um JPEG com o recurso "Save for Web" do Photoshop 5.5 (e acima)

❶ Abra a imagem e faça qualquer edição necessária.

Capítulo 15 – Como criar JPEGs

❷ Certifique-se de que a imagem esteja alisada,

❸ ...esteja em uma resolução baixa (72 dpi)

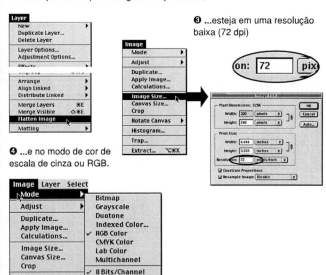

❹ ...e no modo de cor de escala de cinza ou RGB.

(A) Seleciona o formato de arquivo.
(B) Torna o JPEG otimizado quando assinalado.
(C) A qualidade de imagem é definida com o menu suspenso ou o cursor numérico (eles funcionam em tandem).
(D) Torna o JPEG progressivo quando assinalado.
(E) Aplica um ligeiro embaçado à imagem para melhorar as taxas de compactação.
(F) "ICC Profile" contém as informações de cor precisas para o arquivo, mas geralmente resulta em tamanhos de arquivos inaceitavelmente grandes.
(G) Qualquer área transparente na imagem será preenchida pela cor especificada na caixa Matte.
(H) Color Table estará vazia porque JPEGs não usam tabelas de cores.
(I) Use esta paleta para redimensionar a imagem salva enquanto mantém o tamanho da original. Certifique-se de pressionar o botão Apply antes de pressionar OK.

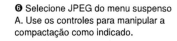

❺ Selecione File → Save for Web.

❻ Selecione JPEG do menu suspenso A. Use os controles para manipular a compactação como indicado.

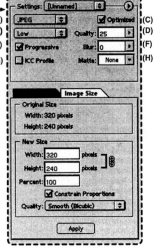

A caixa de diálogo "Save for Web" apresenta a capacidade de visualizar seu JPEG compactado lado a lado com seu original.

❼ Quando tiver terminado clique o botão OK. Na caixa de diálogo "Saved Optimized As" dê ao arquivo um nome terminando com .jpg ou .jpeg.

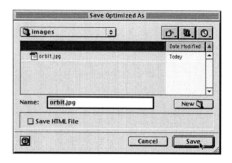

Se você assinalar "Save HTML File", o Photoshop irá gerar a marca HTML contendo as informações a respeito da imagem gráfica. Isso pode ser recortado e colado no seu documento HTML.

❽ Clique "Save" para salvar o arquivo.

Nas versões anteriores do Photoshop

Se você estiver trabalhando com uma versão anterior do Photoshop, você ainda pode salvar seus arquivos no formato JPEG ao usar a opção File → Save As ou Save. O JPEG é um dos formatos de arquivo padrão que o Photoshop salva.

Se você estiver trabalhando com uma original com camadas, você deve alisar a imagem (Layer → Flatten) para que a opção JPEG esteja disponível no menu suspenso Format. A Figura 15-7 mostra como salvar uma imagem como JPEG em todas as versões do Photoshop.

Figura 15-7

Como salvar uma imagem como JPEG no Adobe Photoshop (Versões 4 e acima)

❶ Abra a imagem e faça qualquer edição necessária.

❷ Certifique-se de que a imagem seja alisada, esteja em uma resolução baixa (72 dpi) e esteja no modo de cor de escala de cinza ou RGB (veja a figura anterior).

❸ Selecione File à Save As.

❹ Selecione JPEG do menu suspenso. Dê ao arquivo um nome terminando em .jpg ou .jpeg e escolha a localização do arquivo. Clique Save.

Quando tiver terminado, clique OK.

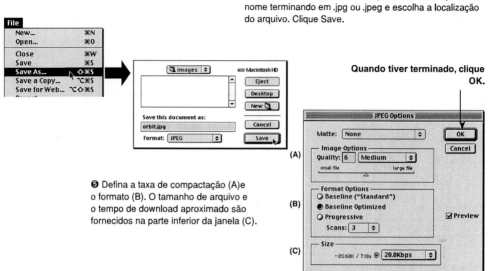

❺ Defina a taxa de compactação (A) e o formato (B). O tamanho de arquivo e o tempo de download aproximado são fornecidos na parte inferior da janela (C).

No Fireworks 3 da Macromedia

É fácil fazer JPEGs no Fireworks porque você pode fazer todas as suas configurações de compactação diretamente no espaço de trabalho usando a paleta Optimize e a opção Preview na janela do documento. Você também tem acesso às mesmas configurações durante o processo de exportação quando você seleciona File à Export Preview. A Figura 15-8 mostra os controles de JPEG no Fireworks 3.

Figura 15-8

Como exportar um JPEG no Fireworks 3 da Macromedia

❶ Abra a imagem no Fireworks. Faça qualquer edição de imagem necessária como recorte, redimensionamento etc. Certifique-se de que a imagem esteja em baixa resolução. No Fireworks as imagens estão no modo RGB como padrão e não é necessário alisar uma imagem antes da exportação.

Aprenda Web design

❷ Você pode otimizar e exportar o JPEG diretamente do espaço de trabalho. Use a paleta Optimize para fazer suas configurações de JPEG. A janela do documento pode mostrar lado a lado prévias de suas configurações.

(A) Selecione o formato de arquivo.
(B) Qualquer área transparente na imagem será preenchida com a cor fosca.
(C) Selecione a qualidade em uma escala de 0 a 100%.
(D) A suavização irá embaçar a imagem ligeiramente para melhorar as taxas de compactação.

❸ Quando tiver terminado, selecione Export do menu File. Dê ao seu arquivo um nome terminando em .jpg ou .jpeg e escolha sua localização.

Uma outra abordagem

Você pode acessar as mesmas configurações JPEG diretamente na caixa de diálogo Export Preview (sob o menu File). Quando você tiver feito todas suas configurações, pressione o botão Export.

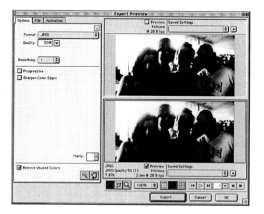

No Paint Shop Pro 6 da JASC

O Paint Shop Pro funciona similarmente a versões antigas do Photoshop, mas é uma alternativa menos cara. O problema é que ele funciona apenas no sistema operacional Windows; portanto, os usuários do Macintosh estão sem sorte. A Figura 15-9 mostra as etapas para salvar uma imagem gráfica como um JPEG no Paint Shop Pro 6.

Figura 15-9

Como salvar um JPEG no JASC Paint Shop Pro 6 e acima

❶ Abra a imagem e faça qualquer edição de imagem necessária. Quando você estiver pronto para salvá-la como um JPEG, selecione File → Save As.

❷ Na caixa de diálogo Save As, dê ao arquivo um nome de arquivo e selecione "JPEG-JFIF Compliant (*.jpg, *.jif, *.jpeg)".

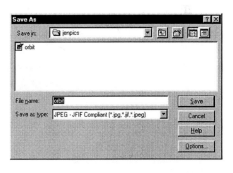

❸ Clique o botão Options. Na caixa de diálogo Save Options, você pode especificar se você quer que o JPEG seja progressivo e definir a taxa de compactação.

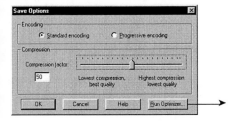

❹ O JPEG Optimized (acessado ao clicar o botão "Run Optimizer") lhe dá as mesmas opções, mas permite que você veja os resultados de suas configurações comparados ao original. Quando tiver terminado, clique OK para salvar o arquivo.

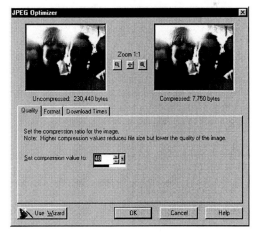

Otimização de JPEGs

Disse antes e direi novamente — quando você está produzindo imagens gráficas para a Web, é crucial manter os tamanhos de arquivos menores possíveis. Usando as ferramentas e configurações que vimos acima, há estratégias básicas que você pode adotar para se certificar de que seus JPEGs sejam adequados.

Seja agressivo com a compactação

A maneira mais fácil e simples de reduzir o tamanho de arquivo de um JPEG é optar por uma taxa de compactação mais alta. Logicamente, isto vem com o sacrifício de alguma qualidade de imagem, mas você ficará surpreso com o quanto você pode compactar um JPEG ao mesmo tempo em que mantém uma imagem aceitável. A Figura 15-10 (caderno colorido, a página a seguir) mostra os resultados de diferentes taxas de qualidade (compactação) conforme aplicado no Fireworks 3 da Macromedia e Photoshop 5.5 do Adobe.

Perceba que a imagem suporta bem, mesmo em taxas de qualidade bem baixas (alta compactação). Cada imagem é diferente, logo, onde você impõe os limites de tamanho de arquivo e qualidade de imagem irá variar. Mas a menos que você esteja publicando trabalhos de arte ou outros tipos de imagens nos quais detalhe é importante, sinta-se à vontade para ser agressivo com a compactação.

Tente ferramentas diferentes

Um outro aspecto interessante da Figura 15-10 é que as mesmas configurações em cada programa produzem resultados diferentes. Isto ocorre porque a escala de classificação de qualidade não é objetiva — ela varia de programa para programa. Por exemplo, uma qualidade de 0% no Photoshop é similar a 30% no Fireworks e outros programas. A compactação JPEG pode, na realidade, ir mais além do que o Photoshop permite, mas você provavelmente não quer chegar lá. (Dê uma olhada na bagunça que acontece na classificação de 0% no Fireworks!)

É melhor se basear na aparência da imagem do que em uma configuração de números específica.

Em minha experiência pessoal, descobri que o Fireworks produz JPEGs menores em uma qualidade visível similar do que o Photoshop 5.5. No entanto, há plug-ins de JPEG de terceiros que funcionam dentro do Photoshop e outros pro-

---

Ferramentas de otimização de JPEG

Se você está realmente preocupado em fazer os menores JPEGs possíveis enquanto maximiza a qualidade da imagem, recomendo dar uma olhada nos plug-ins de Photoshop de terceiros. Estas ferramentas foram programadas especificamente para trabalhar com JPEGs, logo, elas têm algoritmos sofisticados que podem fazer mágica:

ProJPEG de BoxTop Software

www.boxtopsoft.com

HVS JPEG de Digital Frontiers

www.digfrontiers.com

gramas de edição de imagem que fazem os menores JPEGs de todos. Veja a nota lateral "Ferramentas de otimização de JPEG", para maiores detalhes.

Escolha otimizado

Os JPEGs otimizados têm tamanhos de arquivo ligeiramente menores e melhor fidelidade de cor do que os JPEGs padrão. Por esta razão, você pode selecionar a opção Optimized se seu sofware de imagem oferecê-la.

O problema é que o formato JPEG otimizado não é suportado em alguns navegadores antigos (Versão 2 e anteriores). Se você não quiser arriscar a possibilidade de ícones de imagens quebradas, fique longe da opção Optimized.

Figura 15-10 (Caderno colorido)

Uma comparação dos vários níveis de compactação no Photoshop 5.5 da Adobe e no Fireworks 3 da Macromedia.

Photoshop 5.5

Photoshop 100% (42,2K)

Photoshop 80% (22,3K)

Photoshop 60% (13,6K)

Photoshop 40% (8,2K)

Photoshop 20% (6,0K)

Photoshop 0% (3,7K)

Fireworks 3

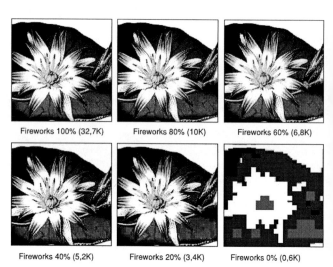

Fireworks 100% (32,7K) Fireworks 80% (10K) Fireworks 60% (6,8K)

Fireworks 40% (5,2K) Fireworks 20% (3,4K) Fireworks 0% (0,6K)

Suavize a imagem

Como mencionei anteriormente, o esquema de compactação JPEG adora imagens com gradações sutis, menos detalhes e sem bordas rígidas. Uma maneira através da qual você pode se aproveitar desta compactação é começar suavizando a imagem antes da compactação.

Você pode ajudar a compactação JPEG ao aplicar um ligeiro embaçado à sua imagem ou partes dela.

Se você estiver usando uma das ferramentas da web mais novas, você encontrará uma configuração com as opções de otimização que suavizam a imagem. No Photoshop 5.5 e acima, a ferramenta é chamada "Blur"; no Fireworks 3, ela é "Smoothing". Se você aplicar um embaçado suave, a compactação JPEG funciona melhor, resultando em um arquivo menor (Figura 15-11, caderno colorido). Se você não tiver estas ferramentas, você pode suavizar toda a imagem ao aplicar um ligeiro embaçado à imagem com o filtro "Gaussian Blur" (ou similar).

Uma abordagem mais sofisticada e, no entanto, mais trabalhosa, é aplicar embaçados agressivos a áreas que não são importantes e deixar áreas de detalhes intocadas. Por exemplo, se você estiver trabalhando com um retrato você poderia aplicar um embaçado rigoroso no fundo enquanto mantém o detalhe na face. Fiz isto na imagem à direita na Figura 15-11.

Capítulo 15 – Como criar JPEGs | 319

Figura 15-11 (Caderno colorido)

Embaçar ligeiramente a imagem antes de exportar como JPEG resultará em tamanhos de arquivo menores.

Qualidade: 20 Embaçado: 0 (8,7K)

Este JPEG foi salvo em baixa qualidade (20 no Photoshop) sem ser aplicado o embaçado.

Qualidade: 20 Embaçado: .5 (6,9K)

Neste JPEG apliquei um ligeiro embaçado à imagem (.5 no Photoshop) antes de exportá-la. Embora ela tenha a mesma configuração de qualidade (20), o tamanho de arquivo é 20% menor.

No Fireworks, use a configuração "Smoothing" para aplicar um embaçado.

Qualidade: 20 Embaçado: 0 (6,6K) (embaçado aplicado manualmente com o filtro Gaussian blur)

Nesta imagem, embacei apenas áreas selecionadas da imagem. Desta maneira, pude aplicar um embaçado mais agressivo a partes da imagem enquanto mantive os detalhes na face, onde é importante. O tamanho de arquivo é comparável ao exemplo embaçado.

Algumas coisas a serem lembradas a respeito de JPEGs

Os JPEGs são mais simples de usar do que seus equivalentes GIF. Ainda assim, há alguns pontos deste capítulo que você deve ter em mente:

- A compactação JPEG funciona melhor em imagens de tom contínuo como fotografias ou ilustrações com cores suaves (como watercolor). Ela adora cores suaves e áreas embaçadas. Ela não gosta de bordas rígidas e detalhes finos.
- JPEGs podem conter milhões de cores (cor de 24 bits).
- JPEG é um esquema de compactação "com perdas", significando que pequenas partes da imagem são na realidade jogadas fora na compactação.
- Sempre que você abrir e ressalvar um JPEG, você joga fora mais dados. A perda na qualidade da imagem é cumulativa. Por esta razão, é melhor salvar os originais de suas imagens e fazer novas exportações quando você precisar fazer mudanças.
- Você pode ser bem agressivo com a configuração de qualidade para JPEGs a fim de reduzir o tamanho de arquivo.
- Uma outra maneira de reduzir o tamanho de arquivo de JPEGs é aplicar um ligeiro embaçado a toda a imagem ou parte dela.

Capítulo 16
GIFS animados

Quando você vê uma imagem gráfica da web girando, piscando, pulsando, aparecendo e desaparecendo ou, de outra forma, dando um pequeno show, há grande chance de que ela seja um GIF animado. Atualmente elas se encontram em todos os lugares — especialmente em banners de propaganda que estão presentes praticamente em todas as páginas na web.

Este capítulo fornece uma introdução básica a como os GIFs animados funcionam e como criá-los. Assim como acontece com muitas técnicas da web, não é difícil começar a fazer animações simples, mas leva tempo e dedicação para realmente dominar a arte. Este capítulo é a primeira etapa.

GIFs animados têm muito a seu favor — eles são fáceis de fazer e pelo fato de serem apenas arquivos GIFs comuns, funcionarão virtualmente em qualquer navegador sem a necessidade de plug-ins. Adicionar uma animação simples a uma página da web é uma maneira eficaz de atrair atenção (aqueles publicitários não são bobos). Isto realmente torna o uso da animação GIF tentador!

No entanto, esteja avisado que é simples acabar com uma grande quantidade de uma boa coisa. Muitos usuários reclamam que animação os distrai e torna até mesmo a página irritante, especialmente quando eles estão tentando ler o conteúdo na página. Logo, se você optar por usá-la, use-a sabiamente (ver a nota lateral "Animação responsável" na página a seguir).

Neste capítulo

Como GIFs animados funcionam

Como criar um GIF animado

Um atalho legal ("tweening")

Animação responsável

Se você não quiser irritar seu público, siga estas recomendações para moderação na animação:

- Evite mais de uma animação em uma página.
- Use a animação para comunicar algo de uma maneira inteligente (e não apenas luzes piscando gratuitamente).
- Evite animação em páginas repletas de texto que exigem concentração para leitura.
- Considere se a largura de banda extra para fazer uma imagem gráfica "girar" está realmente adicionando valor à sua página.
- Decida se sua animação realmente precisa realizar loops continuamente.
- Faça experiências com timing. Algumas vezes uma longa pausa entre loops pode tornar uma animação menos confusa.

Como eles funcionam

A animação gráfica é um dos recursos embutidos no formato de arquivo gráfico "GIF89a". Ela permite que uma imagem gráfica contenha diversos "quadros" de animação — imagens separadas que, quando vistas rapidamente juntas, dão a ilusão de movimento ou mudança no tempo (Figura 16-1, galeria, na página a seguir). Todas estas imagens estão armazenadas dentro de um único arquivo GIF junto com configurações que descrevem como elas devem ser rodadas na janela do navegador.

Dentro do GIF você pode controlar se e quantas vezes a freqüência se repete, quanto tempo cada quadro permanece visível (atraso de quadros), a maneira na qual um quadro substitui o outro (método de alienação), se a imagem é transparente e se ela é entrelaçada. Discutiremos cada uma destas configurações mais adiante neste capítulo.

Figura 16-1

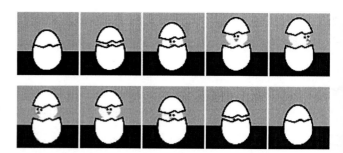

Este GIF animado contém todas as imagens mostradas acima. As imagens são rodadas em seqüência, criando um efeito de movimento. Quando este GIF é visto em um navegador, o pintinho aparece, dá uma olhada ao seu redor e depois volta para dentro do ovo.

Cada quadro é similar a uma página em um livro de criança.

Ferramentas de animação GIF

Para fazer um GIF animado, tudo que você precisa é uma ferramenta para criação de GIFs animados. Estas ferramentas se encaixam basicamente em duas categorias.

A primeira é de utilitários de animação GIF independentes. Estes pegam um grupo pré-existente de arquivos GIF (um para cada quadro na seqüência de animação) e o transformam em um único GIF animado. Eles fornecem uma interface simples para inserir as configurações de animação (velocidade, loop etc). Alguns também fornecem excelentes opções de otimização e até mesmo efeitos de transição. A boa notícia é que os utilitários de animação não são caros (até mesmo gratuitos) e estão disponíveis para download (veja a nota lateral "Utilitários GIF" na página a seguir).

Outros utilitários de animação estão embutidos m ferramentas gráficas da web como ImageReady da Adobe e Fireworks da Macromedia. Se você já tiver uma destas ferramentas, você não precisará de software adicional para fazer animações. A boa notícia de ferramentas embutidas é que elas permitem que você crie e salve suas animações todas em um lugar. Uma outra vantagem é que elas têm recursos avançados que podem fazer geração de quadros automática.

Como criar um GIF animado simples

Vamos começar com um método mais simples para criação de GIF animado — começando com um diretório de arquivos GIF separados e um utilitário de animação independente.

Antes de tudo: você tem que criar os GIFs. Felizmente você pode fazer isto com qualquer programa gráfico que você tenha que suporte o formato GIF. Simplesmente, desenhe cada quadro da animação e salve-o como um GIF. Isto torna as coisas mais fáceis se você fizer todos os GIFs com as mesmas dimensões em pixels.

Gosto de criar minhas animações em uma ferramenta gráfica que suporte camadas (o Photoshop vem em mente). Uso cada camada para representar um quadro na animação. Depois, torno cada camada visível — uma de cada vez — e exporto cada uma no formato GIF (Figura 16-2).

As camadas do Photoshop são úteis para a criação de quadros de animação à mão.

Utilitários de GIF animado

Estas ferramentas são baratas e úteis para a criação de GIFs animados:

GifBuilder 0.5
(apenas Macintosh)
O GifBuilder, desenvolvido por Yves Piguet, é o antigo standby para a criação de GIFs animados. Ele é freeware, que é fácil e intuitivo de usar. Está disponível para download em www.mac.org/graphics/gifbuilder/.

Ulead GIF Animator 4.0
(apenas Windows)
Ulead's GIF Animator apresenta assistentes para construção rápida e fácil de animações. Faça download de uma de uma cópia de prévia em www.ulead.com. O registro era US$ 39,95 na época em que este livro estava sendo escrito.

GIFmation 2.3
(Macintosh e Windows)
Este software comercial de BoxTop Software é altamente recomendado para a Web pela sua interface visual, eficientes métodos de compactação e tratamento de paletas sofisticadas. O GIFmation custava US$ 49,95 (na época em que este livro estava sendo escrito). Ele está disponível em www.boxtopsoft.com.

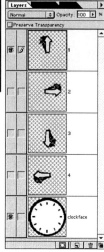

Figura 16-2

As camadas são úteis para projetar quadros de animação. Criei minha imagem em um único arquivo com camadas, depois exportei cada quadro para o formato GIF.

Como você pode ver neste exemplo, usei o fundo para conter as partes inalteradas da animação (a face do relógio) e usei as camadas para manipular as partes que quero mover (os ponteiros). Você pode usar todos os recursos de edição em seu programa de desenho para fazer mudanças de quadro a quadro, incluindo mudanças de opacidade, posição e cor.

Como usar um utilitário de animação GIF

A seguir, carregos os arquivos GIF em uma ferramenta de animação GIF. Estou usando o GIFmation da BoxTop Software nesta demonstração, mas você descobrirá que outros utilitários de animação funcionam basicamente da mesma maneira.

Começo ao carregar meus arquivos GIF na paleta Frames. Posso fazer isto ao arrastar os arquivos diretamente de minha área de trabalho para a janela, ou ao usar o item de menu File à Import. Quando meus GIFs estão carregados, a paleta Frames permite que eu visualize a seqüência de quadros assim como as configurações para cada quadro individual (Figura 16-3).

Figura 16-3

Os utilitários de animação GIF pegam um conjunto de quadros GIF individuais e os transforma em um único arquivo GIF animado.

Carreguei meus quatro arquivos GIF em GIFmation (um utilitário de animação). A janela Frames mostra a seqüência e as configurações para os quadros.

Janela de quadros

Posso ver como minha animação funciona ao "rodá-la" na janela de pré-visualização.

Janela de pré-visualização

A janela de pré-visualização permite que eu veja a animação baseada nas configurações atuais. Posso "rodar" a animação e fazer um ajuste fino de minhas configurações até que obtenha os resultados que quero.

Configurações de animação

A base do processo reside nas configurações. Há configurações padrão em cada ferramenta de animação GIF (incluindo aquelas embutidas no Fireworks e ImageReady) que afetam o comportamento da animação. Algumas destas configurações serão familiares e intuitivas; outras, você estará encontrando pela primeira vez. Ferramentas diferentes fornecem acesso a estas configurações em lugares diferentes, mas elas estarão lá.

Atraso de quadros

Também chamado "atraso interquadro", esta configuração ajusta a quantidade de tempo entre quadros. Os atrasos de quadro são medidos em 1/100 de um segundo. Teoricamente, uma configuração de 100 criaria um atraso de 1 segundo, mas, na realidade, esta é uma estimativa livre e depende da velocidade do processador do computador do usuário.

Você pode aplicar um atraso uniforme através de todos os quadros em sua animação e aplicar atrasos a quadros individuais. Com atrasos de quadro personalizados, você pode criar a pausas e outros efeitos de timing. Você pode definir o atraso de quadro para zero (ou "o mais rápido possível"), mas acho que uma configuração de 10 (que é 10/100 ou .1 segundo) dá um resultado mais suave para a maioria das animações de movimento contínuo.

Transparência

> Assim como seus primos estáticos, os GIFs animados podem conter áreas de transparência.

Assim como seus primos estáticos, os GIFs animados podem conter áreas de transparência. Você pode definir transparência para cada quadro dentro de uma animação. Quadros anteriores aparecerão através da área transparente de um quadro mais recente. Se o quadro de fundo for transparente, a cor de fundo do navegador aparecerá através dele. Você precisa coordenar adequadamente a transparência de quadros com o método de alienação.

Não fique surpreso se as áreas transparentes que você especificou nos seus GIFs originais ficarem opacas quando você abrir os arquivos em um utilitário de animação GIF. Você pode precisar definir a transparência novamente no pacote de animação.

A transparência pode normalmente ser definida para preto, branco, "primeira cor" (a cor em pixel superior à esquerda) ou uma cor escolhida de dentro da imagem com uma ferramenta conta-gotas.

Loop

Você pode especificar o número de vezes que uma animação é repetida: "nenhuma", "para sempre" ou um número específico. Navegadores antigos não suportam de maneira consistente um número específico de loops. Alguns mostrarão o primeiro quadro, outros o último. Um artifício é criar o loop no arquivo ao repetir a seqüência de quadros diversas vezes. Logicamente, isto aumenta o tamanho do arquivo.

Paleta de cores

Os GIFs animados usam uma paleta de até 256 cores que são usadas na imagem. Embora cada quadro possa ter sua própria paleta, recomenda-se que você use a paleta global para toda a animação para uma exibição mais suave (especialmente em navegadores mais antigos).

Entrelaçamento

Assim como acontece com os GIFs comuns, os GIFs animados podem ser definidos para serem entrelaçados, o que faz com que eles sejam exibidos em uma série de passagens (começando maciço e terminando claro). Recomenda-se que você deixe a opção de entrelaçamento definida para "no" ou "off" porque cada quadro está na tela por um curto período de tempo.

Método de alienação

O método de alienação dá instruções sobre o que fazer com o quadro anterior uma vez que um novo quadro seja exibido (Figura 16-4). As opções são:

Unspecified (Nothing). Use esta opção para substituir um quadro não transparente de tamanho total por um outro quadro.

Do not dispose (Leave As Is). Nesta opção, qualquer pixel não coberto pelo próximo quadro continua a ser exibido. Use este método se você estiver usando transparência dentro de quadros.

Restore to Background. A cor de fundo ou a imagem lado a lado de fundo aparece através dos pixels transparentes do novo quadro (substituindo as áreas de imagem do quadro anterior).

Restore to Previous. Esta opção restaura o estado do quadro anterior, não alienado. Este método não é bem suportado e é melhor que seja evitado.

Dica
Pontos de partida

Estas configurações são um ótimo ponto de partida para a criação de animações com quadros:

Paleta de cores
Paleta global, adaptativa

Entrelaçamento
Off

Pontilhamento
On para fotos, off para desenhos com poucas cores

Tamanho da imagem
Tamanho mínimo

Cor de fundo
Preto ou branco

Loop
Nenhum ou para sempre

Transparência
Off

Método de alienação
Do not dispose

Dica

A maioria dos utilitários de animação GIF oferece "otimização", um processo de redução de tamanho de arquivo que se aproveita do fato de que os quadros anteriores aparecerão "através" de áreas transparentes do quadro mais recente. A fim de que o processo de otimização funcione, o método de alienação deve estar definido para "Do Not Dispose" (ou "Leave As Is").

Figura 16-4

Métodos de alienação

Unspecified

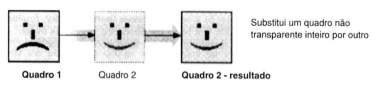

Substitui um quadro não transparente inteiro por outro

Quadro 1   Quadro 2   Quadro 2 - resultado

Do Not Dispose

Os pixels não substituídos pelo quadro seguinte continuam a ser exibidos

Quadro 1   Quadro 2   Quadro 2 - resultado
O cinza claro não é transparente

Restore to Background

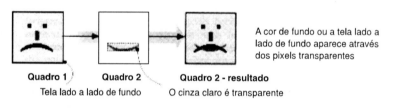

A cor de fundo ou a tela lado a lado de fundo aparece através dos pixels transparentes

Quadro 1   Quadro 2   Quadro 2 - resultado
Tela lado a lado de fundo   O cinza claro é transparente

Restore to Previous (suportado pelo Microsoft Internet Explorer 3.0 ou acima)

Restaurar o anterior

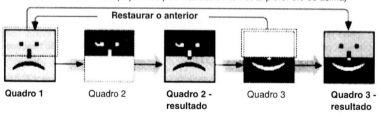

Quadro 1   Quadro 2   Quadro 2 - resultado   Quadro 3   Quadro 3 - resultado

Juntando tudo

Vamos voltar para aquela animação do relógio. Preciso organizar todas as minhas configurações (Figura 16-5). Mas quero fazer que pareça que o ponteiro está girando seguidamente, definirei o loop para "forever" (A) e o atraso de quadro para 10/100 de um segundo em todos os quadros para um movimento suave visível (B). E já que a animação é composta de quatro quadros sólidos (sem transparência), selecionei o método de alienação "Unspecified" (C). Também quero me certificar que o entrelaçamento esteja desativado (D).

Figura 16-5

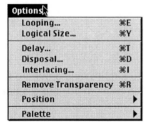

Usando o menu Options do GIFmation, defini o loop (A), atraso de quadro (B), método de alienação (C) e entrelaçamento (D) para minha animação do relógio.

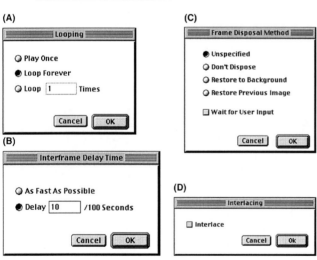

Figura 16-6

Os quadros otimizados contêm apenas os pixels que mudam de quadro para quadro. O resultado é um tamanho de arquivo menor do que se você armazenasse as informações da imagem completa em cada quadro.

Quadro 1   Quadro 2

Quadro 3   Quadro 3

Quando eu tiver tudo funcionando da maneira que quero no menu Preview, salvo a imagem gráfica. O GIFmation oferece uma opção "Export Optmized" sob o menu File. Este processo de otimização salva apenas os pixels que mudam de quadro para quadro e joga fora áreas de imagem redundantes (Figura 16-6). O resultado é uma enorme economia no tamanho de arquivo sem mudança na aparência da animação.

Um atalho legal (Tweening)

Se você investiu nas últimas e melhores ferramentas de criação gráfica da web (como Fireworks da Macromedia e ImageReady da Adobe), você está com sorte, porque a criação de animações é mais fácil do que nunca. A vantagem real destas ferramentas é que elas farão um pouco da geração de quadros para você.

Se você quiser que uma imagem se desloque de um lado da imagem gráfica para o outro ou quiser que uma imagem gráfica desapareça gradativamente de claro para escuro, você precisa apenas fornecer o quadro inicial e o quadro final e a ferramenta gera todos os quadros intermediários (Figura 16-7). Este processo é conhecido como Tweening e é um grande economizador de tempo.

Figura 16-7

... e a ferramenta cria todos os quadros intermediários! Este processo é conhecido como "tweening".

O ImageReady da Adobe (que vem com o Photoshop 5.5 e acima da Adobe) torna este processo fácil. No ImageReady as animações são administradas na janela Animations, o que fornece uma representação de todos os quadros na seqüência. Quando você seleciona um quadro, ele se torna "ativo" na janela do documento onde você pode editar o conteúdo do quadro assim como você o faria com qualquer outra imagem gráfica.

Capítulo 16 – GIFS animados | 331

Para criar um efeito de movimento suave, crio um quadro com meu objeto (uma joaninha) na posição inicial e em um outro quadro com o mesmo objeto na posição final. O ato de selecionar Tweening do menu pop-up Animations preencherá o movimento intermediário na quantidade de etapas que eu especificar. Vamos dar uma olhada neste processo passo a passo (Figura 16-8).

Figura 16-8

Como usar o ImageReady 2 da Adobe para criar transições

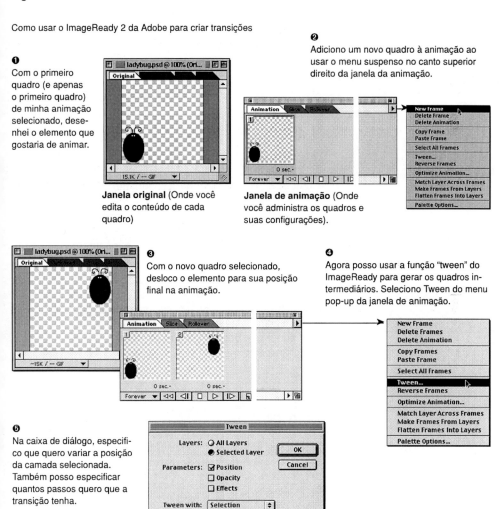

❶ Com o primeiro quadro (e apenas o primeiro quadro) de minha animação selecionado, desenhei o elemento que gostaria de animar.

Janela original (Onde você edita o conteúdo de cada quadro)

❷ Adiciono um novo quadro à animação ao usar o menu suspenso no canto superior direito da janela da animação.

Janela de animação (Onde você administra os quadros e suas configurações).

❸ Com o novo quadro selecionado, desloco o elemento para sua posição final na animação.

❹ Agora posso usar a função "tween" do ImageReady para gerar os quadros intermediários. Seleciono Tween do menu pop-up da janela de animação.

❺ Na caixa de diálogo, especifico que quero variar a posição da camada selecionada. Também posso especificar quantos passos quero que a transição tenha.

Figura 16-8 (continuação)

Como usar o ImageReady 2 da Adobe para criar transições

❻
Quando clico OK os novos quadros são automaticamente inseridos.

❼
Quando termino, selecione "Save Optimized" do menu File para criar o GIF animado. Posso salvar meu arquivo com camadas caso em queira editá-lo posteriormente.

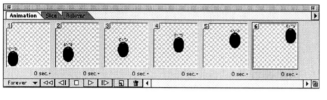

Quando a imagem gráfica for vista em um navegador, a joaninha se moverá de um canto para o outro.

Além do iniciante

Neste capítulo, mal arranhei a superfície da animação GIF. Se você estiver usando uma ferramenta gráfica como Fireworks ou ImageReady para animação, recomendo a leitura dos manuais fornecidos para obter um melhor entendimento de como a ferramenta funciona e os efeitos interessantes que você pode criar com ela.

Você também pode querer ver a lista de links de recursos de animação GIF obtidos pela WebRefrence.com disponível em www.webreference.com/authoring/graphics/animation.html. Eles têm um artigo impressionante a respeito de otimização de GIFs animados, que você encontrará em www.webreference.com/dev/gifanim/.

Algumas coisas a serem lembradas a respeito de GIFs animados

Os GIFS animados são bem populares na Web atualmente, particularmente na propaganda com banners. Com a ferramenta adequada eles são simples de criar e são adicionados à página da web da mesma forma que qualquer outra imagem gráfica. Eis os pontos principais a respeito de GIFs animados que cobrimos neste capítulo:

- A habilidade de conter muitos quadros de animação é uma característica do formato de arquivo GIF.
- É extremamente fácil exagerar na animação em uma página da web. Considere cuidadosamente se a animação está auxiliando ou prejudicando o sucesso de sua página da web
- A fim de criar um GIF animado, você precisa de um utilitário de animação. Há programas baratos (e até mesmo gratuitos) que fazem nada mais além de criar animações GIF. Além disso, ferramentas de animação estão embutidas em ferramentas gráficas da web populares como ImageReady do Adobe e Fireworks da Macromedia.
- Quando você cria um GIF animado, você precisa definir o atraso de quadro, método de alienação, transparência, loop, paleta de cores e entrelaçamento.
- As ferramentas de animação avançadas criarão quadros para você automaticamente em um processo chamado "tweening".

Parte IV

Forma e função

Agora que cobrimos o básico, é hora de tratar de algumas das questões de âmbito maior. Começamos ao combinar nossas novas habilidades gráficas e de HTML para criar alguns dos elementos especiais e truques mais comuns de design da web.

O Capítulo 18 apresenta uma visão geral de um dos aspectos mais importantes e facilmente ignorados do design da web — a usabilidade. Se os usuários não puderem encontrar o que estão procurando em seu site ou ficarem perdidos e frustrados tentando fazê-lo, as imagens gráficas mais impressionantes do mundo não salvarão seu dia.

Logicamente, a aparência também conta, portanto, forneci uma lista do que fazer e não fazer no design da web no Capítulo 19. Isto deve ajudá-lo a evitar os sinais reveladores do design da web amador.

O livro termina com uma rápida amostra de alguns tópicos excitantes de design da web que estão além do escopo deste livro. Quero que você fique familiarizado com técnicas avançadas, de modo que possa reconhecê-las quando as vir e decidir por si só se gostaria de explorar ainda mais. Considere isto um vislumbre do horizonte do design da web.

Nesta parte

Capítulo 17, Técnicas de design da Web

Capítulo 18, Como criar sites da Web usáveis

Capítulo 19, O que fazer e não fazer no design da Web

Capítulo 20, Como eles fazem isto? Uma introdução a técnicas avançadas

Capítulo 17
Técnicas de design da web

As partes II e III deste livro cobrem o básico da criação de imagens gráficas da web e documentos HTML. Neste capítulo, juntaremos estas habilidades para criar alguns dos elementos de design comuns que você vê em páginas da web profissionais.

Você descobrirá que um número significativo destas técnicas se baseia em tabelas HTML e é por isso que, como um designer da web, você pode querer ter um bom comando da criação de tabelas. O Capítulo 10, é uma exploração profunda de criação de tabelas, incluindo marcas HTML relacionadas a tabelas, as maneiras através das quais as tabelas tendem a dar errado e como elas são usadas para formatar páginas inteiras. Agora vamos ver alguns truques do negócio!

Listas com marcadores sofisticados

No Capítulo 7, vimos como você pode fazer uma lista com marcadores usando a marca "lista não ordenada" (<UL>). Isto funciona bem se você estiver feliz com os estilos de marcadores automaticamente inseridos no navegador, mas o que acontece se você quiser um marcador com mais personalidade — como uma margarida ou uma pequena caveira? Neste caso, você precisará abandonar a marca <UL> e criar a lista manualmente, usando suas próprias imagens gráficas personalizadas como marcadores.

Neste capítulo

Listas com marcadores sofisticados

Tabelas como notas laterais e elementos decorativos

O truque gráfico de 1 pixel quadrado

Fios verticais

Truques de tela lado a lado de fundo

Imagens de múltiplas partes (fatiadas)

Janelas pop-up

Mantenha a altura das imagens gráficas de marcador em 10 ou 12 pixels.

A primeira etapa é criar a imagem gráfica de marcador. Se você quiser que o marcador se ajuste no fluxo de texto sem adicionar qualquer espaço extra, você deve manter a altura da imagem gráfica em 10 ou 12 pixels. As imagens gráficas de marcador são mais bem salvas no formato GIF. Veja a nota lateral, "Como criar bullets e ícones", mais adiante neste capítulo, para maiores dicas.

Depois, crie a lista em HTML. Se a lista consistir de pequenos registros (apenas algumas palavras), você pode provavelmente separar cada registro com quebras de parágrafo ou linha, dependendo de quanto espaço você queira entre as linhas (Figura 17-1, na página a seguir). Não estou usando qualquer marca de lista aqui porque não quero nenhum marcador ou número inserido automaticamente. Perceba também que adicionei espaço à esquerda e direita da imagem gráfica usando o atributo HSPACE na marca <IMG> a fim de criar um recuo.

Figura 17-1

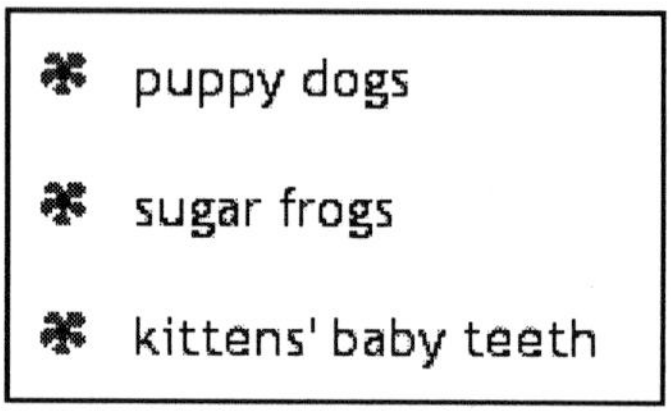

❋ puppy dogs

❋ sugar frogs

❋ kittens' baby teeth

A lista com marcadores foi criada ao colocar imagens gráficas de marcadores individuais antes de cada linha.

```
<P><IMG SRC="daisy.gif" HSPACE=12>puppy dogs</P>
<P><IMG SRC="daisy.gif" HSPACE=12>sugar frogs</P>
<P><IMG SRC="daisy.gif" HSPACE=12>kittens' baby teeth</P>
```

Se sua lista consistir de registros mais longos, você precisará usar uma tabela para controlar o alinhamento dos parágrafos dos registros (Figura 17-2). Use a configuração de largura da primeira coluna da tabela para controle preciso sobre a quantidade de recuo. Centralizei os marcadores na sua coluna para evitar que eles se choquem contra o texto. Você pode ajustar a largura da coluna e o alinhamento horizontal para obter a aparência que quiser. Lembre-se de definir o alinhamento vertical (VALIGN) em cada célula de marcador para "top" para posicionar o marcador próximo à primeira linha de texto.

Figura 17-2

Longos registros de lista exigem uma tabela para manter um recuo após os marcadores.

> ☠ **Avoid character spaces** in filenames. Although this is acceptable for local files on a Mac or Windows 95/98/NT machine, character spaces are not recognized by other systems.
>
> ☠ **Avoid special characters** such as ?, %, #, etc. in filenames. It is best to limit filenames to letters, numbers, underscores (in place of character spaces), hyphens, and periods.

```
<TABLE BORDER=0 WIDTH=400>
<TR>
<TD WIDTH=30 VALIGN=top ALIGN=center><IMG SRC="skull.gif"></TD>
<TD><B>Avoid character spaces</B> in filenames. Although this is acceptable
for local files on a Mac or Windows 95/98/NT machine, character spaces are
not recognized by other systems.</TD>
</TR>

<TR>
<TD VALIGN=top ALIGN=center><IMG SRC="skull.gif"></TD>
<TD><B>Avoid special characters</B> such as ?, %, #, etc. in filenames.
It is best to limit filenames to letters, numbers, underscores (in place
of character spaces), hyphens, and periods.</TD>
</TR>
```

Como criar marcadores e ícones

Há muitas abordagens para a criação de imagens gráficas pequenas. Estas são as minhas técnicas pessoais.

Para marcadores (imagens de 12 pixels quadrados ou menores), normalmente crio a imagem gráfica no tamanho real e desenho a imagem, pixel por pixel, usando a ferramenta lápis em meu programa de imagens. O processo envolve muita ampliação com zoom (para facilitar o processo de desenho) e redução com zoom (para ver os resultados no tamanho real). Acho que este método funciona bem para imagens pequenas porque as bordas acentuadas entre as cores ajudam a legibilidade.

Tamanho real (11x11 pixels)   *Ampliado para edição*

Para imagens em tamanho de ícones, normalmente crio a imagem com duas ou três vezes o tamanho final da imagem gráfica; depois, reduzo a imagem para seu tamanho final, uma vez que esteja feliz com ela. Trabalhar em um tamanho maior me dá mais espaço para

continua...

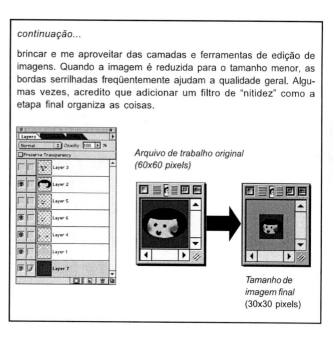

continuação...

brincar e me aproveitar das camadas e ferramentas de edição de imagens. Quando a imagem é reduzida para o tamanho menor, as bordas serrilhadas freqüentemente ajudam a qualidade geral. Algumas vezes, acredito que adicionar um filtro de "nitidez" como a etapa final organiza as coisas.

Arquivo de trabalho original (60x60 pixels)

Tamanho de imagem final (30x30 pixels)

Diversão com caixas

Uma tabela pode ser usada como um dispositivo para chamar atenção para anúncios especiais, citações ou notas laterais.

Uma tabela pode ser usada como um dispositivo para chamar atenção para anúncios especiais, citações ou notas laterais. Você pode se divertir com a cor de fundo e fazer da caixa um elemento decorativo. Uma vez que você tenha feito a tabela, simplesmente coloque-a em uma página da mesma forma que você o faria com uma imagem gráfica (veja a nota lateral "Ajuste de texto ao redor de tabelas").

Uma tabela pode ser usada como um dispositivo para chamar atenção para anúncios especiais, citações ou notas laterais.

Um quadro de anúncio simples

Um tabela de uma única célula com algum texto centralizado nela pode ser usada para um anúncio especial (Figura 17-3). Ajustei o espaço dentro da célula com o atributo CELLPADDING na marca <TABLE>. Você também pode controlar o tamanho da caixa de maneira precisa usando WIDTH e HEIGHT. Tente fazer experiências com a cor de fundo da tabela e a cor do texto para criar uma caixa que chame atenção e ainda assim esteja em harmonia com o esquema de cores de sua página. A borda em 3-D pode ser definida da espessura que você quiser ou pode ser totalmente desativada (BORDER=0).

Figura 17-3

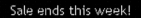

Uma tabela com uma única célula pode ser usada para anúncios que chamem atenção.

```
<TABLE BORDER=1 BGCOLOR="#CC0066" CELLPADDING=10>
<TR>
<TD ALIGN=center><FONT COLOR="white">Sale ends this week!</FONT></TD>
</TR>
</TABLE>
```

Ajuste de texto ao redor de tabelas

Você pode ajustar o texto ao redor de uma tabela assim como você o faria com uma imagem ao usar o atributo ALIGN=left ou right na marca <TABLE>. Você também pode usar os atributos HSPACE e VSPACE para ajustar o espaço ao redor da tabela. Esta é uma boa técnica para adicionar notas laterais ou chamadas para uma longa página de texto:

```
<TABLE ALIGN=right
HSPACE=9 WIDTH=100
BORDER=1
BGCOLOR="#003399"
CELLPADDING=4>
```

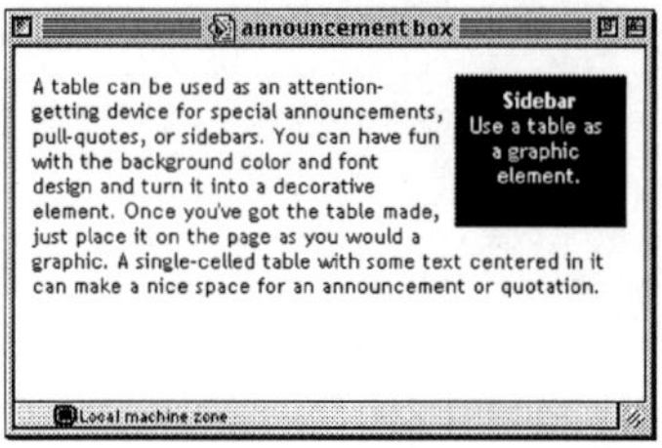

Caixas com bordas

Se você não gosta do efeito de borda em 3-D do navegador, você pode criar um fio colorido ao redor de uma caixa de texto ao colocar uma tabela dentro de outra (Figura 17-4). A tabela externa deve ser ligeiramente maior do que a tabela interna e deve ter uma cor diferente (a cor da tabela externa forma a borda ao redor da caixa). Para aninhar as tabelas, coloque todo o conteúdo de uma tabela dentro da marca <TD> da outra.

Figura 17-4

O fio ao redor desta caixa é criado ao preencher uma tabela com uma outra tabela que tenha uma cor diferente e seja ligeiramente menor.

```
<TABLE WIDTH=200 HEIGHT=200 CELLPADDING=0 BORDER=0>
<TR>
<TD BGCOLOR="#333333" ALIGN=center VALIGN=center>
    <TABLE WIDTH=198 HEIGHT=198 BORDER=0 CELLPADDING=10>
    <TR><TD BGCOLOR="#999999">Your content here!</TD></TR>
    </TABLE>
</TD>
</TR>
</TABLE>
```

Para tornar a borda mais larga, faça com que a tabela interna seja menor (ou a tabela externa seja maior).

```
<TABLE WIDTH=200 HEIGHT=200 CELLPADDING=0 BORDER=0>
<TR>
<TD BGCOLOR="#333333" ALIGN=center VALIGN=center>
    <TABLE WIDTH=180 HEIGHT=180 BORDER=0 CELLPADDING=10>
    <TR><TD BGCOLOR="#999999">Your content here!</TD></TR>
    </TABLE>
</TD>
</TR>
</TABLE>
```

Na Figura 17-4 criei uma tabela e restringi seu tamanho a 200 pixels quadrados. Uma vez que quero que a cor do fio de minha caixa seja cinza escuro, defini a cor de fundo desta tabela para cinza escuro (#333333).

Dentro da célula daquela tabela, inseri uma outra tabela de uma única célula de um cinza mais claro (#999999). A espessura da borda terá metade da diferença de tamanho entre as duas caixas. Isto é mais fácil de explicar usando os exemplos.

No exemplo de cima da Figura 17-4, queira que a borda tivesse apenas 1 pixel de espessura, portanto, defini a caixa interna dois pixels menor tanto em largura quanto em altura (198 por 198), permitindo que um pixel da tabela externa aparecesse à esquerda, direita, no topo e na parte inferior. Se eu quiser uma borda de 10 pixels, faço com que a caixa interior seja 20 pixels menor que a exterior (180 por 180), como mostrado no exemplo de baixo.

Bordas arredondadas

Não há atualmente uma maneira de fazer bordas arredondadas usando apenas HTML, portanto, sempre que você vê bordas arredondadas em uma página da web você sabe que isto foi feito com imagens gráficas. Na maioria dos casos os elementos arredondados se baseiam em tabelas. Quando você desmonta a caixa arredondada na Figura 17-5, você vê que ela é na realidade feita de uma tabela de 9 células e quatro arquivos gráficos. As células do centro e do lado são preenchidas com uma cor que corresponde exatamente à imagem gráfica do canto.

Sempre que você vê bordas arredondadas em uma página da web, você sabe que isto foi feito com imagens gráficas.

Figura 17-5

Esta caixa arredondada é feita de uma tabela de 9 células com quatro imagens gráficas para os cantos.

Não é difícil criar uma caixa com cantos arredondados como esta. Primeiro, decida que cores você quer para o fundo da página e para a própria tabela (você necessitará dos valores RGB precisos tanto para a criação da imagem gráfica quanto do arquivo HTML). Acredito que ficar com as cores da paleta da web (veja o Capítulo 12) lhe dá melhores resultados na correspondência da cor gráfica à cor de HTML nas células da tabela. Na Figura 17-5 escolhi um cinza claro para a cor de fundo (#CCCCCC) e uma azul escuro para a caixa (#003399).

Depois, crie a imagem gráfica para os cantos. Faço os meus ao pegar um círculo e recortá-lo em quatro pedaços (veja a nota lateral "Dicas sobre a criação de cantos" mais adiante neste capítulo) e salvo cada pedaço com um nome descritivo que me ajuda a rasteá-lo mais tarde (por exemplo, topleft.gif, topright.gif, bottomleft.gif e bottomright.gif).

Aprenda Web design

A etapa final é escrever o código para a tabela. Se você usa uma ferramenta de autoria da web, você pode precisar fazer um ajuste fino do código gerado para fazer com que a tabela se comporte adequadamente. A seguir, encontre seu código para o exemplo na Figura 17-5:

❶
```
<TABLE WIDTH=150 BGCOLOR="#003399"
CELLSPACING=0  CELLPADDING=0
<TR>
```
❷
```
   <TD WIDTH=15 HEIGHT=15><IMG
      SRC="topleft.gif"></TD>
   <TD WIDTH=120 HEIGHT=15 BGCOLOR="#003399"
      ><FONT
   SIZE=-2> </FONT></TD>
   <TD WIDTH=15 HEIGHT=15><IMG
      SRC="topright.gif"></TD>
</TR>
<TR>
```
❸
```
   <TD BGCOLOR="#003399"><FONT SIZE=-
      2> </FONT></TD>
```
❹
```
   <TD ALIGN=left  VALIGN= top  HEIGHT=100
      BGCOLOR="#003399"><FONT
   COLOR="white"> Your contents go in the
   middle  cell. You can
   set the height of the cell or allow it to
   resize automatically.</FONT></TD>
   <TD BGCOLOR="#003399"><FONT=-2> </
      FONT></TD>
</TR>
<TR>
   <TD><IMG SRC="bottomleft.gif"></TD>
   <TD BGCOLOR="003399"><FONT SIZE=-2> </
      FONT></TD>
   <TD><IMG SRC="bottomright.gif"></TD>
</TR>
</TABLE>
```

Você pode ver que a tabela consiste de três linhas e três colunas. Além disso, há algumas coisas a respeito do código que gostaria de enfatizar:

❶ Perceba que definir o enchimento de célula, espaçamento entre células e a borda para zero (0); isto é crucial para criar um efeito contínuo entre as células. Também usei a marca <TABLE> para especificar a cor de fundo para a caixa com o atributo BGCOLOR. A cor de fundo da página é definida para a marca <BODY> no documento (não mostrado).

❷ As células do canto da tabela são preenchidas com arquivos de imagem. Defini a largura e a altura das células contendo imagens gráficas para corresponder exatamente às dimensões gráficas (15 pixels quadrados). Também defini a largura da coluna do centro para 120 pixels de largura. Definir as larguras de células nesta primeira linha estabelece as larguras da coluna para toda a tabela, portanto, não preciso defini-las em linhas subseqüentes. (Ao definir dimensões de célula, certifique-se de que a largura total das células corresponda à largura definida para toda a tabela.)

❸ As células que compõem as bordas da caixa são definidas em azul escuro e estão essencialmente vazias. Adicionei um espaço incondicional ( ) para garantir que as células não desaparecerão no Netscape Navigator. (Estes princípios estão descritos em detalhes no Capítulo 10.) Nesse caso, descobri que a altura do espaço incondicional (a mesma da linha de texto) era muito alta para a estreita linha superior e estava adicionando espaço dentro da tabela, portanto, defini o tamanho de fonte do espaço para –2. Isto é típico dos tipos de ajustes finos que você precisa usar para fazer com que sua tabela tenha uma boa aparência na maioria dos navegadores.

❹ O conteúdo para a caixa fica na célula do centro. Você pode definir uma altura específica para esta célula, como fiz, ou omitir o atributo de altura e permitir que a tabela seja dimensionada para ajustar-se ao conteúdo automaticamente.

Dicas sobre criação de cantos

Este é meu método preferido para criar imagens gráficas com cantos curvos (estou usando Photoshop 5.5 neste exemplo):

❶
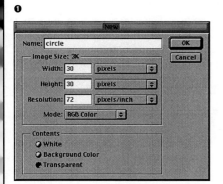

❷

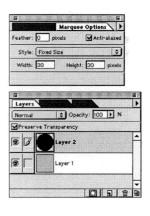

continua...

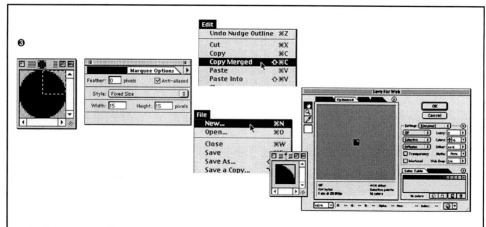

❶ Crie um arquivo com camadas de um quadrado com uma medida em pixels uniforme (de modo que ele possa ser dividido pela metade facilmente, posteriormente). Minha imagem gráfica tem 30 pixels quadrados.

❷ Preencha a camada do fundo com a cor de fundo da página (no exemplo, é cinza claro com um valor RGB de #CCCCCC, ou decimal 204, 204, 204). Em uma camada nova, use o letreiro de círculo para selecionar um círculo que tenha as mesmas dimensões que o arquivo gráfico (30 pixels). Acho útil usar o estilo "Fixed Size" na caixa de diálogo "Marquee Options" para obter um ajuste perfeito. Preencha o círculo com a cor que você escolheu para a caixa (no nosso caso, azul escuro com os valores #003399, ou decimal 0, 53, 153). Sempre salvo meu arquivo com camadas, caso precise fazer mudanças de cores mais tarde.

❸ Divida a imagem em quatro partes iguais. Faço isto ao selecionar cada quarto da imagem (restringi a ferramenta de seleção do letreiro para 15 pixels quadrados) e copiar a seleção usando o método "Copy Merged". Isto pegará tanto o círculo quanto as camadas de fundo. Depois, cada canto é colado em um novo arquivo gráfico, salvo como um GIF e nomeado usando-se "Save for Web". Agora, eles estão prontos para colocação na tabela.

Como usar imagens gráficas de 1 pixel quadrado

Muito cedo os designers perceberam que a HTML não oferecia o tipo de controle de layout que eles estavam acostumados na impressão. Quase que imediatamente foi desenvolvido um sistema de "trapaças" que usava marcas HTML existentes de maneiras nunca pretendidas pelos seus programadores.

Um dos artifícios clássicos é o truque de GIF de 1 pixel. Esta técnica envolve a colocação de um arquivo GIF transparente de apenas um pixel quadrado na página, depois ele é esticado até o tamanho desejado usando os atributos WIDTH e HEIGHT na marca <IMG>. Estas imagens gráficas invisíveis podem ser usadas para deslocar texto e outros elementos de página pela página em incrementos específicos em pixels (Figura 17-6).

Imagens gráficas de 1 pixel quadrado podem ser usadas para deslocar texto e outros elementos de página em incrementos específicos em pixels.

Figura 17-6

Este texto é posicionado usando-se GIFs transparentes de 1 pixel quadrado que foram definidos para diversos tamanhos.

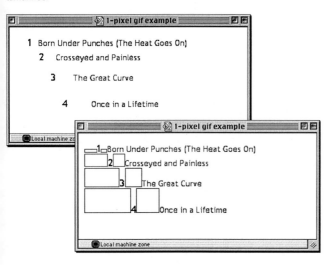

Este exemplo revela os tamanhos e as posições dos arquivos GIFs se eles estiverem visíveis.

Logicamente, esta técnica tem vantagens e desvantagens. Considerando o lado bom, adicionar imagens gráficas à página não interrompe a estrutura do documento HTML (em outras palavras, você não está usando uma "lista de definição" apenas para obter um recuo para um parágrafo que não seja realmente uma lista). E já que a imagem gráfica tem apenas um pixel, isto representa apenas alguns bytes de download extra (e uma vez que esteja no cache do navegador, pode ser usada repetidas vezes sem carga sobre o servidor).

Considerando o lado ruim, usar GIFs de 1 pixel em todos os lugares adiciona lixo extra ao seu documento e pode aumentar o tamanho de seu arquivo HTML. Além disso, este lixo é aparente e distrai os usuários sem navegadores gráficos ou com as imagens gráficas desativadas (Figura 17-7).

Figura 17-7

Isto é a aparência das imagens gráficas de 1 pixel quando imagens gráficas não estão disponíveis no navegador.

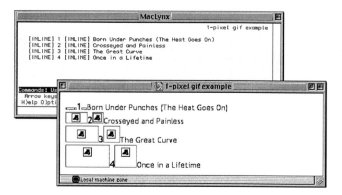

Dito isto, vamos dar uma olhada em algumas maneiras nas quais imagens gráficas de 1 pixel podem ser colocadas para funcionar.

Recuos de parágrafo

Como vimos, não há como fazer um recuo de parágrafo padrão usando apenas HTML. No entanto, ao inserir um GIF de 1 pixel do início no parágrafo você pode usar os atributos WIDTH e HEIGHT para esticar a imagem gráfica para uma largura específica em pixels e empurrar o texto para a direita (Figura 17-8).

Capítulo 17 – Técnicas de design da web | 349

Figura 17-8

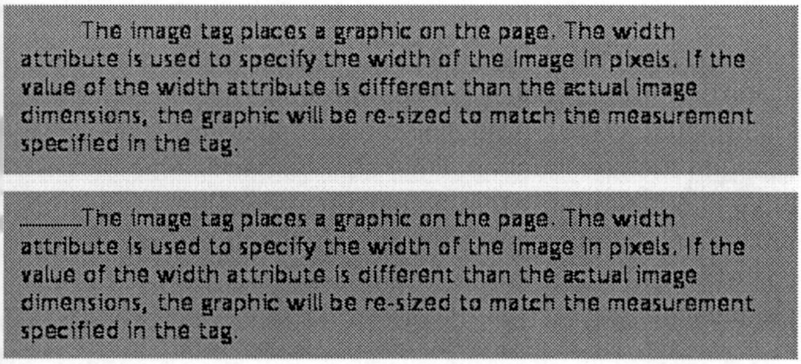

> The image tag places a graphic on the page. The width attribute is used to specify the width of the image in pixels. If the value of the width attribute is different than the actual image dimensions, the graphic will be re-sized to match the measurement specified in the tag.

Um GIF transparente de 1 pixel cria um recuo de parágrafo.

> _____The image tag places a graphic on the page. The width attribute is used to specify the width of the image in pixels. If the value of the width attribute is different than the actual image dimensions, the graphic will be re-sized to match the measurement specified in the tag.

Este GIF não transparente de 1 pixel revela a forma da imagem gráfica no exemplo acima.

```
<P>
<IMG SRC=1px.gif WIDTH=36 HEIGHT=1>The image tag places a graphic on the
page. The width attribute is used to specify the width of the image in
pixels. If the value...
</P>
```

Espaçadores

A imagem gráfica pode ser esticada em ambas as direções, dando a você a capacidade de limpar áreas maiores da página. Na Figura 17-9, usei uma imagem gráfica de 1 pixel para recuar um parágrafo do texto. O aspecto negativo desta técnica é que é difícil saber com que tamanho dimensionar a imagem gráfica, uma vez que não há como saber quantas linhas de texto haverá quando sua página for vista nas máquinas de outros usuários.

Figura 17-9

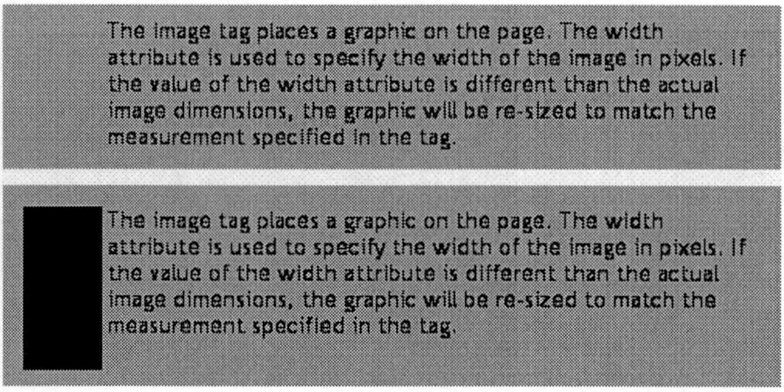

> The image tag places a graphic on the page. The width attribute is used to specify the width of the image in pixels. If the value of the width attribute is different than the actual image dimensions, the graphic will be re-sized to match the measurement specified in the tag.

Neste exemplo, o truque de 1 pixel é usado para limpar um espaço maior na borda esquerda da página.

> The image tag places a graphic on the page. The width attribute is used to specify the width of the image in pixels. If the value of the width attribute is different than the actual image dimensions, the graphic will be re-sized to match the measurement specified in the tag.

Isto mostra a aparência da imagem gráfica se ela não fosse transparente.

```
<P>
<IMG SRC=1px.gif WIDTH=50 HEIGHT=100 ALIGN=LEFT>The image tag places a
graphic on the page. The width attribute is used to specify the width of
the image in pixels. If the value...
</P>
```

Preenchedores de células da tabela

Há um erro no Navigator que faz com que as células fechem se elas forem deixadas vazias. Alguns designers usam GIFs de 1 pixel para preencher células de tabela de outra forma vazias (Figura 17-10). Ao definir a altura e largura específica da imagem gráfica igual às dimensões especificadas da célula, você pode garantir que a célula não encolherá mais do que o tamanho pretendido (embora, se a tabela for construída incorretamente ela pode esticar mais do que suas especificações).

Figura 17-10

Os GIFs de 1 pixel podem ser usados para evitar que as células da tabela fechem no Netscape Navigator.

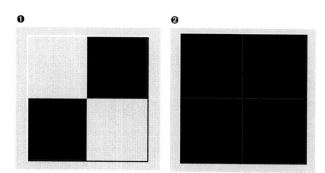

Quando a célula da tabela for deixada vazia ❶, a cor da célula especificada não é renderizada.

Ao adicionar GIFs transparentes às células em branco ❷, este problema é corrigido.

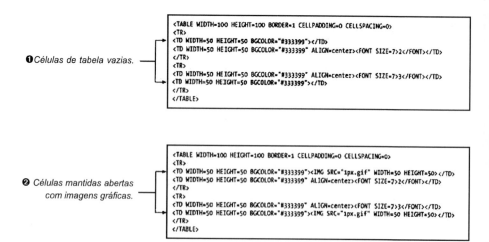

❶ Células de tabela vazias.

❷ Células mantidas abertas com imagens gráficas.

Fios e caixas

Pixels coloridos podem ser usados para criar fios e caixas de cor sólida. Novamente, a vantagem é que o download de uma imagem gráfica de 1 pixel será feito em um instante. Você pode usar a mesma imagem gráfica repetidas vezes (aproveitando-se do cache do navegador) e apenas mudar suas dimensões com os atributos WIDTH e HEIGHT, ao invés de fazer o download de imagens gráficas sólidas separadas de vários tamanhos.

Por exemplo, posso fazer um fio horizontal colorido com uma imagem gráfica de 1 pixel (apenas alguns bytes) e definir suas dimensões facilmente na HTML. O comprimento pode ser definido como uma medida específica em pixels (como mostrado na Figura 17-11) ou como uma porcentagem da largura da página (por exemplo, WIDTH=80%).

Figura 17-11

Um arquivo GIF colorido de 1 pixel pode ser esticado para fazer um fio horizontal.

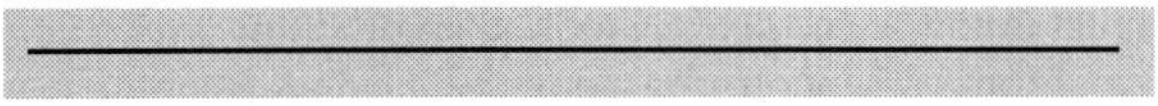

```
<P>
<IMG SRC="1px-blue.gif" WIDTH=400 HEIGHT=2>
</P>
```

Com um pouco de planejamento, você pode combinar GIFs de um único pixel em elementos decorativos (Figura 17-12, caderno colorido) ou se você for realmente inteligente e paciente, até mesmo ilustrações inteiras. Há alguns truques para unir imagens gráficas sem espaço em branco entre elas. Primeiro separe cada linha com <BR>. Depois, certifique-se de que não haja retornos ou espaços de caractere entre marcas <IMG> vizinhas. Mantenha todas as imagens em cada linha em uma linha de código, ou se isto for complexo certifique-se de quebrar as linhas de código em algum lugar dentro da marca <IMG> (como mostrado no código).

Figura 17-12 (Caderno colorido)

Este elemento decorativo foi criado com cinco linhas de GIFs de 1 pixel de várias cores. Cada GIF foi definido para um tamanho específico para formar o padrão que você vê aqui.

```
<P>
<IMG SRC="1px-blue.gif" WIDTH=200 HEIGHT=2><BR>
<IMG SRC="1px-green.gif" WIDTH=95 HEIGHT=10><IMG SRC="1px-blue.gif"
    WIDTH=10 HEIGHT=10><IMG SRC="1px-green.gif" WIDTH=95 HEIGHT=10><BR>
<IMG SRC="1px-green.gif" WIDTH=85 HEIGHT=10><IMG SRC="1px-blue.gif"
    WIDTH=10 HEIGHT=10><IMG SRC="1px-white.gif"
    WIDTH=10 HEIGHT=10><IMG SRC="1px-blue.gif" WIDTH=10
    HEIGHT=10><IMG SRC="1px-green.gif" WIDTH=85 HEIGHT=10><BR>
<IMG SRC="1px-green.gif" WIDTH=95 HEIGHT=10><IMG SRC="1px-blue.gif"
    WIDTH=10 HEIGHT=10><IMG SRC="1px-green.gif" WIDTH=95 HEIGHT=10><BR>
<IMG SRC="1px-blue.gif" WIDTH=200 HEIGHT=2>
</P>
```

— Nenhum espaço extra entre as marcas <IMG>.

Fios verticais

Como vimos no Capítulo 8, há uma marca que cria um fio horizontal automático (<HR>), mas a fim de obter um fio vertical, você precisa recorrer a alguns artifícios inteligentes. A seguir encontram-se diversas técnicas que podem se adequar às suas necessidades.

Como esticar uma marca <HR>

Digamos que você realmente goste da aparência do fio horizontal 3-D embutido do navegador, mas gostaria que ele fosse vertical. Embora você realmente não possa tornar vertical um fio horizontal, você pode fazer um fio que seja extremamente espesso (por exemplo, SIZE=150 pixels) e extremamente pequeno (por exemplo, WIDTH=6 pixels). Isto dá a aparência de um fio vertical (Figura 17-13).

Figura 17-13

Este fio "vertical" é na realidade um fio horizontal pequeno e muito espesso criado com a marca <HR> e configurações extremas de SIZE e WIDTH.

Who says a horizontal rule always needs to look horizontal?

```
<TABLE>
<TR>
<TD WIDTH=20><HR SIZE=150 WIDTH=6></TD>
<TD WIDTH=100>Who says a horizontal rule always
needs to look horizontal?</TD>
</TR>
</TABLE>
```

Uma desvantagem para esta abordagem é que como a marca <HR> é um elemento de bloco, você não pode posicionar qualquer texto próximo ela. Colocar a marca <HR> e o texto em células de tabela separadas (como mostrado na Figura 17-13) resolve este problema.

Novamente, é perigoso tentar estabelecer uma correspondência entre a altura em pixel para o fio (usando o atributo SIZE) com o texto próximo, já que o tamanho final do texto é sempre desconhecido.

Como esticar uma imagem gráfica

Esta é uma outra aplicação do truque de GIF de 1 pixel que aprendemos anteriormente. Você pode definir a altura da imagem gráfica para qualquer medida em pixel ou porcentagem, depois usar o atributo ALIGN=left ou right para fazer com que o texto se ajuste ao seu redor (Figura 17-14).

Figura 17-14

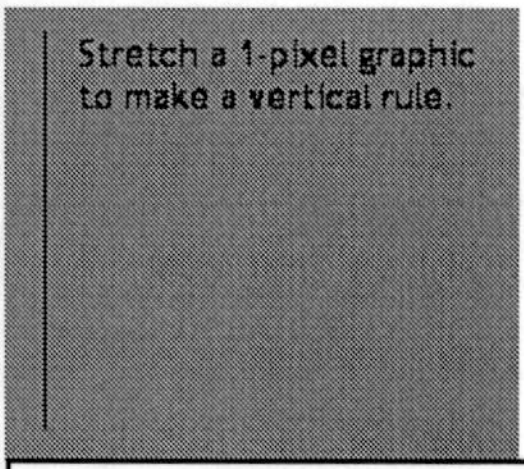

Stretch a 1-pixel graphic to make a vertical rule.

Um fio vertical pode ser criado de um GIF colorido de 1 pixel.

```
<IMG SRC="1px-red.gif" WIDTH=1 HEIGHT=150 ALIGN=left HSPACE=12>Stretch a
1-pixel graphic <BR>to make a vertical rule.
```

Como usar uma célula de tabela

Se você quiser se certificar de que a altura de seu fio vertical sempre corresponda ao conteúdo ao redor, você pode considerar criá-lo com uma célula de tabela que esteja definida para apenas um pixel de largura, ou qualquer largura que você escolha (Figura 17-15). Dessa maneira, quando o conteúdo da célula vizinha expandir ou contrair, a altura da célula do "fio" irá expandir ou contrair junto com ela. Defina a cor do fio ao especificar a cor de fundo (BGCOLOR) da célula. Lembre-se que a célula precisa ter algo nela de modo que não feche no Netscape Navigator. Usei uma marca de quebra de linha simples (<BR>) porque não ocupa qualquer espaço e não expandirá a célula. Poderia também ter usado uma imagem gráfica de 1 pixel.

Figura 17-15

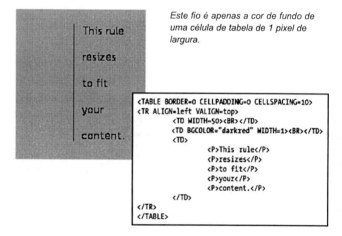

Este fio é apenas a cor de fundo de uma célula de tabela de 1 pixel de largura.

Truques de tela lado a lado de fundo

Não há nada mais simples do que adicionar uma imagem de fundo lado a lado a uma página usando o atributo BACKGROUND na marca <BODY> (veja o Capítulo 8 para maiores detalhes). Uma vez que você tenha dominado isto, você pode querer tentar uma destas técnicas avançadas de telas lado a lado.

Uma imagem de fundo "não repetida"

Infelizmente, apenas a HTML não fornece uma maneira de evitar que uma imagem de fundo seja repetida, portanto, se você quiser que uma imagem apareça apenas uma vez é preciso camuflá-la. Se você fizer com que as dimensões da imagem de fundo sejam grandes — maior do que a maioria dos monitores — embora ela se repita, não há como os usuários abrirem suas janelas de navegador amplas o suficiente para ver as imagens repetidas. O efeito será uma única imagem de fundo.

Infelizmente, apenas HTML não fornece uma maneira de evitar que uma imagem de fundo seja repetida.

Fiz isto para uma versão anterior de minha home page pessoal, como mostrado na Figura 17-16. Minha imagem de fundo tem 1200 x 800 pixels! Isto garante que a imagem será vista apenas uma vez na maioria dos monitores.

Se você usar esta técnica, tenha cuidado para que o tamanho de arquivo da imagem gráfica não saia de seu controle em dimensões tão grandes. A última coisa que você quer é uma espera de 30 segundos apenas para que o fundo da página apareça. Pelo fato de minha imagem gráfica ter apenas quatro cores de pixel e diversas áreas lisas e sólidas, ela é compactada para apenas 9K.

Figura 17-16

Você não pode evitar que uma imagem de fundo fique lado a lado, mas você pode fazer com que ela seja tão grande que o padrão repetido não será visível até mesmo nos maiores monitores.

Um alerta: certifique-se de monitorar o tamanho de arquivo dessa imagem gráfica! Ao usar algumas cores lisas em meu fundo, pude manter o tamanho de imagem em 9K.

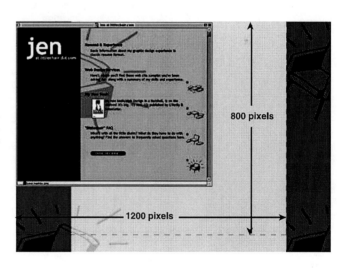

Listras

Um outro truque interessante usando a técnica "faça com que ela seja tão grande que eles não verão a repetição" é criar listras com uma imagem gráfica que tenha apenas um pixel de espessura, mas seja muito longa. Se ela for larga o suficiente (superior a 1200 pixels ou mais), a próxima faixa de cor não será visível para a maioria dos usuários. Quando esta imagem gráfica ficar "lado a lado" no navegador, a pequena imagem gráfica de 1 pixel é empilhada para formar faixas sólidas de cor (Figura 17-17).

A vantagem deste truque é que, com apenas um pixel de altura, o tamanho de arquivo da imagem de fundo é extremamente pequeno. É um grande truque para um pequeno investimento em bytes.

Você também poderia fazer isto com uma imagem gráfica bem alta que tenha apenas um pixel de largura para criar listras horizontais (Figura 17-18). O único problema aqui é que pelo fato da imagem gráfica estar lado a lado, a próxima linha será visível novamente se a página for longa o suficiente para paginar até este ponto. Portanto, certifique-se de que a imagem gráfica seja alta o suficiente para englobar todo o seu conteúdo de página, ou use apenas esta abordagem para páginas curtas quando você souber que os usuários não poderão paginar.

Figura 17-17

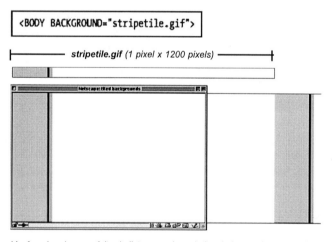

Você pode criar um efeito de listra ao colocar lado a lado uma imagem gráfica bem longa com apenas um pixel de altura. A vantagem real é que com apenas um pixel de altura o arquivo gráfico é mínimo e seu download é bem rápido.

Figura 17-18

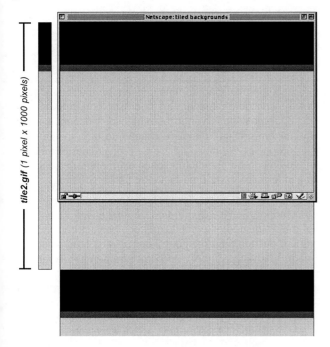

Esta faixa horizontal de cor foi criada ao colocar lado a lado uma imagem gráfica bem alta e bem estreita. Se você não quiser que a imagem lado a lado repetida apareça, certifique-se de que a imagem gráfica seja pelo menos mais alta do que o conteúdo de sua página (de modo que ela não seja vista quando o usuário paginar) e alta o suficiente de modo que não seja vista em monitores bem grandes (aproximadamente 1000 pixels).

Imagens de múltiplas partes (fatiadas)

Uma técnica de design da web comum e ligeiramente mais complexa é o uso de uma tabela para conter uma imagem de múltiplas partes (Figura 17-19). Há diversas razões pelas quais você possa querer usar esta técnica:

- Se você tiver uma imagem grande e quiser animar apenas uma área dela. Ao invés de tornar toda a imagem um GIF animado (com o pesado tamanho de arquivo resultante), você pode dividir a imagem em pedaços e animar apenas as partes necessárias. As partes remanescentes serão GIFs comuns.

- Se você estiver fazendo um sofisticado efeito de rollover onde você quer que uma parte da imagem mude quando você passar o mouse sobre uma outra parte da imagem. Ao invés de trocar toda a imagem, você pode trocar apenas a seção necessária — novamente economizando a quantidade de dados que precisa sofrer o download.

Figura 17-19

Usei esta técnica de modo que eu possa automaticamente mudar a imagem do centro quando um usuário apontar para cada botão numerado (também conhecido como um efeito "rollover").

border=0

Esta imagem é na realidade composta de imagens gráficas separadas unidas por uma tabela. As partes ficam evidentes quando a borda da tabela é ativada.

border=1

- Se você tiver uma imagem grande e complexa com áreas de cor lisa e áreas fotográficas. Quando você divide a imagem você pode salvar cada pedaço no formato de arquivo mais apropriado (GIF e JPEG, respectivamente).

O processo para criação de uma imagem de múltiplas partes envolve a criação da imagem e sua divisão em arquivos gráficos separados (observando as dimensões específicas de cada imagem gráfica), depois a criação de uma tabela para conter as peças. A tabela precisa ser construída cuidadosamente de modo que nenhum espaço extra entre nas células, estragando a ilusão de uma imagem gráfica contínua.

Embora certamente seja possível fazer isto manualmente (explico como, na Seção "Como produzir imagens em tabelas à mão" mais adiante neste capítulo), pode ser um trabalho demorado e pesado. Felizmente, o Fireworks da Macromedia e o ImageReady da Adobe vêm com ferramentas de recorte embutidas. Independentemente da ferramenta que use o processo envolve a criação de objetos fatiados ou o processo de arrastar fios onde você quer que as divisões ocorram. O programa exporta as imagens gráficas individuais, as nomeia e escreve o código da tabela para você. É excelente!

Como usar o Fireworks da Macromedia

O Fireworks apresenta sua ferramenta de recorte diretamente na caixa de ferramenta. A Figura 17-20 mostra as etapas básicas para a criação de uma imagem fatiada e seu arquivo HTML que a acompanha:

❶ Primeiro, crie ou abra sua imagem. Usando a ferramenta Slice da paleta Toolbox, defina segmentos retangulares da imagem. Perceba que se você colocar uma fatia retangular no meio de uma imagem gráfica, o Fireworks irá automaticamente fatiar o restante da página no menor número de segmentos para conter a fatia especificada.

❷ A fim de definir as configurações de exportação padrão (formato de arquivo, profundidade de bits, pontilhamento, etc.) para toda a imagem, você deve se certificar de que nenhum objeto de recorte esteja selecionado, depois ajuste as configurações na paleta Optimize. Estas configurações serão aplicadas a cada fatia resultante depois da exportação (todas as fatias irão compartilhar as mesmas configurações e paleta de cores).

Capítulo 17 – Técnicas de design da web | 359

Figura 17-20

❶
Crie objetos de recorte na imagem com a ferramenta Slice. Criarei objetos de recorte para a área da tela e cada um dos botões numerados.

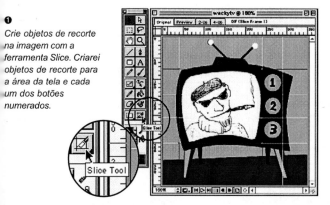

❷
Para definir as configurações globais de otimização, certifique-se de que nada esteja selecionado e use a caixa de diálogo Optimize (Document).

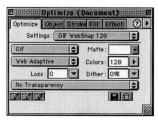

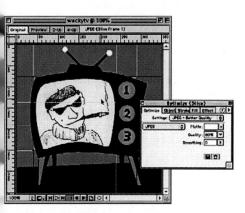

❸
Se você quiser cancelar as configurações para uma determinada fatia, selecione o objeto de recorte e faça configurações para ele na caixa de diálogo Optimize (Slice).

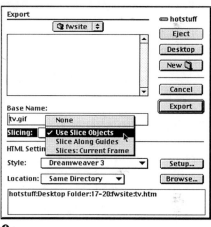

❹
Quando suas fatias e configurações estiverem prontas, exporte toda a imagem com "Use Slice Objects". Você também pode decidir se quer que HTML seja gerada para a tabela.

❸ Você pode cancelar as configurações padrão de exportação para uma fatia individual — por exemplo, para reduzir sua paleta ou para dar a ela um formato de arquivo diferente. Apenas selecione o objeto de recorte, depois ajuste suas propriedades na paleta Optimize (a palavra "slice" aparece na barra superior quando uma fatia é selecionada).

❹ Uma vez que você tenha suas fatias escolhidas e configuradas, exporte o arquivo ao selecionar File à Export. Na caixa de diálogo Export, selecione "Use Slice Objects" do menu pop-up Slicing e defina um

---

Dica

Se sua imagem tiver que ser dividida em uma grade simples (sem expansões sobre linhas ou colunas), você pode apenas arrastar guias para a imagem onde você quer que as fatias ocorram, depois selecione "Slice Along Guides" do menu pop-up Slicing ao exportar.

Como usar o ImageReady 2.0 da Adobe

O processo para a criação de uma imagem fatiada no ImageReady é praticamente o mesmo que o que acabamos de ver (Figura 17-21):

❶ Abra a imagem fonte. Selecione Slices à Show Slices para tornar a camada Slices visível. Você também pode querer usar guias para lhe ajudar a controlar suas seleções. Use a ferramenta Slice (ela tem a aparência de uma pequena faca) para delinear os elementos importantes em seu design. Quando uma fatia é selecionada, sua imagem aparece na paleta Slice.

❷ Com a camada Slices desativada você pode usar a paleta Optimize para fazer configurações de exportação (formato de arquivo, número de cores etc) para toda a imagem. Você pode anular estas configurações para uma determinada fatia ao selecioná-la com a ferramenta "Slice Selection" e depois fazer os ajustes na paleta Optimize.

❸ Quando estiver pronto, salve o arquivo usando File à Optimized. Isto lhe dá uma caixa de diálogo onde você pode optar por

nome base para a imagem gráfica (o Fireworks irá nomeá-las automaticamente com base no nome que você fornecer). Você também pode definir um diretório alvo para os arquivos.

Quando você clica Export, Fireworks cria todos os arquivos gráficos e o arquivo HTML para a imagem fatiada. Você pode agora copiar o código da tabela do arquivo HTML gerado e colá-lo no seu documento final (certifique-se de que os nomes de caminho de todas as suas imagens gráficas ainda estejam corretos, uma vez que você o cola no arquivo final).

Figura 17-21

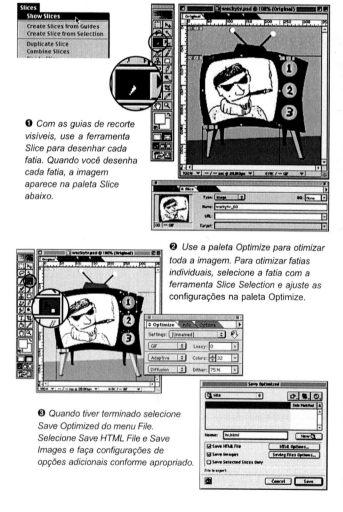

❶ Com as guias de recorte visíveis, use a ferramenta Slice para desenhar cada fatia. Quando você desenha cada fatia, a imagem aparece na paleta Slice abaixo.

❷ Use a paleta Optimize para otimizar toda a imagem. Para otimizar fatias individuais, selecione a fatia com a ferramenta Slice Selection e ajuste as configurações na paleta Optimize.

❸ Quando tiver terminado selecione Save Optimized do menu File. Selecione Save HTML File e Save Images e faça configurações de opções adicionais conforme apropriado.

Como produzir imagens em tabelas à mão

Se você não tiver Fireworks ou ImageReady, não tenha medo! Você ainda pode obter o mesmo efeito usando sua ferramenta de edição de imagens, um editor HTML e um pouco de paciência. Pelo fato de usar o Adobe Photoshop para praticamente todas as minhas necessidades gráficas, faço referência a ele na explicação a seguir; no entanto, você pode usar a mesma abordagem para outros programas de edição de imagens.

Planejamento da estrutura

A primeira etapa é planejar as divisões da imagem e estabelecer a estrutura da tabela (Figura 17-22). Este processo é analisado no Capitulo 10. O objetivo é fazer a tabela o mais simples possível, com o menor número possível de partes, portanto, se aproveite de qualquer oportunidade de expansão sobre colunas e linhas. Neste ponto você também pode começar a planejar as larguras e alturas para suas células, embora elas possam se deslocar ligeiramente uma vez que você tenha criado a imagem gráfica propriamente dita.

ter o ImageReady salvando as imagens e o arquivo HTML. Clique os botões Options próximos a cada seleção para acessar outras opções relativas. Para uma explicação destas opções, veja o manual do ImageReady. Quando estiver pronto, clique Save.

Figura 17-22

Comece ao planejar a estrutura da tabela, prestando atenção ao número total de linhas e colunas, suas dimensões em pixels e a possibilidade de extensões de linhas e colunas.

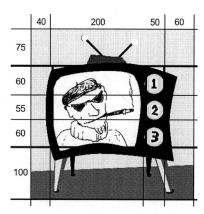

Com isto feito, você está pronto para começar a produção gráfica.

Divisão da imagem

Assumindo que você está começando com uma imagem completa, você precisará selecionar cada fragmento e copiá-lo para um arquivo gráfico separado a mão, depois, salve-o como um GIF. Quando estou trabalhando com uma imagem com camadas gosto de salvar tudo como GIF primeiro; isto trata do alisamento da imagem e da redução de cores de modo que todos os fragmentos tenham cores da mesma paleta.

Com a imagem lisa aberta, certifique-se de que os fios estejam visíveis ao selecionar View → Show Rulers, depois arraste as guias para os pontos que você quer que a imagem seja dividida. Você pode usar seu esboço de estrutura de tabela como referência.

Agora, comece a selecionar partes da imagem. Ao dividir uma imagem com o Photoshop, é importante definir as preferências de guia de uma maneira que permita seleções fáceis e precisas sem pixels redundantes e sobrepostos entre seções de imagem. Definas suas preferências para usar pixels como a unidade de medida ao selecionar File → Preferences → Units & Rulers. Selecione "pixels" do menu pop-up e pressione OK. Selecione View à Snap to Guides. Isto colocará sua seleção na localização precisa da guia.

Use o letreiro do retângulo (certificando-se de que as opções "feathering" e "anti-aliasing" estejam desativadas) para selecionar cada área da imagem (Figura 17-23). Você pode usar a paleta Info (Window → Show Info) para obter medidas precisas em pixels para cada seção quando você a selecionar. Esta informação será necessária quando você criar o arquivo HTML, portanto, é uma boa idéia anotar os números enquanto fizer isto.

Copie e cole cada seleção em um novo arquivo. Se a imagem for um GIF, converta-a para Indexed Color usando a paleta Exact e exporte para GIF. Se for um JPEG, alise a imagem e salve-a no formato JPEG.

Figura 17-23

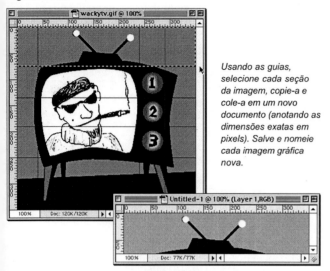

Usando as guias, selecione cada seção da imagem, copie-a e cole-a em um novo documento (anotando as dimensões exatas em pixels). Salve e nomeie cada imagem gráfica nova.

Como criar a tabela HTML

Assim como qualquer tabela complexa, as tabelas que unem imagens de múltiplas partes podem ser perigosas para construir, logo, é melhor fazer as coisas uma etapa de cada vez.

Usando meu esboço de tabela (da Figura 17-22), crio o esqueleto da tabela concentrando-me em colocar as marcas <TR> e <TD> em ordem. A tabela no exemplo tem cinco linhas e quatro colunas:

```
<TABLE>
<TR>
  <TD COLSPAN=4></TD>
</TR>
<TR>
  <TD ROWSPAN=3></TD><TD ROWSPAN=3></TD><TD></TD><TD ROWSPAN=3></TD>
</TR>
<TR>
  <TD></TD>
</TR>
<TR>
  <TD></TD>
</TR>
<TR>
  <TD COLSPAN=4></TD>
</TR>
</TABLE>
```

> **Dica**
>
> Parece que estão faltando células em algumas linhas, mas isto ocorre porque as células são incluídas em expansões sobre linhas ou colunas antes na tabela.

Com a estrutura estabelecida, posso adicionar as marcas de imagem dentro de cada célula e definir tanto a dimensão da célula, quanto da imagem usando os atributos WIDTH e HEIGHT. O código abaixo parece complicado, mas analise-o e veja como a tabela é construída:

```
<TABLE WIDTH=350 HEIGHT=350 CELLSPACING=0
       CELLPADDING=0 BORDER=0>
<TR>
   <TD COLSPAN=4 WIDTH=350 HEIGHT=175><IMG
       SRC="top.gif" WIDTH=350 HEIGHT=75
       BORDER=0></TD>
</TR>
<TR>
   <TD ROWSPAN=3 WIDTH=40 HEIGHT=175><IMG
       SRC="leftside.gif" WIDTH=40
       HEIGHT=175 BORDER=0></TD>
   <TD ROWSPAN=3 WIDTH=200 HEIGHT=175><IMG
       SRC="beatnik.gif" WIDTH=200
       HEIGHT=175 BORDER=0></TD>
   <TD WIDTH=50 HEIGHT=60><IMG SRC="1.gif" WIDTH
       =50 HEIGHT=60 BORDER=0></TD>
   <TD  ROWSPAN=3 WIDTH=60 HEIGHT=175><IMG
       SRC="rightside.gif" WIDTH=60
       HEIGHT=175 BORDER=0></TD>
</TR>
<TR>
<TD WIDTH=50 HEIGHT=55><IMG SRC="2.gif" WIDTH=50
HEIGHT=55 BORDER=0></TD>
</TR>
<TR>
   <TD WIDTH=50 HEIGHT=60><IMG SRC="3.gif"
       WIDTH=50 HEIGHT=60 BORDER=0></TD>
</TR>
<TR>
   <TD  COLSPAN=4 WIDTH=350 HEIGHT=100><IMG
       SRC="bottom.gif" WIDTH=350
       HEIGHT=100 BORDER=0></TD>
</TR>
</TABLE>
```

O problema mais comum com a criação de tabelas para unir imagens gráficas é a facilidade com que espaço extra entra e evita que as partes se unam de maneira contínua em todos os navegadores. O que se segue são algumas dicas para evitar esse problema:

- Na marca <TABLE>, defina os seguintes atributos para zero: BORDER, CELLPADING, CELLSPACING.

- Na marca <TABLE>, especifique o valor da tabela com um valor em pixel absoluto. Certifique-se de que o valor seja exatamente o total das larguras das imagens componentes. Você também pode adicionar o atributo de altura para o bem da precisão, mas isto não é necessário.
- Não coloque espaços extras ou retornos de linha entre as marcas <TD>, <IMG> e </TD> (espaço extra dentro das marcas <TD>s faz com que espaço extra apareça quando a imagem é renderizada). Mantenha-as alinhadas juntas em uma linha. Se você precisar quebrar uma linha, quebre-a em algum lugar dentro da marca <IMG>.
- Defina os valores WIDTH e HEIGHT em pixels para cada imagem. Certifique-se de que as medidas sejam precisas.
- Defina BORDER=0 para cada imagem. Depois você pode fazer com que cada imagem seja um link e não se preocupar com uma borda visível.
- Especifique os valores em pixels de WIDTH e HEIGHT para cada célula na tabela, particularmente se ela tiver expansões sobre colunas (COLSPAN) ou expansões sobre linhas (ROWSPAN). Certifique-se de que elas correspondam aos valores em pixels definidos na marca <IMG> e as dimensões em pixel propriamente ditas da imagem gráfica. Se você tiver muitas expansões sobre colunas, você pode considerar a criação de uma linha extra na tabela com altura zero que contenha a medida exata de cada coluna.

Para tabelas simples tipo grade (como a tabela no exemplo anterior), você pode não precisar dar dimensões a células individuais; as imagens inclusas forçarão cada célula para as dimensões adequadas.

Janelas pop-up

Um problema com a colocação de links em sua página é que quando as pessoas a clicarem elas podem nunca voltar! Uma solução popular para este dilema é fazer com que a página vinculada abra em uma nova janela de navegador. Desta maneira, os usuários podem ver o link e ainda ter seu conteúdo disponível exatamente onde eles os deixaram.

O método que você usa para abrir uma nova janela de navegador depende do fato de você querer controlar ou não seu tamanho. Se o tamanho não importar, você pode usar a HTML padrão. No entanto, se você quiser abrir uma janela de determinado tamanho (digamos, para exibir uma imagem ou uma pequena quantidade de texto), você precisará usar JavaScript. Vamos ver estas duas técnicas.

Como tomar como alvo uma nova janela com HTML

Para abrir uma nova janela usando HTML use o atributo TARGET na marca âncora (Figura 17-24). Este atributo diz ao navegador que você quer que o documento vinculado abra em uma janela que não aquela na qual o documento atual está sendo exibido. Você não terá qualquer controle sobre o tamanho da nova janela, embora você possa assumir que ele será similar ao tamanho da janela que o usuário já tenha aberta. Você tem uma escolha de usar o valor blank padrão ou dar à nova janela um nome específico (de sua própria escolha).

Figura 17-24

O atributo TARGET abre uma nova janela, mas de um tamanho desconhecido.

Definir TARGET="_blank" sempre faz com que o navegador abra uma janela nova. Por exemplo:

```
<A HREF="http://www.oreilly.com/" TARGET="_blank">
... </A>
```

Se você usar isto para cada link, cada link abrirá uma nova janela, potencialmente deixando seu usuário com uma bagunça de janelas abertas.

Um método melhor, especialmente se você tiver mais de um link, é dar à janela tomada como alvo um nome, que pode então ser reutilizado por links subseqüentes. O link a seguir abrirá uma nova janela chamada display:

```
<A HREF="http://www.oreilly.com"
   TARGET="display"> ... </A>
```

Se você tomar como alvo cada link naquela página para a janela display, cada documento tomado como alvo abrirá na mesma segunda janela.

Como abrir uma janela de um tamanho específico

Se você quiser controlar as dimensões de sua nova janela, você precisará se aproveitar de alguns comandos simples de JavaScript. JavaScript é uma linguagem de criação de scripts específica da web que adiciona interatividade e comportamentos condicionais a páginas da web. Ele é discutido com mais detalhes no Capítulo 20.

No exemplo a seguir, abrirei uma nova janela que tem 300 pixels de largura por 400 pixels de altura (Figura 17-25). Há duas partes para o JavaScript para este truque. A primeira é o próprio script, que colocaremos no <HEAD> do documento (**A**). A segunda é uma referência ao script dentro do link (**B**). As marcas de comentário (<— e //—>) ocultam o script dos navegadores que não suportam JavaScript.

```
       <HTML>
       <HEAD>
(A)    <SCRIPT LANGUAGE="JavaScript">
       <!—
       function openWin(URL)   {
```

```
                aWindow=window.open (URL, "thewindow",
                "width=300,height=400,
                toolbar=no,status=no,scroll=yes,resize=no,
                    menubar=no");
                }
                //-->
                </SCRIPT>

                </HEAD>

                <BODY>
        (B)     <P><A HREF= "javascript:openWin
                    ('waits.html');">Tom Waits</A></P>
                <P><A HREF= "javascript:openWin
                    ('eno.html');">Brian Eno</A></P>
                </BODY>
                </HTML>
```

Dica

A maneira mais fácil de fazer uma janela pop-up dimensionada é usar um programa de autoria da web para gerar o código para você automaticamente. Mas, não faz mal aprender como isto funciona.

Abrir uma nova janela de um tamanho específico exige JavaScript.

Perceba no script (A) que você recebe a oportunidade de especificar a largura e a altura da nova janela em pixels. Você também pode decidir que partes da janela do navegador (barra de ferramentas, barra de status, barra de paginação e barra de menu) você quer exibir e você quer que o usuário possa redimensionar a janela. Os valores para cada uma destas partes são yes ou no.

O link (B) usa uma marca <A HREF> comum, mas o valor da HREF não é um URL padrão, é uma chamada para a função de JavaScript. A palavra JavaScript diz ao navegador que isto será um link de JavaScript. A seguir, a função openWin (), que foi definida no script, é chamada. O URL do documento vinculado é colocado dentro de parênteses.

Figura 17-25

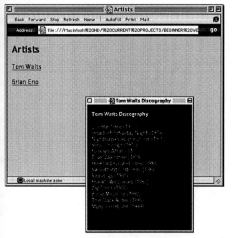

A função openNin () de JavaScript permite que você abra uma janela em dimensões específicas em pixels. Você também pode escolher que elementos da janela do navegador exibir.

Este exemplo de JavaScript é fácil de copiar e usar em suas próprias página da web. As partes do código que estão no texto em negrito dentro da segunda cor indicam as partes que você deve substituir pelas suas próprias informações. O restante precisa ser copiado exatamente. Certifique-se de não colocar qualquer espaço ou carriage return dentro do código da função no script (suave ajuste de texto é aceitável, mas tecnicamente, o código precisa estar em uma linha).

Uma palavra de fechamento sobre as técnicas de design da web

A verdadeira arte de design da web reside na combinação inteligente das habilidades cobertas neste livro. Por exemplo, mesmo um elemento simples como uma caixa com cantos arredondados envolve as seguintes habilidades:

- Escrever HTML para criação de tabelas, substituição de tabelas, formatação de texto e especificação de cores
- Entender a paleta da web, tanto na HTML quanto nas imagens gráficas
- Produção gráfica, incluindo técnicas de otimização
- Conhecimento dos erros típicos de navegador (como fechar tabelas) de modo que você possa evitá-los.

No design da web, há freqüentemente diversos métodos para realizar a mesma tarefa, logo, considere as orientações neste capítulo como um ponto de partida. Você pode aprender outras técnicas ao ver a fonte HTML dos elementos de página que você encontra na Web.

Por favor, saia por aí e faça suas próprias experiências. Certifique-se de testar seus resultados em plataformas e navegadores diferentes para se certificar de que as coisas estejam funcionando da maneira que você planejou. Com o tempo, a sua coleção pessoal de truques crescerá e você estará criando sozinho designs de página e elementos da web originais e interessantes!

Capítulo 18
Como criar sites da web usáveis

Aparência é importante, mas a chave real para o sucesso de um website é como ele funciona. Você pode ter imagens gráficas fabulosas e páginas solidamente codificadas, mas se seus usuários não puderem encontrar as informações que precisam ou descobrir como comprar seus produtos, todos os seus esforços foram por nada. Interfaces inferiores já enviaram sites da web comerciais diretamente pelo ralo.

Criar um site que funcione envolve atenção a como a informação é organizada (design de informações) e como os usuários chegam àquela informação (design de interface e sistemas de navegação). Este planejamento precisa acontecer antes que você digite sua primeira marca HTML ou crie um único GIF.

Não economize nesta fase de planejamento independentemente do tamanho ou propósito de seu site. Até mesmo um site da web pessoal se beneficiará de organização lógica e boa navegação (Figura 18-1, a página seguinte).

Neste capítulo, apresentarei os princípios básicos do design de informações, design de interface e navegação. Cada um destes tópicos é rico o suficiente para garantir estudo adicional (veja a nota lateral mais adiante neste capítulo "Para leitura adicional"). Na realidade, alguns designers optam por se tornar especialistas nestes campos. Mas, mesmo se você estiver apenas começando, é importante ter estas questões em mente.

Neste capítulo

Pense a respeito da experiência do usuário

Fundamentos do design de informações

Estratégias para organizar informações

Uma introdução aos diagramas de site

Uma visão geral do design de interface

As chaves para o design de navegação bem-sucedido

Exemplos de sistemas de navegação

Figura 18-1

Simplesmente jogar todas as suas informações na home page não cria uma boa experiência para o usuário.

Foco no usuário

Todos os designs formam a experiência de um usuário. Os designers de impressão podem afetar o modo através do qual as informações são percebidas em uma página e em que ordem. Um arquiteto projeta não apenas a criação, mas a experiência do visitante visitando o site. Similarmente, um design da web precisa considerar a experiência do usuário de "deslocação no site".

Em design da web, tudo é a respeito do usuário. Termos como "experiência do usuário" e "design centrado no usuário" são usados freqüentemente e levados a sério. Estudos formais são abundantes, mas, em essência, o objetivo é entrar na cabeça de seus usuários a fim de criar um design que atenda às suas necessidades e expectativas.

Entrevistar usuários na etapa inicial pode lhe dar uma melhor idéia do que eles estão procurando em um determinado site e onde eles esperam encontrar. Mais tarde no processo de design, teste com usuário é uma etapa importante para descobrir se suas soluções estão funcionando:

Eis aqui algumas frustrações comuns que podem matar uma boa experiência do usuário:

- Não poder encontrar a informação que está procurando
- Atingir becos sem saída
- Não poder voltar para o lugar que começou
- Ter que clicar muitas páginas para obter as informações

Muito disto pode ser evitado ao definir uma estrutura lógica e fornecer ferramentas claras e adequadas para navegação.

O site da web familiar apresentado na Figura 18-1 precisa de muita ajuda. Ao longo deste livro aplicarei princípios de design de informações e interface para ajudar este site e torná-lo mais usável.

Design de informações

O design de informações envolve a organização da informação e o planejamento de como os usuários a encontrarão. Designers que se especializam nesta disciplina são freqüentemente chamados de "arquitetos de informação" porque, assim como os arquitetos tradicionais, eles estão preocupados com o projeto de estruturas e o acesso às áreas dentro daquelas estruturas.

O design de informações, seja ele altamente estruturado ou completamente informal, é a primeira etapa do processo de criação de websites. Seu processo exato certamente dependerá do dimensionamento e dos objetivos de seu site. Um grande site comercial pode exigir meses de pesquisa e construção de modelos antes que a produção possa começar. Para um site pessoal, uma rápida lista do conteúdo e um esboço do site podem ser suficientes. De qualquer maneira, há diversas etapas padrão e exercícios que compõem o processo de design de informações:

1. Faça um inventário das informações que você quer incluir no site.
2. Organize as informações.
3. Dê às organizações um formato ao projetar a estrutura geral do site.

Como fazer um inventário

Um bom primeiro passo é fazer uma lista de tudo que você quer que o site inclua. Isto é freqüentemente chamado de inventário do site ou lista de ativos. A lista deve incluir não apenas a informação que você quer disponibilizar, mas também as coisas que os seus visitantes podem fazer no site. Lembre-se de que algum conteúdo vem na forma de funcionalidade, como compras, salas de bate-papo, ferramentas de pesquisa etc.

Uma vez que você tenha determinado o que quer (ou o que seu cliente quer) publicar, você também precisa pensar com cuidado sobre os tipos de informação e a funcionalidade que o usuário querem e esperam. Esta é uma boa hora de fazer uma pesquisa sobre o público de seu site e suas necessidades.

O processo de obtenção de informações irá variar de site para site. Para um site da web pessoal, pode ser necessário um pouco tempo gasto para considerar as opções e fazer uma lista em um caderno. Por exemplo, o inventário do site para o site da Blue Family é uma lista de informações gerenciável a

Onde aprender mais

Design de informações

Os livros a seguir são recursos excelentes sobre design de informações e usabilidade:

Web Navigation: Designing the User Experience, de Jen Fleming (O'Reilly, 1998)

Information Architecture for the World Wide Web, de Lou Rosenfeld and Peter Morville (O'Reilly, 1998)

Web Site Usability: A Designer's Guide, de Jared M. Spool, Tara Scanlon, Will Shroeder, Carolyn Snyder, and Terri DeAngelo (Morgan Kaufmann Publishers, 1998)

Designing Large-Scale Web Sites: A Visual Design Methodology, de Darrell Sano (John Wiley & Sons, 1996)

Designing Web Usability, de Jakob Nielsen (New Riders Publishing, 1999)

The Art & Science of Web Design, de Jeffrey Veen (New Riders Publishing, 2001)

respeito da família e cada um de seus membros (Figura 18-2).

No outro lado da balança, grandes sites comerciais se beneficiam de uma pesquisa mais profunda. Empresas de desenvolvimento da web freqüentemente passam meses identificando o conteúdo mais eficaz para um site através de um processo de entrevista e pesquisa de mercado, tanto com o cliente quanto com usuários em potencial.

Figura 18-2

Comece ao fazer uma lista simples de tudo que deve ser colocado no site.

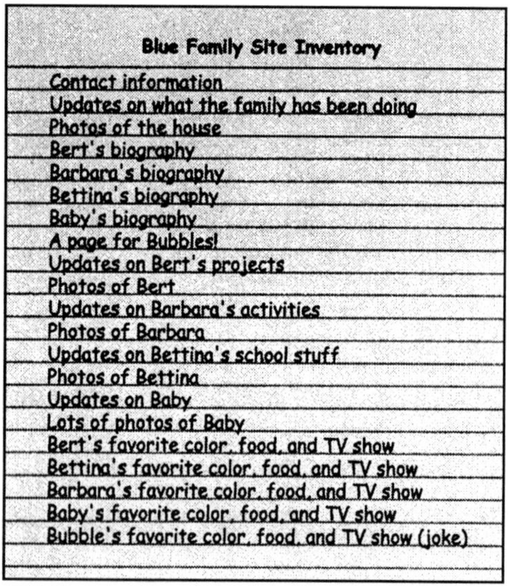

```
        Blue Family Site Inventory
Contact information
Updates on what the family has been doing
Photos of the house
Bert's biography
Barbara's biography
Bettina's biography
Baby's biography
A page for Bubbles!
Updates on Bert's projects
Photos of Bert
Updates on Barbara's activities
Photos of Barbara
Updates on Bettina's school stuff
Photos of Bettina
Updates on Baby
Lots of photos of Baby
Bert's favorite color, food, and TV show
Bettina's favorite color, food, and TV show
Barbara's favorite color, food, and TV show
Baby's favorite color, food, and TV show
Bubble's favorite color, food, and TV show (joke)
```

Como organizar informações

A próxima etapa é organizar os ativos de seu site. A organização de informações pode ser uma tarefa complexa. Informação é altamente subjetiva, uma vez o mesmo conjunto de elementos pode ser organizado de maneiras diferentes, dependendo da perspectiva de quem a está organizado.

Estratégias de classificação

Há abordagens padrão para trazer ordem lógica às informações. O método que você escolher dependerá do tipo de informações que você tem. No entanto, até mesmo um mesmo conjunto de dados pode ser organizado de maneira diferente. Por exemplo, uma lista de dados de venda nacionais pode ser classificada de diversas maneiras, como listado nos exemplos para cada abordagem:

Alfabética. A colocação de elementos em uma lista de A a Z é uma das abordagens mais fundamentais para a organização de informações. Um exemplo é a classificação de vendas pelo nome do cliente.

Cronológica. Você pode organizar eventos seqüenciais ou informações passo a passo de acordo com uma timeline normalmente do mais antigo ao mais atual. A classificação de vendas por data de compra é um exemplo deste método.

Classe (ou tipo). Esta abordagem organiza as informações em grupos lógicos com base em similaridades. Veja a seção acúmulo de informações, mais adiante neste capítulo. Um exemplo é a classificação de vendas por linhas de produto (materiais de escritório, materiais de arte etc).

Hierárquica. Esta é a organização por classe até o próximo nível ao dividir as informações em seções grandes e depois e cada seção em subseções e assim por diante. Esta é uma estratégia organizacional popular para sites da web; discutiremos este método com mais detalhes posteriormente. Os exemplos incluem a divisão de vendas de linhas de produto (matéria de arte) em subgrupos (pincéis) e sub subgrupos (pincéis de aquarela).

Espacial. Algumas informações podem ser organizadas geograficamente ou espacialmente, como quarto a quarto. A organização de vendas por estado é um exemplo.

Por ordem de magnitude. Você pode organizar alguns tipos de informações de acordo com um contínuo, como do maior para o menor, ou do mais claro para o mais escuro etc. Um exemplo deste método é a classificação de vendas da quantidade menor de compra para a quantidade maior de compra.

Dica

As estratégias de classificação listadas aqui não são específicas da web — elas são úteis para qualquer situação quando as informações precisam ser organizadas.

Dica

O truque do lembrete

Uma ferramenta que os programadores da web normalmente usam é o velho "truque do lembrete na parede". Cada lembrete representa um pedaço de informação que precisa ir para o site. Algumas vezes, lembretes com cores diferentes são usados para diferenciar tipos de informações. Com todos os lembretes na parede, eles podem se agrupados e re-agrupados facilmente até que a estrutura do site começa a surgir.

Acúmulo de informações

As pessoas tendem a ficar impressionadas com a grande variedade de opções. Na realidade, faz parte de nossa natureza procurar similaridades dentre itens individuais e começar a dividi-los em grupos menores mais gerenciáveis. No design de informações, isto algumas vezes é chamado de acúmulo. Ao invés de disponibilizar todas as nossas ofertas do site em uma grande lista na home page, recomendo que você as divida em grupos lógicos.

Normalmente, há geralmente mais de uma maneira de dividir o mesmo grupo de informações, portanto você precisa trabalhar um pouco as coisas até que encontre a solução que funcione melhor. Até mesmo as listas simples como o inventário de site da Blue Family, apresenta mais de uma opção para organização por classe (Figura 18-3).

Figura 18-3

Há normalmente muitas maneiras de organizar as mesmas informações. Aqui os itens no inventário de site da Blue Family estão arrumados de duas maneiras diferentes.

```
BERT:
    endereço de e-mail
    informação de aniversário
    projetos atuais
    cor favorita
    comida favorita
    show de TV favorito
    fotos
BARBARA:
    endereço de e-mail
    informação de aniversário
    projetos atuais
    cor favorita
    comida favorita
    show de TV favorito
    fotos
BETTINA:
    endereço de e-mail
    informação de aniversário
    projetos atuais
    cor favorita
    comida favorita
    show de TV favorito
    fotos
BEBÊ:
    endereço de e-mail
                    continua...
```

```
Endereços de e-mail:
    Bert
    Barbara
    Bettina
    Baby
    Bubbles
Fotografias:
    Bert
    Barbara
    Bettina
    Baby
Eventos atuais:
    Bert
    Barbara
    Bettina
    Baby
Listas de favoritos:
    Bert
    Barbara
    Bettina
    Baby
    Bubbles
Informações de aniversários:
    Bert
    Barbara
    Bettina
    Baby
```

Capítulo 18 – Como criar sites da web usáveis 377

> continuação...
> Informação de aniversário
> projetos atuais
> cor favorita
> comida favorita
> show de TV favorito
> fotos
>
> **BUBBLES:**
> endereço de e-mail
> cor favorita
> comida favorita
> show de TV favorito

Lembre-se do usuário

Enquanto você estiver organizando, certifique-se de manter a perspectiva dos usuários em mente. Um dos erros mais comuns que as companhias fazem é organizar seus sites da web corporativos para corresponder a sua estrutura de departamentos internos. Embora alguém que trabalhe para a corporação XYZ possa saber que departamento trata de promoções especiais, há grandes possibilidades de que o usuário comum não saberá onde procurar.

Um bom exemplo de projetar para o usuário é o site da FedEx (Figura 18-4). Eles sabem que uma porcentagem significativa de pessoas visitam seu site e que estão lá para procurar um pacote. Embora esta atividade compõe uma pequena parte das funções FedEx comum todo, ela recebe um espaço importante na home page do site.

Figura 18-4

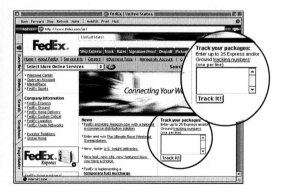

O FedEx previu as necessidades de seus usuários e colocou a função de rastreamento diretamente na home page.

Figura 18-5

A organização de site final da Blue Family
Recursos especiais:
Notícias de família (freqüentemente atualizadas)
Fotografias de férias
Informação de contato (endereços de e-mail e de correspondência)
Seções de membros de família:
Página do Bert: Bio pessoal   Atividades atuais   Listas de favoritos   Páginas de foto
Página da Bárbara: Bio pessoal   Atividades atuais   Listas de favoritos   Páginas de foto
Página da Bettina: Bio pessoal   Atividades atuais   Listas de favoritos   Páginas de foto
Página do bebê: Bio pessoal   Atividades atuais   Listas de favoritos   Páginas de foto
Página do Bubbles: Bio pessoal   Listas de favoritos

Faça sua pesquisa previamente para aprender o que os seus usuários esperam encontrar em seu site e o que você pode fazer para atender suas necessidades. Lembre-se que a maneira através da qual você percebe que a sua própria informação pode ser confusa e inútil para outros.

Depois de examinar as possibilidades decidi dividir as informações para o site da Blue Family em seções por membro de família. Além disso, adicionei três páginas especiais que são freqüentemente atualizadas (Figura 18-5).

Dando formato: estrutura do site

Uma vez que você tenha identificado o conteúdo de seu site e dado a ele uma organização básica, é útil criar um diagrama de seu site. Arquitetos de informação profissionais usam diagramas de site como ferramentas para comunicar a estrutura do site aos clientes e como um mapa rodoviário para fornecer orientação através do processo de produção da web.

Os diagramas de site usam caixas para representar páginas com linhas e/ou setas para representar os relacionamentos (links) entre as páginas (Figura 18-6). É bom ter um modelo em mente para o formato geral do site; ele cria um sentido de espaço e começa a sugerir um sistema para navegação.

Figura 18-6

Um plano de site de amostra

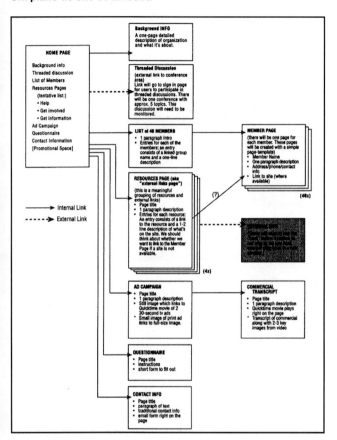

Arquitetos de informação profissionais usam diagramas de site como ferramentas para comunicar a estrutura do site.

Estrutura hierárquica

A maioria dos sites é organizada hierarquicamente, começando com uma página superior que oferece diversas escolhas e depois camadas sucessivas de escolhas se espalhando para baixo de modo que uma árvore seja formada (Figura 18-7).

Figura 18-7

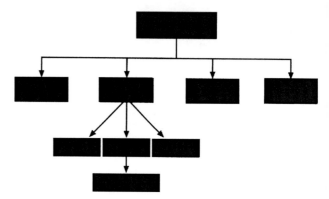

Um diagrama de um site com organização hierárquica

A organização hierárquica é um método testado e verdadeiro.

A organização hierárquica é um método testado e verdadeiro e, se feito corretamente, oferece ao usuário acesso claro e passo a passo ao material no site. Se você optar por esta estrutura há algumas diretrizes que você deve seguir.

Primeiro, certifique-se de que as informações importantes não fiquem enterradas muito profundamente nesta estrutura. Com cada clique necessário você corre o risco de perder alguns leitores que possam ter tempo apenas para ficar nas camadas superiores de um site.

Também, certifique-se de que os galhos da "árvore" da hierarquia sejam normalmente equilibrados. Por exemplo, se a maioria das categorias for rasa (apenas alguns níveis de profundidade), evite ter uma categoria através de muitos níveis de informação. Se este for o caso, há a possibilidade de que você possa organizar as informações de uma maneira melhor para criar consistência ao longo do site.

Nosso site de família se baseia em uma estrutura hierárquica simples (Figura 18-8) com a inclusão de seções especiais na home page. As seções de membros da família estão disponíveis a partir de cada página no site.

Figura 18-8

O diagrama do site Blue Family
O site é dividido em seções por membro da família. Há três recursos especiais adicionais.

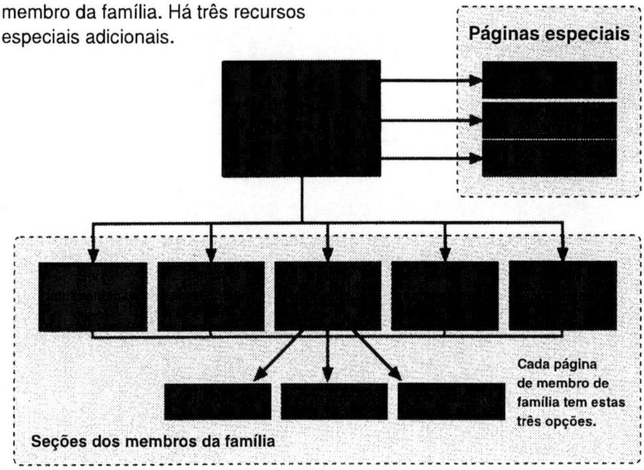

Layout linear

Embora a estrutura de três estilos seja a mais popular e com múltiplos objetivos, ela não é de maneira alguma a única opção, e pode não ser a melhor para seu tipo de informação. Você pode considerar a organização de seu site (ou uma parte dele) linearmente. Isto é apropriado para narrativas ou qualquer informação que deva ser vista em seqüência.

No site Blue Family, escolhi em layout linear para as fotografias de férias que foram organizadas em ordem cronológica (Figura 18-9). Perceba que também planejei o acesso a home page de qualquer na seqüência de fotos de modo que o usuário fique preso no fluxo.

Dica de navegação

Até onde devo ir?

Quando você está dirigindo em uma estrada você vê os sinais e marcadores de quilômetros dizendo a você quantos quilômetros faltam para a próxima cidade. Este é um tipo de feedback importante para saber onde você está e planejar sua viagem.

Da mesma maneira, quando os usuários estão clicando através de uma série, como um arquivo de múltiplas partes, eles precisam de algum feedback quanto à duração total da viagem (número total de páginas) e onde eles estão no fluxo (o número da página atual).

Cada página, em layout linear, deve estar claramente rotulada com estas informações de status. Há diversas abordagens comuns:

1 de 5

Lista um número da página atual (1) e um número total de página (5)

1, 2, 3, 4, 5

Lista cada número de página individualmente com a página atual de alguma maneira destacada. Cada número de página serve como um link para aquela página.

Intro
   Design de informações
   Design de interface
   Design de navegação
   Conclusão

Ao invés de apenas números é mais informativo fornecer os títulos propriamente dito para cada página de modo que os usuários possam tomar uma melhor decisão quanto a continuar ou pular alguma página.

Planejamento da estrutura do servidor

Se você estiver criando um site da web que tenha mais de uma dezena de páginas, você provavelmente irá dividir seus arquivos em subdiretórios no servidor. Em geral, é mais conveniente quando a organização de seus arquivos no servidor corresponde à estrutura de seu site. Portanto, a fase de design de informações de um projeto de design da web também é uma boa ocasião para definir uma estrutura de diretórios no servidor.

Há muitas abordagens para o gerenciamento de servidor, mas no geral um único diretório contém todos os arquivos para um site. Aquele diretório é dividido em subdiretório que refletem as principais seções do site. É comum manter todas as imagens gráficas em um diretório chamado graphics ou images. Mantenho um diretório images em cada um dos meus subdiretórios de seção de modo que todas as informações comuns fiquem juntas.

www.orbitband.com

Figura 18-9

Um diagrama de site linear

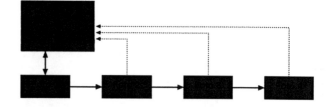

Estruturas complexas

Nem todo site vai se ajustar perfeitamente em uma linha reta ou em uma árvore. A maioria dos sites da web comerciais atualmente oferece tanta informação e funcionalidade que os diagramas do site podem se tornar enormes e bem complexos. Vi um diagrama de site para um site de mídia popular que usava caixas de tamanhos muito pequenos para representar páginas e o diagrama de site geral ocupava o comprimento do corredor!

Mas este é o objetivo de usar um diagrama de site. Ele permite que você tenha uma noção clara do site como um todo para monitorar seus cantos mais distantes.

Design de interface

Agora que organizamos nosso conteúdo precisamos dar aos nossos visitantes uma maneira de chegar a ele. Estamos entrando na fase de design de interfaces.

O design de interface determina como a estrutura lógica de um site aparece visualmente na página. Ele inclui todas as dicas visuais para entender que as informações estão disponíveis assim como ferramentas de navegação para se movimentar pelo site.

Pelo fato da interface funcionar visualmente, ele está integrada de perto com o design gráfico do site. Por exemplo, o designer de interface pode dizer: "Esta informação será acessada através de um botão na home page", enquanto o designer gráfico diz: "Nossos botões serão azuis com contornos amarelos e do tipo branco". No entanto, no mundo real é bem comum que ambos os papéis sejam realizados pela mesma pessoa ou departamento.

Vamos ver algumas das dicas visuais e modelos conceituais que você usar para fazer a estrutura de suas informações mais aparente e compreensível.

Agrupamento de elementos similares

Longas listas de escolhas podem ser tornar sobrecarregadas e desencorajar a navegação. Se houver um grande número de itens disponível em uma página (e freqüentemente há), é uma boa idéia dividi-lo em um número menor de grupos importantes e indicar estes grupos visualmente (Figura 18-10).

O número mágico num design de interface é sete. A teoria é que o cérebro humano tende a sofrer um curto circuito quando deparado com mais de sete opções de cada vez. Logo, ao projetar interfaces, as escolhas são freqüentemente limitadas ao sete, mais ou menos dois. Embora seja improvável que você tenha apenas sete elementos em uma página, você pode dividir sua lista mais longa em sete ou menos grupos.

Por exemplo, você pode colocar todos os seus botões de navegação em uma linha através do topo da página. Ao usar um fundo colorido para aquela área ou tratamentos gráficos similares para cada botão, os botões trabalharão juntos como uma unidade visual. Da mesma forma, você pode colocar links para material arquivado em uma tabela sombreada para destacá-los das áreas de conteúdo principal do site.

Figura 18-10

Estes sites fazem um bom trabalho dividindo um grande número de elementos de página em grupos gerenciáveis através do uso de tabelas e cores.

Buy.com

Figura 18-10 (continuação)

About.com

Salon.com

Codificação de cores

> A cor, quando usada deliberadamente e com cuidado, é uma poderosa dica visual com muitas aplicações.

A cor, quando usada deliberadamente e com cuidado, é uma dica visual poderosa com muitas aplicações. Uma cor brilhante chama atenção para um elemento em uma página. Colorir itens individuais com cores similares faz com que eles sejam percebidos como um grupo. Designar cores para seção de um site pode ajudar a orientar o usuário.

Tenha em mente que a chave para o uso eficaz de cor é restrição e controle. Muitos sites da web amadores cometem o erro de usar todas as cores disponíveis em uma única página resultando em caos visual. Escolha algumas cores e fique com elas.

Tratarei de alguns exemplos específicos do uso de cor na Web.

Cores de link

Os primeiros navegadores gráficos foram projetados para exibir links de hipertexto em azul brilhante e texto sublinhado. Esta decisão inicial de designar uma cor de link distinta da cor do texto foi um método eficaz para indicar que o texto vinculado era de alguma maneira diferente do texto comum. Isto se tornou a principal dica visual de "clique aqui".

Desde então, os fabricantes de navegadores ficaram com o texto azul como a cor de link padrão, e isto é o que temos de mais próxima a uma verdadeira convenção de interfaces na web. Quer ir para uma outra página? Clique no texto azul!

Ultimamente, tem havido alguma controvérsia quanto ao fato dos designers deverem usar HTML e Folhas de estilo em cascata para anular as cores de link padrão. Alguns designers mais conservadores acreditam que é necessário mais trabalho se o usuário tiver que aprender uma nova cor de link para site da web. A opinião mais popular é que não há nada de mais em mudar a cor de links em um site desde que isto seja feito consistentemente dentro daquele site. Se você preferir links vermelhos, tudo bem; apenas mantenha-os vermelhos ao longo de todo site.

Uma outra consideração no ato de colorir links é a diferença entre links comuns e links visitados (links que já foram seguidos). Em geral, você deve definir a cor de link para ser de alguma forma mais brilhante ou mais escuro que a cor do link visitado. Uma cor de link visitado menos intensa comunica melhor um estado "menos ativo".

Codificação de cores de seção

Se você tiver apenas algumas seções importantes no seu site, pode atribuir a cada uma delas uma cor diferente (Figura 18-11, caderno colorido). Este pode ser um bom método para orientar seu usuário no site e é particularmente útil se você prever links de seção para seção. A mudança no esquema de cores geral é uma indicação instantânea de que você chegou a um novo "lugar".

No entanto, este conselho vem com uma palavra de cuidado. Não confie apenas na cor para comunicar a seção atual. O sistema de codificação de cores deve ser secundário para a criação de rótulos claros das seções. Não pode ser esperado que os usuários memorizem que informações corporativas são azuis e informações de pequenos negócios são verdes. Além disso, eles podem nem ver as cores! Certifique-se de que a cor seja usada apenas como um reforço.

Dica

Para informações sobre como definir cores de link veja a nota lateral "Como colorir seus links", no Capítulo 9. A especificação de cores em HTML é coberta no Capítulo 12.

A codificação de cores de seção deve ser secundária para a criação de rótulos claros de seções.

Figura 18-11 (Caderno colorido)

A codificação de cores de seção é um método popular para orientar usuários dentro de seu site.

Amazon.com

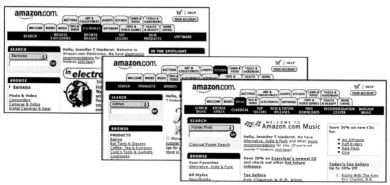

Buy.com

Metáforas

Uma outra maneira de tornar as informações mais acessíveis e compreensíveis em um site é usar uma metáfora. Uma metáfora associa um novo conceito (como uma ferramenta de navegação ou organização de site) com uma idéia ou modelo familiar. O conhecimento que o usuário tem da configuração familiar fornecerá um bom ponto de partida para entender o novo ambiente.

Metáforas de sites

Alguns sites da web usam uma metáfora como a interface de nível mais alto para o site. Portanto, ao invés de chegar a uma home "page", você chega em uma praça ou entra em uma cozinha. Os objetos naquele espaço se correlacionam com seções do site (Figura 18-12).

As metáforas de sites eram extremamente populares quando a Web começou porque era fácil assumir que a Web era novidade para todos e um pouco de orientação era necessário. Desde então, as metáforas saíram de moda e por uma boa razão. É muito fácil que a metáfora falhe — nem toda seção em seu site terá uma associação lógica com algo no cenário metafórico. Tudo se torna confuso rapidamente e, em algumas ocasiões, até mesmo repetitivo. Além disso, é necessário freqüentemente um design repleto de imagens gráficas para preparar o palco, o que pode reduzir o desempenho. Se você precisar usar uma metáfora ao longo do site, certifique-se de que faça um sentido perfeito e seja benéfico para o conteúdo do site.

> É muito fácil que a metáfora falhe — nem toda seção em seu site terá uma associação lógica com algo no cenário metafórico.

Metáforas de ferramenta

As metáforas são mais eficazes quando usadas para explicar ferramentas ou conceitos específicos. Acredito que o melhor exemplo disto esteja no "carrinho de compra" online. As pessoas sabem o que fazer com um carrinho de compra num mundo real: você o enche de coisas que quer comprar e depois os leva para a caixa registradora. Os sites de compra rapidamente adotaram a metáfora do carrinho de compra para a funcionalidade de compras online.

A PhotoDisc, uma empresa que licencia fotografia digital, tem uma função para salvar imagens selecionadas que podem ser vistas posteriormente e compartilhadas com um grupo. Eles chamam este recurso de "lightbox", se referindo à mesa com iluminação que os designers tradicionais usam para ver arte final transparente. As atividades que acontecem em uma lightbox tradicional são uma boa correspondência a que acontece na arena de visualização de fotos virtuais da PhotoDisc, tornando a lightbox uma metáfora eficaz.

Mais uma vez, peço que você use qualquer metáfora com cuidado. Quando o símbolo perde o foco não é apenas confuso, mas também cômico.

Figura 18-12

Exemplos de metáforas de sites.

www.lsjc.org
Este site de um centro da comunidade judaica usa uma metáfora de bairro. A atribuição do tópico para construção é de certa forma arbitrária já que o desenho não é o centro propriamente dito.

www.kraft.com
O site da empresa de comida Kraft é chamado de "Interactive Kitchen". Você consegue adivinhar como acessar a seção "New This Month"? Curiosamente, é o bolo em forma de bandeira na mesa. Isto mostra como as metáforas podem atrapalhar as informações.

www.irs.gov
O imposto de renda tem estado preso a esta metáfora de jornal por quase cinco anos. Se há uma organização que deveria deixar de lado as coisas bonitinhas e ir direto ao assunto, ou seja, informar, esta seria o imposto de renda.

Métodos de design de interfaces

Assim como acontece com os arquitetos de informação, os designers de interface usam diagramas e fluxograma para tratar da funcionalidade de seus designs. Os diagramas mostram como as páginas funcionam e, geralmente, sem design gráfico. Você pode até mesmo usá-los para fazer uma rodada de testes com o usuário para se certificar que seu site funcione antes que seja gasto tempo no desenvolvimento do protótipo.

> Os diagramas mostram como as páginas funcionam e, geralmente, sem design gráfico.

Diagramas de páginas

Um tipo de diagrama usado no processo de criação de interfaces é um layout de página em estrutura de rede de páginas típicas no site. Na maioria dos casos, grandes sites da web usam um número limitado de modelos de páginas que podem ser reutilizados para funções comuns de páginas (como páginas de login, páginas de seção de nível mais alto etc.).

Desenvolvi a interface para um site que permitia que os membros fizessem uma pesquisa através de um grande banco de dados de registros públicos. No processo de design inicial, criei diagramas de cada tipo de página para comunicar a funcionalidade do site ao cliente e dar ao designer gráfico uma estrutura básica para o design da página (Figura 18-13).

Figura 18-13

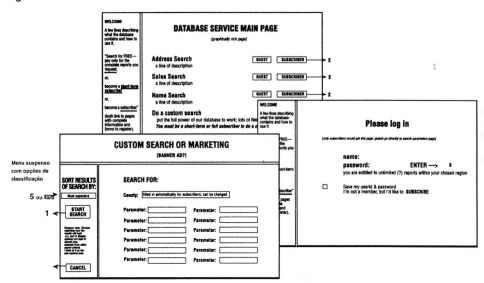

Mesmo se você estiver trabalhando em um site da web para você mesmo, você pode descobrir que fazer um esboço da home page e das páginas representantes dentro do seu site é uma etapa útil antes de se aprofundar na escrita de HTML e no desenvolvimento da aparência da página. Isto lhe ajuda a ter certeza de que todas as peças estão lá. Os diagramas da página para o site Blue Family podem parecer com quem se encontra na Figura 18-14.

Figura 18-14

Diagramas de página para o site Blue Family

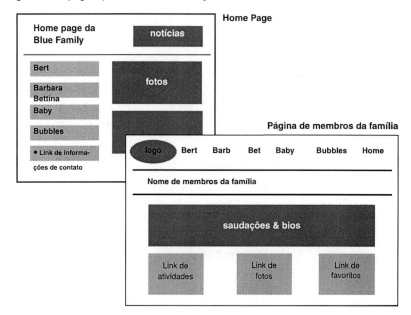

Cenários do usuário

Para complexos sites comerciais, particularmente aqueles com funcionalidade interativa e recursos baseados em etapas como compras, conteúdo personalizado (acessado por logging), e assim por diante, o designer de interface também pode produzir típicos fluxogramas de cenários de usuário. Estes fluxogramas mostram como um usuário típico pode clicar através de vários níveis e recursos do site. Ele é um diagrama de um caminho possível através do site.

O site de banco de dados que mencionei anteriormente tinha uma interface complicada que mudava dependendo do nível de associação do usuário e o numero de registros que eram recuperados. A equipe de desenvolvimento e eu usamos fluxogramas para prever e planejar cada uma destas variações (Figura 18-15, a página seguinte). Os fluxogramas podem ser acompanhados de mais de uma narrativa descrita da ação, como mostrado na amostra de fluxograma.

Figura 18-15

Um fluxograma de amostra do cenário do usuário

Buscas de convidados

A. O usuário insere "NAME SEARCH", "ADRESS SEARCH" ou "SALES SEARCH" como um GUEST a partir do menu principal do banco de dados.

B. O usuário insere seus parâmetros de busca.

C. Se a busca retornar menos que 100 registros, o usuário vai diretamente para a tela de resultados preliminares.

Se a busca retornar entre 100 e 300 registros, dá-se ao usuário a escolha de refinar a busca ou ver apenas 100 registros.

Se a busca retornar mais de 300 registros, o usuário é enviado de volta para refinar ou cancelar a busca.

D. Os resultados preliminares são exibidos em um formato de 1 linha, em uma paginação longa, com as marcas "AV" ou "N/A" no lugar das informações. O usuário seleciona os registros para visualização usando caixas de verificação. Ele ou ela também pode reclassificar a lista ou voltar e mudar os parâmetros de busca.

E. Uma notificação de compra aparece com as opções para comprar os registros individuais, se tornar um assinante em curto prazo, revisar a solicitação ou cancelar a busca. Se o convidado optar por comprar algo, ele ou ela vai para uma página para inserir informações de cartão de crédito.

F. Os registros escolhidos do usuário são exibidos em um formato de 2 linhas (com os campos de informações preenchidos) em uma paginação longa.

G. É possível ver todos eles como relatórios de tela inteira em uma paginação longa, ou clicar em um hiperlink para ver um registro individual de tela inteira.

H. O usuário pode clicar para frente e para trás através dos registros individuais.

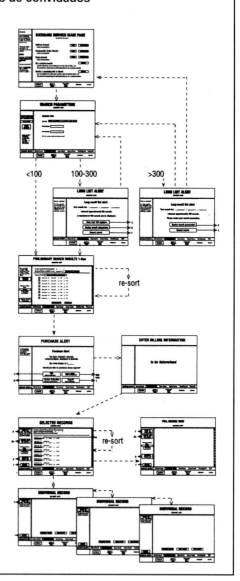

Design de navegação

A navegação é um subconjunto da interface do site, mas considerando que ele é um tópico importante, darei a ele uma atenção extra.

As informações em um site da web freqüentemente são percebidas como ocupando um espaço físico. Assim como ocorre como um espaço físico real, como uma cidade ou aeroporto, um site da web exige um sistema de sinalização para auxiliar os visitantes a se posicionar dentro dele. Em site da web, isto assume a forma de logos, rótulos, botões, links e outros atalhos. Estes elementos compõem um sistema de navegação para o site.

Assim como acontece com um espaço físico real, como uma cidade ou aeroporto, um site da web necessita de um sistema de sinalização para auxiliar os visitantes a se orientar dentro dele.

Onde estou?

Um dos principais deveres de um sistema de navegação é permitir que os usuários saibam onde eles estão. Lembre-se que os usuários podem entrar em seu site em qualquer ponto se eles estiverem o URL correto ou se estiverem clicando em um link de uma lista de resultados de um utilitário de pesquisa. Não há garantia de que eles irão se beneficiar da home page para dizer a eles aonde chegaram, portanto é importante que cada página em seu site contenha algum rótulo que identifique o site.

O site da web Nordstrom (www.nordstrom.com) usa uma barra de navegação global eficaz na parte superior de cada página (Figura 18-16). O logo Nordstrom à esquerda claramente identifica o site.

Além disso, se seu site estiver níveis ou seções diferentes, é uma boa idéia orientar o leitor dentro da estrutura do site. Como você pode ver na barra de ferramentas de navegação do Nordstrom, a subseção também é identificada ao destacar seu nome na barra de ferramentas.

Figura 18-16

A barra de ferramentas de navegação global do Nordstrom claramente identifica o site e é usada em cada página.

Aonde posso ir?

A outra responsabilidade de um sistema de navegação é apresentar claramente as opções de onde os usuários podem ir (ou o que eles podem fazer) a seguir. Normalmente, faço a mim mesmo duas perguntas ao decidir exatamente que botões de navegação adicionar. A primeira pergunta é baseada no usuário: onde esta pessoa pode querer ir a seguir? Para a segunda pergunta, assumo o papel do cliente ou do editor do site da web: onde queremos que esta pessoa vá a seguir?

É impraticável fornecer um link para cada página em um site de uma outra página, portanto você precisa escolher seus links com sabedoria. Ao limitar as escolhas você pode ajudar a moldar a experiência dos usuários de seu site enquanto fornece a flexibilidade que eles precisam.

As opções de navegação para site serão diferentes, mas há algumas normas. Uma vista expandida do site Nordstrom mostra como ele emprega alguns sistemas de navegação padrão (Figura 18-17).

Figura 18-17

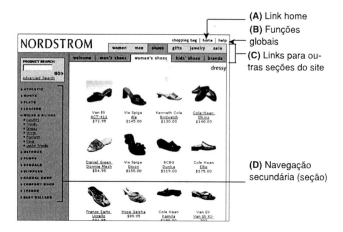

(A) Link home
(B) Funções globais
(C) Links para outras seções do site
(D) Navegação secundária (seção)

(A) Primeiro, um link de volta para a home page de cada página no site é normalmente esperado. Se o usuário se perder isto fornece uma maneira de volta para o início com um clique.

(B) Pode haver também um conjunto de links que devem ser acessíveis em todo site, independentemente da seção atual. Estes incluem links para uma seção de ajuda, informações personalizadas, capacidades de buscas e outras informações gerais que você sempre quer ter a mão. Estes podem ser incorporados no sistema de navegação global, mas normalmente com menos peso visual.

(C) Se seu site for divido em seções, você pode optar por fornecer links às páginas principais de outras seções como parte do sistema de navegação em cada página.

(D) Você também pode ter opções que são especificas para uma determinada seção do site. Isto é chamado de navegação secundária ou navegação de seções. No Nordstrom.com, a navegação secundária está em uma coluna à esquerda e aparece na cor de seção. Cada seção tem seu próprio conjunto de opções de navegação específicos de seção assim como o sistema de navegação global.

Fundamentos da boa navegação

Os sistemas de navegação são altamente específicos de site. A lista das escolhas perfeitas para um site pode ser totalmente inútil para outro. No entanto, há alguns princípios orientadores que se aplicam independentemente do tipo de site que você está criando. As características chave de um sistema de navegação bem sucedido são clareza, consistência e eficiência. Vamos ver o que isto significa em termos práticos.

Clareza

A fim de que a navegação funcione, ela deve ser facilmente aprendida. Um dos pontos principais a respeito de navegação na Web é que você tem que aprender cada novo site que visita. É de seu interesse fazer o processo de aprendizado da mais rápida possível ao tornar suas ferramentas de navegação intuitivas e facilmente entendidas rapidamente.

Tente seguir estas diretrizes para tornar seu sistema de navegação claro e amigável para o usuário:

A navegação deve parecer navegação. Suas ferramentas de navegação (como links para home page e outras partes do site) devem de alguma forma se destacar na página. Isto pode ser realizado ao agrupá-las e aplicar algum tipo de tratamento visual que as diferencie do conteúdo normal. Os botões não precisam necessariamente estar 3-D para parecerem "clicáveis", mas eles ainda devem ser lidos como navegação em uma rápida olhada.

Dica de navegação
Navegação de listas

Eis aqui uma dica simples para poupar alguns cliques para seus usuários. Se você tiver diversos itens em uma lista de links, certifique-se de que página tenha um link para o próximo item na lista. Isto evita que os usuários precisem clicar de volta para a página de lista sempre que quiserem ir para o próximo item.

Logicamente, você precisa fornecer um link de volta para a lista também, caso o espectador não queira ver a lista em ordem. Você também pode adicionar um link para o item anterior na lista (não mostrado abaixo) para permitir movimento através da lista, para frente e para trás.

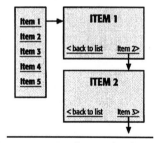

Rotule tudo claramente. Não posso enfatizar este ponto de uma maneira forte o suficiente. Apesar do fato de que a Web é um meio visual e estamos discutindo dicas visuais para o design de interfaces, as pessoas ainda se orientam através de palavras. Nada atrapalha mais o processo de encontrar informações do que rótulos que são vagos ou muito bonitinhos para serem entendidos. Não chame uma seção de "luz na escuridão" quando ela é na realidade apenas uma mera "Ajuda".

Testes com usuários mostram que o texto de link maior e mais descritivo é mais eficaz para orientar as pessoas para onde querem ir. Certifique-se que seus nomes de seção e todos os links estejam rotulados de uma maneira que todos entendam.

Use ícones com cuidado. Embora haja poucos ícones que assumem significados padronizados (como uma casa pequena como um link para a "home" page), em sua maioria os ícones são difíceis de decifrar e podem atrapalhar a usabilidade. Você pode dizer o que cada um dos ícones na Figura 18-18 faz?

Figura 18-18

Você adivinhou "alinhar elementos" **(A)**, "expandir janela" **(B)**, e "Notícias" **(C)**?* Isto mostra, como em geral, apenas os ícones fazem um péssimo trabalho de comunicação. Alguns ícones, como um globo, são tão utilizados que eles significam absolutamente nada. Se você optar por usar ícones é melhor reforçá-los com rótulos claros em todas as situações. Se você tiver apenas um ou dois ícones cuidadosamente escolhidos, você pode ser bem sucedido definindo-os apenas uma vez na home page e usando os ícones sozinhos ao longo do site. De qualquer maneira você deve considerar cuidadosamente se os ícones estão realmente ajudando sua navegação.

---

* Os ícones foram retirados do Macromedia Freehand 8, RealPlayer 7 e www.k10k.com, respectivamente.

Consistência

Fornecer opções de navegação não é suficiente se elas não forem previsíveis ou confiáveis. É importante que opções de navegação sejam consistentes ao longo do site, em disponibilidade assim como em aparência.

As páginas que são similares devem ter as mesmas opções de navegação. Se eu pudesse voltar para a home page diretamente de uma página de segundo nível, esperaria ser capaz de voltar de todas as outras páginas também. Páginas de terceiro nível pode ter um conjunto diferente de opções, mas estas opções precisam ser consistentes entre todas as páginas de terceiro nível, e assim por diante.

Além disso, ajuda à usabilidade apresentar as opções da mesma maneira sempre que elas são apresentadas. Se o botão de sua home page aparecer em azul no canto superior direito de uma página, não o coloque na parte inferior em vermelho em outra página. Se você oferecer uma lista de opções, como uma barra de ferramentas, mantenha as seleções na mesma ordem em cada página de modo que os usuários não tenham que passar tempo procurando pela opção que eles acabaram de usar. As opções de navegação devem ficar em seus lugares.

> É importante que as opções de navegação sejam coerentes ao longo do site, em disponibilidade assim como em aparência.

Eficiência

Com cada clique na hierarquia de um site você corre o risco de que o usuário perca interesse e vai embora. Quando você está projetando a estrutura e a navegação de um site, preocupe-se com a quantidade de cliques necessários para chegar a uma parte do conteúdo ou para ter uma tarefa feita (como preencher um formulário ou comprar algo). O objetivo é fazer com que os usuários cheguem à informação que querem de maneira eficiente e mantê-los engajados no processo.

O sistema de navegação para um site deve aliviar o excesso de cliques e não aumentar o número de cliques. Sua navegação deve incluir atalhos para as informações — pode ser tão simples quanto fornecer links para outras seções importantes do site. Você pode querer complementar o sistema de navegação do site global com atalhos especializados como um mapa de site ou função de busca.

Elementos de navegação

Há muitas ferramentas que você pode usar para ajudar os usuários a se deslocarem pelo site. Eis aqui algumas das mais populares.

Barras de ferramentas e painéis

A maioria dos sites da web agrupa suas opções de navegação em uma barra de ferramentas vertical ou horizontal.

A maioria dos sites da web agrupa suas opções de navegação (sejam elas botões gráficos ou links de texto) em algum tipo de barra de ferramentas vertical ou painel vertical. As barra de ferramentas são geralmente colocadas ao longo do topo da página (algumas vezes abaixo de banner de propaganda). A borda esquerda da página é um outro local conveniente para opções de navegação e listas de links relacionados (Figura 18-19).

Figura 18-19

Painéis e barra de ferramentas de navegação

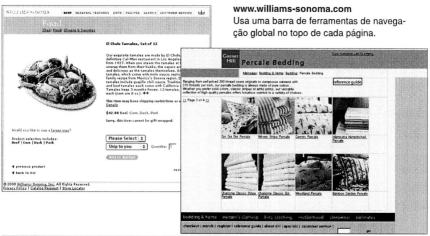

www.williams-sonoma.com
Usa uma barra de ferramentas de navegação global no topo de cada página.

www.garnethill.com
Coloca sua barra de ferramentas global em um quadro na parte inferior da página.

www.sifl-n-olly.com
Usa o lado esquerdo da página para a navegação de site principal.

Menus suspensos

Um ótimo método de economia de espaço para adicionar um grande número de links em uma página é colocá-los em um elemento de formulário de menu suspenso (Figura 18-20). Desta maneira, todos os links estão prontamente disponíveis, mas não exigem muito espaço de tela. Elementos de formulário exigem algum script no servidor a fim de funcionar, portanto, você pode precisar de alguma assistência de um programador para implementar este atalho.

Figura 18-20

Menus suspensos são uma ótima maneira de adicionar a uma página sem ocupar sem ocupar muito espaço de tela.

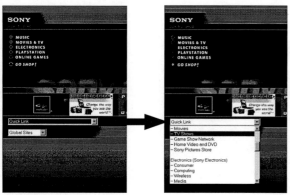

www.sony.com

Tabulações

As tabulações de navegação no topo da página estavam espalhadas pela web no verão de 2000. Elas estão em todos os lugares! Embora elas sirvam como um dispositivo bem intuitivo e compacto para permitir acesso a diferentes seções de um site, acho que elas são freqüentemente aplicadas de maneira inadequada ou gratuitamente.

De uma maneira ideal, as tabulações devem ser usadas para indicar funcionalidade similar através de diversas categorias (Figura 18-21). A Amazon.com (um dos primeiros a adotar as tabulações) utiliza as mesmas de maneira correta neste caso — independentemente do fato de você ter selecionado livros ou filmes, você tem as mesmas opções básicas para ver as ofertas especiais, ler análises e comprar.

Figura 18-21

As tabulações são apropriadas para indicar funcionalidade similar através de diversas categorias.

Em muitos casos a tabulação é usada arbitrariamente.

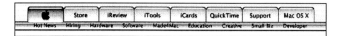

Freqüentemente as tabulações são usadas de maneira arbitrária para acessar divisões do site. Embora não haja nada inerentemente errado com isto, as tabulações não são funcionalidade de comunicação... Elas são apenas tabulações.

Um problema com as tabulações que a Amazon.com está atualmente enfrentando, é que as tabulações gráficas empilham rapidamente e você pode acabar com uma montanha de tabulações.

Enquanto a Web continua a evoluir, as abordagens de navegação aparecem e desaparecem com a mesma facilidade. O Buy.com, um outro site que anteriormente usava muito as tabulações, simplesmente as descartou totalmente e agora apresenta apenas opções em um painel de navegação. Se você optar pelo uso de tabulações, certifique-se de que elas sejam uma metáfora lógica para a tarefa.

Navegação de "migalha de pão"

Um dos meus elementos de navegação favoritos é o que se tornou conhecido como "trilha de migalhas de pão". Ele é muito útil e econômico. À medida que você clica através da hierarquia do site, cada nível sucessivo é indicado como um link de texto (Figura 18-22). Eventualmente, você acaba com uma cadeia de nomes de seção e subseção que mostram exatamente onde você está e onde você esteve (como a trilha de migalhas de pão de Hansel e Gretel na floresta). A trilha também permite que os usuários retornem para os níveis mais altos pelos quais passaram com apenas um clique.

Talvez o melhor recurso é que, pelo fato de serem apenas links de texto HTML, esta forma de navegação praticamente não adiciona qualquer sobrecarga ao tamanho de arquivo. Há muita comunicação e funcionalidade reunida em poucos bytes.

Figura 18-22

Exemplos de navegação da "trilha de migalhas de pão"

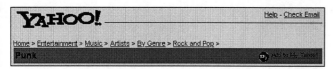

Mapas de site

Se seu site for grande e complexo, você pode querer complementar o sistema de navegação em cada página ao fornecer atalhos para suas informações. Uma abordagem é fornecer um mapa de site, uma lista do conteúdo do site, organizado para refletir a estrutura do site por seção e subseção (Figura 18-23). Ao fornecer uma visão geral da lógica do site, você pode ajudar o usuário a se sentir mais bem orientado ao viajar pelo site. Cada tópico no mapa do site também e um link útil diretamente para aquela página.

> Os mapas de site fornecem uma visão geral da lógica do site assim como acesso instantâneo a informações através de links.

Como uma alternativa, os sites menores podem ser representados com um mapa de site gráfico. É geralmente mais difícil fazer isto de maneira eficaz. Além disso, pelo fato de ser uma imagem gráfica, seu download será mais longo do que o de texto.

Você também pode optar por fornecer um índice de sites, que é uma listagem alfabética (como um índice de livro) de todos os tópicos disponíveis em seu site.

Figura 18-23

Exemplos de mapa de site

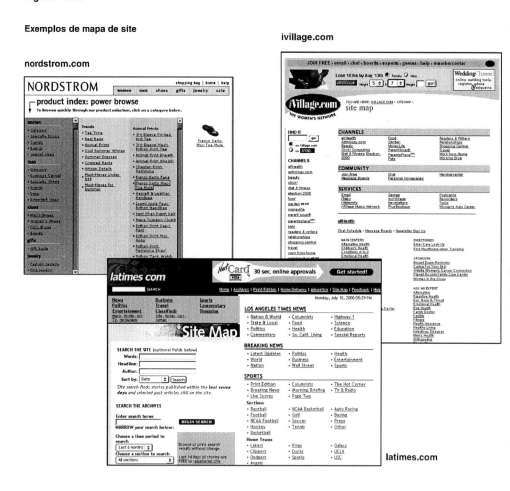

Funcionalidade de busca

Um dos atalhos mais amplamente usados para encontrar informações em um site da web é a caixa de busca (Figura 18-24). Embora seja tentador assumir que um utilitário de pesquisa seja a resposta para os problemas de procura de informações de todos, na realidade, a maioria das funções de busca oferece uma falsa sensação de segurança. Os utilitários de pesquisa exigem criação de scripts especiais no servidor e, embora isto possa ser simples de fazer, não é tão fácil. Isto exige uma indexação cuidadosa do site para que funcione eficientemente.

As funções de busca podem oferecer uma falsa sensação de segurança.

Figura 18-24

As caixas de pesquisa são onipresentes, mas, a menos que a tecnologia por trás delas seja bem projetada, elas podem oferecer uma falsa sensação de segurança de navegação.

A verdade, infelizmente, a respeito de muitos utilitários de pesquisa é que eles podem apresentar links irrelevantes ou muitos links dentre os quais escolher. Alguns utilitários de pesquisa não fornecem descrição suficiente de cada listagem para que os usuários tomem uma decisão baseada em informações. Isto pode provocar desperdício de tempo ao seguir links que parecem úteis, mas que na realidade não são.

Não há nada de errado ao suplementar seu sistema de navegação com capacidades de busca, desde que você na realidade reserve tempo suficiente (e gaste dinheiro) para fazê-lo da maneira correta, e não confie nisto com muita intensidade.

Como juntar tudo

Vamos juntar o design de navegação e interfaces para o site Blue Family. Na home page, agrupei os links para as seções de membros da família e dei a eles um tratamento gráfico similar para sugerir que eles têm funcionalidade e conteúdo similar (Figura 18-25, caderno colorido). As áreas de página de foto e notícias recebem tratamentos visuais especiais que são apropriados para os recursos que serão atualizados freqüentemente.

Figura 18-25 (Caderno colorido)

A home page da Blue Family.

Projetei uma barra de ferramentas de navegação que será usada em cada página do site (Figura 18-26, caderno colorido). Ela apresenta o "logo" Blue Family no canto esquerdo para identificar qual é este site de qualquer ponto de entrada. Ele também fornece links para cada seção de membro da família assim como para a home page. A seção atual é identificada tanto pela área rotulada abaixo da barra de ferramentas quanto pelo ponto laranja atrás do nome do membro na própria barra de ferramentas.

Figura 18-26 (Caderno colorido)

Uma típica página de segundo nível para o site Blue Family.

Como criar sites da web usáveis: revisão

Há muitos tópicos interessantes neste capítulo — todos justificando mais estudos e experiências. Eis aqui alguns dos destaques:

- Um site da web bem-sucedido exige atenção para como a informação é organizada (seu design de informações) e como os usuários chegam àquela informação (seu design de interface e o sistema de navegação).

- As principais frustrações dos usuários ao navegar na Web incluem o fato de não conseguirem encontrar as informações, atingir ruas sem saídas, não poderem voltar para onde começaram e ter que clicar muitas páginas para obter as informações que querem.

- O design de informações envolve a organização de informações e o planejamento de como os usuários as encontrarão. É necessário fazer um inventário de todas as informações no site, organizá-las e lhes dar uma estrutura.

- O design de interface determina como a estrutura de um site é representada visualmente na página. Inclui todas as dicas visuais para entender que informação está disponível, assim como o modo através do qual chegar a ela. Inclui como os itens são agrupados, os sistemas de codificação de cores, metáforas e todos os botões e ferramentas para navegação no site.

- Os diagramas de site são úteis para comunicar a estrutura do site e o desenvolvimento de seu sistema de navegação.

- Um bom sistema de navegação deve responder às perguntas "Onde estou?" e "Aonde posso ir a partir daqui?"
- As características chave de um sistema de navegação bem sucedido são clareza, consistência e eficiência.
- A ferramenta de navegação mais comum é a barra de ferramentas de navegação, normalmente na parte superior (mas algumas vezes no lado e na parte inferior) de todas as páginas.
- Você pode optar por complementar o sistema de navegação com uma função de busca ou um mapa de site.

Capítulo 19
O que fazer e não fazer no design da web

Não há uma maneira absolutamente certa ou errada de projetar um site da web. Quando as pessoas me perguntam a respeito da melhor maneira de projetar um site, tudo parece se resumir a "depende".

Suas decisões de design dependem do tipo de site que você está publicando. Sites pessoais, sites de entretenimento e sites de e-commerce corporativos todos eles têm prioridades diferentes e seguem diretrizes diferentes, tanto em termos de conteúdo quanto ao modo como o conteúdo é apresentado. E, como você já pode ter adivinhado, depende muito de seu público — o hardware e o software que eles estão usando, a razão para visitarem seu site etc.

Boas e más decisões de design são sempre relativas. Não há "nuncas" — há sempre um site por aí para o qual um "não fazer" de design da web faz perfeito sentido e é realmente a melhor solução.

Considere os conteúdos deste capítulo como diretrizes gerais. Eles são algumas dicas para possíveis melhorias e alguns avisos para armadilhas comuns para iniciantes que podem ser facilmente evitadas. No final, você precisará decidir o que melhor funciona para seu site.

Neste capítulo

Conselho geral sobre design de páginas

Dicas de formatação de texto

Conselho sobre imagens gráficas

Sugestões estéticas

Recomendações pessoais da Jen

Conselho geral sobre design de páginas

Os seguintes fazer e não fazer se aplicam à formatação e estrutura de toda a página.

FAZER...

Mantenha todos os tamanhos de arquivo menores possíveis para rápidos downloads.

Porque...

Downloads rápidos são cruciais para uma experiência de usuário bem sucedida. Se sua página demorar para sempre para ter o download concluído, seus visitantes podem ficar impacientes e navegar em outro lugar. Na melhor das hipóteses, eles ficarão irritados.

FAZER...

Projete para um tamanho de tela de 640 x 480 pixels, a menos que você tenha certeza que seu público estará vendo suas páginas com uma configuração diferente.

Porque...

> **Coloque suas mensagens mais importantes no primeiro espaço de tela.**

Quando você projeta tamanhos de páginas maiores, você corre o risco de que partes não sejam visíveis para usuários com monitores mais antigos e menores ou para WebTV. Para algum público alvo, é considerado agora "seguro" projetar para um tamanho de monitor de 800 x 600. Mas se você quiser ter certeza absoluta de que toda a sua página será visível, fique com o menor denominador comum de 640 x 480. Para maiores informações, veja o Capítulo 4.

FAZER...

Coloque suas mensagens mais importantes (quem você é, o que você faz etc) no primeiro espaço de tela (os 350 pixels superiores da página).

Porque...

A maioria dos usuários faz julgamentos a respeito de um site com base naquela primeira impressão, sem dedicar algum tempo para paginação à procura de mais informações. Para maiores detalhes, veja a nota lateral "Design de chamada de página", no Capítulo 4.

FAZER...

Limite o comprimento de suas páginas para dois ou três "espaços de tela".

Porque...

Páginas maiores que exigem muita paginação não são gerenciáveis para leitura online e fazem com que seja difícil para os leitores se encontrar. Por alguma razão, os usuários não gostam de paginar; eles preferem continuar seguindo em frente. É melhor quebrar longos fluxos de texto em algumas páginas separadas e fazer links entre elas (Figura 19-1).

NÃO FAZER...

Projetar especificamente para um navegador ou plataforma (a menos que você esteja 100% certo de que seu público estará vendo suas páginas sob aquela configuração).

Porque...

Você nunca quer alienar seus visitantes. Nada é mais desanimador do que chegar em um site apenas para encontrar um aviso que diz, "Você dever ter o navegador X na plataforma X com plug-ins X, Y, Z para usar este site". A única coisa pior é descobrir que nada funciona!

NÃO FAZER...

Usar muitas animações, especialmente em páginas com conteúdo que você quer que as pessoas leiam.

Porque...

Embora as animações sejam eficazes para atrair atenção, os usuários as consideram irritantes e acham que elas atrapalham quando eles estão tentando ler o texto na página. Até mesmo uma animação de loop pode ser irritante para algumas pessoas. Uma página inteira de imagens piscando e girando é um desastre (Figura 19-2, caderno colorido).

410 | Aprenda Web design

Figura 19-1

O típico "espaço de tela"

Evite páginas com longas paginações. A Webmonkey (www.webmonkey.com) faz um bom trabalho ao dividir seus longos artigos em pedaços menores, mais gerenciáveis, que estão unidos com um claro sistema de navegação.

Figura 19-2 (Caderno colorido)

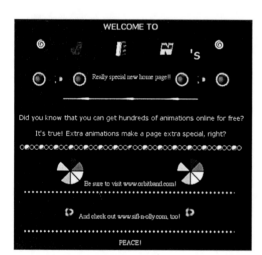

Eis aqui um exemplo de muita animação! Gostaria que este livro impresso pudesse mostrar a você o verdadeiro "esplendor" de minha nova home page especial, apresentando letras animadas, marcadores e barras de divisão. Imagine cada imagem gráfica girando, rodando ou pulsando. Isto pode parecer um exagero, mas vi páginas como esta e até mesmo algumas piores.

NÃO FAZER...

Não use avisos "em construção". Em particular não faça páginas "em construção" que aparecem depois que um usuário clica no link. Se seu site ou seção não estiver pronto, simplesmente não o publique.

Porque...

Embora seja possível que você pretenda mostrar que tem informações que estarão disponíveis em breve, os avisos "em construção" e outros placeholders dão a aparência de que você não está preparado. Eu especialmente odeio quando acabo em uma página "em construção" depois de ter gastado tempo para seguir um link da home page (Figura 19-3). Fornecer links que vão a lugar nenhum é uma perda de tempo e desperdício de paciência de seus visitantes.

Figura 19-3

As páginas "em construção" como esta são irritantes. Se a seção não estiver disponível, não forneça um link para ela.

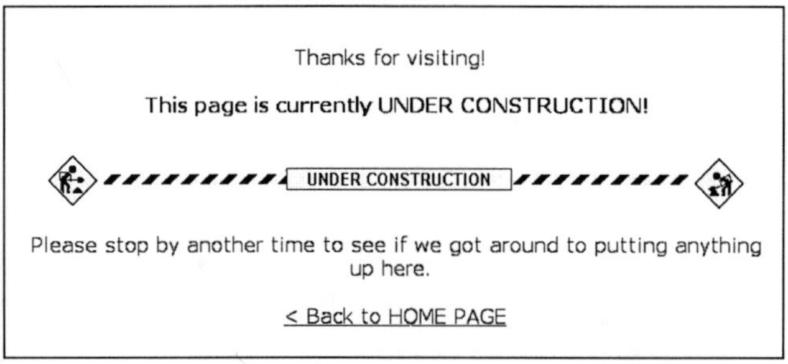

```
                    Thanks for visiting!
          This page is currently UNDER CONSTRUCTION!
    ◇///////// UNDER CONSTRUCTION ///////// ◇
  Please stop by another time to see if we got around to putting anything
                            up here.
                      < Back to HOME PAGE
```

Dicas de formatação de texto

Estas pequenas amostras de sabedoria são pertinentes à formatação de texto. Em muitos casos, o texto nas páginas da web segue as mesmas diretrizes de design que o texto em uma página impressa. Algumas destas recomendações são particulares para os requisitos especiais no meio da web.

FAZER...

Reserve tempo para fazer uma revisão de seu site.

Porque...

Erros tipográficos e gramaticais não são algo bom para o seu site ou o seu negócio. Se sua ferramenta de autoria não tiver um verificador ortográfico embutido, certifique-se de que uma outra pessoa cuidadosamente revise seu conteúdo.

FAZER...

Torne a estrutura de suas informações clara ao dar a elementos similares o mesmo design e a elementos importantes mais peso visual (usando tamanho, espaço ou cor) (Figura 19-4, caderno colorido).

Porque...

Permite que seus eleitores entendam seu conteúdo só de olhar e acelera o processo de encontrar o que eles querem.

Figura 19-4 (Caderno colorido)

Esta amostra da home page Webmonkey (www.webmonkey.com) usa tratamentos de tipo de maneira eficaz para apresentar a estrutura das informações. Listagens de artigos têm a mesma estrutura, sendo que o título do artigo recebe maior peso visual. Os títulos de seção também são tratados similarmente e recebem muito espaço para destacá-los das outras listagens.

NÃO FAZER...

Mudar a configuração de tamanho para todo o texto em uma página.

Porque...

Você deve respeitar o fato de que cada usuário tem sua fonte padrão definida em um tamanho que é mais confortável para ele ler. Se você sentir que sua página pareceria melhor com todo o tipo definido em um tamanho menor, certifique-se de testar a página em um Macintosh e com configurações de texto de diversos navegadores.

NÃO FAZER...

Definir todo o tipo em letras maiúsculas.

Porque...

Todas as letras maiúsculas são mais difíceis de ler do que as letras em caixa alta (maiúsculas) e caixa baixa (Figura 19-5). Além disso, parece que você está "empurrando" a sua mensagem, o que é rude!

NÃO FAZER...

Definir mais do que algumas palavras em itálico.

Porque...

A maioria dos navegadores simplesmente inclina a fonte de texto comum para obter um "itálico" (Figura 19-5). O resultado é freqüentemente a quase ilegibilidade, especialmente para grandes quantidades de texto em tamanhos pequenos.

NÃO FAZER...

Definir texto todo em maiúsculas, negrito e itálico (Figura 19-5).

Porque...

Três coisas erradas não fazem uma coisa certa! Isto é apenas um exagero, mas vejo isto o tempo todo.

> **Respeite o fato de que muitos usuários definiram sua fonte padrão do navegador para um tamanho que é confortável para a leitura.**

Figura 19-5
Evite definir grandes quantidades de texto, todo em letras maiúsculas ou em itálico, pois isto dificulta a leitura. Uma combinação de letras maiúsculas, itálico ou negrito é um exagero.

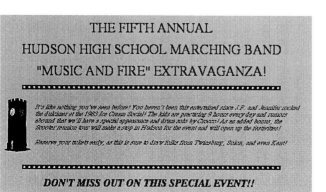

NÃO FAZER...

Inserir quebras de linha, a menos que você realmente as queira lá.

Porque...

Elas irão se ajustar de maneira diferente para cada usuário, dependendo da configuração de tamanho de texto padrão em seu navegador e da largura da janela do navegador. Se você tiver inserido quebras de linha rígidas (<BR>) para formatar linhas de texto, você corre o risco de que o texto se reajuste de uma maneira estranha (Figura 19-6).

Capítulo 19 – O que fazer e não fazer no design da web | 415

Figura 19-6

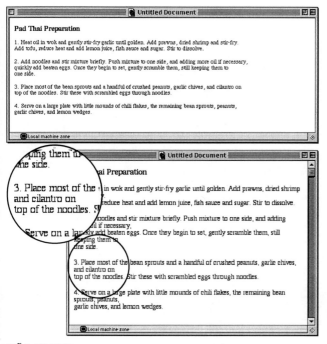

NÃO FAZER...

Definir os tipos em SIZE=-2 ou menor.

Porque...

Tipo que é definido para SIZE=-2, embora possa parecer arrumado em sua máquina Windows, será ilegível em um Macintosh ou até mesmo em uma máquina Windows com seu tipo de navegador definido para um tamanho menor (Figura 19-7).

NÃO FAZER...

Usar <H5> ou <H6>

Porque...

Na maioria dos navegadores estes cabeçalhos são exibidos em um tamanho até mesmo menor que o texto padrão. O tamanho pequeno junto com a formatação em negrito faz com que seja difícil ler estes elementos.

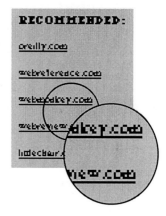

Figura 19-7

Tipo que é definido para −2 pode ser completamente ilegível dependendo da plataforma e da configuração de navegador do usuário (os Macintoshs tendem a exibir texto menor que os PCs).

Conselho sobre imagens gráficas

Estes fazer e não fazer se aplicam tanto à produção gráfica quanto à colocação de imagens gráficas na página usando HTML.

FAZER...

Use suavização para a maioria do texto nas imagens gráficas (exceto para fontes inferiores a 10 pontos).

Porque...

As bordas suavizadas farão com que suas imagens gráficas pareçam mais polidas e profissionais. No entanto, para tipo inferior a 10 pontos, a suavização pode embaçar todo o formato da letra e fazer com que o texto fique menos legível. É normalmente melhor desativar a suavização para texto pequeno (Figura 19-8).

Figura 19-8

A suavização suaviza as bordas serrilhadas entre as cores e faz com que seu texto tenha uma melhor aparência. Na maioria dos casos, ative a suavização para texto em imagens gráficas.

Serrilhado

Suavizado

A exceção é o tipo pequeno, que fica embaçado quando é suavizado. Dependendo da face de fonte, você obterá melhores resultados desativando a suavização para tipo inferior a 10 pontos.

Suavizado

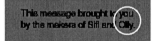

Serrilhado

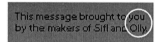

Capítulo 19 – O que fazer e não fazer no design da web | 417

FAZER...

Mantenha os arquivos gráficos inferiores a 30K (a menos que uma exceção seja absolutamente necessária).

Porque...

O download de uma imagem gráfica de 30K poderia levar aproximadamente 30 segundos em uma conexão de Internet de modem e isto é muito tempo para esperar que algo apareça na tela. Logicamente, você deve manter todos os tamanhos de arquivos gráficos os menores possíveis (algo inferior a 10K). Mas se você quiser uma diretriz máxima, use a regra de 30K.

FAZER...

Dedique tempo a evitar halos ao redor de imagens gráficas transparentes.

Porque...

Eles fazem com que suas imagens gráficas pareçam malfeitas e não profissionais (Figura 19-9). Para instruções detalhadas sobre como evitar halos, veja o Capítulo 14.

Figura 19-9

Os halos (a franja feia ao redor de imagens gráficas transparentes) são facilmente evitáveis.

Imagem gráfica com halo
Imagem gráfica que se mistura bem com o fundo

Imagens gráficas limpas e bem produzidas ajudam a fazer com que seu site pareça profissional.

FAZER...

Desative a borda azul ao redor das imagens gráficas vinculadas.

Porque...

As caixas azuis ao redor de todas as suas imagens gráficas vinculadas prejudicam o design da página (Figura 19-10). Para desativar a borda, defina BORDER=0 dentro da marca <IMG>. Suas imagens gráficas irão se misturar mais suavemente na página.

Figura 19-10

As imagens gráficas vinculadas parecem muito melhor com as bordas desativadas.

FAZER...

Forneça texto alternativo para cada imagem gráfica. O texto alternativo é exibido caso a imagem gráfica não seja.

Porque...

Esta é a maneira mais fácil de tornar o conteúdo de seu site acessível a um público mais amplo, incluindo pessoas com navegadores apenas de texto e usuários que tenham suas imagens gráficas desativadas para um download de página mais rápido. Especifique texto alternativo usando o atributo ALT na marca <IMG> (para maiores informações, veja o Capítulo 8).

NÃO FAZER...

Fazer com que imagens gráficas pareçam com botões, mas não se conectem a coisa alguma (Figura 19-11).

Porque...

Um efeito chanfrado em 3D é uma forte dica visual para "clique aqui". Vi alguns sites que usavam este efeito visual em rótulos gráficos comuns. Fui induzida a clicar neles e nada aconteceu.

Figura 19-11

Esta imagem gráfica de cabeçalho de seção está pedindo para ser clicada devido ao efeito de 3D. Contrário às aparências, elas não são botões e não fazem coisa alguma.

Sugestões estéticas

A aparência de seu site comunica um certo nível de profissionalismo. Um site da web caótico e desorganizado tende a dar uma péssima impressão sobre a empresa que o site representa. Mesmo se a imagem corporativa não for uma de suas prioridades, legibilidade básica é importante para qualquer site. Eis aqui algumas sugestões que são pertinentes àquela importante primeira impressão.

> Sites da web caóticos e desorganizados tendem a dar uma péssima impressão sobre a empresa que o site representa.

NÃO FAZER...

Centralizar tudo na página.

Porque...

Centralizar toda a página dificulta a leitura do conteúdo (Figura 19-12). Isto não quer dizer que você não deva centralizar coisa alguma. Para alguns tipos de informação, particularmente quando a página contém apenas alguns elementos ou quando você quer um tom formal, o alinhamento no centro é a melhor escolha, lógica e esteticamente.

Em geral, é melhor justificar à esquerda para páginas com uma quantidade significativa de conteúdo. Também recomendo o uso de uma tabela para estabelecer uma ou duas fortes linhas de alinhamento e ficar com elas. Isto cria uma primeira impressão sólida e limpa e facilita o processo de encontrar informações.

Figura 19-12

Evite centralizar todo o conteúdo em uma página. Não há apenas o fato de que as bordas ficam desorganizadas, mas também é difícil ler uma vez que cada linha começa em uma posição diferente. Perceba como é muito mais claro quando se usa uma tabela para criar fortes alinhamentos à esquerda.

NÃO FAZER...

Misturar alinhamentos. Em outras palavras, evite combinações de justificado à esquerda, centralizado e justificado à direita na mesma página (Figura 19-13).

Porque...

Isto não é apenas menos elegante do que uma página com um único alinhamento, mas também prejudica a comunicação clara porque os olhos do leitor precisam pular por toda a página.

Figura 19-13

A página desorganizada à esquerda sofre da combinação de muitos alinhamentos de texto. A página à direita pega todos os mesmos elementos, mas dá à página uma aparência mais limpa (e mais usável) ao ficar com um alinhamento consistente.

NÃO FAZER...

Usar muitas cores.

Porque...

É visualmente caótico e faz com que seja difícil priorizar a informação (Figura 19-14, caderno colorido). Melhor optar por uma ou duas cores dominantes e uma cor de destaque e depois ficar com ela ao longo de todo o site.

Capítulo 19 – O que fazer e não fazer no design da web | 421

Figura 19-14 (Caderno colorido)

Esta página sofre de excesso de cores. Fazer com que todos os elementos tenham uma cor brilhante diferente certamente é uma maneira de criar caos visual.

NÃO FAZER...

Usar padrões de fundo desordenados (Figura 19-15, caderno colorido).

Porque...

Faz com que a leitura do texto na página seja difícil. Padrões de fundo devem ser os mais sutis possíveis. (As telas lado a lado são discutidas com mais detalhes no Capítulo 8.)

Figura 19-15 (Caderno colorido)

Os padrões de fundo em negrito podem tornar o texto na página ilegível.

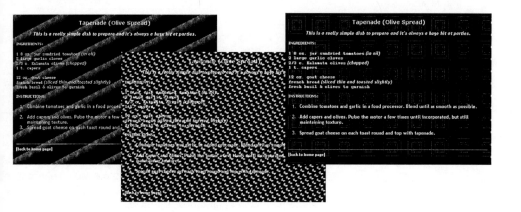

NÃO FAZER...

Usar automaticamente o tipo branco em fundos escuros, particularmente para grandes quantidades de texto pequeno.

Porque...

O contraste é muito grande e pode ser desconfortável para leitura (Figura 19-16). Melhor optar por um tom pastel claro, como cinza claro contra o preto ou o azul claro contra azul escuro. O texto ainda estará claro e o contraste ligeiramente menor é mais suave para os olhos, fazendo com que sua página brilhe menos de uma maneira geral.

Figura 19-16

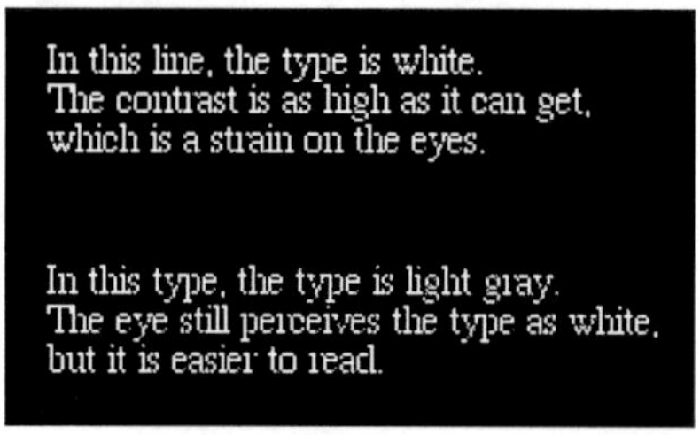

In this line, the type is white. The contrast is as high as it can get, which is a strain on the eyes.

Muito tipo branco em um fundo escuro pode ser desconfortável para leitura. Tente usar um tom claro na cor de fundo.

In this type, the type is light gray. The eye still perceives the type as white, but it is easier to read.

Dica de design

Considere a imagem corporativa existente

Una a aparência de seu site com sua identidade corpo-rativa existente (se uma existir).

Os sites da web devem ser considerados parte de um pacote de identidade unificado. Seu público deve ter a capacidade de reconhecer sua empresa sempre que a vir em impressão, televisão ou online. Com muita freqüência, os designers da web projetam seus gostos pessoais na aparência de um site da web, o que frustra qualquer tentativa de criar uma marca ou imagem corporativa coerente e reconhecível.

Recomendações pessoais da Jen

Tudo bem, estas recomendações podem se resumir a um gosto pessoal, mas estaria diminuindo minhas responsabilidades se pelo menos não as mencionasse.

FAZER...

Mude as cores de seu link e link visitado ao usar um padrão ou cor de fundo escuro (Figura 19-17, caderno colorido).

Porque...

A cor de link azul escuro padrão é legível apenas contra cores claras.

NÃO FAZER...

Assumir que um fundo preto automaticamente fará com que seu site tenha uma aparência "cool" (Figura 19-17).

Porque...

Se não for feito da maneira correta, o efeito pode ser extremamente dramático e "heavy metal". Logicamente, ele pode ser tratado de uma maneira muito elegante. Mas, para o site médio (especialmente um pequeno site de negócios), os fundos pretos são inadequados.

NÃO FAZER...

Usar um globo, especialmente um globo giratório (Figura 19-17).

Porque...

Os globos, como ícones, foram tão super utilizados que eles não têm mais qualquer significado. Representam apenas um clichê visual.

NÃO FAZER...

Usar divisores de arco-íris, especialmente divisores de arco-íris animados.

Porque...

Eles são certamente uma indicação clara de design da web amador e tem sido assim desde o início. Não é legal, apenas cafona (Figura 19-17).

Figura 19-17 (Caderno colorido)

A página da web dos meus pesadelos! Esta página tem tudo:

- Fundo preto gratuito
- Divisores de arco-íris animados
- Um globo giratório
- Uma cor de link ilegível
- Ícones sem significado
- Muitas cores
- Alinhamento ruim

Capítulo 20

Como eles fazem isto?
Uma introdução a técnicas avançadas

Este livro cobriu muito território — o suficiente para lhe dar ferramentas para criar páginas da web e uni-las em sites bem organizados. Mas se você passa algum tempo navegando na web, certamente você irá se deparar com páginas com efeitos especiais e interatividade que farão com que você diga "Como eles fazem isto?!"

Embora esteja além do escopo deste livro ensinar tudo a você, quero que você possa reconhecer certas técnicas e tecnologias assim que as ver. Neste capítulo, começarei do zero em alguns truques comuns da web, irei dizer como eles são feitos e fornecerei algumas dicas para aprendizado adicional. No entanto, tenha em mente que a maioria destes tópicos é vasta. Embora eu faça o melhor possível para lhe dar os destaques, você precisará continuar deste ponto em diante.

Lembre-se que você não precisa aprender como fazer tudo sozinho. Portanto, não se sinta pressionado. O importante é saber o que pode ser feito de modo que você possa falar de maneira inteligente com as pessoas que são responsáveis com a criação propriamente dita.

Neste capítulo

Introduções a:
- Formulários
- Áudio para web
- Vídeo para web
- Folhas de estilo em cascata
- JavaScript
- DHTML (HTML dinâmica)
- Multimídia com Flash

Onde aprender mais

Formulários

Web Design in a Nutshell, de Jennifer Niederst (O'Reilly, 1999)

Apresenta um capítulo com informações detalhadas sobre criação de elemento de formulário com a HTML e a adaptação de CGIs existentes.

HTML and XHTML: The Definitive Guide, Fourth Edition, de Chuck Musciano e Bill Kennedy (O'Reilly, 2000).

Apresenta um capítulo com informações detalhadas sobre elementos de formulário HTML.

Forms: Interactivity for the World Wide Web, de Malcolm Guthrie (Adobe Press, 1998).

Um livro inteiro a respeito da criação de formulários visualmente eficazes para a Web.

Formulários

Como coloco um campo de entrada de texto em um botão em minha página de modo que as pessoas possam me enviar mensagens?

Adicionar elementos de formulário a uma página da web é simples: eles são criados usando um conjunto de marcas de formulário HTML que definem menus, campos de texto, botões e assim por diante (Figura 20-1). Estes elementos compõem uma interface para a aquisição de informações.

No entanto, fazer um formulário com uma boa aparência em uma página da web é apenas parte do processo. Fazer com que o trabalho realmente funcione exige um script ou um pequeno programa no servidor que saiba como processar as informações que o formulário obtém. O programa que faz o trabalho por detrás dos panos é freqüentemente um script CGI (Commom Gateway Interface). Os scripts CGI são normalmente escritos na linguagem de programação Perl (embora C e C++ também sejam usados). Os programas de processamentos de formulários também podem ser implementados como scripts PHP, servelts de Java ou scripts ASP apenas par citar algumas outras tecnologias.

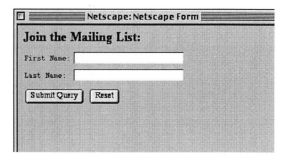

Figura 20-1

Você pode obter uma idéia geral de como os formulários são criados ao ver este exemplo simples. Todo o formulário é indicado pelas marca <FORM>...</FORM>. Cada elemento do formulário é colocado com uma marca <INPUT>. O atributo TYPE especifica que elementos de formulário exibir.

```
<H2>Join the Mailing List:</H2>
<FORM ACTION="/cgi-bin/mailform.p1" METHOD=GET>
<PRE>
First Name: <INPUT TYPE="text" NAME="first">
Last Name: <INPUT TYPE="text" NAME="last">
<INPUT TYPE="SUBMIT"> <INPUT TYPE="RESET">
</PRE>
</FORM>
```

Se você quiser que os seus sites tenham formulários, você precisa encontrar um programador. Os scripts precisam ser configurados no servidor e você precisará incluir pedaços chave de informações no código HTML dos formulários que alimenta as informações de scripts. Certifique-se de comunicar seus objetivos claramente para a pessoa lhe auxiliando com os aspectos técnicos.

Para funcionalidade básica de formulários como um formulário que envia as mensagens de e-mail, você pode descobrir que seu serviço de host fornece alguns scripts CGI enlatados que você pode personalizar e usar gratuitamente. Certifique-se de perguntar se estes serviços estão disponíveis.

Áudio
Como adiciono música a uma página na web?

Há muitas opções para adicionar música e outros arquivos de som a uma página da web. Logicamente, você precisará começar com alguns arquivos de áudio. Se você quiser gerar sozinho seus arquivos de áudio, você precisa se certificar que seu computador esteja equipado com a placa de som adequada e o dispositivo de input (como um microfone ou CD player). Você também precisa de software de edição de áudio que salve as edições as informações para um formato de arquivo que possa ser transferido na web. Algumas ferramentas populares para áudio na web, incluem SoundEdit 16 da Macromedia, QuickTime Pro da Apple e MediaCleaner Pro da Terran.

Downloads de áudio

A abordagem mais simples para adicionar som a um site da web é simplesmente tornar o arquivo de áudio disponível para download. Coloque o arquivo no servidor e faça um link para ele assim como você o faria para qualquer outro arquivo (Figura 20-2). Quando os usuários clicam no link o download do arquivo é feito para suas áreas de trabalho e o arquivo é rodado com uma aplicação de som como QuickTime (que vem embutida em navegadores recentes). Em geral, é necessário que todo o arquivo tenha seu download completo antes que ele possa começar a rodar.

Downloads de "streaming"

Quando rodado com o áudio player QuickTime, tanto o arquivo de áudio QuickTime quanto MP3 começarão a rodar antes que o seu download tenha sido concluído, simulando um efeito de streaming. O áudio player QuickTime vem embutido no Netscape Navigator e no Internet Explorer.

```
<A HREF="http://www.ora.com/audio/song.mp3">Play the song.</A>
```
Figura 20-2

Vincular a um arquivo de som é o mesmo que vincular a qualquer outro documento. Quando o usuário clica no link, é feito o download do arquivo de som do servidor e o arquivo roda com uma aplicação assistente ou um plug-in de navegador de áudio.

O formato de arquivo que você usa é importante. Atualmente o arquivo mais popular é o MP3 (você pode reconhecê-lo pelo sufixo .mp3).Você também pode ouvir falar deles como MPEGs (pronunciado "EME-peg") porque eles usam o esquema de compactação MPEG. Os MP3s podem manter excelente qualidade de áudio mesmo em tamanhos de arquivo relativamente pequeno, tornando-os ideais para música. Todos os serviços do tipo "jukebox" online usam MP3 para armazenar e transferir canções.

Outros formatos comuns para áudio na web são WAVE (.wav), AIFF (.aif) e QuickTime Áudio (.mov). Todos sacrificam a qualidade de som em favor de tamanhos de arquivos menores. Há também o formato MIDI (.mid) que armazena tons musicais sintéticos em um formato numérico resultando em tamanhos de arquivo extremamente pequenos.

Áudio de "streaming"

Um outro método para áudio na web é chamado áudio de "streaming". Ele é diferente de simples download uma vez que os arquivos de áudio começam a tocar praticamente imediatamente e continuam a tocar enquanto o servidor transfere o arquivo. Isto alivia longas esperas pelo download dos arquivos e você começa logo a ouvir as músicas. Você pode até mesmo apresentar broadcasts ao vivo. A outra diferença significativa é que o arquivo nunca tem o seu download realizado para a máquina do usuário, o que alivia algumas preocupações de direito autoral.

O formato de áudio de streaming mais popular é o formato RealAudio (.ra) criado pela Real Networks, Inc. Embora você possa colocar arquivos RealAudio em qualquer servidor, você obtém um desempenho de streaming verdadeiro ao servi-lo de uma máquina usando o software RealServer. Para maiores informações sobre mídia de streaming e como adicioná-las às suas páginas, veja o web site da Real Network em www.realnetworks.com.

Som de fundo

Algumas vezes quando você chega em uma página da web, a música começa a tocar automaticamente como uma trilha musical para a página. Em geral, você nunca deve forçar algo tão incômodo como um arquivo de áudio para um usuário a menos que eles peçam por isto. Na realidade, eu praticamente quase sempre pressiono o botão "back" imediatamente em qualquer site que apresente um arquivo de som não convidado. Primeiro, me assusta quando a música aparece em minhas caixas de som, depois me irrita o fato de ele continuar tocando em loop. Mas se você ainda acha que tem razão realmente boa para fazer isto, lhe mostrarei como fazê-lo.

Para definir um som de fundo que funcionará tanto com o Microsoft Internet Explorer quanto o Netscape Navigator, você precisa usar a marca <BGSOUND> (para IE) e a marca <EMBED> (para Navigator) no início do documento (Figura 20-3).

Figura 20-3

```
<EMBED SRC="audio/song.mid" autostart=true hidden=true></EMBED>
<NOEMBED><BGSOUND="audio/song.mid"></NOEMBED>
```

A marca <BGSOUND> funciona apenas no Internet Explorer. Para fazer com que áudio toque automaticamente para os usuários de Navigator, adicionei a marca <EMBED>. A marca <NOEMBED> garante que o Navigator ignore o elemento <BGSOUND>.

Vídeo
Como eles colocam um pequeno filme para rodar em suas páginas?

Quando você vê um filme rodando em uma página da web, há a possibilidade de que ele seja um filme QuickTime que tenha sido colocado na página com uma marca <OBJECT> (um método preferido do W3C) ou uma marca <EMBED> (um método recomendado da Apple). A fim de que o filme seja exibido na página, o plug-in QuickTime deve ser instalado no navegador do usuário. Felizmente, este plug-in está incluído nos pacotes de instalação dos navegadores atuais.

A colocação de um filme em uma página se parece muito com a colocação de uma imagem na página (Figura 20-4). Você deve especificar os atributos SRC, WIDTH e HEIGHT. A fim de que o controlador exiba adequadamente você deve adicionar 16 pixels à altura do filme.

Figura 20-4

```
<TD VALIGN=top ROWSPAN=20><EMBED SRC="moon.mov" width="160" height="136"></TD>
```

Use a marca <EMBED> para colocar um filme e seu player diretamente na página como uma imagem. Perceba que adicionei 16 pixels à altura do filme (120 pixels) para acomodar os controles do player.

Como uma alternativa, você pode fornecer um link para um arquivo do filme e deixar que o seu usuário faça o seu download sempre que quiser (Figura 20-5). Quando o download do filme for feito, ele pode ser visto na janela do navegador com o plug-in QuickTime ou ele pode ser rodado com uma outra aplicação auxiliar para filmes.

Figura 20-5

Dica

Ao vincular a um arquivo de áudio ou vídeo sempre forneça o tamanho de arquivo de modo que os usuários possam tomar uma decisão baseada em informações a respeito de quererem clicar ou não no link.

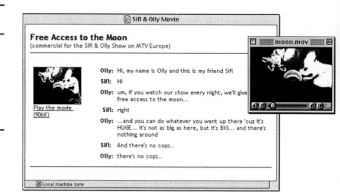

```
<A HREF="moon.mov">Play the movie (906K)</A>
```

Você também pode simplesmente se vincular a um arquivo de filme. Quando o usuário clica o link, o filme abre no player de filme que o navegador tiver configurado.

Arquivos de filme

Vamos falar um pouco mais a respeito de arquivos de filme. O formato QuickTime Movie é ideal para filmes na web porque é um formato altamente condensado, suportado tanto por Macs quanto PCs. Os filmes podem também ser salvos no formato MPEG (.mpg ou .mp2) ou como arquivos AVI apenas de Windows (.avi).

Fazer filmes é mais fácil do que nunca com os gravadores de filme digital que podem ser ligados diretamente em seu computador. Você precisará começar com algum tipo de fonte de vídeo (de sua câmara ou de seu vídeo tape). Você também precisará de um software de edição de filme como o QuickTime de Apple, Media Cleaner Pro (da Terran Interactive, www.terran.com) ou Adobe Premier se você quiser uma edição de nível profissional (www.adobe.com). Se você trabalha em um Macintosh, pode se aproveitar do iMovie da Apple, que coloca capacidades de criação de filmes básica nas mãos dos consumidores (veja www.apple.com/imovie/ para maiores informações).

Pelo fato das informações de vídeo e áudio poderem ser enormes, o truque para fazer filmes apropriados para a web é otimização — a velocidade de projeção, a compactação de imagem e a compactação de som. Todos os pacotes de edição de vídeo fornecerão as ferramentas que você precisa para compactar seus vídeos com os menores tamanhos possíveis.

Vídeo de "streaming"

Assim como áudio, a fonte de vídeo pode sofrer streaming de modo que ela comece a rodar rapidamente depois do "click" e continuar rodando enquanto que os dados são transferidos. Há diversas opções para fazer isto, mas recomendo o sistema Real Networks pela sua popularidade e capacidades em diversas plataformas (www.realnetworks.com). Os filmes de streaming são salvos no formato RealMovie (.rm) e podem ser criados com software RealProducer da Real Networks ou com algum outro software de vídeo como o Media Cleaner Pro. Novamente, para um desempenho de streaming verdadeiro, seus arquivos RealMovie precisam residir em um servidor com o software RealServer, logo, certifique-se que seu serviço de host forneça esta opção.

Onde aprender mais

iMovie: The Missing Manual, de David Pogue (O'Reilly, 2000).

Um guia passo a passo para um processo de produção de filmes usando o iMovie da Apple.

Easy Digital Video, de Scott Slaughter (Abacus Software, 1998).

Embora não seja especificamente relacionado a web, este livro fornece uma boa introdução à produção de vídeo no PC.

WebDeveloper.com Guide to Streaming Multimedia, de Jose Alvear (John Wiley & Sons, 1998).

Os ins e outs da preparação e apresentação de vídeo e áudio de streaming.

QuickTime for the Web: A Hands-on Guide for Webmasters Site Designers and HTML Authors, de Scott Gulie (Morgan Kaufmann, 2000).

Um guia completo para a criação do conteúdo QuickTime e sua colocação na web.

Folhas de estilo em cascata
Há uma maneira de obter melhor controle sobre a tipografia?

Ao longo deste livro, tenho falado muito bem a respeito das Folhas de estilo em cascata. Portanto, o que elas são exatamente? Uma folha de estilo, da forma como ela soa, é um conjunto de instruções que controla a aparência de uma página da web. As folhas de estilo oferecem um controle mais sofisticado sobre a colocação e o estilo tipográfico do que a HTML que nunca foi projetada para ser usada desta maneira.

Alguns pontos bons; alguns pontos ruins

As folhas de estilo têm diversas vantagens tentadoras:

> As Folhas de estilo em cascata oferecem controle superior sobre a apresentação, mas elas são suportadas de uma maneira precária e inconsistente pelos navegadores.

Maior controle de layout de página e de tipografia. Com as folhas de estilo, você pode especificar atributos de tipografia tradicionais como tamanho de fonte, espaçamento entre linhas, espaçamento entre letras, recuos e margens.

Manutenção de site mais fácil. Acredito que o que mais gosto a respeito das folhas de estilo é que você pode aplicar uma folha de estilo a todas as páginas em um site. Portanto se você quiser mudar a aparência de seus cabeçalhos, você tem apenas que fazer a modificação uma vez (na folha de estilo) ao invés de fazê-lo para cada documento no site.

As informações de estilo são mantidas separadas da estrutura. Na seção de HTML neste livro, expliquei que a HTML foi destinada apenas para marcar a estrutura de um documento, e não a sua aparência. Com as folhas de estilo você pode afetar a aparência de um arquivo sem perturbar sua estrutura.

Mas, logicamente, há sempre o lado ruim. O pior problema para as Folhas de estilo em cascata é que elas ainda têm que ser totalmente implementadas em qualquer navegador. As folhas de estilo não funcionam no Netscape Navigator 3.0 e no Microsoft Internet Explorer 2.0 ou mais antigos. Até mesmo os navegadores que suportam as folhas de estilo o fazem de maneira inconsistente e errática.

Infelizmente, isto significa que embora as folhas de estilo ofereçam ótimas soluções para muitos de nossos problemas de HTML na teoria, não é possível confiar nelas para instruções de visualização cruciais para sites da web com um público geral que provavelmente estará usando navegadores mais antigos. Espera-se que algum dia possamos usar as folhas de estilo sem nos preocuparmos com o desempenho do navegador, mas ainda não chegamos lá.

Como as folhas de estilo funcionam

Embora não possa lidar com um tutorial completo sobre folhas de estilo neste capítulo, pelo menos gostaria de lhe dar uma idéia de como elas funcionam.

As folhas de estilo são compostas de uma ou mais instruções de estilo (chamadas regras) para como um elemento de página deve ser exibido. A amostra a seguir contém duas regras. A primeira torna todos os H1s em um documento vermelho; a segunda especifica que os parágrafos devem estar definidor em fonte Verdana ou sans-serif de 12 pontos:

```
H1 { color: red; }
P  { font-size: 12pt;
     font-family: Verdana; sans-serif;
}
```

Uma regra sempre diz como um determinado elemento de página (seja um cabeçalho, um parágrafo ou bloco de citação) deve ser exibido. As duas seções principais de uma regra são o seletor (que identifica o elemento a ser afetado) e a declaração (as instruções de estilo ou exibição a serem aplicadas àquele elemento) (Figura 20-6). A declaração é composta de uma propriedade e um valor (similar a um atributo em uma marca HTML). Você pode listar diversas propriedades em uma única declaração, separadas por ponto-e-vírgulas (como mostrado na segunda regra no código de amostra acima).

Figura 20-6

As partes de uma regra de folha de estilo.

declaração

As folhas de estilo podem ser mais complexas do que descrevi aqui. Por exemplo, há coisas interessantes que você pode fazer com seletores além de simplesmente apontar para uma marca HTML específica. Além disso, há dezenas de propriedades com as quais brincar, e cada uma com o seu próprio conjunto de valores. Independentemente disto, a estrutura de regra básica é sempre a mesma.

Como aplicar folhas de estilo a uma página

Há três maneiras de adicionar informações de folha de estilo a uma página da web: diretamente na própria marca, embutido na parte superior do documento e como um link externo. Darei-lhe uma rápida introdução a todas as três.

Estilos incorporados

As informações de estilo podem ser adicionadas a um elemento individual ao adicionar o atributo STYLE dentro da marca HTML para aquele elemento:

```
<H1 STYLE="color:red">This Heading will be
Red</H1>
<P STYLE="font-size: 12pt; font-family:
     Verdana, sans-serif">This is the con-
tent of     the paragraph.</P>
```

Embora esta seja uma aplicação válida de informações de estilo, aplicar um atributo de estilo a cada marca no arquivo não produz a economia de tamanho de arquivo e tempo que as folhas de estilo oferecem.

Folhas de estilo embutidas

Um método mais compacto para adicionar uma folha de estilo é embutir um bloco de estilo na parte superior do documento HTML usando a marca <STYLE>. Eis como nosso código de amostra pareceria como uma folha de estilo embutida:

```
<HTML>
<HEAD>
<STYLE TYPE="text/css">
<!—
     H1      { color; red ;)}
     P       { font-size: 12pt;
```

```
                font-family: Verdana, sans-
                serif;
                }
-->
</STYLE>
<TITLLE>Document Title</TITTLE>
</HEAD>
. . .
</HTML>
```

Certifique-se que a marca <STYLE> contenha o atributo TYPE="text/css" e esteja contida dentro do <HEAD> do documento. Você precisa colocar as marcas de comentário HTML (<!— e —>) ao redor do conteúdo de <STYLE> para ocultar o código dos navegadores que não entendem informações de folhas de estilo.

Folhas de estilo externas

Se você estiver aplicando um conjunto de instruções de estilo a diversas páginas em um site, uma folha de estilo externa é o melhor método. Ela é poderosa porque você pode mudar a aparência de um site inteiro ao fazer uma mudança no documento da folha de estilo externa.

Primeiro, coloque suas regras de folha de estilo em documento separado e salve o documento em um arquivo com o sufixo .css. Este documento contém apenas as regras para sua folha de estilo; ele não deve incluir qualquer marca estrutural HTML.

Depois, crie um link para o documento de folha de estilo de dentro de sua página da web (ou páginas). A melhor maneira de fazer isto é com uma marca <LINK>, como mostrado abaixo:

```
<HEAD>
<LINK REL="STYLESHEET" HREF="pathname/
            stylesheet.css" TYPE="text/css">
</HEAD>
```

O atributo REL define a relação do documento vinculado com o documento atual — uma "folha de estilo". O atributo HREF (como sempre) fornece o URL para o documento da folha de estilo.

Porque "cascata"?

Você pode na realidade aplicar folhas de estilo ao mesmo documento. A palavra cascata se refere ao que acontece quando diversas folhas de estilo competem pelo controle do mesmo elemento na mesma página. O W3C previu esta situação e designou diferentes pesos para cada tipo de informação de estilo (ou uma ordem em "cascata"). Os estilos com mais peso (aqueles definidos em um nível mais específico) terão precedência sobre os estilos definidos em uma folha de estilo de nível mais alto. Logo, por exemplo, uma regra de estilo aplicada dentro de uma marca anulará uma regra conflitante em uma folha de estilo externa.

Posicionamento

Além dos estilos de tipo, você também pode usar folhas de estilo para posicionar elementos na página. As folhas de estilo tratam cada elemento de texto como se eles tivessem em uma pequena caixa. Você pode usar folhas de estilo para posicionar a caixa a um numero específico de pixels do canto da janela do navegador. Você também pode colocar uma caixa na frente da outra.

Faça um texto com as folhas de estilo em cascata

Se você tiver Macromedia Dreamweaver ou Adobe GoLive, você pode se aproveitar das folhas de estilo imediatamente. Além de gerar o código da folha de estilo estas ferramentas irão monitorar a compatibilidade de navegadores.

No entanto, as folhas de estilo básicas são tão simples de criar que você poderia escrever uma sozinho seguindo os exemplos neste capítulo. Comece simplesmente ao usar as marcas HTML como seus seletores. Depois mude sua aparência usando as propriedades de formatação de texto listadas abaixo.

Estas propriedades funcionarão com todos navegadores que suportam folhas de estilo (Netscape Navigator 4 e acima e Microsoft Internet Explorer 3 e acima, a menos que de outra forma observado). Pode haver valores adicionais para algumas propriedades, mas listei apenas aqueles que funcionam confiavelmente.

Propriedades de fonte e texto

Você pode adicionar mais de uma propriedade na parte de declaração da regra:

font-family Nome da fonte (ou fontes, separado por uma vírgula)

Valores: nome da fonte, nome de fonte genérico (por exemplo, sans-serif)

Exemplo: P {família de fontes: Verdana, Arial, sans-serif;}

font-weight Peso da fonte

Valores: bold (há outros na especificação, como light e medium, mas apenas negrito é universalmente suportado)

Exemplo: P {peso da fonte: bold;}

Aviso

Infelizmente, os aspectos de posicionamento das folhas de estilo são suportados de maneira precária e inconsistente pelos principais navegadores. É por isto que as tecnologias que se baseiam em folhas de estilo e suas propriedades de posicionamento (como DHTML, descrito posteriormente neste capítulo) são tão perigosas para implementação bem sucedida.

Onde aprender mais

Folhas de estilo em cascata

Webmonkey's Style Sheet Resources
hotwired.lycos.com/webmonkey/ reference/stylesheet_guide/

A Webmonkey tem uma seção de referência de folhas de estilo com arquivos claramente escritos a respeito das folhas de estilo e como elas funcionam.

Cascading Style Sheets: The Definitive Guide, de Eric Meyer (O'Reilly, 2000)

Uma análise completa de todos os aspectos de CSS1 e um guia abrangente para implementação de CSS tanto para autores da web avançados quanto iniciantes.

font-size	Tamanho do texto	\multicolumn{2}{l	}{**Unidades de folha de estilo**}
	Valores: medida em números (em qualquer das unidades na nota lateral)	\multicolumn{2}{l	}{*Use estas abreviaturas quando um valor necessitar de uma medida:*}
	Exemplo: P {tamanho da fonte: 12 pt;} P {tamanho da fonte: 1 in;}		
color	Cor do texto	cm	centímetros
	Valores: nome da cor ou valor RGB hexadecimal	in	polegadas
		mm	milímetros
	Exemplo: P {cor: #330099;}		
text-align	Alinhamento de texto	pc	picas
	Valores: left | right | center	pt	pontos
	Exemplo: P {alinhamento de texto: center;}	px	pixels
text-indent	Quantidade de recuo para a primeira linha de texto		
	Valores: medida em números (em unidades específicas)		
	Exemplo: P {recuo de texto: .5 in;}		
line-height	Ajusta a altura da linha do tipo (similar a entrelinhamento)		
	Valores: medida em números (em unidades específicas); não suportado pelo IE 3.0, mas ainda assim vale mencionar		
	Exemplo: P {altura da linha: 24 pt; tamanho da fonte: 12 pt;}		
margin-left	Define a margem esquerda para o elemento		
	Valores: medida em números (em unidades específicas)		
	Exemplo: BODY {margem esquerda: .5 in;}		
margin-right	Define a margem direita para o elemento		
	Valores: medida em números (em unidades específicas)		
	Exemplo: BODY {margem direita: .5 in;}		

JavaScript
Como faço uma imagem gráfica mudar quando o ponteiro do mouse a toca?

O efeito de fazer com que uma imagem gráfica mude quando o ponteiro do mouse a toca (Figura 20-7), também conhecido como rollover, é uma das coisas que você pode fazer com JavaScript. JavaScript (que não está relacionado à poderosa linguagem de programação Java) é uma linguagem de criação de scripts que funciona especificamente em páginas da web em navegadores da web. Ela adiciona interatividade e

O JavaScript adiciona interatividade e comportamento condicional (como em "quando isto acontecer, faça isto") a páginas da web.

comportamento condicional (como em "quando isto acontecer, faça isto") a páginas da web. O script para um rollover instrui, "Quando o mouse estiver sobre a imagem gráfica X, substitua--a pela imagem gráfica Y".

Figura 20-7

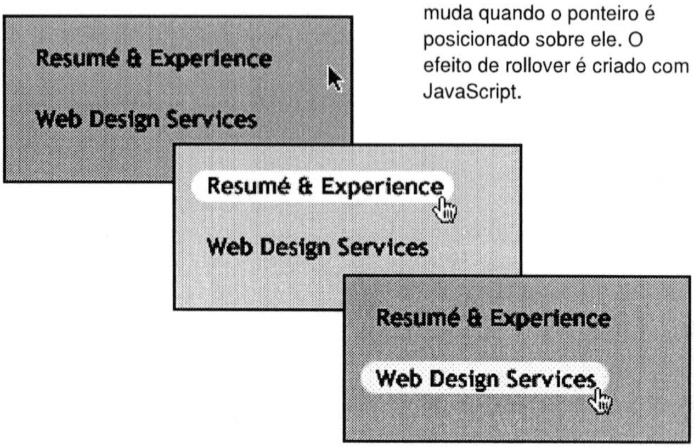

Um botão interativo, comumente chamado de "rollover", muda quando o ponteiro é posicionado sobre ele. O efeito de rollover é criado com JavaScript.

JavaScript também é responsável por estes truques comuns da web (e muito mais):

- Exibir observações na barra de status do navegador com base na posição do mouse
- Abrir links em janelas de navegador "pop-up"
- Mudar o conteúdo da página com base em certas condições (como a versão do navegador)

Aprender a escrever JavaScript do zero é perigoso, particularmente se você não tiver experiência prévia de programação. Infelizmente, um tutorial sobre como escrever JavaScript está além do escopo deste livro. No entanto, se você quiser ver um exemplo simples de JavaScript em ação, veja a Seção "Janelas pop-up" no Capítulo 17.

A boa notícia é que você não precisa aprender a escrever JavaScript para implementá-lo em suas páginas. Você pode usar ferramentas de autoria da web de nível profissional como Macromedia Dreamweaver 3 e Adobe GoLive 2 para escrever o JavaScript para tarefas básicas (como janelas pop-up e rollovers). Se você estiver querendo apenas efeitos de rollovers, eles também podem ser facilmente gerados usando-se as ferramentas gráficas da web como Macromedia Fireworks 3 e Adobe ImageReady 2 (incluído com o Photoshop 5.5).

Um rollover consiste de duas imagens do mesmo tamanho. A imagem original é a exibida quando a página carrega. A imagem de rollover é a exibida quando o ponteiro do usuário

Capítulo 20 – Como eles fazem isto? Uma introdução a técnicas... | 439

passa sobre a imagem original. Vamos ver como você usaria o Dreamweaver 3 para adicionar um rollover a uma página da web (Figura 20-8).

Figura 20-8

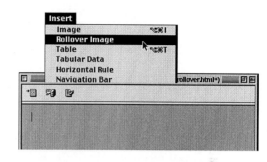

1. Com um documento aberto, coloque um ponto de inserção onde você quer colocar o rollover, depois selecione Rollover Image do menu Insert.

2. Na caixa de diálogo, dê um nome ao rollover, depois use o botão Browse para selecionar uma imagem gráfica para o campo Original Image. Esta é a imagem que aparece quando a página é carregada. Use Browse novamente para selecionar uma imagem gráfica para o campo Rollover Image. Esta é a imagem que aparece quando o ponteiro passa sobre a imagem original.

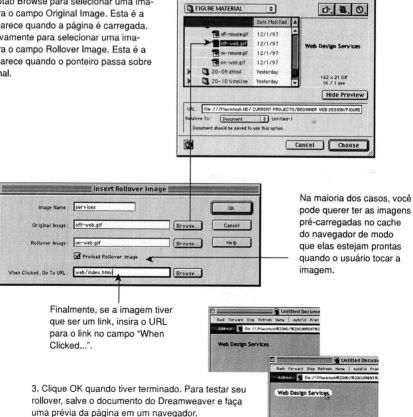

Na maioria dos casos, você pode querer ter as imagens pré-carregadas no cache do navegador de modo que elas estejam prontas quando o usuário tocar a imagem.

Finalmente, se a imagem tiver que ser um link, insira o URL para o link no campo "When Clicked...".

3. Clique OK quando tiver terminado. Para testar seu rollover, salve o documento do Dreamweaver e faça uma prévia da página em um navegador.

Onde aprender mais

JavaScript

Designing with JavaScript, de Nick Heinle (O'Reilly, 1997)

Uma introdução robusta à escrita de JavaScript básico.

JavaScript for the World Wide Web (Visual Quick Start Guide), de Tom Negrino e Dori Smith (Peachpit Press, 1999)

Um outro excelente guia para iniciante.

JavaScript: The Definitive Guide, de David Flanagan (O'Reilly, 1998)

Uma referência mais avançada para aqueles com mais familiaridade com JavaScript.

WebCoder
www.webcoder.com

Biblioteca de script e tutoriais online de Nick Heinle (o "Scriptorium").

Webmonkey's JavaScript Resources
hotwired.lycos.com/webmonkey/programming/javascript/

Uma dezena ou mais de tutoriais úteis de experts na Webmonkey.

A DHTML é uma combinação de HTML, Folhas de estilo em cascata e JavaScript.

DHTML

Vi um site que tinha um painel de menu que deslizava para visualização quando clicava em sua borda. Como eles fizeram isto?

O mais provável é que o painel deslizante foi feito com DHTML (HTML Dinâmica). A DHTML não é uma linguagem de programação por si só, mas uma combinação inteligente de HTML, JavaScript e Folhas de estilo em cascata.

A fonte HTML controla o conteúdo da página e seus elementos; JavaScript é usado para controlar a funcionalidade dos elementos — as causas e efeitos; e as Folhas de estilo em cascata são usadas para controlar a aparência e o posicionamento dos objetos na página. Juntos, eles podem ser usados para orquestrar efeitos impressionantes (Figura 20-9) como a expansão de menus (A), os painéis deslizantes (B) e objetos animados que flutuam na janela do navegador (C). Isto não é de modo algum uma lista completa... A DHTML pode ser usada para muitas finalidades criativas e práticas.

Figura 20-9

Truques comuns de DHTML

(A)
Neste menu em expansão, você pode ver o conteúdo de uma pasta ao clicar no ícone. (Amostra retirada de www.microsoft.com.)

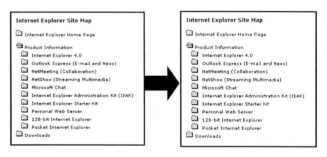

(B)
O painel à esquerda desliza quando você clica na opção.

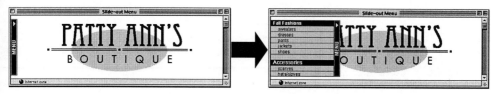

(C)
A DHTML pode ser usada para animação básica, como fazer com que um objeto flutue na janela do navegador. (Amostra retirada de www.dhtmlzone.com/tutorials/.)

O problema da DHTML é que é difícil aprendê-la e implementá-la com sucesso. Primeiro de tudo, criar efeitos de DHTML do zero exige uma mão experiente tanto em Folhas de estilo em cascata quanto JavaScript. Mas, o que realmente é o grande problema, é que os navegadores são notoriamente inconsistentes na maneira que suportam comandos e objetos DHTML, portanto é difícil criar um efeito que funcionará para todos os usuários. Em muitos casos, os programadores criam diversas versões de uma página e servem a versão apropriada com base no navegador fazendo a solicitação. No geral, a DHTML representa um esforço muito grande para recompensas questionáveis (por exemplo, o painel de menu realmente precisa deslizar ou isto é apenas um efeito sem grandes propósitos?).

Para tipos de não programação que querem apenas um truque DHTML básico (como animação), mais uma vez as ferramentas de autoria da web entram em cena. O Macromedia Dreamweaver 3 fornece uma timeline e um conjunto de ferramentas que permitem que você crie o efeito visualmente e se preocupa com a codificação para você (Figura 20-10). Você pode até mesmo especificar que navegadores você está tomando como alvo e deixar que a ferramenta se preocupe com a criação de código compatível. O Adobe GoLive 4 também oferece recursos de animação DHTML. No entanto, mesmo com as ferramentas, é importante testar com rigor as páginas com efeitos DHTML em uma variedade de ambientes de navegador.

Onde aprender mais

DHTML

Um bom lugar para iniciar sua exploração de DHTML é com os recursos online. Muitos fornecem boas visões gerais e tutoriais em nível de iniciantes:

Webmonkey
hotwired.lycos.com/web-monkey/authoring/dynamic_html/

CNET's Builder.com
www.builder.com

Macromedia's DHTML Zone
www.dhtmlzone.com

Quando você estiver pronto para algo mais técnico, tente este livro:

Dynamic HTML: The Definitive Reference, de Danny Goodman (O'Reilly, 1998)

> Um guia abrangente para aqueles que têm intenção séria de aprender código DHTML.

Figura 20-10

O Dreamweaver da Macromedia usa uma interface de timeline para a criar efeitos de animação DHTML.

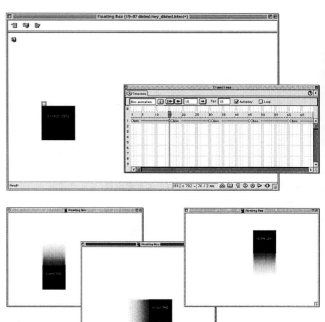

Flash

Achei esta página realmente muito boa! Ela tinha música, animação e botões que faziam muitas coisas quando os tocava. Como eles fizeram isto?

Isto soa como uma página Flash para mim. O Flash é um formato multimídia desenvolvido pela Macromedia especialmente para a Web (embora ele esteja agora sendo usado para outros propósitos também). O Flash lhe dá a capacidade de criar animações de tela inteira, imagens gráficas interativas e clips de áudio integrados, e tudo isto em tamanhos de arquivo incrivelmente pequenos.

O Flash é ótimo para colocar elementos interativos e animação (como jogos) em sites da web (Figura 20-11, galeria e página a seguir). Alguns sites estão usando Flash para todo o seu conteúdo e interface de site, ao invés da HTML (como o exemplo no centro).

Há diversas vantagens para o formato Flash:
- Pelo fato dele usar imagens gráficas de vetor, os arquivos são pequenos e seu download é rápido.
- As imagens gráficas de vetor também permitem que animações Flash sejam redimensionadas para qualquer tamanho sem perda de detalhes. A suavização em tempo real mantém as bordas suaves.
- Ele é um formato de streaming, o que significa que os arquivos começam a rodar rapidamente e continuam a rodar durante o download.
- Você pode integrar arquivos de som como uma trilha sonora de fundo (os programadores de Flash tendem a ser parciais para a música techno, mas isto certamente não é necessário) ou como efeitos de som acionados pelos usuários. Ao compactar, criar loops e reutilizar arquivos de som, você mantém os tamanhos de arquivo controlados.

O Flash é um formato multimídia desenvolvido pela Macromedia especialmente para a Web. Ele é ótimo para adicionar animação, efeitos de som e elementos interativos a uma página da web.

Mas, logicamente, nenhuma tecnologia é ideal. Eis o problema:
- Os arquivos Flash necessitam de um plug-in para rodar no navegador. Muitos programadores e clientes ficam reticentes a respeito de colocar conteúdo ou navegação importante em um formato que exigirá que o usuário obtenha um plug-in. Mas tenha em mente que o plug-in do player Flash é extremamente popular, e na época em que este livro estava sendo escrito, a Macromedia estimava que praticamente 92% dos usuários da web podem ver conteúdo Flash (www.macromedia.com/software/player_census/).
- O conteúdo é perdido para navegadores não gráficos. Sempre que você pegar conteúdo de texto HTML e colocá-lo em uma imagem, ele não está mais disponível para navegadores apenas de texto. Além disso, as informações em um filme Flash não podem ser indexadas ou pesquisadas.
- Você precisa de software específico para criar conteúdo Flash e isto não é barato! Tanto o Flash 5 da Macromedia quanto o LiveMotion 1.0 da Adobe custam US$ 299.

As animações de Flash são salvas no formato .swf (ShockWave Flash) e podem ser embutidas diretamente em uma página. Para criar um arquivo Flash, a escolha mais obvia é usar o novo e aperfeiçoado software Flash 5 da Macromedia. você pode fazer o download de uma demonstração gratuita do site da Macromedia em www.flash.com.

Figura 20-11 (Caderno colorido)

Cenas de um vídeo de música de "Nicotine and Gravy" de Beck (criado pela Fullerene Productions).

Interface de site da web e introdução do Flash (imagens de tela de www.eye4u.com, uma empresa de design da web em Munich).

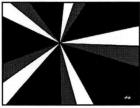

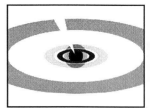

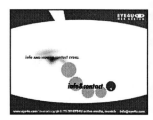

Animação de Flash. Imagens de "A Short Smoke Break" de Rich Oakley e Fawn Scott. Esta e outras tomadas de animação interessantes podem ser vistas em www.animationexpress.com.

Você também pode querer checar o software LiveMotion 1.0 da Adobe, que também pode salvar animações interativas no formato .swf. Ele está muito bem integrado com outros produtos da Adobe como Photoshop e Illustrator. Para maiores informações, veja o website da Adobe: www.adobe.com/products/livemotion/main.html.

Antes de usarmos Flash apenas para seguir a maré, gostaria de deixar claro que o Flash não é apropriado para todos os sites da web e certamente ele não tornará a HTML obsoleta (como alguns entusiastas do Flash assim sugerem). Embora ele seja um meio maravilhoso para colocar animações e elementos interativos em páginas da web, ele é geralmente menos bem sucedido como a interface de navegação para todo um site. Para todos os usuários que pensam que sites do Flash são melhores, há sempre alguém que os considera irritantes e acredita que seu download não vale a pena. Alguma vez já percebeu todos os links "Skip Intro" em sites Flash? Até mesmo os profissionais vão com calma.

Considere se o Flash é apropriado para seu site e evite usá-lo apenas por usá-lo. Se seu site tratar de auto-expressão e entretenimento, dê a louca! Mas, se você estiver tentando salvar grandes quantidades de informações para pessoas que precisam daquela informação de uma maneira tempestiva e simples, fique com a velha e cansada HTML.

Técnicas avançadas em análise

Há um mundo inteiro de design da web além de imagens gráficas e HTML simples. A Web está sempre crescendo e evoluindo. Você pode optar por se tornar proficiente em habilidades avançadas como Folhas de estilo em cascata ou JavaScript ou pode usar ferramentas para criar os efeitos básicos. Você pode até mesmo optar por contratar um especialista para adicionar funcionalidade avançada para você. Qualquer que seja sua estratégia, se você estiver no mundo do design da web, é crucial que você pelo menos tenha uma familiaridade com aspectos mais técnicos. A seguir, há algumas dicas deste capítulo que você pode manter em mente:

Formulários. Os formulários são criados com um conjunto de marcas HTML relacionadas a formulários. A fim de que sejam funcionais, eles exigem um script ou programa rodando no servidor para processar as informações que eles adquirem.

Onde aprender mais

Flash

Tente estes recursos online primeiro:

Shockwave.com
www.shockwave.com

Este site é uma amostra dos vídeos, games e shows mais recentes e melhores criados no Flash. É um ótimo lugar para ver o que pode ser feito.

"Starting Point" for Flash users
flash.start4all.com

Esta é uma grande página de links para tudo relacionado a Flash.

Macromedia's Flash site
www.flash.com

Para maiores informações a respeito do software Flash da Macromedia, incluindo tutoriais e suporte técnico.

Há alguns livros sobre Flash disponíveis. Para uma boa introdução em nível de iniciante, tente:

Flash 4 for Windows and Macintosh: Visual QuickStart Guide, de Katherine Ulrich (Peachpit Press, 1999)

Assim como acontece com todos os guias QuickStart, este fornece uma visão geral ilustrada e direta dos fundamentos básicos do Flash. Quando este livro estava sendo escrito, apenas o Flash 4 era coberto, mas espero que este título seja atualizado logo uma vez que o Flash 5 esteja amplamente disponível.

Audio. O formato de arquivo de áudio mais popular na web é o MP3 (.mp3). Outros formatos de arquivo apropriados incluem WAVE (.wav), AIFF (.aif), MIDI (.mid) e QuickTime Audio (.mov).

Áudio pode ser disponibilizado de uma página da web através de um link. Quando o usuário clica no link, o download do arquivo de áudio é feito e ele roda com um player de áudio.

O áudio de streaming é um método para apresentar áudio em uma página da web no qual o arquivo começa a rodar imediatamente após o clique do usuário. O arquivo nunca tem o seu download feito para a máquina do usuário, ele é servido em um stream, similar ao rádio. O RealAudio (.ra) é uma solução de mídia de streaming popular (no entanto, há outras que vale a pena pesquisar).

Vídeo. O formato de vídeo da web mais popular é o QuickTime Movie (.mov).

Outros formatos incluem vídeo MPEG (.mpg) e AVI apenas de Windows (.avi).

Assim como o áudio, o material de vídeo pode ser disponibilizado por download ou através de streaming.

Folhas de estilo em cascata. As Folhas de estilo em cascata lhe dão controle avançado sobre tipografia e layout de página. Uma folha de estilo é composta de uma ou mais regras (uma instrução para como um elemento deve ser exibido).

Uma das maiores vantagens das folhas de estilo é que você pode controlar a exibição de todo um site com um documento de folha de estilo, facilitando as mudanças globais.

A maior desvantagem é que as folhas de estilo não são suportadas universalmente nem consistentemente por navegadores populares.

JavaScript. JavaScript é uma linguagem de criação de scripts específica da web que adiciona interatividade e comportamento condicional a páginas da web. Ela é responsável por truques comuns como rollovers, janelas pop-up e mensagens de barra de status.

DHTML. A DHTML não é uma linguagem por si só, mas uma combinação de HTML, Folhas de estilo em cascata e JavaScript. O principal problema dos efeitos de DTHML é o suporte inconsistente de navegadores. Há também uma curva de aprendizado íngreme.

Flash. O Flash é um formato multimídia desenvolvido pela Macromedia que dá a você habilidade de criar animação de tela inteira, imagens gráficas interativas e efeitos de som integrados para entrega na web.

Para fazer arquivos Flash (.swf), você precisa de uma ferramenta como Macromedia Flash ou Adobe LiveMotion.

Glossário

Âncora
Uma outra palavra para um link.

Aninhamento
Colocação de um conjunto de marcas HTML dentro de um outro par de marcas, normalmente resultando em uma combinação de estilos ou uma exibição hierárquica (como em listas).

Applet
Um programa mini-executável, independente, como um escrito na linguagem de programação Java.

Atributo
Parâmetros adicionados dentro de uma marca HTML para estender ou modificar suas ações.

CGI
Common Gateway Interface; um mecanismo para comunicação entre o servidor da web e outros programas (scripts CGI) rodando no servidor.

Cor de 24 bits
Um modelo de cor capaz de exibir aproximadamente 16.777.216 cores.

Cor de 8 bits
Um modelo de cor capaz de exibir um máximo de 256 cores, o número máximo que 8 bits de informação pode definir.

Cor RGB
Um sistema de cor que descreve cores baseadas em combinações de luz vermelha, verde e azul.

CSS
Ver Folhas de estilo em cascata.

DHTML
HTML Dinâmica; uma integração de JavaScript, HTML e Folhas de estilo em cascata. A DHTML pode ser usada para fazer com que o conteúdo responda ao input do usuário ou para adicionar simples efeitos de animação.

Elemento de bloco
Em HTML, uma unidade distinta de texto que é automaticamente exibida com espaço acima e abaixo.

Endereço IP
Um identificador numérico para um computador ou dispositivo em uma rede. Um endereço IP tem quatro números (de 0 a 255) separados por pontos (.).

Entidade de caractere
Uma cadeia de caracteres usada para especificar caracteres não encontrados no conjunto de caracteres alfanuméricos normais nos documentos HTML.

Flash
Um formato multimídia desenvolvido pela Macromedia para apresentação de animação, interatividade e clips de áudio na web.

Folhas de estilo em cascata
Uma adição à HTML para controlar a apresentação de um documento cor, tipografia, alinhamento do texto e imagem etc.

FTP
Protocolo de Transferência de Arquivo; um sistema para deslocar arquivos na Internet de um computador para outro.

Gama
Refere-se ao brilho geral da exibição do monitor de um computador.

GIF
Formato de intercambio gráfico; formato de arquivo comum de imagens gráficas da web. GIF é um formato de 8 bits baseado em paleta. Ele é mais apropriado para imagens com áreas de contraste acentuado e cores lisas.

Hexadecimal
Um sistema de numeração de base 16 consistindo dos caracteres 0, 1, 2, 3, 4, 5, 6, 7, 8, 9, A, B, C, D, E e F (onde A a F representam os valores decimais 10 a 15). Ele é usado em HTML para especificar valores de cores.

Host
Um outro termo para um servidor. Os serviços de hosting são empresas que fornecem espaço de servidor para sites da web. Ver também ISP.

HTML
Linguagem de marcação de hipertexto; o formato de documentos da web.

HTTP
Protocolo de transferência de hipertexto; o sistema que define como as páginas da web e mídia são solicitadas e transferidas entre servidores e navegadores.

Imagem com bitmaps
Uma imagem gráfica que é composta de uma grade de pixels coloridos, como um pequeno mosaico. Veja também imagem gráfica de vetor.

Imagem de vetor
Uma imagem gráfica que usa equações matemáticas para definir figuras e preenchimentos. As imagens de vetor podem ser redimensionadas sem mudança na qualidade. Ver também Imagens com bitmaps.

ISP
Provedor de serviços da Internet; a empresa que vende acesso à rede de computadores da Internet, através de uma conexão de modem dial-up, DSL, ISDN, cabo ou outra conexão.

Java
Uma linguagem de programação orientada a objetos, compatível com diversas plataformas, desenvolvida pela Sun Microsystems. Ela é tipicamente usada para o desenvolvimento de grandes aplicações em escala empresarial, mas também pode ser usada para criar pequenas aplicações para a web na forma de applets.

JavaScript
Uma linguagem de criação de scripts desenvolvida pela Netscape que adiciona interatividade e comportamento condicional a páginas da web.

JPEG
Um esquema de compactação de imagens gráficas com perdas, desenvolvido pelo Joint Photographic Experts Group. JPEG é mais eficiente na compactação de imagens com gradações em tom e sem contrastes de borda acentuada, como fotografias.

Mapa de imagem
Uma única imagem que contém múltiplos links de hipertexto.

Marca container
Uma marca HTML que tem uma marca de abertura (por exemplo, <H1>) e uma marca de fechamento (por exemplo, </H1>).

Marca independente
Uma marca HTML (por exemplo, <IMG>) que coloca um objeto na página e não usa uma marca de fechamento (</>).

MP3
Um formato de arquivo popular para áudio de alta qualidade que usa compactação MPEG.

MPEG
Uma família de normas multimídia criada pelo Motion Picture Experts Group, comumente usado para se referir a arquivos de áudio e vídeo salvos usando um dos esquemas de compactação MPEG.

Navegador
Um componente de software que exibe páginas da web.

Nome de caminho absoluto
Orientações para a localização de um arquivo no servidor, começando no nível mais acima do servidor. Um URL absoluto começa a definir o protocolo HTTP, seguido pelo nome do servidor e o nome de caminho completo.

Glossário

Nome de caminho relativo
Orientações para um arquivo com base na localização do arquivo atual.

Nome de caminho
Orientações para um arquivo usando uma nomenclatura na qual hierarquias de diretório e nomes de arquivos estão separados por barras (/).

Pixel
Um único quadrado em uma imagem gráfica (diminutivo de elemento de imagem).

Nome de domínio
Um nome que corresponde a um endereço IP específico. É mais fácil para o ser humano lembrar do que um endereço IP de 12 dígitos.

Otimização
Redução do tamanho de arquivo. A otimização é uma etapa importante no desenvolvimento da web, onde tamanho de arquivo e tempo de transferência são críticos.

Paleta da web
O conjunto de 216 cores que não irão pontilhar ou mudar quando vistas com navegadores em monitores de 8 bits.

Paleta
Uma tabela em um arquivo de cor indexada de 8 bits (como GIF) que fornece informação de cor para os pixels na imagem.

PNG
Portable Network Graphic; um formato de arquivo gráfico versátil que apresenta suporte para imagens indexadas de 8 bits (PNG8) e imagens de 24 bits (PNG24). PNGs também apresentam níveis de transparência variável, controles de correção de cor automática e um esquema de com-pacta-ção sem perdas e ainda assim altamente eficiente.

Pontilhamento
A aproximação de uma cor ao misturar pixels de cores similares que estão disponíveis na imagem ou paleta do sistema. O resultado do pontilhamento é um ruído ou padrão de pontos aleatórios na imagem.

Profundidade de bits
No design da web, uma medida do número de cores com base no número de bits (1s e 0s) dividido pelo arquivo ou sistema. Um bit é a menor unidade de informação em um computador (um bit pode definir 2 cores). Unidos eles podem representar mais valores (8 bits podem representar 256 valores).

Quadros
Um método para dividir a janela do navegador em sub-janelas menores, cada uma exibindo um documento HTML diferente.

QuickTime
Uma extensão de sistema que faz com que seja possível ver informação de áudio e vídeo em um computador. Ele foi originalmente desenvolvido para o Macintosh, mas está agora disponível também para Windows. O termo também se refere a formato de arquivo.

Resolução
Um número de pixels por polegada (ppi) em uma imagem gráfica online. Em impressão, a resolução é medida em pontos por polegada (dpi).

Rollover
O ato de passar o ponteiro do mouse sobre o espaço de um elemento ou os eventos acionados por aquela ação (como a mudança de parágrafo ou mensagem pop-up).

Serrilhado
As bordas serrilhadas em "formato de escadas" que podem aparecer entre cores em uma imagem gráfica com bitmaps.

Servidor
Um computador em rede que fornece algum tipo de serviço ou informação.

Shockwave
Uma tecnologia proprietária da Macromedia para entrega na web de conteúdo multimídia.

Suavização
Um ligeiro embaçado adicionado às bordas dos objetos e tipo em imagens gráficas com bitmaps para suavizar as bordas.

Texto alternativo
Texto que é fornecido dentro de uma marca de imagem que será exibido na janela de navegador se a imagem não estiver visível. É especificado usando-se o atributo ALT dentro da marca <IMG>.

Unix
Um sistema operacional de múltiplos usuários e múltiplas tarefas desenvolvido pela Bell Laboratories. Ele também fornece programas para edição de texto, envio de e-mail, preparação de tabelas, realização de cálculos e muitas outras funções especializadas que muitas vezes exigem aplicações separadas.

URL
Universal Resource Locator; o endereço para um site ou documento na web.

W3C
O World Wide Web Consortium; um consórcio de muitas empresas e organizações que "existe para desenvolver normas comuns para a evolução da World Wide Web". Ele é administrado por um esforço conjunto do Laboratório para a Ciência da Computação no Instituto de Tecnologia de Massachusetts e CERN, o Laboratório Europeu de Física de Partículas, onde o WWW foi primeiro desenvolvido.

XML
eXtensible Markup Language; uma nova norma para marcação de documentos e dados. XML permite que os autores criem conjuntos de marcas personalizadas que fazem com que o conteúdo haja como banco de dados e forneça funcionalidade não disponível com HTML.

Índice

Símbolos

<!— ... —> (comentários), 81
  rotular documentos/tabelas com, 181

A

A+ Art (clip art), 263-264
Adobe GoLive, formatar com, 12
  atributos de imagem, 140
  células de tabela, 197
  conjunto de quadros, 218
  controles de lista, 116
  entidades de caractere, 125
  estilos de texto, 109
  fios horizontais, 149
  imagens, 130
  links, 162
  paleta da web, 246
  quadros, 222
  tabelas, 191
  telas de fundo lado a lado, 145
Adobe Illustrator, 14, 262
Adobe ImageReady, 13, 261
  tween com, 331
  usar, 360-361
Adobe LiveMotion, 14
Adobe Photoshop, 13, 261
  cursor Web Snap, 301
  GIFs, 275
  JPEGs, 310-312, 317-318
  paletas da web, 298
  qualidade da imagem, 252
  recurso "Save for Web", 310
agrupar elementos, 383
ajuste de texto, 136-137, 340

alinhamento vertical, 135-136
alinhar, 117-122, 420
  atributos para, 135
    colocar texto ao redor de uma imagem gráfica, 136-137
  fios horizontais, 148
    marcas de container <CENTER> para, 118
  marcas <DIV> para, 12
  marcas <IMG> e, 133-145
  margens direitas, 117
  som de fundo, 429
atributo BGCOLOR, especificar cor de fundo de documento, 239
atributo BORDER
  nas marcas <FRAMESET>, 216
  nas marcas <IMG>, 133-134
atributo COLS nas marcas <FRAMESET>, 184
atributo COLSPAN nas marcas <TD>, 167
atributo FRAMEBORDER, 217
atributo HEIGHT
  marcas para <HR> (fios horizontais), 148
  para imagens, 132-133
  para tabelas, 189
atributo HSPACE, colocar texto ao redor de imagens gráficas, 137
atributo MARGINHEIGHT, nas marcas <FRAME>, 220-221
atributo MARGINWIDTH, nas marcas <FRAME>, 220-221
atributo NOSHADE para marca <HR> (fios horizontais), 146
atributo ROWS nas marcas <FRAMESET>, 213-214
atributo ROWSPAN nas marcas <TD>, 193
atributos, 85
  para alinhar, 135-136
  para células, 177, 188-201

454 Aprenda Web design

para imagens, 140
para tabelas, 190-191
atributo SRC, 129
   marcas <FRAME> e, 210
atributo VLINK, especificar cor para links visitados, 240-241
atributo VSPACE, colocar texto ao redor de imagens gráficas, 137-138
atributo WIDTH
   combinação de largura relativa/fixada, controlar exibição de tabelas e, 201-202
   para imagens, 132-133
   para marca <HR> (linha horizontal), 148-149
   para tabelas, 189
áudio, 427-429
   descarregar/stream-fazer, 427-428
   para som de fundo, 429
áudio da web, leitura recomendada a respeito, 429

B

barra de ferramentas como elementos de navegação, 398
BBEdit por Bare Bones Software, 13
_blank (nome de alvo reservado), quando tomar com alvo quadros, 226
bordas
   caixas, criar com, 341-342
   documentos de conjunto de quadros e, 216-217
brilho (gama) na exibição de monitor, 55

C

cabeçalho-fazer (marcas <H#>), 93-94
caixa de anúncios, 340-341
caixa de anúncio simples, 340-341
caixas, 340-346
   anúncio simples, 340-341
   canto arredondado, 343-346
   com bordas, 341
      usar imagens gráficas de um pixel quadrado, 351
câmeras digitais, 263
cantos (arredondados), criar para imagens gráficas, 343-346
caracteres
   entidade, 124
   especiais, 123-124

caracteres especiais
   formatar texto com, 123
cargas (ver descarregar; carregar)
carregar, 36-38
   compor site, 37
   criação de documento novo, 36
   no processo de design da web, 69
   verificar página, 38
Cascading Style Sheets (CSS – Folhas de Estil em Cascata), 9, 432-436
   aplicar a páginas da web, 434
   fontes para, 103
   posicionar, 436
células
   atributos para, 177, 188-201
   conteúdo em, 183
   cores de fundo para, 195
   em tabelas, 175-201
   enchimento, 190
   espaçar, 190-191
   fechadas, 199-200
   individuais, 194
   largura e altura para, 194
   programar, 10
células de cabeçalhos em tabelas, 194
células fechadas, 173
células individuais, 193-198
citações, 96
   (ver também <BLOCKQUOTE>)
citações longas (marca <BLOCKQUOTE>), 96
clareza
   apresentação de informação, 347
   ícone, 396
   para indicadores de navegação, 395
   rotular, 396
classificações alfabéticas, 375
clientes, 16
clip-art, 226
codificar cor de seção, 385-386
colocar lado a lado telas de fundo, 144-146
.com (comércio/serviços), 43
comentários (<!— ... —>), 81, 181
Common Gateway Interface (ver CGI)
compactação com perdas, 306
compactação, projetar para, 259, 293
   com perdas, 306
   JPEGs, 317
   listas horizontais, 294
   (ver também descompactação)
com paletas da web, 245-246
computadores
   comprar, 12

Índice | 455

velocidades desconhecidas de, 54
comunidades de publicação online, 40
conceituação para designs da web, 61-63
conexões
  FTP, 33
  velocidades desconhecidas de, 53
configuração de animação entrelaçada, 327
consistência na navegação, 397
conteúdo
  criar/organizar, 63-64
  para usuários sem quadros, 227
  pesquisar questões para, 62
cores, 54, 231-246
  codificação de cores, gerenciar elementos com, 383-386
  configurações de documentos, 239
  configurações de texto, 240
  em plataformas desconhecidas, 54
  número de, 54-55, 290, 420
  para links individuais, 239
  reduzir tamanho de arquivo com, 290, 420
  RGB, 233-234
  seguras para a web, 241-242, 296-300
cores de 8 bits, 270-271
cores de fundo sólidas, 145
cores seguras, 241-242
cores seguras para a web, 241, 296-297
Courier, formatar com a marca <PRE>, 121
criação de protótipo, 67-68
criação de transição (Adobe ImageReady), 331-332
CSS (ver Cascading Style Sheets)
cursor Web Snap, Adobe Photoshop, 301

D

definir cor para todo o documento, 239-240
"definir tipos" na Web, 91
  duas fontes, 92-93
  texto em imagens gráficas, 92-93
descarregar programa de demonstração gratuito para, 75
descarregar, stream-fazer, 427-428
  (ver também carregar)
descompactação para JPEGs, 309
desconhecido, como sobreviver ao, 56-57
desempenho de monitores de 8 bits, 296
design
  cores lisas, usar para, 293
  democrático, 57
  listras horizontais e, 294
  para compactação, 293
  para usuários desconhecidos, 45-55

pesquisar questões para, 62-63
tamanhos de arquivo e, 257
(ver também design da web)
design da web, 45-69, 407-423
  concepção e pesquisa para, 61-63
  dicas de design para, 408-411
  conteúdo para, 64
  democrático, 57
  fase de teste, 68
  formatar texto com, 411-415
  habilidades que possibilitam o trabalho de designers da web, 6
  imagens gráficas, dicas para, 416-419
  orientado ao público, 58
  produção de documento HTML, 67
  protótipos, 67-68
  sugestões estéticas para, 419-422
  técnicas para, 337-370
design de "chamada de página", 52
design de impressão versus design da web, 45-60
design de informações, 64, 373-382
  acumular, 376
  organização, 374-378
design de interface, 6, 382-392
  cenários do usuário, 391
  codificar cor, 383-386
  diagramas de página, 389-390
  elementos agrupados, 383
  metáforas, 387
  métodos, 389-392
deslocar
  colunas, 201-202
  paleta da web, 242-243
DHTML (HTML dinâmica), 9
  técnicas avançadas para, 440-441
dicas de ferramentas
  atributos de imagem, 140
  colocar telas de fundo lado a lado, 145
  criação de conjunto de quadros, 218
  criação de documento, 78
  entidades de caractere, 125
  estilos de parágrafo, 99
  estilos de texto, 109
  fios horizontais, 149
  formatar células de tabela, 197-198
  formatar listas, 116
  formatar quadros, 222
  paleta da web, 245-246
  para imagens, 129-130
  para links, 162-163
  tabelas, 191-192
dimensionamentos, resolução, 254-255

Director (ver Macromedia Director)
direção de arte para design de imagem gráfica, 66-67
diretórios
　inferiores, linkar aos, 157
　linkar dentro, 155-156
　raiz, 160
　superiores, linkar aos, 159
diretórios-raiz, 160
distinção entre maiúsculas e minúsculas, 76
documentos HTML, 76-81
　adicionar conteúdo a, 77
　criar, 78
　estrutura básica de, 76
　páginas da web, 24, 77
　salvar/visualizar, 79-81
　títulos de, 77
Dreamweaver (ver Macromedia Dreamweaver)
Dynamic HTML (ver DHTML)

E

.edu (instituições educacionais), 43
eficiência em navegação, 397
elementos (coloridos), 239
elementos de bloco, 93-99
　　　citações longas (marca <BLOCKQUOTE) em, 96-98
　　　fazer cabeçalhos para, 93-94
　　　parágrafos (marca <P>) em, 94-96
　　　texto pré-formatado (marca <PRE>) em, 96-97
enchimento (célula), 189
endereços IP (Internet Protocol), 43
equipamento para criação de site da web, 11
equivalentes decimais a hexadecimais, 204
esboço (fazer), 62
　em design de tabelas, 179
espaçar
　entre células, 190-191
　para barras de paginação, 219-220
　　　usar imagens gráficas de um pixel quadrado, 349
espaço, eliminar para reduzir tamanho de arquivo, 258
espaço em branco, 202
espaços múltiplos, 81
especificar cores
　pelo número, 233-238
　pelo nome, 231
　resumo breve, 238

tipo, 106-107
usar valores RGB em HTML, 238
valores hexadecimais, 234-237
especificar face de tipos, 106
estender
　<HR>, 352
　imagens gráficas, 353
estilos, 100-102 (ver também estilos de parágrafos estilos de texto)
　combinar, 107-108
　marcas para, 102, 107-108
　página da web, 434
　sobrescrito, 101
　subscrito, 101
　texto de teletipo, 101
　texto em itálico, 100, 413
　texto em negrito, 100
　texto enfatizado, 100
　texto forte, 100
　texto sublinhado, 101
　texto tachado, 101
estilos de texto, 109
estilos incorporados, 100-102
estratégia, perguntas de pesquisa de design referentes a, 62
estratégias de classificação, 375
　alfabética, 375
　classe (ou tipo), 375
　cronológica, 375
　espacial, 375
　hierárquica, 375
　por ordem de magnitude, 375
estratégias de classificação cronológica, 374
estratégias de classificação de classe (ou tipo), 31
estratégias de classificação de tipo, 375
estratégias de classificação espacial, 375
estrutura
　documento HTML, 76
　marcas para, 90
estrutura de site, 378-382
　complexa, 382
　hierárquica, 380-381
　linear, 381-382
　(ver também sites da web)
estruturas complexas de sites da web, 382
exibição de dados para tabelas, 174
expansão de coluna (atributo COLSPAN), 193
expansão (fazer)
　células, 176-177, 196
　colunas, 193
eXtensible Markup Language (ver XML)

Índice | 457

extranets, 19

F

fechamento, 139
fechar células, 199
ferramentas, 260-261
   Adobe Illustrator, 262
   Adobe Photoshop/ImageReady, 261
   encontrar online, 261
   JASC Paint Shop Pro, 261
   Macromedia Fireworks, 261
   Macromedia Freehand, 262
   otimização de JPEG, 317
ferramentas de embaçar, suavizar imagens com, 310
File Transfer Protocol (ver FTP)
fios horizontais (marcas <HR>), 147-149
   alinhamento de, 148
   dimensionar, 147
   largura das, 148
   sem sombra, 148
Fireworks (ver Macromedia Fireworks)
Flash (ver Macromedia Flash)
fluxogramas, 392
folhas de estilo embutidas em sites da web, 434-435
folhas de estilo externas, 435
folhas de estilo (ver CSS)
fontes
   Cascading Style Sheets (Folhas de Estilo em Cascata) e, 103, 436-437
   exibir em plataformas diferentes, 55
      largura variável versus espaço uniforme, 92
   padrão, 105, 412-413
   tamanhos, 103-105, 437
formatar texto, 82-83, 91-127
fragmentos, nomear/linkar nas marcas <A HREF>, 163-164
Freehand (ver Macromedia Freehand)
Frontpage (ver Microsoft Frontpage)
FTP (File Transfer Protocol), 29-38
   software, 30
funcionalidade de busca, 403
função JavaScript OpenWin( ), 369
   compactação, 293, 316
   ferramentas para, 316-317
   GIF, 289-294
   GIFs com perda, 292-293
   JPEG, 316-318
   número de cores, 290
   pontilhamento, 291-292
   suavização de imagem, 318-319
função Matte, 287, 310
   função OpenWin () e, 369

G

Gama (brilho) na exibição do monitor, 55
GifBuilder 0.5 (utilitário de GIF animado), 324
GIFmation (utilitário de GIF animado), 323-324
GIFs animados, 321-322
   definir para, 325-329
   ferramentas para, 323
   método de alienação para, 327
   tween para, 323
   utilitários para, 324-325
GIFs com perdas, 292-293
GIFs entrelaçados, 273
GoLive (ver Adobe GoLive)
.gov (órgãos governamentais), 43
grades
   em quadros, 212-213
   em tabelas, 178
Graphic Interchange Format (ver GIF)

H

halos em imagens gráficas transparentes, 285, 417-418
hierarquias
   estratégias de classificação, 375
   estrutura para sites, 380-381
HTML (HyperText Markup Language), 8, 25-26
   criar páginas simples, 73-90
   editores, 13
   imagens, 363-364
   marcas para, 74
   produção, 7
   tabelas, 188-198
http://, usar atalhos URL, 20
HyperText Markup Language (ver HTML)
HyperText Transfer Protocol (ver HTTP)

I

ícones
   criar, 339-340
   decifrar, 395
Illustrator (ver Adobe Illustrator)
ilustrações eletrônicas, 263
ilustrar eletronicamente, 263

imagens, 1, 127-143, 249-320
  adicionar a páginas da web, 127-151
  alisadas, 302
  atributo ALT (texto alternativo) e, 131, 418
  atributos para, 140
  colocar lado a lado, 144-146
  combinação (lisa e fotográfica), 302
  com bordas, 133-134
  em tabelas, 361-365
  fontes para procura, 262
  GIFs (ver GIFs)
  JPEGs (ver JPEGs)
  marcas (<IMG>), 85, 128-143
    múltiplas partes (fatiadas) para tabelas, 357-365
  royalty-free/unrestricted, 263-264
  tamanho (atributos WIDTH/HEIGHT), 132
  usar programas de autoria para, 140
imagens corporativas, 422
imagens fatiadas, 357-365
imagens fotográficas, 296
  estratégias de paleta da web e, 301-302
imagens gráficas, 5-6, 84-86, 416-419
  adicionar a páginas, 127-150
  ajuste de texto e, 136
  criar para a Web, 247-333
  dicas de produção para, 264-265
  documentos HTML e, 67
  fontes de imagem para, 262-264
  GIFs animados e, 321-333
  GIFs (ver GIFs)
  JPEGs (ver JPEG)
  marcas para, 150
  modo RGB para, 264-265
  outros usos para, 266
  paleta da web para, 301
  pesquisar design para cliente e, 62-63
  posicionar, 135-140
  resolução de imagem e, 254-257
  software para, 13-14
  texto suavizado e, 265
imagens gráficas da web (ver imagens gráficas; imagens)
imagens gráficas de baixa resolução, 256
imagens gráficas de um pixel quadrado, 347-351
  linhas e caixas, criar, 351-352
  para espaçadores, 349
    preenchedores de células de tabela, criar, 350
  recuos de parágrafo e, 348
imagens gráficas lisas, 301-302
imagens incorporadas, 127-143

imagens de múltiplas partes (fatiadas), 357-365
  Adobe ImageReady 2.0, criar com, 360-36
  combinadas em tabelas, 174
  Macromedia Fireworks, criar com, 358
  produzidas manualmente, 81, 361-365
imagens não-restritas, usar na Web, 263
ImageReady (ver Adobe ImageReady)
Internet, 14-15
Internet Service Providers (ver ISPs)
intranets, 19
ISPs e serviços online, 40-41

J

janelas pop-up, 365-369
  função JavaScript openWin () e, 367-369
  tamanhos específicos, 367-368
  tomar como alvo novo, 366-367
JASC Paint Shop Pro, 14, 261
  GIFs, 279
  JPEGs, 315
Java, 10
JavaScript, 9, 437-441
JPEGs progressivos, 308

L

largura fixa em tabelas, 203
layout de site linear, 381-382
letras maiúsculas, usar, 414
limites de
  animação, 408-409
  comprimentos de página, 408-409
  tamanho do arquivo, 53, 258, 407
linhas
  horizontais, 147-149
    usar imagens gráficas de um pixel quadrado 351-352
  verticais, 148, 352
linhas verticais, 148, 352
  células de tabela e, 354
  GIFs de um pixel e, 353
    marcas <HR> usando atributos WIDTH HEIGHT e, 352-353
links, 151-172,
  adicionar, 86-87
  codificar cor para, 239, 384
  correio, 171-172
  criar, 163
  dentro de um diretório, 155-156
  dentro do mesmo site, 154-163

Índice

diretório inferior, 157
diretório superior, 159
e mapas de imagem, 167-170
marcas âncoras, 152-153
nomear fragmentos, 163-166
para páginas na Web, 153
links de correio, 171-172
links de hipertexto, adicionar, 86-87
links individuais, 239
listas, 110-116
  aninhadas, 114
  com marcadores,110, 337-340
  controles, 100, 109, 116
  definição, 110-111, 114
  formatadas, 116
  não-ordenadas, 110, 112-113
  numeradas, 110
  ordenadas, 110
listas, 116
listas com marcadores, 110
  usar imagens gráficas para, 337-340
listas não-ordenadas, 110, 112-113
listas ordenadas, 110-111
listras, 356
  horizontais, 294
      truques para colocar fundos lado a lado, 356-357
listras horizontais, compactar cores, 294
LiveMotion (ver Adobe LiveMotion)
localizadores de fonte universal (ver URLs)
loops, 326

M

Macintosh MapMaker, 168-169
Macromedia Director, 14-15
Macromedia Dreamweaver, 12
  células de tabela, formatar, 197-198
      colocar lado a lado telas de fundo com, 145
  conjunto de quadros, criar, 218
  criar um novo documento em, 36
  entidades de caracteres, 124
  fazer estilo de texto com, 109
  fios horizontais, 149
  formatação de quadros, 222-223
  imagens, adicionar com, 129-130
  linkar, 162
  listas, formatar com, 116
  nomear âncoras com, 165
  tabelas, criar com, 184-187, 191
Macromedia Fireworks, 13, 261
      imagens múltiplas (fatiadas) com, 357-358

JPEGs, criar com, 314, 317-318
  paleta adaptativa da Web, aplicar, 298-299
  qualidade de imagem de, 252-253
  transparência com imagens lisas e, 284
Macromedia Flash, 14, 442-445
Macromedia Freehand, 262
mapas de imagem, 166-170
  criação, 168-170
  ferramentas para, 168
  no servidor, 166-167
mapas de imagens no servidor, 166-167
mapas de site, 401
MapMaker (Macintosh), 168-169
marca <B> (negrito), 100
marca <BASEFONT>, colorir texto com, 240
marca <BLOCKQUOTE>, 96-97
marca <BODY>
  atributos para definir cores, 239
      telas lado a lado com atributo BACK-GROUND, 144
marca
 (quebra de linha), 96
marca container <DIV> (divisão), 119
marca de âncora, linkar, 152-172
  dentro de um site, 154-160
  fragmentos, nomear e linkar, 164
  páginas na Web, 153
marca <FONT>, 108
  atributo COLOR e, 240
  atributo SIZE e, 414-415
  problemas com, 103
marca <FRAME>, 210
marca <PRE>, texto pré-formatado, 96-97
  para alinhar elementos com, 120-121
marca <P> (ver parágrafos)
marcas, 24-25, 74
  âncora, 152-153
  container, 74
  elemento gráfico, 150
  em uma página da web, 24-25
  estilo, 102
  estruturais, 90
  formatação de texto, 126
  imagem, 128-129
  incondicionais (no break), 120-121
  independentes, 74
  "lógicas" versus físicas, 100
  linkar com, 172
  não-reconhecidas, 81
  quadro, 229
  tabela, 206
marcas de container, 74

marcas de estilo "lógicas" versus físicas, 100
marcas de lista de definição (<DL>), 110, 114
marcas <DL> (lista de definição), 113-114
marcas <EM> (texto enfatizado), 100
marcas <FRAMESET>, 210-218
  adicionar e aninhar quadros, 214-216
  bordas, atributos para, 216-217
  compor um documento com, 210-218
  criar com programas de autoria, 218
  especificar tamanho de quadros, 213-214
marcas <H#> (cabeçalho), 93-94
marcas <HR> (ver fios horizontais)
marcas <IMG>, 85-86, 128-143
  URLs relativos, 154
marcas incondicionais (sem quebras), 120-121
marcas independentes, 74
marcas <LI> (item de lista), 110
marcas <NOFRAMES>, 210, 227
marcas não-reconhecidas, 81
marcas <OL> (lista ordenada), 110
marcas <TH> (cabeçalho de tabela), 206
  usar atributo BGCOLOR, 240-241
marcas <TR> (linha de tabela), 206
  atributo BGCOLOR e, 240-241
marca <TABLE>, 175-177, 188-191
  atributo BGCOLOR e, 190, 240-241
marca <TD>, 175-177, 193-195
  atributo BGCOLOR e, 195, 240-241
  atributos COLSPAN/ROWSPAN e, 193
margens, 220-221
  conteúdo de célula, 189
  direita, 117
  Navigator, erros em, 220-221
menus suspensos, 399
metáforas, 387-388
metáforas de ferramenta, 387-388
metáforas de site, 387
métodos de alienação na animação GIF, 327
Microsoft FrontPage, 12
  âncoras nomeadas e, 166
  colocar telas de fundo lado a lado com, 145
  conjunto de quadros, formatar com, 218
  entidades de caractere, adicionar, 125
  estilos de texto e, 109
  fios horizontais e, 149
  imagens, adicionar com, 129-130
  links, criar com, 162
  lista, formatar com, 116
  paleta da web e, 245-246
  quadros, formatar com, 223
  tabelas, formatar com, 191-192
.mil (militar), 43

monitores de 8 bits, 296
  paletas da web e, 242
Motion Picture Experts Group (ver MPEG)
multimídia, 8
  ferramentas para, 14-15

N

não repetir imagens de fundo (lado a lado), 355
navegadores, 25-26
  diferenças em, 45-47
  elementos ignorados pelos, 82
  usar como uma ferramenta de design, 14
navegação, 393-403
  caixas de ferramentas e painéis para, 398
  clareza para, 395-396
  funcionalidade de busca e, 403
  listas, 114
  mapas de site para, 401
  marcas de estilo, 107-108
  menus suspensos e, 399
  "migalha de pão", 401
  orientação de usuário para, 381, 393
  quadros, 214-215
  tabulação para, 399
navegação de "migalha de pão", 401
.net (organização da rede), 43-44
nomes
  âncora, 165
  arquivo, 20, 266
  convencional, 79
  domínio, 20, 43-44
  fragmento, 163
  JPEG, 309
  quadro, 224
nomes de arquivo, 19
nomes de caminho, 19-20
nomes de domínio, 20, 43
números (valores hexadecimais) de cores, 233-23
  paletas da web, 244

O

organizar
  conteúdo, 63-64
  informação, 374-377
  site, 38
.org (organização sem fins lucrativos), 43-44

P

padrões, trabalhar em direção a, 48

Índice | 461

paginar, função e aparência do quadro, 212-220
páginas da web
 anatomia das, 23
 carregar, 34
 comprimento das, 410
 criação, 31-32
 degradação, 57
 elementos gráficos para, 84-86
 endereços (URL) para, 19-22
 ferramentas para, 12
 formatar texto para, 82-83
 links de hipertexto em, 86-87
 montagem para, 74-87
 preparação passo-a-passo para, 31-35
 problemas com, 88
 programas FTP e, 33
 verificar, 35
páginas "sob construção", 411
páginas (ver também páginas da web)
 comprimento limitado de, 408-409
 criar, 73-90, 184-187
  diagramas em design de interface, 389-390
  estrutura de, 174, 203
  títulos para, 77
  (ver também paletas coloridas; paletas da web)
painéis como elementos de navegação, 398
paleta adaptativa da Web em Macromedia Fireworks, 298-2990
paletas da web, 241-244, 295-302, 307
 aparência das, 295
 aplicação, 298-299
 combinação de imagens e, 302
 cores nas, 232, 275-276
 cores seguras da web e, 296
 definidas, 241-242
 desempenho das, 296
 em Adobe Photoshop, 297-298
 estratégias de imagens gráficas para, 301
 estratégias para, 301
 imagens fotográficas e, 301-302
 imagens gráficas lisas e, 301
 monitores de 8 bits e, 242-243
 número hexadecimal e, 244-245
 programas de autoria, acessar, 245-246
 projetar com, 295-301
paletas de cor
 definir animação e, 326-327
 tipos de, 275-276
paletas de cores adaptativas, 275

paletas de cor de sistema, 276
paletas de cores exatas, 275
paletas de cores perceptivas, 276
paletas de cores uniformes, 276
paletas de cores seletivas, 276
_parent (nome de alvo reservado), quando tomar quadros como alvo, 224
parágrafos, 99
parágrafos de corpo de texto, usando marca <P>, 95-96
parágrafos (marcas <P>), 94
  imagens gráficas de um pixel quadrado, usar como um espaçador em, 348
 múltiplos, 81
 quebras de linha e, 96
percentagens, formatar quadros com, 213-214
Photoshop (ver Adobe Photoshop)
PictureQuest (clip art), 263-264
planejar
 estrutura de servidor, 382
 expansões, 179-180
plataformas, projetar para o desconhecido, 48
pontilhamento, 54, 243
Portable Network Graphic (ver PNG)
profundidade de bit, 290
programar CGI, 10
programas de autoria, formatar
 entidades de caractere, 124-125
 fios horizontais, 149
 quadros, 222-223
programas de transferência de arquivo (FTPs), 14-15
protocolos, 19 (ver também FTP; HTTP)

Q

quadros, 207-229
 aparência e função dos, 219-223
 compor um documento, 210-218
  formatar com programas de autoria, 222-223
 margens, controlar, 220-221
 medida, 213-214
 navegadores antigos e, 227-228
 nomes de alvo reservados, 224, 226
 paginar, 219-220
 redimensionar, 221-222
 resumo de marcas/atributos para, 229
 tomar como alvo, 223-226
quadros de alvo reservado, 224, 226
 baixa, 256
 _blank, 226

de imagens, 254-257
medir, 254-255
_parent, 224
_self, 226
_top, 224
quebras de linha, 81, 96, 120
  evitar, 120-121, 414-415

R

reciclar para reduzir tamanho de arquivo, 258
recuos, 119-120
recurso "Save for Web"
  Adobe Photoshop 5.5 (ou posterior), 310-311
reduzir
  números de cores, 290-291
  tamanho de arquivo, 258
relativo
  largura, 203-204
  valores, 213-214
reutilizar para reduzir tamanho de arquivo, 258
revisão, 411
RGB
  cor, 233-234
    produção de imagens gráficas de cor e, 264-265
  valores em HTML, 238
rótulos, 396
  com comentários, 181
roubo, 263-264
royalty-free, usar na Web, 263-264

S

salvar
  imagens gráficas, 264-265
  páginas, 79-81
scanner, 12, 262
_self (nome de alvo reservado), quando tomar quadros como alvo, 226
servidores, 39-41
  comunidades de publicação online, 40
  e clientes, 20
  herdados, 39
  serviços de hosting profissionais, 41
serviços de hosting, 42
serviços de hosting profissionais, espaço de servidor, 40-41
sites da web, 371-406
  compor, 37

design de informações, 373-382
design de interface, 382-392
design de navegação, 393-403
foco do usuário, 372
sobrescrito, 101
software
  amostras grátis, 74-75, 261
  comprar, 12-15
  editores HTML, 13
  ferramentas da Internet, 14
  ferramentas de autoria de página da web 12
  ferramentas de multimídia, 14
  imagens gráficas, 13-14
  online, 261
software online, 260
som (ver áudio)
spam-bots, 171-172
stream
  descarregar, 427-428
  áudio, 427-428
  vídeo, 431
subscrito, 101

T

tabelas, 173-206
  adicionar, 191-192
  ajustar colunas em, 201-202
  alinhamento de texto em, 174
  atributos combinados, 190-191
  atributos WIDTH/HEIGHT para, 189
  células, formatar em, 197-198, 240-241
  controles para, 177
  design-fazer, 178-179
  Dreamweaver, criar com, 184-187
  estrutura de página para, 174
  exibição de dados nas, 174
  expandir células para, 176-177
  fechamento de células, 199-200
  fundo para, 190-191, 240
  grades para, 179
  imagem multipartida (fatiada), 174
    imagens gráficas de um pixel quadrado, 35
  linhas verticais para, 354
  na estruturação de páginas, 203
  no centro, 204-205, 419-420
  tabelas, 191-192
  células, 197-198
tabulações (opções), 82

Índice

como elementos de navegação, 399
tamanho
  arquivo, 258
  de fios horizontais, 147
  de janela, 50-53
  de texto padrão, 105, 412-413
  fonte, 103-105
  imagem, 132-133
  limitar arquivo, 53, 259, 407, 416-417
tamanho de texto padrão, 105, 412
tamanhos de janela, 367-368
  usuários desconhecidos, 50-53
técnicas avançadas, 425-447
  áudio, 427-429
  DHTML, 440
  Flash, 442-445
  Folhas de Estilo em Cascata (CSS), 432-437
  formatos, 426
  JavaScript, 426
  vídeo, 429-431
técnicas (ver também técnicas avançadas)
  design da web, 337-370
  imagens gráficas, 5-6, 416-419
  telas de fundo lado a lado, 145
Telnet, 15
texto
  alinhamento de, 117-122
  célula, 198-199
  colorir, 240
  combinar estilos, 107-108
  controles para, 103-105
  em imagens gráficas, 92-93
    especificação de face de tipos, 106-107, 240
    estilos, 109
    formatar, 82-86, 91-126, 411-415
    marca <DIV> e, 119
    marcas para, 126
    marcas <P> (parágrafo) e, 94
    marcas <PRE> (pré-formatadas), 96-97, 121
  margem da direita, 117
  nas tabelas, 174
  no centro, 118, 419-420
  padrão, 105, 412-413
  quebras de linha, 120-121
  recuos para, 119-120
texto de teletipo, 101
texto em itálico, 100, 414
texto em negrito, 100
texto enfatizado (marcas <EM>), 100

texto forte, 100-101
texto suavizado, 265
texto sublinhado, 101
texto tachado, 101
tomar como alvo
  documento, 223-224
  janela nova, 366-367
  quadros, 224-226
_top (nome de alvo reservado) quando tomar quadros como alvo, 224
transparência, 279-288
  definir animação e, 326
  evitar quando não desejada, 287-288
  evitar halos e, 285-287
  imagens em camadas e, 280
  imagens lisas e, 282-284
transparência de índice versus alpha, 281
transparência não desejada, 287-288
truque dos lembretes, 376
tween, 330-331
  JPEGs e, 306

U

Ulead GIF Animator 4.0, 324
URLs (localizadores de fontes universais), 19-22
  atalhos, 20
  nomes de arquivo, 20
  nomes de caminho, 20
  nomes de domínio, 20
  protocolos, 20
usuários, 371
  cenário de fluxograma para, 392
  foco, 372
  guia, 393
    organização de informações para, 377-378
  orientação para, 393
  preferências para, 48-49

V

valores de pixel
  absolutos, 213
  mudando para/de polegadas, 254-257
valores de pixel absolutos em medidas de quadro, 213
valores hexadecimais, 234-237
  equivalentes decimais de, 237
vídeo da web, leitura recomendada a respeito, 431
vídeos, 429-431

arquivos de filme para, 431
stream-fazer, 431
View Source, 24

W-X

W3C (World Wide Web Consortium), 19
  padrões, 48
Web Clip-Art Links Page, 263-264
Windows, ferramentas de mapa de imagem para, 169
World Wide Web Consortium (ver W3C)
XML (eXtensible Markup Language), 10

Impressão e acabamento
Gráfica da Editora Ciência Moderna Ltda.
Tel: (21) 2201-6662